高等院校新能源专业系列教材

普通高等教育新能源类"十四五"精品系列教材

融合教材

Integrated Energy System and Intelligent Service

综合能源系统 与智慧服务

主　编　崔　嘉　杨俊友

副主编　张宇献　邢作霞　王海鑫

U0238456

中国水利水电出版社
www.waterpub.com.cn

·北京·

内 容 提 要

　　本书主要包括两部分内容：第一篇综合能源系统，包括氢能利用、储能、气电耦合、蓄热技术与应用；第二篇综合能源智慧服务，包括蓄冷空调的智能调控、微电网能源管理、电动汽车的灵活调控、电池储能的控制策略等。

　　本书可作为电气工程及能源类本科学生相关课程的教材，也可供对电气工程知识有兴趣的读者阅读参考。

图书在版编目（CIP）数据

综合能源系统与智慧服务 / 崔嘉，杨俊友主编.
北京：中国水利水电出版社，2024. 3. --（高等院校新能源专业系列教材）（普通高等教育新能源类"十四五"精品系列教材）. -- ISBN 978-7-5226-2348-1

Ⅰ. TK018

中国国家版本馆CIP数据核字第20246EF859号

书　　名	高等院校新能源专业系列教材 普通高等教育新能源类"十四五"精品系列教材 **综合能源系统与智慧服务** ZONGHE NENGYUAN XITONG YU ZHIHUI FUWU	
作　　者	主　编　崔　嘉　杨俊友 副主编　张宇献　邢作霞　王海鑫	
出版发行	中国水利水电出版社 （北京市海淀区玉渊潭南路 1 号 D 座　100038） 网址：www. waterpub. com. cn E - mail：sales@mwr. gov. cn 电话：(010) 68545888（营销中心）	
经　　售	北京科水图书销售有限公司 电话：(010) 68545874、63202643 全国各地新华书店和相关出版物销售网点	
排　　版	中国水利水电出版社微机排版中心	
印　　刷	北京印匠彩色印刷有限公司	
规　　格	184mm×260mm　16 开本　20.25 印张　493 千字	
版　　次	2024 年 3 月第 1 版　2024 年 3 月第 1 次印刷	
印　　数	0001—1000 册	
定　　价	**76.00 元**	

本 书 编 委 会

主　　编　　崔　嘉　　杨俊友

副 主 编　　张宇献　　邢作霞　　王海鑫

参编人员　　刘　昊　　任自艳　　闫亚敏　　王安妮　　刘璟璐

　　　　　　　曲星宇　　李云路　　颜　宁　　田艳丰　　郭海宇

　　　　　　　姚祚恒　　刘颖明　　王晓东　　刘　洋　　井永腾

　　　　　　　李　佳　　孟佳琳　　黄靖博　　杨　超　　高　宽

　　　　　　　高铭泽　　徐　坤　　胡　震　　付天贺　　王兆宇

　　　　　　　马金石　　田为剑　　李　嵩　　李子涵　　太庆彪

　　　　　　　王　皓　　覃世民　　王海厚　　邵丽燕　　唐英杰

　　　　　　　韩　妮　　李嘉福　　边振威　　许嘉琛　　朱春向

　　　　　　　张希铭　　田爱鑫　　魏君竹　　李超然　　李原仲

　　　　　　　王文智　　赵　铁　　张江凡　　孙　博

前　言

综合能源系统是一种创新的能源管理模式，它通过集成多种能源形式（如电力、天然气、热能等）和能源技术（如可再生能源、储能、智能电网等），实现能源的高效利用和优化配置。智慧服务则是利用先进的信息技术，如物联网、大数据、人工智能等，提供个性化、智能化的服务，以满足用户多样化的能源需求。

在当今世界，随着能源需求的不断增长和环境问题的日益严峻，传统的能源系统已经无法满足现代社会对高效、清洁、可持续能源的需求。因此，综合能源系统与智慧服务的结合，成为了推动能源转型和实现可持续发展的关键。

在这样的背景下，笔者针对学生在综合能源动力系统、电力系统调度自动化及综合能源系统与应用等的需求，编撰本书。

本书共设置两篇内容，各篇相对独立，任课教师可以根据教学大纲和课时，灵活取舍，自由组合，以满足不同类别学生的教学要求。第一篇综合能源系统，其中第1章氢能利用技术及其应用，包括氢的基本性质、氢气的生产、氢能的存储、氢的运输、氢能的利用、加氢站。第2章储能技术与应用，包括储能技术原理、电化学储能技术应用、机械储能技术应用、电磁储能技术应用、混合储能与电网应用。第3章气电耦合技术与应用，包括天然气的介绍、气电耦合系统的介绍、气电耦合技术、气电耦合系统的发展现状、气电耦合技术的应用。第4章蓄热技术与应用，包括蓄热技术、固体蓄热系统设计、固体蓄热材料选择、固体蓄热系统热力计算流程与方法、固体电热储能系统热力计算实例分析、固体电制热蓄热多物理场作用原理、多物理场耦合求解方法、蓄热结构体多物理场耦合机理分析、电蓄热装置内热—流—应力场分析、固体蓄热系统供暖运行分析与控制策略研究。

第二篇综合能源智慧服务，其中第1章蓄冷空调的智能调控技术，包括冰蓄冷空调系统介绍、负荷计算与数学模型、冰蓄冷空调系统运行费用及能耗对比分析、蓄冷空调新应用。第2章智能电网环境下微电网能源管理策略，包括微电网系统、需求响应参与微电网能源管理、考虑不确定性环境下微电网能源管理策略、考虑需求侧楼宇用户交互的微电网能源管理策略。第3章电动汽车支撑智能电网的灵活调控技术，包括电动汽车概述、V2G技术、电动汽车充电需求时空分布预测、充电站的电动汽车有序调控、电动汽车和智能电网互动响应、网联电动汽车信息物理架构挑战。第4章电池储能参与电网调频控制策略，包括BESS参与电网一次调频的控制策略、考虑储能SoC自适应重构的一次调频控制方法、选择电池储能系统的战略点、基于动态基准值的电池储能参与二次调频SoC重构方法。

本书主要特点是突出新型电力系统中多类型能源形式的利用概念和计算方法等基础知识，在每一章的开始都给出本章所涉及的基本概念、重点和难点，使学生做到目标明确，心中有数，再配合精心设计的例题和习题，使学生能够在有限的课时内抓住重点，打好基础。本书选用大量案例，并配有大量图片，每章配有习题以供学生课后复习。本书内容比较广，各校应根据专业需要选择授课内容，确定教学目的和要求。并根据各校的教学条件和教学时数以及学生的实际情况制定出适合自己的教案。

本书可作为电气工程及其自动化专业、新能源科学与工程等专业本科学生相关课程的教材、电气工程技术人员的培训教材，也可供对电气工程知识有兴趣的读者阅读参考。

在本书的编写过程中，华北电力大学、中船风电清洁能源科技（北京）有限公司等高等院校和企业的老师对教材的初稿提出了宝贵的意见和建议，对此我们表示衷心的感谢。

限于作者的水平和条件，书中的缺点和错误在所难免，恳请读者批评指正。

崔 嘉

2024 年 1 月

目　　录

第二篇　综合能源智慧服务

第一篇 综合能源系统

综合能源系统概述

　　党的二十大将能源安全作为国家安全体系和能力现代化的重要组成部分，充分彰显了能源安全对国家经济社会发展的全局性、战略性意义。走好中国式现代化电力发展之路，必须深刻认识新形势下保障国家能源安全的极端重要性，坚决扛牢能源安全首要责任，把满足经济社会发展需求作为基本前提，加强能源电力安全形势预测预警，全面防范化解电力安全风险，为确保能源安全、把能源饭碗端在自己手里提供坚强支撑。能源电力作为国民经济发展的先导产业和基础行业，是推动和实现中国式现代化的动力之源。新型电力系统是新型能源体系的重要组成和实现"双碳"目标的关键载体。然而，在我国电力系统存在东西部能源资源和负荷不匹配的特点，随着波动性风光新能源的占比不断提升，我国电力系统已经步入以新能源为主体的新型电力系统的发展阶段，系统稳定性、跨距离输送、调峰灵活性等问题已成为亟须解决的关键技术问题。在此背景下，综合能源系统应运而生，从曾经单一火电为主，发展到当下电能（风力发电、光伏发电、水电、火电、核电）、氢能、天然气、热能等各种综合能源在源—网—荷—储各环节相互协同，解决电力系统电能实时平衡和储存的难题，推动能源"安全、经济和绿色"的"不可能三角"优化。

　　综合能源是指利用互联网等技术来相互转换和优化多种能源的一种模式，以电能为统一载体，实现电力、暖通、天然气、交通等系统的融合，运用信息技术、数字科技等手段，通过集中与分布相结合的双向智能电网，综合调配各种能源的发、输、变、配、用、储全过程。现有综合能源相关的学术著作中，对于成熟的分布式能源、微网领域已有不少书籍出版，而最新发展的氢能、储能等创新领域还鲜有系统性论述的著作。为了方便高校相关专业教学和行业技术人员研究，本篇选择了综合能源领域氢能、储能、气电耦合以及储热四大前沿技术方向，从概念原理、数学模型和应用场景不同角度进行了系统性总结。

　　氢能方面，主要介绍制—储—输—用氢相关技术。电解水制氢可以作为灵活性电负荷，有效解决新能源消纳问题；氢能的运输、跨季节储存特性也可以解决电力的储存和跨区平衡问题；此外氢能结合燃料电池技术，可以在电力、化工、交通等领域替代传统化石能源，具有广阔的应用场景。

　　储能技术是解决波动性电源和负荷时序匹配的重要路径，不但技术成熟而且应用广泛，已步入商业化应用阶段。本篇针对电化学、机械和电磁三种相对成熟的技术路线，介绍了其原理、特点和应用场景。未来风能、太阳能等能源进一步提升比例，储能将成为增加系统调节灵活性和稳定性的性价比最高的备选路径。

　　天然气属于低碳能源，相对风能、太阳能等新能源的波动性，天然气发电稳定、可控性高，调节能力强，而且具备冷热电三联供的供冷、供热特性，是风能、太阳能等新能源在分布式发电场景中适宜的互补能源技术。

　　储热方面，重点围绕电加热蓄热技术展开论述。传统火电在发电同时还提供冬季供暖的职能，电与热能转化以及蓄热技术对于高比例新能源场景下的绿电消纳和传统火电替代有巨大的发展潜力。本篇从不同蓄热技术、蓄热材料、热力计算等方面，系统介绍了蓄热技术的应用。

　　综合能源系统篇根据国家对新型电力系统建设的政策方向，对综合能源中不同类型、不同转化方式、不同储存方式进行了全面论证。氢能、天然气为与电能耦合的燃料能源，热能属于电能产生的能量，除上述能源外，本篇在储能部分介绍了其他多种主要的能量储存形式及特点，对综合能源系统进行了体系化的梳理。

第1章 氢能利用技术及其应用

1.1 引　　言

近年来，随着各国陆续明确碳中和时间表，全球氢能源加速发展，并成为各国能源技术革命和应对气候变化的重要抓手。日本、德国、美国、澳大利亚等国纷纷加快氢能发展顶层设计，相继制定了氢能发展战略和路线图。氢能重卡、氢能冶金、氢能发电等应用创新方兴未艾。

习近平总书记指出，要科学规划建设新型能源体系，促进水风光氢天然气等多能互补发展。这为我国氢能产业指明了方向，明确了氢能在新型能源体系里的独特价值。

我国氢能正处于规模化导入期，尽管全国各地陆续发布了上百份氢能相关规划和政策，但产业尚未形成统一有序的管理机制，关键技术和标准体系支撑较为薄弱，各界对于氢能的认知尚不全面。如何加快培育发展氢能产业，引导行业健康有序发展，助力"双碳"目标达成，值得深入思考。

1.2 氢 的 基 本 性 质

1.2.1 氢的定义

氢是一种二次能源，是理想的创新含能体能源。在人类生存的地球上，虽然氢是地球上最丰富的元素，但自然氢的存在极少。因此，必须处理含氢物质加工后方能得到氢。最丰富的含氢物质是水，其次是各种化石燃料（煤、石油、天然气）及各种生物质。

二次能源是一次能源和能源用户之间的中间环节。二次能源可分为"过程性能源"和"含能体能源"。如今，电能是使用最广泛的过程性能源。柴油和汽油是使用最广泛的含能体能源。过程性能源和含能体能源不能互相替代，有各自的应用范围。作为二次能源的电能，可以从各种一次能源中产生，如煤、石油、天然气、太阳能、风能、水能、潮汐能、地热能、核能等。作为二次能源的汽油和柴油等则不然，它们的生产几乎完全取决于化石燃料。随着化石燃料消耗的增加，它们的储量每天都在减少，这些资源将在未来耗尽。因此，迫切需要找到一种独立于化石燃料且储量丰富的新能源蕴藏体。氢能正是一种理想的新能源。

1.2.2 氢的物化性质

氢位于元素周期表之首。它的原子序数为1，在常温常压下是气态，在超低温和高压下可成为液体。作为能源，氢具有以下物化性质：

（1）氢是所有元素中质量最轻的。在标准状态下，其密度为 0.0899g/L；在 -252.7℃时，可以变成液体；如果将压力增加到数百个大气压，则液态氢可以变成金属氢。在所有气体中，氢的导热性最好，比大多数气体的导热系数高出10倍，因此，氢是能源工业中极好的传热载体。

（2）氢是自然界中最常见的元素。据估计，氢占宇宙质量的75%。除了空气中所含的氢以外，它还以化合物形式主要存储在水中，水是地球上最广泛的物质。据估计，如果将海水中的所有氢都提取出来，它所产生的总热量将比地球上所有化石燃料释放的热量高9000倍。

（3）除核燃料外，氢的热值在所有化石燃料、化学燃料和生物燃料中最高，为 142351kJ/kg，是汽油的3倍。

（4）氢气具有良好的燃烧性能，点火快，与空气混合时可燃范围广，着火点高，燃烧速度快。

（5）氢本身无毒。与其他燃料相比，氢气燃烧十分清洁。除了产生水和少量的氮化氢外，它不会产生对环境有害的污染物，例如一氧化碳、二氧化碳、碳氢化合物、铅化合物和粉尘颗粒。少量的氮化氢经过适当处理后不会污染环境，并且燃烧产生的水会继续产生氢并重复使用。

（6）氢可以以多种形式使用。氢不仅可以通过燃烧产生热能，并在热力发动机中产生机械功，还可以用作燃料电池的能源材料，或转化为结构材料的固体氢。在不对现有技术设备进行重大改动的情况下，可以使用氢气代替煤炭和石油。

（7）氢可以以气态、液态或固态金属氢化物形式出现，可以满足存储、运输和各种应用环境的不同要求。

从以上特征可以看出，氢可作为理想的新能源。

1.3 氢 气 的 生 产

氢元素几乎存在于世界各地，处处皆有，但在自然界中极少有自然氢存在，因此必须将含氢物质分解后方能得到氢气。最丰富的含氢物质是水（H_2O），其次就是各种矿物燃料（煤、石油、天然气）及各种生物质等。因此要开发利用这种理想的清洁能源，首先要开发氢源。如何将氢气提取出来，却是世界级的一大难题。现阶段制取氢气的方式有很多种，如化石燃料制氢、水分解制氢、生物质制氢等，如图1.1所示。

氢气生产途径如图1.2所示。

（a）化石燃料制氢

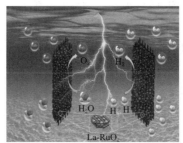

（b）水分解制氢

（c）生物质制氢

图 1.1 制取氢气方式

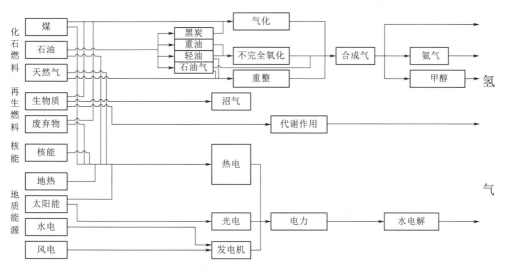

图 1.2 氢气生产途径

1.3.1 化石燃料制氢

化石燃料制氢，包括煤气化制氢、天然气制氢、石油裂解副产物制氢等。鉴于我国"富煤、贫油、少气"的资源禀赋，国内现有的制氢装置大多以煤炭为原料。据中国氢能联盟研究院统计，截至 2023 年我国氢气产量约为 3533 万 t，占世界氢产量的 1/3 以上。世界上大规模工业制氢主要通过化石原料获得，占 90% 以上，仅有 4% 的氢气是通过电解水方法得到。天然气制氢是氢气的主要来源。全球每年约

9400 万 t 氢气产量，约 48% 来自于天然气制氢，欧美大多数国家以天然气制氢为主。

燃料制氢普遍采用三种不同的化学处理过程：蒸气重整制氢、部分氧化制氢、自热重整制氢。

1.3.1.1　蒸汽重整制氢

蒸汽重整制氢有煤炭蒸汽重整制氢和天然气蒸汽重整制氢。蒸汽重整制氢工艺自工业化应用至今，是目前工业上应用最广泛、最成熟的天然气蒸汽重整制氢工艺。这个反应是吸热过程，重整过程一样需要额外的热量。天然气蒸汽重整制氢是传统的天然气制氢，自 1926 年首次应用至今，经过持续的工艺改进，是目前工业上天然气制氢应用最广的方法。

天然气蒸汽重整制氢工艺包括甲烷和水蒸气吸热转化为氢气和一氧化碳。反应所需热量通过甲烷原料气的燃烧来供应。这个过程发生所需温度为 700～850℃。反应产物中大约包含 12% 的 CO，通过水汽转移反应进一步转化为 CO_2 和 H_2，在制氢过程中主要发生的反应如下：

转化反应为

$$CH_4 + H_2O \longrightarrow CO + 3H_3$$
$$(p = 2.5MPa, T = 850℃)$$

变换反应为

$$CO + H_2O \longrightarrow CO_2 + H_2$$
$$(p = 2.5MPa, T = 350℃)$$

总反应为

$$CH_4 + 2H_2O \longrightarrow CO_2 + 4H_2$$

煤炭蒸汽重整制氢工艺通过各种不同的气化过程（如固定床、流化床或喷流床）可以利用煤炭来制取氢气，这个反应过程可以用方程式来表示，碳被转化成 CO 和 H_2。

$$C(s) + H_2O + heat \longrightarrow CO + H_2$$

这个反应是吸热过程，因此，和甲烷重整过程一样，需要额外的热量。煤的主要成分是碳，煤制氢的原理是通过利用碳取代水中的氢元素生成 H_2 和 CO_2，或通过煤的焦化（或称高温干馏）和煤的气化生成氢气和其他煤气成分。煤焦化制氢是在隔绝空气条件下，使煤在 900～1000℃ 高温下制得焦炭，该过程中所产生的气相副产物就是焦炉煤气，其中氢气含量相对较高，占焦炉煤气的 55%～60%；煤的气化是利用温度和压力使煤中的有机质与气化剂发生煤热解、气化和燃烧等化学反应，将固体煤转化为气体，该过程中会得到 CO_2、CO 和 H_2 等气态产物。一方面，直接将煤气化得到的气体产物进行净化、分离、提纯等系列处理可得到一定纯度的氢；另一方面，煤气中的 CO 可以通过水煤气变换反应制取氢气，即

$$CO + H_2O \longrightarrow CO_2 + H_2$$

还可以利用气化煤气和热解煤气的组成特性，通过气化煤气中含量相对较高的 CO_2 和热解煤气中含量相对较大的 CH_4（23%～27%）进行重整反应 $CO_2 +$

$CH_4 \longrightarrow 2CO+2H_2$ 制取氢气。通过水汽转移反应 CO 进一步转化为 CO_2 和 H_2。煤炭制氢商业化技术成熟，但这个制取过程比天然气制氢复杂。得到的氢气成本也高。传统煤制氢法工艺成熟，但仍不可避免产生大量的气体污染物，水煤气变换也存在水资源浪费的现象。而 CH_4 和 CO_2 重整制取氢气的方法作为双气头煤基多联产工艺的关键技术，是具有应用前景的方法之一。

1.3.1.2 部分氧化制氢

1. 反应机理

部分氧化工艺包括非催化部分氧化和催化部分氧化两种工艺。反应机理有两种。

（1）直接氧化机理，认为 H_2 和 CO 是 CH_4 和 O_2 直接反应的产物，反应式为

$$2CH_4+O_2 \longrightarrow 2CO+4H_2(\Delta H=-36kJ/mol)$$

（2）燃烧重整机理，部分 CH_4 先与 O_2 发生燃烧放热反应，生成 CO_2 和 H_2O，CO_2 和 H_2O 再与未反应的 CH_4 发生吸热重整反应，反应式为

$$CH_4+2O_2 \longrightarrow CO_2+2H_2O(\Delta H=-803kJ/mol)$$

$$CH_4+CO_2 \longrightarrow 2CO+2H_2(\Delta H=+247kJ/mol)$$

2. 非催化部分氧化

非催化部分氧化是在高温、高压、无催化剂的条件下，天然气直接氧化生成 H_2 和 CO 的过程。该方法需要将天然气和纯氧通过喷嘴喷到转化炉中，射流区发生氧化燃烧反应，为转化反应提供热量，反应平均温度大于 1200℃。

3. 催化部分氧化

催化部分氧化是在催化剂的作用下，天然气氧化最终生成 H_2 和 CO。整体反应为温和放热反应，反应温度为 750～900℃。此方法生成的转化气中 H_2/CO 接近 2，使用传统 Ni 基催化剂易积碳，由于强放热反应的存在，使得催化剂床层容易产生热点，从而造成催化剂烧结失活。

1.3.1.3 自热重整制氢

CH_4 自热重整工艺结合了部分氧化和蒸汽重整工艺，通过调整 CH_4、H_2O、O_2 的进料比例，可实现 CH_4 自热重整，氧化反应放出的热量提供给吸热的蒸汽重整反应，实现整个系统的热量平衡，不需要外部热源。

自热重整的优势是在可以通过调节反应体系得到较为理想产物浓度的前提下能耗尽可能小，目前的研究主要集中在抗积碳催化剂、反应条件对反应动力学影响和 H_2 纯化方面。

H_2O/CH_4、O_2/CH_4 作为关键的反应影响条件，对反应热量平衡、反应产物中各组分含量、甲烷转化率和析碳情况影响很大。

根据不同的反应压力、催化剂条件，通过调节水碳比、氧碳比，可以避免热点出现，减少析碳，得到较为理想的反应产物。

国外学者研发出了一种钯材料的选择性透氢膜，将其与流化床结合起来设计出流化床膜反应器，可以将反应产物中的 H_2 分离出来，使 CH_4 蒸汽重整反应平衡正向移动，提高 H_2 产量和 CH_4 转化率。

国内华南理工大学化学与化工学院解东来团队研发出了一种透氢膜反应器，并进行了中试测试，膜效率达到0.9。

1.3.2　水分解制氢

水作为制取氢气的原材料，因其在制取的过程中无色、无污染，随着科技的发展及对环境保护的要求，其未来发展前景一定会越来越广。

1.3.2.1　电解水

目前来说，传统的制氢技术因为电解过程中电位要求高，电解效率很低，即能耗会很大。因此，目前科学研究的重点放在了提升转化率、降低成本上，并且已经取得了一定的成果。

电解水制取氢气的过程中，需要搜集必要的化学参数（电解电压、电流密度）。在利用电解水制氢技术生产的过程中，原材料费用、设备和工具、操作与管理费用分别为80%、15%、5%。从上述的数据中可以看出，原材料的费用占了很大的比例，因此很难推广。但是在水资源丰富的地区，原材料相对来说会降低不少，可以运用电解制氢的技术，一方面，可以生产出廉价的氢气，实现资源循环利用；另一方面，非常利于经济的可持续发展。

电解水制氢是由电能提供动力，使水分子在装置的阴阳极分别电解为氢气和氧气，反应方程式如下：

阳极反应为

$$H_2O(\text{或 } O^{2-}, OH^-) - 2e \longrightarrow O_2 + H^+$$

阴极反应为

$$2H^+ + 2e^- \longrightarrow H_2$$

电解水制氢起始于碱性电解技术，目前电解水制氢设备主要有碱性电解池、固体氧化物电解池和聚合物薄膜电解池。碱性电解池制氢是研发时间最长、最为成熟的技术。固体氧化物制氢由于电解过程需要高温条件，应用条件相对苛刻，目前仍处于研发阶段。固体聚合物电解制氢因装置结构紧凑、体积较小、电解工况适应性高等优点越来越受关注。

1. 碱性电解水

碱性电解水制氢技术以碱性电解液为反应基础，阴阳电极分别浸入两个电解槽，槽之间使用隔膜分隔开来。电解池结构主要包括电极、隔膜、电解液、电解池四部分，电解液常采用碱性氢氧化钠溶液、氢氧化钾溶液或氢氧化钙溶液。特定的隔膜将电解池分隔出阴极电解区域和阳极电解区域，阴极区产生的氢气和阳极区产生的氧气彼此不混合，增加了装置的安全性。在外部电源作用下，碱性电解液中的OH^-吸附在阳极催化层，经催化后OH^-失去电子成为O_2和H_2O，产生的自由电子经阴阳极间的外接电路到达阴极。被吸附在阴极催化层的水分子获得电路供给的电子，生成氢气和OH^-。碱性电解液中部分OH^-和H_2O会通过隔膜，在两个电解槽之间发生迁移和扩散，保持槽内离子溶度的平衡，维持两极电解区域的电中性。碱性电解池结构示意图如图1.3所示。

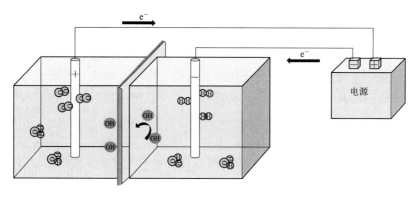

图 1.3 碱性电解池结构示意图

碱性电解水制氢技术相对简单，制氢成本较低，但制氢效率低，氢气纯度不高，同时碱性电解质存在安全问题。

2. 固体氧化物电解水

固体氧化物电解水使用电离技术，把氢和氧从高温的水蒸气中电离，工作实质是把电能和热能转化为化学能。此方法基于固体氧化物燃料电池，通常在 700～1000℃下运行。在这样的温度下，燃料电池反应更容易转换为电解反应。目前正尝试利用来源于地热、太阳能或天然气的热力来取代电解池的电力消耗，这样可以大大减少电力消耗。

在固体氧化物电解池内，水蒸气和循环氢气被输送到阴极，被吸附在阴极催化层上的水分子，在电流的作用下分解生成 H^+ 和 O^{2-}，其中 H^+ 得到外电路输送的自由电子，还原成氢气，特定的固体氧化物电解质促使 O^{2-} 迁移到阳极催化层，O^{2-} 发生氧化转变为氧气，失去的自由电子进入外电源。固体氧化物电解池的工作原理为在高温状态下，利用电离技术，把高温饱和的水蒸气进行电离，产生氢气和氧气。结构上，因为工作温度环境在 700～1000℃，电极材料需要具备多孔的特点，且电极间的电解质层要求相对致密，且材料耐高温。故此类电解池的工作实质就是利用电解技术，将电能和热能转化为氢能。固体氧化物电解池原理示意图如图 1.4所示。

固体氧化物电解水制氢，由于电极间的电解质层情况特殊，固体状态避免了其他电解池因使用液体电解质而具有的腐蚀及损耗问题，同时也简化了装置及设备。同时固态电解质相对降低了电极的材质选用限制，可减少贵金属电极的使用。但固体氧化物电解池存在高温工作环境致使的缺点，例如，由于温度原因，阴极部分材料会出现逐渐烧结的状况；阳极材料随着电解过程中氧气的产生，发生团聚反应，使得电极气孔率发生改变，催化剂的催化活性降低；长时间的高温电解，使得固态电解质与阴极部分界面材料发生反应形成高阻抗，增加能耗；高温对电解池连接材料的要求，同时高温工况造成的热能及水资源损失，增大了电解池选材要求，因此高温固体氧化物电解池相关装置，短期内无法形成大规模的实际使用。

3. 固体聚合物电解水

质子交换膜固体聚合物电解水制氢技术近年来产业化发展迅速。其制氢原理与碱性电解水制氢原理相同，但使用固态聚合物阳离子交换膜代替石棉隔膜，通过此交换膜分隔阴阳两极并传导导电氢离子。膜电极组件为固体聚合物电解水制取氢气的关键组件，通过电极与膜的集成，在很大程度上极间距缩短，有效减小析氢与析氧过电位，进一步降低固体电解质水技术的能耗。质子交换膜内亲水相与疏水相的微相分离结构引起亲水团簇的聚集，从而形成了质子传输通道。固体聚合物电解池原理示意图如图 1.5 所示。

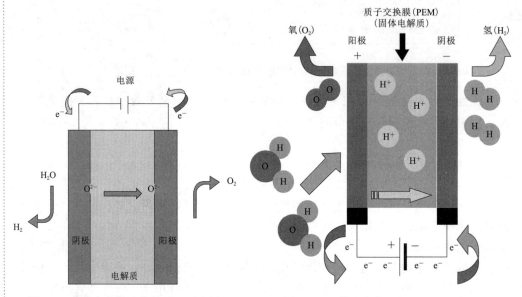

图 1.4　固体氧化物电解池原理示意图　　　图 1.5　固体聚合物电解池原理示意图

质子交换膜制氢技术无污染、运行电流密度高、转换效率高、所产氢气压力高，便于氢的传输、可以毫秒级启动，适应可再生能源发电的波动性特征，易于与可再生能源消纳相结合，是目前电解水制氢的理想方案。但是 PEM 需要使用含贵金属（铂、铱）的电催化剂和特殊膜材料，成本较高，使用寿命也不如碱性电解水制氢技术。

1.3.2.2　光解水

光电系统结合电解可以开展商业化利用。这类系统很灵活，可通过光电池产生电力或通过电解池产生氢。水光解的过程是利用光直接将水分解为氢气和氧气。和传统的技术方法相比，这类系统有很大的潜力可以减少电解氢成本。目前全球正在开展光电化学池材料科学和系统工程的基础和应用研发计划。迄今示范型太阳能—氢气转换效率可达 16%。

光电分解水过程中，在碱性环境下水分解过程的析氢及析氧反应均涉及活性中间体 $^*H$ 及 $^*O$ 的生成及消耗。

水分解过程为

$$2H_2O \longrightarrow 2H_2 + O_2$$

碱性条件下的析氢半反应为

$$4H_2O+4e^-\longrightarrow 2H_2+4OH^-$$

推测碱性条件下析氢过程反应机理为

$$H_2O+e^-+{}^*\longrightarrow {}^*H+OH^-$$

$$^*H+{}^*H\longrightarrow H_2+2^*$$

$$^*H+H_2O+e^-\longrightarrow H_2+OH^-+{}^*$$

碱性条件下的析氧半反应为

$$4OH^-\longrightarrow O_2+2H_2O(l)+4e^-$$

推测碱性条件下的析氧过程反应机理为

$$^*+OH^-\longrightarrow {}^*OH+e^-$$

$$^*OH+OH^-\longrightarrow {}^*O+H_2O(l)$$

$$2^*O\longrightarrow 2^*+O_2(g)$$

$$^*O+OH^-\longrightarrow {}^*OOH+e^-$$

$$^*OOH+OH^-\longrightarrow O_2(g)+H_2O(l)+e^-+{}^*$$

碱性条件下，水分解析氢过程中，水分子与催化剂活性位点相结合产生 *H 中间体，该活性中间体两两结合生成 H_2 分子。而析氧过程中，碱性溶液中的 OH 与活性位点相结合形成活性 OH(*OH) 中间体后结合 OH 脱去 H_2O 后形成 *O， *O 进一步结合形成 O_2 分子。

通过光电催化方式分解水产生的氢能源，不仅可直接用作燃料供能，亦可用于工业催化加氢过程制备得到高附加值精细化工产品。同时，光电解水产生的活性氧物种，亦可通过耦合工业氧化反应制备苯酚等高附加值精细化学品。通过上述光电耦合反应的方式，不仅可以避免传统催化条件下苛刻的反应条件，还可以避免氢气、氧气或双氧水等反应原料的过度消耗，从而实现资源节约的目的。

光解水制氢不同于光电解水，不需要复杂的器件结构设计，并且无需额外电能的消耗。在制取氢气时，直接将半导体催化剂微粒均匀分散在水中（通常为水和牺牲试剂的混合溶液），同时辅以光照进行反应。因此，这是分解水制备氢气最低能耗、最简单的方法。

光解水制氢的原理图如图 1.6 所示，过程大致为：第一步是光激发，在光照条件下半导体催化剂接受光子，其 HOMO 轨道（已占有电子的能级最高的轨道）上的电子受到激发跃迁到 LUMO 轨道（未占有电子的能级最低的轨道）上，产生电子空穴对；随即在第二步，成功与空穴分离的电子会继续沿着半导体分子框架进行传输，最终成功从材料的内部传送至表面到达反应位点。但会有部分电子和空穴发生复合降低激子生成率，因此在制氢过程中，通常会辅以电子牺牲试剂来中和第一步中产生的空穴以促进光生电子的生成从而完成整个光解水制氢的反应过程。

1.3.2.3 热化学水解制氢

热化学水解是指通过一系列的热化学反应将水分解为氢气和氧气的过程，最早在 1964 年由科学家 Funk 和 Reinstrom 提出，该法不是利用热量或电能直接使水分解产氢，而是在不同阶段和不同温度下在含有其他元素或化合物的水分解系统中，使得水经过多步骤反应后最终变为氢气和氧气。技术可行性和潜在高效率方面不存

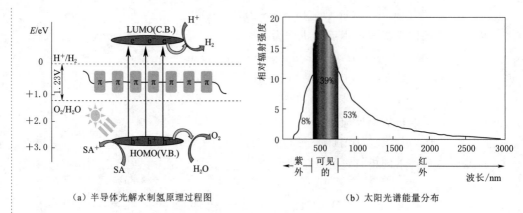

（a）半导体光解水制氢原理过程图　　（b）太阳光谱能量分布

图1.6　光解水制氢的原理图

在问题，但是要降低成本和高效循环还需要进一步商业化发展。在众多热化学循环中，碘硫循环（I-S裂解水）最具发展前景，该循环流程如图1.7所示。碘硫循环的成本低，化学过程可连续操作，在整个闭合循环中只需加入原料水。碘硫循环制氢法的预期效率可达到52%，联合制氢与发电效率可达到60%。

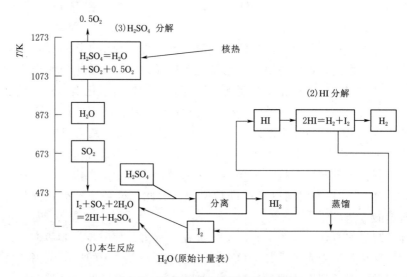

图1.7　热化学碘硫循环流程示意图

碘硫循环是一个热化学过程实例，对于这个过程，需要开展研究和发展来捕获热解产生的氢气，从而避免副反应和排除有害物质的使用。此外，还要考虑这类材料的抗腐蚀性。

1.3.3　生物质制氢

生物质制氢技术通过微生物代谢产氢的过程。与其他制氢方式相比，生物质制氢技术能够大幅降低温室气体排放，并通过废弃生物质的循环使用，进一步推动能源结构多元化，这对我国在能源、环境保护以及经济等多个领域的发展至关重要。

目前，生物质制氢技术主要包括热化学转化法制氢和微生物法制氢两大类 6 种方法，具体见表 1.1。

表 1.1　　　　　　　　　　　目前生物质制氢技术对比

技术分类		原　理	优　点	缺　点	技术水平
热化学转化法制氢	热解法	生物质热解产生三相中间产物后分解水制氢	工艺简单、具有较高的氢气产量	催化剂表面易积炭而导致其失活	部分实现大规模商业化生产
	气化法	生物质在高温下直接气化为气态含氢产物	转化速率快、经济效益高	易产生焦油、气体分离较困难	
	超临界水气化法	生物质在超临界水中气化为富氢合成气	不产生煤焦油、焦炭等	设备要求高、费用昂贵	
微生物法制氢	光发酵法	光合细菌光照、分解小分子生物质制取氢气	可在较宽泛的光谱范围内制氢	底物范围较窄、氢气产率较低	尚处于研发阶段，暂未实现商业化生产
	暗发酵法	暗发酵细菌利用氢化酶在厌氧条件下分解有机物制氢	产氢速率快、成本低	易产生有机酸副产物	
	光暗联合发酵法	综合光发酵法和暗发酵法	可最大化转化底物、产量高	不同细菌间存在相互抑制	

从表 1.1 可知，热化学转化法制氢的主要优势在于其制氢过程非常快速和高效，但是该方法往往受限于贵金属或 Ni 等常规催化剂，在工业应用上存在一定的局限性。微生物法制氢技术虽然更加节能环保，但在产氢过程中容易受到环境的影响，导致产氢效率不理想，因而尚处于实验室研发阶段。因此，为提升制氢工艺的产气率并增强微生物制氢系统的稳定性，开发高效低成本的热化学转化催化剂或将成为该领域未来发展的核心方向。

1. 热化学转化法制氢

利用热化学反应将生物质或其解聚后的生物醇、苯酚和羧酸等中间产物，转化为富含氢的可燃气体的过程，称为热化学转化法制氢。随后，通过纯化处理，可以获得纯净的氢气。这种方法适用范围广泛，制氢速率较快，因此更有利于实现大规模应用。

生物质热化学转化法主要包括热解法、气化法、超临界水气化法。其中，生物质热解法能够在完全无氧或微氧环境下均制取氢气，但该过程中容易产生焦油堵塞管道和催化剂积炭失活等问题，大大降低了生物质热解法的产氢效率。生物质气化法是指在气化剂的辅助下，生物质直接在 $700 \sim 1200℃$ 的高温下气化为富氢燃料，如氢气、一氧化碳、二氧化碳和甲烷。该方法所取得的氢气产率约为 52%，远高于热解制氢法，被认为是目前经济、高效的绿氢技术之一。而超临界水气化法生产氢气的过程包括生物质在超临界状态水中进行裂解反应，生成富气合成氢等步骤。其中，超临界状态的水（其温度和压力分别超过 $374.15℃$ 和 $22.12MPa$）比常规溶剂更优，更利于切割资源分子间的氢键，促进氢气的生成。这种技术的优势在于生物质转换率和氢气含量极高，并且不会产生像焦油和焦炭等的副产物。

2. 微生物法制氢

微生物法制氢技术即利用微生物分解有机物的能力，通过氢化酶与固氮酶两种重要酶的催化，把生物质内的水分子和有机物质化为氢气。该过程环保经济，条件温和，且能耗低，因此该技术既节能又环保。根据微生物反应环境和反应过程的不同，可将微生物制氢技术分为光发酵法、暗发酵法和光暗联合发酵法等三大类。其中，光发酵法制氢技术能通过厌氧光合微生物将有机物质变为氢气，是一种安全有效的制氢方式。光发酵法使用的微生物主要是光合紫色非硫细菌（PNS），细菌内部固氮酶是该制氢过程的关键。光发酵法制氢的效率容易受环境光源强度的改变和反应器中氧气的存在影响，二者均会阻碍固氮酶的生成，甚至可能使其效能消失。这使得诸多研究转向选择不依赖光源和固氮酶的暗发酵法制氢方式，主要依赖的菌种为梭状芽孢杆菌和肠杆菌，调控氢代谢的关键酶为菌种细胞内的氢化酶。与光发酵制氢技术相比，暗发酵法工艺可以在无光的环境中进行，不仅成本低廉且制氢速率更快，而且易于实现大规模化生产，受到研究人员的广泛关注。但是暗发酵法制氢过程中会产生的有毒副产物，如挥发性脂肪酸，导致发酵环境的 pH 下降，抑制暗发酵菌的活性，甚至会增大后期系统内残留物处理的难度。

值得注意的是，光发酵制氢技术不适用于处理纤维素、淀粉等大分子有机物，产氢效率较低，导致资源浪费。相比之下，暗发酵法却能够降解和利用大分子有机物来产氢。因此，将光发酵和暗发酵法结合，优势互补，整合成一个制氢体系，有望推动微生物发酵法制氢技术的进一步发展。

1.4　氢　能　的　存　储

1.4.1　高压气态储氢

高压气态储氢是指将氢气压缩在储氢容器中，通过增压来提高氢气的容量，满足日常使用。高压气态储氢是目前最成熟、最常用的储氢技术。该技术是在高压条件下将氢气压缩成高密度气态形式，并储存于罐体容器。高压气态储氢结构简单、成本低、充放气速度快，适应温度范围广等优点，是目前发展最成熟、应用最广泛的储氢技术之一。

1. 高压储氢容器类型

目前高压储氢容器技术的发展主要经历了金属储氢容器（Ⅰ型）、金属内衬环向缠绕储氢容器（Ⅱ型）、金属内衬环向＋纵向缠绕储氢容器（Ⅲ型）、螺旋缠绕容器以及全复合塑料储氢容器（Ⅳ型）等阶段，如图 1.8 所示。

金属储氢容器由对氢气有一定抗腐蚀能力的金属构成，优点是制造较容易，价格较便宜，但由于金属强度有限且金属密度较大，传统金属容器的单位质量储氢密度较低。而如果增加容器厚度不仅会增加制造难度，造成加工缺陷，单位质量储氢密度也进一步变低。

金属内衬纤维缠绕结构储氢容器可有效提高容器的承载能力及单位质量储氢密

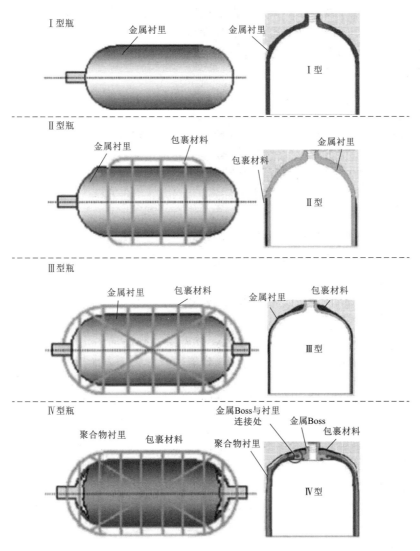

图 1.8 4 种储氢瓶剖面和内部结构图

度。该类容器中金属内衬并不承担压力载荷作用,仅仅起密封氢气的作用,内衬材料通常是铝、钛等轻金属。压力载荷由外层缠绕的纤维承担,纤维缠绕的工艺经历了单一环向缠绕、环向＋纵向缠绕以及多角度复合缠绕的发展历程。随着纤维质量的提高和缠绕工艺的不断改进,金属内衬纤维缠绕结构容器的承载能力进一步提高,单位质量储氢密度也随之提高。

采用工程热塑料材料替换金属材料作为内衬材料,同时采用金属涂覆层提高氢气阻隔效果,可进一步降低储氢容器的质量。这种结构的优点是质量轻、耐腐蚀、耐冲击、易于加工,但是其耐温性能不如金属,抗外部冲击能力也较弱,随着温度和压力增大,氢气的渗漏量增大。

2. 高压气氢加注

高压气氢加注与天然气加注系统的原理是一样的,但是其操作压力更高,安全性要求很高。加注系统通常由高压管路、阀门、加气枪、计量系统、计价系统等部件组成。加气枪上要安装压力传感器、温度传感器，同时还应具有过电压保护、环境温度补偿、软管拉断裂保护及优先顺序加气控制系统等功能。

氢气的加注可采用以下 4 种方式。

（1）直接加注。气体不经过存储容器，从压缩机出口直接输入储氢容器，达到规定的压力，该加注方法耗费时间较长。

（2）单级储气，增压加注。采用这种方式时，固定容器的压力可以低于储氢容器的充装压力，但需要在储气系统上并联一个增压压缩机。例如为了使车载气瓶压力达到 35MPa，可以先用存储于固定容器中的压力较低的气体（如 25MPa）部分充压，当压力达到平衡时，再自动启动增压压缩机，直接向储氢容器充装氢气至 35MPa。

（3）单级储气，单级加注。通过固定容器向储氢容器充气，容器不分组，而是串联起来。该加注方法要求固定容器的压力适当高于储氢容器充装压力，充装时所有固定容器的压力变化保持一致。

（4）多级储气，多级加注。通过固定容器向车载容器充气，将固定容器分成并联的数组（如分成高、低二组或高、中、低三组），并在压缩系统和储氢系统、储氢系统和加注系统之间配置优先顺序盘，按需要的顺序向固定容器和储氢容器充气。如果分为高、低两组，当低组向储氢容器加气达到压力平衡而停止充气时，就用高组充气。只要高组的压力适当高于储氢容器的充装压力，即可将储氢容器加满。同样，如果分成高、中、低三组，充装过程可能需经历两次压力平衡。各组容器均分别设定了最低压力，当高组容器中的压力降到设定的最低压力，而仍有储氢容器需要加气时，压缩系统排出的氢气可不经过分级存储系统，直接对储氢容器加气。

3. 高压储氢使用风险

（1）氢气具有易泄漏性、易燃性和易爆性。由于氢气的密度很小，高压氢气储运设备中的氢气极易泄漏。如果在开放空间，氢气扩散速度较快，风险较小；但是一旦散逸受阻，大量氢气积聚可能造成人员窒息。泄漏氢气在空间中扩散达到一定浓度的时候遇火就会燃烧，甚至爆炸。

（2）压力危险。高压氢气储运设备一般都在超过几十个大气压下使用，可存储大量的能量。因超温、充装过量等原因，设备有可能强度不足而发生超压爆炸。车用储氢容器和高压氢气储运设备，需要频繁重复充装，不但原有的裂纹类缺陷有可能扩展，而且可能在使用过程中萌发出新的裂纹，导致疲劳破坏。

（3）充装危险。高压氢气储运设备在充装气体的时候，气体介质在压力降低时会放出大量的热量，通过热的传递过程使得设备的各连接部分温度升高。温度过高可能会使充装气体的人员受到伤害，同时也改变了设备承压材料的本构关系而影响到承压能力，此外高压氢气储运设备的管理、人员培训以及设备使用的环境都会对设备带来风险。

1.4.2　液态储氢

液态储氢是一种将氢气以液态形式储存的技术，通过降低氢气的温度或增加压力，使氢气转变为液态，从而实现高密度的氢气储存。该技术具有储氢密度高的优点，液氢的体积能量密度比气态氢高约 700 倍，使得液态储氢在一些应用场景中具有显著的优势。

1.4.2.1 液态储氢容器

液态储氢设备主要有杜瓦瓶、储罐、球罐，根据液态储氢容积和应用场景的不同，其关键技术也存在差异。

1. 液氢杜瓦瓶

杜瓦瓶是一种小型真空低温容器，用于少量低温液体的储运，如图 1.9 所示。杜瓦瓶主要由内胆、外壳、绝热材料、增压装置以及各种阀门管路组成。根据使用要求，杜瓦瓶可直接提供低温液体，也可将低温液体汽化后使用，杜瓦瓶结构简单、操作灵活方便，是目前大部分实验室、医院、工业供液供气装置。

图 1.9 杜瓦瓶

相比于液氧、液氮、液氩以及液态二氧化碳等低温液体，液氢沸点更低，因此对液氢杜瓦瓶绝热性能提出更高的要求。液氢杜瓦瓶需采用多种组合绝热结构降低蒸发损耗，通常有以下 3 种被动绝热方案。

（1）高真空多层绝热与液氮冷屏相结合的绝热结构，如图 1.10（a）所示，此绝热方式能将辐射热流减少到原来的 1/200～1/150，大幅降低液氢蒸发损失，具有绝热性能优良、预冷量小、稳定时间短等优点。但结构复杂、制造困难、体积及重量较大，需消耗液氮冷源。

（2）高真空多层绝热与蒸汽冷却屏相结合的绝热结构，如图 1.10（b）所示。金属冷却屏与蒸发气体管路连接，利用冷蒸汽的显热冷却金属屏，从而降低辐射换热，减小漏热量。金属冷屏不仅可作为多层绝热的辐射屏，也可作为蒸汽冷却屏消除多层绝热材料的纵向导热，具有绝热效率高、质量轻、热平衡快等特点。

（3）高真空多层绝热与多屏绝热相结合的绝热结构，如图 1.10（c）所示。在容器颈管处安装翅片分别与各传导屏连接，屏之间缠绕多层绝热，热量通过绝热材料时被金属冷屏阻挡并传导至颈管，被排出的冷蒸汽带走，从而达到降低漏热的目的，这种绝热结构具有重量轻、成本低、易抽真空等优点。

2. 液氢储罐

生产地、使用地以及供液站等附近需较大的固定式储罐储存低温液体，常用的储罐形状有圆柱形、球形、圆锥形以及平底形，根据储罐容积的不同，储罐形状以及绝热方式也会有所差异。液氢储罐常用的结构有圆筒形及球形，圆柱形适用于几何容积小于 $500m^3$ 的储罐，绝热方式多为高真空多层绝热。圆柱形液氢储罐如图 1.11 所示。

液氢储罐对主体材料的耐低温、耐氢性要求严格，需特别注意氢脆、氢腐蚀及

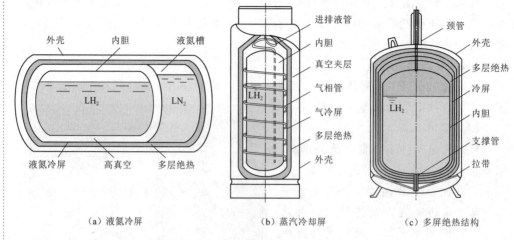

　（a）液氮冷屏　　　　　　　（b）蒸汽冷却屏　　　　　　（c）多屏绝热结构

图 1.10　液氢杜瓦瓶绝热结构

图 1.11　圆柱形液氢储罐

氢渗透的问题。氢脆是氢以原子状态渗入材料内部聚合为氢分子，产生较高的应力集中，使得材料表面发生裂纹、折皱或鼓包，超过材料强度极限；氢腐蚀是氢原子与金属材料中不稳定碳结合，造成材料脱碳，强度和韧性显著降低。常用液氢储罐材料有奥氏体不锈钢、铝合金、钛合金以及碳纤维复合材料，其中奥氏体不锈钢在低温下保持良好的力学性能，随着温度的降低，材料的抗拉强度与屈服强度均明显提高。

　　液氢储罐绝热方式的选取应根据容积、形状、日蒸发率、制造成本等多方面因素考虑，小型、移动式液氢储罐应尽可能采用重量轻、外形小的绝热形式，如高真空多层绝热、多屏绝热；超大型液氢储罐应选用制造成本低、工艺简单的绝热形式，同时对夹层空间大小以及绝热材料重量不应严格要求，如真空粉末绝热。

　　3. 液氢球罐

　　在相同直径以及压力下，球形储罐壁厚仅为圆筒形的一半，钢材用量省、占地面积小、基础工程简单，且其壁应力分布均匀。由于低温储罐漏热与其表面积成正比，相同容积下球形表面积最小，因此球形储罐是最理想的固定式液氢储存方式。球形液氢储罐如图 1.12 所示。但球罐的制造、焊接以及组装要求严格，检验工作量大，制造费用高，因此液氢球罐一般为大容积固定式储存。

大型液氢球罐起初多应用于航空航天事业，随着载人航天和空间探测活动的不断发展，液氢球罐的技术也逐渐趋于成熟。大型液氢球罐设计时需考虑地震、风、雪等载荷的影响，因此机械支撑构件是保证力学强度和提高容器绝热性能的关键。常用减少

图 1.12　球形液氢储罐

支撑结构漏热的途径有：选取热导率较低的材料、增加构件有效传热长度、保证结构强度条件下减少传热截面积、采用热阻值较大的结构型式。

1.4.2.2　液氢加注

液氢加注是液氢储存、转运及作为燃料气源或原料气源使用的关键操作之一。在液氢加注前，首先需对接收罐和加注管路系统进行置换和预冷：一方面使加注系统及接收罐内杂质含量降低至技术要求规定的指标；另一方面使接收罐壁逐渐冷却，缩小容器壁面与液氢之间的温差，保证加注过程工艺稳定和设备安全，并尽量降低液氢损耗。置换和预冷结束后，内胆中气态氢的压力和温度分布以及内胆本体的温度分布构成了液氢加注操作的初始条件，将对后续的加注过程产生影响。

液氢加注时，内胆中会持续产生复杂且时刻在变化的传热传质及相变过程，气液相比率及分布、压力分布、温度分布和速度分布等也实时动态变化。同时，在液氢加注的操作窗口内，液氢的密度、比热、动力黏度、热导率和气化潜热等热力学性质对压力和温度环境非常敏感，故研究液氢加注过程需要充分了解液氢的基本性质及其变化规律。

目前，国内液氢加注的场景比较单一，主要是火箭推进剂的地面（常重力环境）和在轨（微重力环境）加注，以及液氢槽罐车的加注（常重力环境）。根据液化天然气、液氧和液氮等低温液化气体加注的实践，提出了液氢加注应满足的主要要求：尽可能短的时间内完成加注；加注过程中罐内压力变化较平稳；加注结束时，实际加注量能达到设定值（额定充液率），且罐内压力在合理范围内，温度分层不明显。根据对液氮无排气加注性能的研究，可合理推测对于既定的液氢接收罐，加注时的重力环境、加注模式、加注位置、加注结构和加注工艺条件均会对加注总时间、总充液率、加注结束罐内压力和温度分层情况及内胆热应力和热变形等产生显著影响，因此合理的加注模式和位置、科学的加注结构设置和优化的加注工艺是保证液氢安全高效加注的前提。

1.4.3　金属氢化物储氢

金属氢化物储氢是利用储氢合金在一定的温度和压力条件下的可逆充放氢反应来实现储氢。氢吸收到储氢合金中会扩展并重新排列其晶体结构，并形成金属氢化物，新键的形成会产生额外热量。反之，氢的解吸或排放过程需要晶体的压缩使键

断裂，因此需要从环境中吸收热量。金属与氢反应的简化模型如图 1.13 所示。吸氢、放氢反应式为

$$M + \frac{n}{2}H_2 \underset{\text{放氢}}{\overset{\text{充氢}}{\rightleftharpoons}} MH_n + \Delta H$$

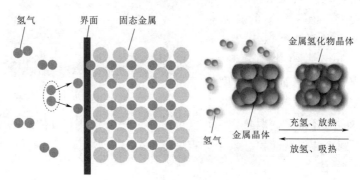

图 1.13　金属与氢反应的简化模型

式中：M 为储氢合金；MH_n 为金属氢化物；ΔH 为反应热。与传统的高压气态或低温液态储氢方式相比，金属氢化物储氢不需要高压容器，操作方便，大幅提升氢能利用的安全性、可靠性和维护便利性，是最有发展前景的储氢方式。

通过进一步分析金属与氢形成金属氢化物的难易度以及金属氢化物的稳定性，人们将金属元素分为两类：一类元素为 A 类元素，其主要为元素周期表中的第一主族到第四副族的金属，这类金属通常很容易与氢气发生化学反应，并且其生成的金属氢化物的稳定性较高；另一类元素为 B 类元素，主要分布在元素周期表中的第五副族到第八副族，这类金属很难与氢结合，氢在 B 类金属中的溶解度很低，导致金属的吸氢量不高。A 类元素主要负责金属对氢的吸收量，而 B 类元素主导着氢化反应的可逆性，二者共同作用，就构成了典型的储氢合金。几种金属氢化物分子结构如图 1.14 所示。目前，储氢合金的研究已经得到了很大发展，根据其体系以及化学计量比，主要分为 AB_5 型、A_2B_7 型、A_2B 以及 AB 型等。

1. AB_5 型稀土系储氢合金

$LaNi_5$ 合金作为 AB_5 型稀土系的典型合金，具有活化性能好、不易毒化、吸放氢速率快、平台压适中、平台滞后性好等优点，其次 $LaNi_5$ 合金在室温下既可完成吸放氢，在 25℃，0.2MPa 氢压下，其储氢量可达到 1.38wt%[❶]左右。然而 $LaNi_5$ 的循环稳定性较差，在吸氢时晶体会发生膨胀，在多次吸放氢之后，合金就会产生粉化现象，其储氢性能会明显下降，影响其实际中的应用。另外由于 $LaNi_5$ 的原料取自于稀土元素，而有限稀土元素的储量，导致了该类合金的高成本。

2. A_2B_7 型 La‐Y‐Ni 系储氢合金

近几年，镍氢电池快速发展，并迅速应用到了各个领域，而镍氢电池的电化学性能一直都是发展的重点，尤其是镍氢电池的负极材料的研究。后来科研人员在研

---

❶　wt% 表示为"质量百分比"，表示重量比及一种物质占混合物的比重。

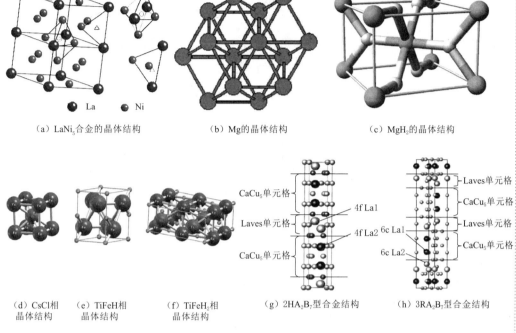

(a) LaNi$_5$合金的晶体结构　　　　(b) Mg的晶体结构　　　　(c) MgH$_2$的晶体结构

(d) CsCl相　　(e) TiFeH相　　(f) TiFeH$_2$相　　(g) 2HA$_2$B$_7$型合金结构　　(h) 3RA$_2$B$_7$型合金结构
晶体结构　　　晶体结构　　　晶体结构

图 1.14　几种金属氢化物分子结构

究中，发现 La-Mg-Ni 系合金的电化学容量可达 400mAh，并且具有良好的吸放氢性能以及容易活化，因此 La-Mg-Ni 系合金成为人们研究的重点。但该系合金的缺点也很明显，严重制约其发展。Mg 是该系合金中的关键成分，Mg 的熔点很低，且具有较高的饱和蒸气压，这就导致 Mg 在熔炼过程中挥发成颗粒非常细小的镁粉，大量的镁粉充满在空气之中，极易造成粉尘爆炸，严重增加了工业生产中的安全隐患。另外，La-Mg-Ni 在熔炼生产过程中，很难精确控制 Mg 元素的含量，对 La-Mg-Ni 电化学性能的一致性产生了影响。因此，人们开始开发研究无镁稀土系储氢合金，A$_2$B$_7$ 型 La-Y-Ni 系稀土储氢合金逐渐成为人们研究的主要对象，如 La-Mg-Ni-Co-Al-Mo 合金。

3. A$_2$B 型镁系储氢合金

镁系储氢合金的储氢容量较高，纯镁的储氢容量可达 7.6wt%，而具有代表性的 Mg$_2$Ni 合金，其储氢容量也可达到 3.6wt%。镁系储氢合金具有价格便宜、资源丰富、释放氢气纯度高、对环境友好、密度小等优点，成为近年来储氢材料发展的热点。但是镁系储氢合金吸放氢需要在高温下才能够进行，充放氢速度慢，热力学与动力学性能差。镁系储氢合金还存在活化困难、循环稳定性差等缺点，在一定程度上限制了镁系储氢合金的发展。

4. AB 型钛铁系储氢合金

TiFe 合金作为 AB 型合金的最典型代表，其最大吸氢容量可达 1.86wt%，是 LaNi$_5$ 的 1.36 倍。Ti 和 Fe 元素在我国资源丰富，可为 TiFe 合金的制备提供源源不断的原材料。稀土元素的储量是有限的，往往会影响到稀土系合金的价格，而

TiFe 合金的原材料丰富，因此价格便宜，成本低。活化好的 TiFe 合金在室温下可以快速的吸放氢，具有良好的动力学性能。其次，TiFe 合金还具有良好的循环稳定性，其循环寿命高达到 2000 次，为 $LaNi_5$ 的 4 倍。但 TiFe 合金活化条件要求高，常常需要高压以及高温（400～450℃），并且要进行多次重复活化操作，才能完全活化好。活化好的 TiFe 合金不能遇到空气中的 O_2、CO、CO_2、H_2O 等杂质气体，否则会很快失去活性，原因是 TiFe 合金的抗毒化能力很弱。

1.4.4　物理吸附储氢

物理储氢是指氢以分子的形式吸附在固体材料的表面或者间隙位置的存储方式，这种固体材料一般指比表面积较大的多孔吸附剂，氢分子与材料相互作用很弱，需在较低的温度和较高压强下储存。常见的物理储氢材料包括活性炭、活性碳纤维、碳纳米纤维、共价有机结构（COF）等。

碳基材料较轻，研究表明它们有很好的储氢能力。碳基纳米管的加氢和放氢过程较为简单，并且具有好的热稳定性和良好的孔隙结构等优点，因此得到了广泛的研究。石墨烯和活性炭由于其高孔隙率和表面积，也是很好的储氢候选者。在石墨烯中，由于静电和色散力的作用，氢分子被吸附在两层之间。材料在储氢前后的状态都必须保持稳定，研究发现，石墨烯在较低的压力范围（5～20Pa）氢化时稳定性较差。氧化石墨烯框架也是储氢的潜在候选者之一，未来仍需在该领域开展研究。物理吸附材料如图 1.15 所示。

1. 活性炭

活性炭主要是以煤、石油焦、沥青以及生物质等含碳量较高的物质为原料，通过预处理、炭化、活化和后处理等过程制得，具有较高的比表面积和发达的孔隙结构，孔隙容积一般在 0.25～0.9mL/g，微孔表面积为 500～1500m^2/g，吸附能力强且性质稳定，表面化学结构易调控，价格相对低廉，是极具潜力和竞争力的炭基储氢材料。

2. 活性碳纤维

活性碳纤维是纤维状的特殊活性炭，含有丰富的微孔结构，微孔体积可占总孔体积的 90% 以上，同时微孔直接开口于纤维表面，有助于提高吸附量和吸附速率。而且活性碳纤维表面分布着大量不饱和的碳原子，能够在生成微孔结构的同时形成丰富的表面官能团，便于针对吸附目标对象进行改性，进一步提升吸附性能。

3. 碳纳米纤维

碳纳米纤维是纤维状的碳纳米材料，相比于常规的碳纤维，其表面积、微孔容量都有了一定的提升。碳纳米纤维主要的制备方法有静电纺丝法、化学沉积法、模板法，在一定范围内，碳纳米纤维的储氢能力随着直径的减小和重量的增加而增大。经一定改性处理后的碳纳米纤维，在常温和高压条件下具有较高的储氢能力。

4. 共价有机结构（COF）

COF 是一类由强共价键（C—C，C—O，B—O，Si—C）组成的有机结构单元，形成了高孔隙度和低晶体密度的材料，具有良好的表面积、多孔的大分子结构以及可

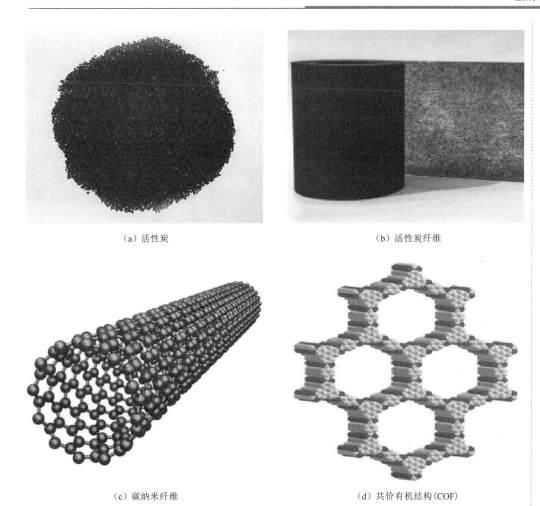

（a）活性炭　　　　　　　　　　　　　　（b）活性炭纤维

（c）碳纳米纤维　　　　　　　　　　　（d）共价有机结构(COF)

图 1.15　物理吸附材料

调的孔径，因此是很有前途的储氢材料。例如，在 50bar 和 77K 时 COF-5 的储氢能力为 3.3wt%，COF-102 在 35bar 和 77K 时为 7.24wt%。与 COF-5 的 2D 结构相比，COF-102 增强的储氢能力来源于其 3D 结构具有更大的表面积和孔径。

1.5　氢　的　运　输

　　氢的运输主要指运输低压氢气、高压氢气、液氢和固态氢（金属氢化物储氢和有机氢化物储氢等）4 种状态的氢。氢气运输技术主要有长管拖车、管道运输、液氢槽车、液氢运输船等。选择何种运输方式基于运输过程的能量效率、氢的运输量、运输过程氢的损耗、运输里程 4 点综合考虑。

1.5.1　长管拖车

　　长管拖车运氢是一种常见的氢气运输方式，将高压氢气通过拖车进行运输的方

图 1.16　长管拖车运氢

式。长管拖车运氢如图 1.16 所示。

长管拖车由拖车头和拖车两部分组成，拖车头负责提供动力，而拖车则用于存储氢气。拖车部分装备有多个高压储氢钢瓶，这些钢瓶长度约为 10m，压力一般为 20MPa，能够存储大量的压缩氢气。长管拖车的运氢量取决于储氢钢瓶的工作压力和容量，目前，20MPa 的长管拖车单车运氢量约为 350kg。

长管拖车运氢适用于短距离、小规模的氢气运输需求。由于氢气密度小、储氢容器自重大，长管拖车实际运氢重量只占总运输重量的一小部分，目前只适用于运输距离较近（运输半径 300km）、输送量较低的运输场景，随着运输距离从 50km 提升至 500km，长管拖车成本由 4.3 元/kg 提升至 17.9 元/kg，其中人工费用和油费是导致长管拖车成本快速增加的主要影响因素。

长管拖车运氢的未来发展方向主要集中在提高运输效率、降低成本、增强安全性和适应更大规模的氢能需求。预计未来长管拖车运氢压力将提升至 35MPa 甚至 50MPa，这样可以显著提高单车的运氢量，从目前的约 350kg 提升至 700kg，甚至 1200kg；通过技术进步和规模化效应，降低长管拖车的制造成本和运营成本，提高经济性；持续优化长管拖车的设计，采用更先进的安全技术和措施，如改进的卸压阀和防氢脆材料，以提高运输过程的安全性；随着氢能市场的扩大，长管拖车运氢需要适应更大规模的氢气需求，这可能涉及运输车辆的增加以及运输网络的扩展。

图 1.17　管道运输氢气

1.5.2　管道运输

氢气运输的另一个主要方式就是管道运输。由于氢气与天然气性质相似，因此，氢气在管道中运输方式也与天然气的极为类似。管道运输氢气如图 1.17 所示。

事实上，使用钢材料、焊接工艺连接的管道运输天然气时，运输压力最高可达到 8MPa，这同样可以实现氢气在管道中的运输，且现今使用的检验方法足以控制氢气的运输风险与天然气的运输风险等级在同一水平。但是氢气的管道运输还要解决一些问题，如氢气的扩散损失大约是天然气的 3 倍，材料吸附氢气后产生脆性，需要增加大量气体监测仪器，需要安装室外紧急放空设备等，这些都会使运输过程中的成本增加。目前，氢气运输管道的造价约为 63 万美元/km，天然气管道的造价仅为 25 万美元/km 左右，氢气管道的造价约为天然气管道的 2.5 倍。

低压氢气的管道运输在欧洲和美国已有 70 多年的历史。1938 年，德国 HULL 化工厂建立了世界上第一条输氢管道，全长 208km。目前，全球用于输送工业氢气的管道总长已超过 1000km，操作压力一般为 1～3MPa，输气量 310～8900kg/h，其中德国拥有 208km，法国空气液化公司在比利时、法国、新西兰拥有 880km，美国也已达到 720km。在美国，管道输氢的能量损失约为 4%，低于电力输送的电力损失（8%）。实际上，目前的天然气管道也可用来输送氢气。值得注意的是，尽量使用含碳量低的材料来制造管道，并加强维护，减少因氢脆现象（氢脆指金属由于吸氢引起韧性或延性下降的现象）而导致氢气逃逸。根据最近的氢气通过天然气管道运输研究，已经可以达到氢含量至少百分之八的运输，对于日后管道改进，天然气氢气混合运输有着不可限量的发展潜力。对于大规模集中制氢和长距离输氢来说，管道运输是最合适的。

1.5.3 液氢槽车

长管拖车运氢是一种常见的氢气运输方式，是一种将高压氢气通过拖车进行运输的方式，液氢槽车运氢如图 1.18 所示。

液氢槽车作为氢气运输的一种方式，具有一系列优点。如液氢槽车运输的氢气能量密度远高于压缩氢气。由于液氢的体积能量密度大，单位空

图 1.18 液氢槽车运氢

间可以存储更多的能量，其储存容器相对较轻，这使得液氢槽车在长距离、大规模运输氢气时更为高效。例如，一辆液氢罐车的载氢量可以达到 4000kg，而传统的 200bar 压缩氢气不锈钢储罐的载氢量仅有 400kg 左右，液氢槽车的运载能力显著提升。氢气在液化过程中，一些杂质可能会在气相中被分离出来，有助于氢气纯度提高，提升氢气的应用效率和安全性。

随着复合材料的发展及纤维缠绕工艺的不断提高，液氢瓶瓶身在不受到巨大外力冲击下出现裂纹、缺口泄漏的可能性不大，而液氢和低温氢气在供氢管道、阀和接头处发生泄漏的可能性相对更高。若供氢管道管壁上有疲劳裂纹，在液氢及低温氢气的长期侵蚀下，管道裂纹将不断延伸扩展，形成贯穿裂纹或贯穿孔导致液氢及低温氢气泄漏。阀由于阀密封圈老化问题也可能导致阀门密封性失效，导致液氢及低温氢气泄漏。管道接头处由于汽车行驶过程中的振动颠簸也有可能出现松动甚至脱落，造成液氢及低温氢气泄漏。

1.5.4 液氢运输船

液氢运输船是全球范围内分配氢源的有效运输方式，具有运输成本低、运载量大、能满足各类用户需求等优势，近年来国际上液氢运输船的设计建造项目逐渐增

多。日本是液氢运输船及相关配套设备研制的先行者，全球首艘 1250m³ 液氢运输船 Suiso Frontier 号（图 1.19）于 2021 年由日本川崎重工建造并实现首航，标志着长距离海上运输液氢成为可能。同年，川崎重工还完成了 16 万 m³ 球罐型液氢运输船概念设计并获得日本海事协会原则性认可。荷兰 C－Job 与法国道达尔能源等公司也在该年度分别牵头开发了 3.75 万 m³ 无压载球罐型、15 万 m³ 薄膜型液氢运输船等项目，加快开展液氢运输船研发设计并积极推进工程化应用。

图 1.19　液氢运输船 Suiso Frontier 号

鉴于液氢自身物理特性，船舶运输过程存在以下难点：①海上环境复杂，罐内液氢发生严重晃动，液氢较低温度易引起罐体发生冷收缩变形，增加了罐体的设计难度；②由于液氢密度较小，减少了船体压载及排水量，从船舶设计角度难以达到吃水线要求。因此液氢运输船技术门槛较高，目前仅有美国、日本、欧洲等国家和地区拥有海上运输液氢技术。

国内关于液氢运输船的设计、建造、配套关键技术的研究及相关规范的制定还处于起步阶段。沪东中华造船（集团）有限公司在 2022—2023 年相继开发的 2 万 m³ 和 4 万 m³ C 型真空绝热型液氢运输船，中国船舶及海洋工程设计研究院在 2023 年中国国际海事会展上也推出了一型 2 万 m³ 液氢运输船设计方案。液氢的海上大规模高效运输目前仍面临许多挑战，尤其是液氢的高蒸发性及船用配套技术的发展滞后，因此液氢运输船的商业化应用预计要到 2030 年以后。

1.6　氢能的利用

氢能作为一种清洁、高效、安全、可持续的新能源，主要有以下 3 种利用方式。

（1）利用氢和氧化剂发生反应释放出热能，如在热力发动机中充当燃料产生机械功。

（2）利用氢和氧化剂在催化剂作用下获取电能，如通过燃料电池化学反应生产电能。

（3）利用氢的热核反应释放出核能，如氢弹利用氢的热核反应释放出的核能，是氢能的一种特殊应用。

1.6.1 氢燃料电池

1. 氢燃料电池的基本原理

氢燃料电池是氢能的一种发电方式，与普通电池相似，由阳极、阴极和电解质组成，其工作原理可看成电解水的逆反应，即氢气与氧气发生电化学反应生成水并释放出电能。以质子交换膜燃料电池（PEMFC）为例，其发电原理如图 1.20 所示。它采用质子交换膜作电解质，当阳极和阴极分别供给氢气和氧气（或空气）时，在催化剂的作用下，氢气在阳极上氧化被离解成电子和氢质子。

$$H_2 = 2H^+ + 2e^-$$

由于质子交换膜只允许质子通过

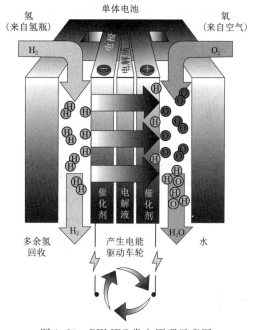

图 1.20　PEMFC 发电原理示意图

而不允许电子通过，因此阳极反应生成的氢质子可通过质子膜到达阴极，而电子则只能通过外电路和负载才能到达阴极。在阴极，氢质子和电子与氧气发生还原反应生成水，即

$$2H^+ + \frac{1}{2}O_2 + 2e^- = H_2O$$

总反应式为

$$H_2 + \frac{1}{2}O_2 = H_2O$$

与此同时，电子在外电路的连接下形成电流，向外部释放电能。根据能斯特方程，可分别计算出阳极和阴极的平衡电位以及单元电池的电动势。对氢/氧燃料电池，当生成的水为液态时，单元电池的电动热为 1.23V。但当电池工作向外输出电流时，内部将产生各种极化反应（主要有活化极化、浓差极化和欧姆极化）。

2. 燃料电池的种类

燃料电池可以按照工作温度、燃料来源和电解质来划分类型。

（1）按照工作温度划分，燃料电池可以分为低温型、中温型和高温型三类。低温型燃料电池的工作温度处于从常温到 100℃，如质子交换膜燃料电池；中温型燃料电池的工作温度处于 100～300℃，例如磷酸燃料电池；高温型燃料电池的工作温度高于 500℃，例如固体氧化物燃料电池和熔融碳酸盐燃料电池。

（2）按照燃料来源划分。燃料电池可以分为三类，第一类为直接式燃料电池，直接采用氢气作为燃料；第二类为间接式燃料电池，并不直接采用氢气作为燃料，而是通过催化重整的方法把甲醇、甲烷等化合物转换成氢气后作为燃料供应给燃料电池；第三类为再生式燃料电池，通过某种方式将燃料电池反应产生的水，重新分解为氢气和氧气，氢气作为燃料供应给燃料电池。

（3）按照电解质划分。燃料电池可以分为五类，熔融碳酸盐燃料电池（Molten Carbonate Fuel Cell，MCFC）、固体氧化物燃料电池（Solid Oxide Fuel Cell，SOFC）、磷酸燃料电池（Phosphoric Acid Fuel Cell，PAFC）、碱性燃料电池（Alkaline Fuel Cell，AFC）和质子交换膜燃料电池（Proton Exchange Membrane Fuel Cell，PEMFC）。这五类燃料电池有着各自不同的优缺点和工作条件，应用在不同的领域。燃料电池分类见表 1.2。其中，熔融碳酸盐燃料电池和固体氧化物燃料电池工作温度高；磷酸燃料电池工作温度较高，并且低于峰值功率时输出性能下降；碱性燃料电池需要纯氧作为氧化剂，使得这四类燃料电池都不适合作为燃料电池车的动力源。质子交换膜燃料电池由于可以在室温下启动，无腐蚀与电解液流失，工作寿命长，输出比功率高，比较适用于燃料电池车，是目前主要的汽车生产商研发的重点。燃料电池的类型与特征见表 1.3。

表 1.2　　　　　　　　　　　　　燃 料 电 池 分 类

简称	燃料电池类型	电解质	工作温度 /℃	电化学 效率/%	燃料、氧化剂	功率输出
AFC	碱性燃料电池	氢氧化钾溶液	室温～90	60～70	氢气、氧气	300W～5kW
PEMFC	质子交换膜燃料电池	质子交换膜	室温～90	40～60	氢气、氧气（或空气）	1～200kW
PAFC	磷酸燃料电池	磷酸	160～220	55	天然气、沼气、双氧水、空气	1～200kW
MCFC	熔融碳酸盐燃料电池	碱金属碳酸盐熔融混合物	620～660	65	天然气、沼气、煤气、双氧水、空气	2～10MW
SOFC	间体氧化物燃料电池	氧离子导电陶瓷	800～1000	60～65	天然气、沼气、煤气、双氧水、空气	100kW～10MW

表 1.3　　　　　　　　　　　　　燃料电池的类型与特征

类型	碱性	磷酸	熔融碳酸盐	固体氧化物	质子交换膜
电解质	KOH	H_3PO_4	$(Li，K)CO_3$	氧化钇稳定的氧化锆	全氟磺酸膜
导电离子	OH	H^+	CO_3^{2-}	O^{2-}	H^+
工作温度/℃	50～200	100～200	650～700	900～1000	室温～100
燃料	纯氢	重整气	净化煤气、天然气、重整气	净化煤气、天然气	氢气、重整氢
氧化剂	纯氧	空气	空气	空气	空气
技术现状	高度发展高效	高度发展成本高余热利用价值低	正进行现场实验需延长寿命	电池结构选择开发廉价制备技术	高度发展需降低成本
适用领域	航天特殊地面应用	特殊需求区域性供电	区域性供电	区域供电联合循环发电	电动汽车军用装备电源备用电源

3. 燃料电池系统

单独的燃料电池电堆不能用于发电，它必须和燃料供给与循环系统、氧化剂供给系统、水/热管理系统、控制系统等组成燃料电池发电系统，才能对外输出功率。

燃料电池系统的主要研究热点包括：使用轻质材料，优化设计，提高燃料电池系统的比功率；提高 PEMFC 系统快速冷启动能力和动态响应性能；研究具有负荷跟随能力的燃料处理器；对电池或超级电容、氢气存储进行系统优化设计，提高系统的效率和调峰能力，回收制动能量等。

燃料电池系统除燃料电池本体（发电系统）外，还有外围装置，包括燃料重整供应系统、氧气供应系统、水管理系统、热管理系统、直流—交流逆变系统、控制系统、安全系统等。

（1）燃料重整供应系统，作用是将外部供给的燃料转化为以氢为主要成分的燃料。如果直接以氢气为燃料，供应系统可能比较简单。若使用天然气等气体碳氢化合物或者石油、甲醇等液体燃料，需要通过水蒸气重整等方法对燃料进行重整。而用煤炭作燃料时，则要先转换为以氢和一氧化碳为主要成分的气体燃料。用于实现这些转换的反应装置分别称为重整器、煤气化炉等。

（2）氧气供应系统，作用是提供反应所需的氧，可以是纯氧，也可以用空气。氧气供给系统可以用马达驱动的送风机或者空气压缩机，也可以用回收排出余气的透平机或压缩机的加压装置。

（3）水管理系统，可以将阴极生成的水及时带走，以免造成燃料电池失效。对于质子交换膜燃料电池，质子是以水合离子状态进行传导的，需要有水参与，而且水少了还会影响电解质膜的质子传导特性，进而影响电池的性能。

（4）热管理系统，作用是将电池产生的热量带走，避免因温度过高而烧坏电解质膜。燃料电池是有工作温度限制的。外电路接通形成电流时，燃料电池会因内电阻上的功率损耗而发热（发热量与输出的发电量大体相当）。热管理系统中还包括泵（或风机）、流量计、阀门等部件。常用的传热介质是水和空气。

（5）直流—交流逆变系统，将燃料电池本体产生的直流电转换为用电设备或电网要求的交流电。

（6）控制系统，主要由计算机及各种测量和控制执行机构组成，作用是控制燃料电池发电装置启动和停止、接通或断开负载，往往还具有实时监测和调节工况、远距离传输数据等功能。

（7）安全系统，主要由氢气探测器、数据处理器以及灭火设备构成，实现防火、防爆等安全措施。

需要说明的是，上面所说的各个部分，是大容量燃料电池可能具有的结构。对于不同类型、容量和适用场合的燃料电池，其中有些部分可能被简化甚至取消。

图 1.21 表示西门子公司设计的 PEMFC 发电系统示意图。

图 1.22 表示燃料电池在电动汽车上的应用。

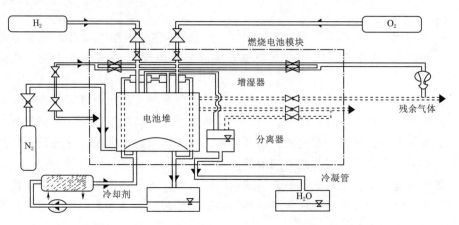

图 1.21　西门子公司设计的 PEMFC 发电系统示意图

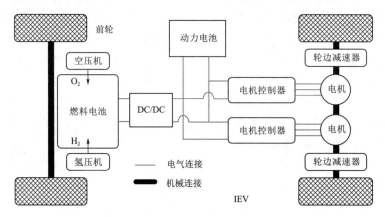

图 1.22　燃料电池汽车系统

1.6.2　氢燃烧

1. 氢燃烧特征

氢的发热值虽然比核燃料低，但却是所有的化石燃料、化工燃料和生物燃料中最高的，约 1.4×10^5 kJ/kg，是汽油发热值的 3 倍。氢的燃烧性好、点燃快，与空气混合时具有广泛的可燃范围，并且燃点高，燃烧速度快；燃烧后的产物是水，基本没有污染环境的问题，而且生成物是水，可以循环利用。氢属于洁净的燃料，其燃烧性能很特殊，故需研制相应的燃烧装置。此外如采用催化剂，还可以在无火焰状态下发出一般要求的任意温度。也可以考虑与其他燃料混合的方案。

传统的内燃机燃用氢气就具有很高的 NO_x 排放。目前有一些可应用的方法来降低 NO_x 的排放，如催化燃烧极低 NO_x 燃烧器。还有一种方法是化学链无焰燃烧，很有发展前景。它包括两个反应：金属氧化物与氢气的还原反应和金属与加压空气的氧化反应。因为属于无焰燃烧，所以反应过程中不会有氮氧化物 NO_x 生成。以往热动力装置所使用的能源一般为汽油、重油等化石碳化氢燃料，均属于有限资源，最近人们开始重视了以氢作内燃机燃料。氢燃烧是氢能利用的一种有效方式，但是从环保角度而言，还有很多问题有待解决。

氢气燃烧具有着火范围宽、火焰传播速度快和点火能量低等特性，故其燃烧效率比其他燃料要高。燃烧器是氢燃烧的关键设备。氢气还是一种理想的洁净燃料，其优点在于燃烧后没有及烟尘等污染物生成。它可以代替生成化石燃料，在工业和人民生活中可以获得广泛应用。但是利用氢燃烧存在两个问题：如果采用通常的扩散火焰燃烧，则高温下与之反应，燃烧产物中含有大量对人体有害的污染物；如果采用预混合火焰燃烧，产物中的生成量可以很大程度降低，但是容易造成回火使燃烧器烧坏，而不能保证安全燃烧。目前有两种方法可以解决这一对矛盾：一种是改进空气吸入型燃烧器的结构，使空气由火焰内部和火焰外部两路供入，使得 NO_x 生成量降低，这种燃烧器使用于高温（>1200℃）和供热强度大的装置，但是在操作时需要很好地控制燃烧条件以免回火；另一种是采用催化燃烧器，使氢气与空气通过固体催化剂层进行催化无焰燃烧，此类燃烧安全，生成量少，适用于温度低（<500℃）、热强度小的燃烧装置。应用性能优良的催化剂可以在室温下将氢和空气点燃，也可以用廉价的催化剂，既可以防止回火又可以获得良好的燃烧效率。

目前氢燃烧技术主要如下：

（1）浓淡燃烧技术。浓淡燃烧技术是在富氧燃烧和贫氧燃烧的结合，因为富氧燃烧和贫氧燃烧都极大地能够降低 NO_x 的产生。在燃烧器内形成过浓和燃料稀薄燃烧，避开了极易生成 NO_x 的理论混合比，而氢燃烧所产生的 NO_x 主要是热力型 NO_x，故采用氢的浓淡燃烧技术可以大幅度地降低 NO_x 的排放。

（2）氢与纯氧燃烧技术。氢燃烧生成的污染物主要就是 NO_x，如果能够在氢燃烧的过程中降低氮的浓度，这对于控制 NO_x 的排放无疑是十分有效的。降低氮浓度在空气燃烧时无法实现，但是在使用富氧空气或纯氧作为氧化剂燃烧时可以形成低氮燃烧。

纯氧燃烧不仅在理论上可以使得热力型 NO_x 的生成降为零，而且，由于燃烧气体中不含有与热辐射有关的氮气，因而具有能强化火焰的辐射传热以及提高传热效率的优点，彻底消除 NO_x 的生成，从而实现氢燃烧的零排放。不过该技术在实际应用中还存在一些问题，如制纯氧的高能耗，燃烧器对高温火焰的耐受性以及当燃烧器里混入被视为杂质的微量氮气或空气就会产生高浓度的 NO_x 等。

（3）氢的化学链燃烧技术。化学链燃烧（Chemical-looping Combustion，CLC）技术在 20 世纪 80 年代就被提出来作为常规燃烧的替代。化学链燃烧技术的能量释放机理是通过燃料和空气不直接接触的无火焰化学反应，打破了自古以来的火焰燃烧概念。这种新的能量释放方法是新一代的能源动力系统，它开拓了根除 NO_x 产生的新途径。氢的化学链燃烧技术原理如下：

氢与金属氧化物的反应为
$$H_2 + MO \longrightarrow M + H_2O$$
金属的氧化反应为
$$M + O_2(N_2) \longrightarrow MO$$
金属氧化物（MO）与金属（M）在两个反应之间循环使用，一方面分离空气中的氧；另一方面传递氧。通过该反应机理氢所放出的热量与氢、氧直接燃烧所放出的热量等同，但是却克服了氢/氧直接燃烧时制纯氧所消耗的能量和燃烧后水蒸气带走大量能量的致命缺陷。氢的化学链燃烧技术具有其他燃烧技术不可比拟的优越性，不仅氢能的利用效率高，考虑到环境因素，还能够完全消除 NO_x 的生成，因为金属与氧气的氧化反应是无火焰化学反应，这完全区别于传统的燃烧方式。

（4）氢的选择催化燃烧技术。氢的选择催化燃烧技术是在一定的温度和压力下，通过调控催化剂孔隙的大小，对经过的碳氢类燃料进行氢的选择性燃烧。研究表明，催化剂的还原能力越强，氢燃烧的催化活性就越高。

2. 氢燃料发动机系统

图 1.23 表示氢燃料发动机系统图。

图 1.24 表示氢燃料发动机实物图。

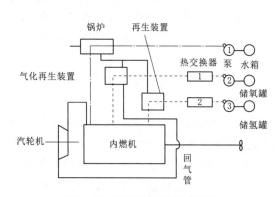

图 1.23　氢燃料发动机系统图

图 1.24　氢燃料发动机实物图

面对汽车保有量增长与能源安全、环境保护之间存在的一系列矛盾，如何实现车辆动力系统的节能和减排已成为汽车工业健康、可持续发展所必须解决的核心问题。为此，国内外学者及研究机构纷纷开展了纯电动汽车、混合动力汽车、燃料电池汽车以及新型内燃机等车辆动力系统节能减排方案的探索。

燃料电池的质子交换膜、电极、催化剂等核心零部件对材料及工艺要求较高，且其稳定运行要求燃料达到较高纯度，这使得燃料电池汽车的制造及运营成本难以在短期内被市场接受。在相当长的时间内传统内燃机仍将作为我国汽车的主要动力源，改善传统内燃机性能仍将是交通领域节能减排工作的重要内容。

早在 20 世纪中期国外就开展了对于掺氢发动机的研究，对于氢燃料的各方特点进行比较，燃烧性能高于汽油等燃料，随着技术的进步，以氢气代替汽油作汽车发动机的燃料，已经过日本、美国、德国等许多汽车公司的试验，技术可行，目前主要是廉价氢的来源问题。氢是一种高效燃料，氢燃烧所产生的能量为 33.6kW·h/kg，而且火焰传播速度快，点火能量低（容易点着），所以氢能汽车比汽油汽车总的燃料利用效率高 20%。氢的燃烧主要生成物是水，只有极少的氮氧化物，没有汽油燃烧时产生的一氧化碳、二氧化碳和二氧化硫等污染环境的有害成分。有些工业余氢（如合成氨生产）未能回收利用，倘若回收起来作为掺氢燃料，其经济效益和环境效益都是十分可观的。因此，氢能汽车是最清洁的理想交通工具。

现在有两种氢能汽车，一种是全烧氢汽车，另一种为氢气与汽油混烧的掺氢汽车。掺氢汽车的发动机只要稍加改变或不改变，即可提高燃料利用率和减轻尾气污染。使用掺氢 5% 左右的汽车，平均热效率可提高 15%，节约汽油 30% 左右。因此，近期多使用掺氢汽车，待氢气可以大量供应后，再推广全燃氢汽车。德国奔驰汽车公司已陆续推出各种类型燃氢汽车，其中有面包车、公共汽车、邮政车和小轿车。以燃氢面包车为例，使用 200kg 钛铁合金氢化物为燃料箱，代替 65L 汽油箱，可连续行车 130 多千米。掺氢汽车的特点是汽油和氢气的混合燃料可以在稀薄的贫油区工作，能改善整个发动机的燃烧状况。目前我国城市交通拥堵情况较严重，汽车发动机多处于部分负荷下运行，采用掺氢汽车尤为有利。

氢气作为发动机燃料的主要特点如下：

（1）氢气中不含有碳元素，作为燃料燃烧后会产生水，没有 HC、CO 及颗粒物产生，改善了环境污染。有害排放物单一，后处理比较容易。

（2）氢气的点火能量低，这样的性质使其不容易造成发动机失火。并且氢燃料层流火焰速度快，所需的点火提前角更小，更容易实现在上止点火。

（3）氢气在空气中扩散快，当其作为燃料时与空气混合速度特别快，对于防止泄漏来讲十分困难。

（4）氢气的着火极限广，不同当量比情况下其均可燃烧，并且其输出的功率范围更广，当燃料是稀薄的混合物时，氢燃料发动机也可以较为容易地组织燃烧。

（5）氢气的快速燃烧特性使得在高速状态下运行更加令人满意。增加功率输出，同时减少稀混合物燃料的损失。氢的极低沸点也可减少寒冷天气操作遇到问题。

1.7　加　氢　站

1.7.1　加氢站基本系统

加氢站主要包括氢制造、运输、储藏、高压设备、运行控制、加注安全措施等。截至 2024 年 2 月，我国已建成加氢站 474 座，其中在运营的加氢站一共283 座。2004 年，同济大学设计制造了第一座移动加氢站，可以为同济大学研发10 辆燃料电池汽车示范车队提供加注服务。2006 年 10 月底，北京加氢站由北京清能华通科技发展有限公司建设完成，采用美国的压缩机、储罐和加注机，加注压力35MPa，为戴克公司的燃料电池客车以及清华大学研制的燃料电池客车加注氢气。2006 年年底，北京飞驰绿能公司建成了国内第一座在站制氢加氢站——飞驰竞立加氢站，以水电解制氢，纯化后经膜压机加压储存用作汽车燃料，产气能力300N/m³，氢气储存、加注压力达到 40MPa，主要设备均为国产。此外同济大学与壳牌公司合建的上海首座固定式加氢站即将完工。德国某加氢站如图 1.25所示。

图 1.25　德国某加氢站

目前世界各地的加氢站的系统构成虽然千差万别，但是如果归纳起来可以分为四种基本系统，即在加氢站内通过燃料改制制氢的站内燃料改制型、在加氢站内通过电解水制造氢的站内水电解型、在外部制造氢以压缩氢的形式运输、储藏的站内压缩氢储藏型，另外还有以液体氢的形式运输储藏的站内液体氢储藏型，在加氢站储藏或制造的氢气通过后端的压缩机升压至 40MPa，暂时储藏在蓄压器内，通过分配器一边计量一边控制流量，利用压差加注到汽车 35MPa 的燃料罐内。对于液体氢，将氢气液化后储存在特制的绝热真空容器中，然后通过加注设备提供氢气。

另外，搭载液体氢罐的车辆利用泵或者罐的内压加注液体氢。蓄压器的容量虽然根据连续加注汽车的数量确定，但至少还需要 $2000 \sim 3000 m^3$。

现在车载用氢罐的压力标准为 35MPa，但是将来如果达到 70MPa，加氢站的压缩机和蓄压器的压力将增加到 85MPa，系统整体也将达到超高压。

上述各种加氢站的系统各有特点，因此要根据各加氢站的布局、对象车辆、预想利用状况、容易利用的氢源、经济性等来选定最适合的形式。各种形式加氢站的特点见表 1.4。

表 1.4　　　　　　　　　　各种形式加氢站的特点

类型	氢源和氢制造方法	特　点
燃料改质型	天然气、LPG、甲醇、石油类燃料的水蒸气改质和 PSA 精制	(1) 利用城市燃气、LPG、燃油供给设施。 (2) 氢成本比较低。 (3) 高温运行需要数小时启动。 (4) 不宜频繁地启动停止，保证连续运行，停止时可保温。 (5) 伴有 CO_2 的生成
水电解型	(1) 水的电解。 (2) 碱性水电解法。 (3) 固体高分子电解质水电解法	(1) 可利用可再生能源制造氢，实现 CO_2 减排。 (2) 可以用夜间电力，有利于电力负荷均衡化。 (3) 可短时间启动，操作性良好。 (4) 加压型容易制造。 (5) 小规模加氢站也适用。 (6) 电价较高的地方不利
液体氢储藏型	(1) 精制副产氢等，液化并通过油罐车运输。 (2) 加氢站储藏，气化	(1) 可同时供给压缩氢和液体氢。 (2) 可大量储藏。 (3) 气化产生尾气，需要回收
压缩氢储藏型	(1) 精制副产氢等，压缩并通过拖车运输。 (2) 通过加氢站储藏	(1) 设备便宜，系统简单，运行管理容易。 (2) 最适合汽车数量少的情况。 (3) 运输距离长的场合，氢的成本将变高

1.7.2 加氢站的组成

加氢站按加注氢气状态的不同可分为高压氢气加氢站和液态氢气加氢站。由于高压储氢可在常温下进行，氢气储罐具有结构简单、充装速度快等优点，目前大部分燃料电池车都使用氢气，因而与之配套的加氢站，绝大多数都加注高压氢气。

一个典型的加氢站由制氢系统、压缩系统、储气系统、加注系统等部分组成，如图1.26所示。当氢气从站外运达或站内制取纯化后，通过氢气压缩系统压缩至一定压力，加压后的氢气储存在固定式高压容器中，当需要加注氢气时，氢气在加氢站固定容器与车载储氢容器之间高压差的作用下，通过加注系统快速充装至车载储氢容器。

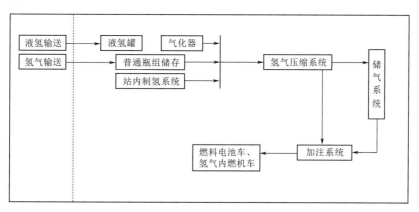

图 1.26　加氢站组成示意图

加氢站氢的来源有两种：一种是集中制氢，再通过拖车、管道等方式输送到加氢站，另一种是在加氢站内直接制氢。目前工业制氢的方法主要有煤、焦炭气化制氢天然气或石油产品转化制氢水电解制氢以及各种工业生产的尾气回收。这些制取方法国内外均有一定的成熟经验。与此同时，科学家研究出的利用生物技术、太阳能、热化学反应制氢等新方法，也将成为一种潜在的规模生产氢的途径。

1. 压缩系统

为了使氢燃料车一次充氢续驶里程达到400km左右，结合车载储氢系统的容积要求，比较理想的车载氢气储存压力为35～70MPa。氢气压缩有两种方式，一种是直接用压缩机将氢气压缩至车载容器所需的压力，储存在加氢站储氢容器中；另一种是先将氢气压缩至较低的压力储存起来，加注时，先用此气体部分充压，然后启动增压压缩机，使车载容器达到规定的压力。

2. 储存系统

氢气的储存方法很多，目前用于加氢站的主要有高压气态储存、液氢储存和金属化合物储存3种，部分加氢站还采用多种方式储存氢气，如同时液氢和气氢储存，这多见于同时加注液氢和气态氢气的加氢站。高压氢气储存期限不受限制，不存在氢气蒸发现象，是加氢站内氢气储存的主要方式。采用金属氢化物储存的加氢站主要位于日本，这些加氢站同时也采用高压氢气储存作为辅助。

3. 加注系统

氢气加注系统与加气站加注系统的原理一样，但是其操作压力更高，安全性要求更高。加注系统主要包括高压管路、阀门、加气枪、计量、计价系统等。加气枪上要安装压力传感器、温度传感器，同时还应具有过压保护、环境温度补偿、软管拉断裂保护及优先顺序加气控制系统等功能。当 1 台加氢机为两种不同储氢压力的燃料电池汽车加氢时，还必须使用不可互换的喷嘴。加注机的设计已应用工业界常采用的故障模式和效应分析程序以及过程危险性分析程序。国外一些公司都开发了加注系统，但是对这些加注系统的介绍较少。

4. 控制系统

控制系统是加氢站的神经中枢，指挥着整个加氢站的运作，对于保证加氢站的正常运行非常重要，必须具有全方位的实时监控能力。加氢站控制系统如图 1.27 所示。通过借鉴加气站的控制系统，加氢站控制系统分为两级计算机组成。前置机负责数据的采集，之后将采集到的数据上传到管理机完成数据处理、显示、保存、控制和数据上传。

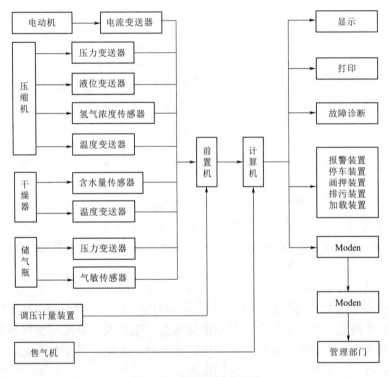

图 1.27　加氢站控制系统

硬件主要是由压力变送器、温度变送器、气敏传感器、转速传感器等，安全隔离栅、售气机通信连接器、数据采集卡、工控机、自动控制继电器输出卡、报警器和仪表柜组成；软件主要由压缩机现场采集模块、售气机通信模块、流量计通信模块、通过电话线的远程通信模块、专家系统和管理系统等组成。加氢站的控制系统，将现场设备包括压缩机系统、储气系统、加注系统等的各种实时数据如压力、温度、差压、气体浓度、流量、售气量、售气金额等传送到后台工控机进行流量计算和数据保存，并经管理系统处理后进行实时显示、数据查询、数据保存、售气累计、报表打印、自动报警、自动加载、故障停车等。

氢燃料电池汽车是通过燃料电池将氢能转化为电能来驱动汽车工作。氢燃料的来源和基础设施的匮乏是目前的主要问题，世界各国都在加紧规划对制氢设施和加氢站的建设。目前，国内建造的加氢站的模式主要是通过管束车向加氢站提供，而氢的主要来源还是化石能源的制氢。由于没有解决污染、碳排放和成本的问题，这样的模式只是现阶段的过渡模式，未来的加氢站还是需要采用更为环保的可再生能源在站制氢模式，具体如图1.28所示。

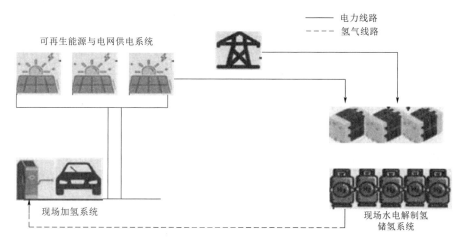

图1.28　可再生能源在站制氢模式图

在该模式下，使用大型可再生能源—水电解制氢电站的供氢网络或者小型可再生能源制氢现场制氢加氢站的模式，很好地解决了环境问题和运输问题，该模式很适合为氢燃料电池汽车提供。

1.7.3　燃料改质加氢站

1. 天然气改质装置

天然气改质型加氢站利用城市燃气的天然气管道，因此适用于大城市中的大规模加氢站，不需要氢的运输，能降低设备成本，在经济性方面也比较有利。改质器的容量为$20\sim300Nm^3/h$，与化学工厂用改质器相差悬殊，属于小型设备，与$20\sim300kW$级商业用燃料电池改质器的容量基本相同。天然气改质的基本技术已经成熟，但小型改质器在设计上自由度很大，容易表现出结构设计的优劣差别。在日本，不同于化学工厂设计观念的小型改质器和PSA（Pressure Swing Absorption）精制装置组合成的制氢装置正在大阪燃气和三菱化工机共同开发。加氢站用改质器需要满足：①占地面积小，小型轻量（可与加油站并建）；②成本低；③热损失少，效率高；④冷启动时间短（2h以内）；⑤具有能抵抗频繁启动停止引起热应力变化的构造；⑥不损害城市景观，具有紧凑、美观的密封构造。

2. 燃料改质工艺

天然气改质工艺首先把城市燃气的臭味剂中含有的有机硫磺降低到 ppm 水平，以防止改质催化剂中毒。由于改质式吸热反应，因此在改质器内部的燃烧器内把催化剂层加热到 $700\sim800℃$，并引进天然气和水蒸气进行水蒸气改质。后段的 PSA 尾气回收后送入改质器的燃烧器，作为燃料利用。在改制器内得到的以 H_2 和 CO 为主要成分的燃气通过后端的 CO 转换器，使 CO 与水蒸气反应，得到 H_2 $73\%\sim$ 77%、CO_2 $18\%\sim25\%$、CO $0.5\%\sim1.0\%$，其余为 CH_4、H_2O 的改质气体。在实际加氢站里实测精制处理后的氢的特性为 $H_2>99.99\%$、$O_2<2$ppm、CO$<$ 0.1ppm、$CO_2<1$ppm、$N_2<50$ppm、露点温度低于 $-60℃$，其纯度完全满足要求。特别是导致燃料电池催化剂中毒的 CO 浓度降到 0.1ppm 以下，完全达到要求。

3. 改质气体的精制

在燃料改质加氢站内，改质气体中的不纯物通过 PSA 精制装置被去除。PSA 使用合成沸石等吸附剂吸附不纯物实现精制，作为一个周期，经过吸附、减压、解吸、清洗、升压过程完成一个循环。通过两个以上的精制塔，各个过程的动作交替进行精制气体连续供给。吸附是在 1MPa 以下的压力下进行的，再通过返回到常压下使不纯气体解吸。氢气与其他气体相比吸附量较小，因此能容易地从与 CO_2 等的混合气体中分离和精制，得到 99.99% 以上的高纯度氢。为清洗吸附的不纯物而使用的少量氢清洗气体可以通过储氢罐回收后作为改质器的加热用燃料。精制装置一般为 4 塔式，紧凑化、精制能力提高以及降低成本是今后的课题。

1.7.4　水电解加氢站

1. 水电解装置的概要

水电解型加氢站操作简单，可用作小规模加氢站，另外，还有可利用夜间电力的优点。水电解装置如图 1.29 所示。在欧美，将太阳能电池和风力发电与商用电力并用的水电解加

图 1.29　水电解装置

氢站比较多，不过对于可再生能源的利用，水电解装置是不可或缺的。水电解装置分为强碱水电解和固体高分子水电解。强碱水电解实际成果丰富且容量较小。

水电解型加氢站的系统由受电盘、直流电源、水电解装置、除湿器、除氧器、纯水装置、压缩机、蓄压器、分配器、安全措施设备构成。

2. 强碱水电解工艺

强碱水电解装置使用氢氧化钾溶液作为电解液，电极使用镍系催化剂，并从外部供给直流电力电解纯水。电解槽分为罐型和压滤器型，压滤器型适用于加压型水电解装置。在阴极生成氢，在阳极生成氧，氧被排放到大气中，反应式为

阴极侧反应为

$$2H_2O+2e^-\longrightarrow 2OH^-+H_2$$

阳极侧反应为

$$2OH^- \longrightarrow H_2O + 2e^- + \frac{1}{2}O_2$$

水电解出 $1Nm^3$ 氢需要的电力为 $5kW \cdot h$ 左右。水电解装置分为常压型和加压型，慕尼黑机场的加氢站使用的是 $3MPa$ 的加压型。

3. 固体高分子电解质水电解工艺

固体高分子电解质水电解装置使用了与固体高分子型燃料电池相同的氟树脂系离子交换膜，阴极催化剂采用铂，阳极催化剂采用二氧化钛等贵金属催化剂。反应式为

阳极测反应为

$$H_2O \longrightarrow 2H^+ + \frac{1}{2}O_2 + 2e^-$$

阴极侧反应为

$$2H^+ + 2e^- \longrightarrow +H_2$$

在阳极，水被分解成氧、阳离子和电子，阳离子随着水和电解质膜中通过并向阴极移动，与外部回路攻击的电子结合后生成氢。

电解电池的电流密度较高，可以考虑电池层组的紧凑化，电解效率较高，制造 $1Nm^3$ 氢耗费的电力有望达到 $4kW \cdot h$ 左右。虽然有以上优点，但是由于使用材料的成本较高，还受到与电解质膜相关的技术性制约，现在只能在 $100Nm^3/h$ 以下的小型装置上使用。小型水电解装置在全世界有数百台在使用，而全世界的加氢站只有数十座。在日本高松加氢站，$30Nm^3/h$ 的实验用设备正在运行。在燃料电池汽车引进初期小容量的加氢站的开发方面，有美国加利福尼亚州伯班克市建立的 $6Nm^3/h$ 的水电解装置。如果耐久性达到要求并且成本能够降低的话，今后将会得到大规模的普及。

1.7.5 氢储藏型加氢站

在食盐电解工厂、钢铁厂产生的副产氢以及炼化厂生产氢运输到加氢站的场合，通过加压至 $19.6MPa$，用储氢瓶、加载机和大容量拖车（容量为 $2300 \sim 3100Nm^3$）运输。加氢装置如图 1.30 所示。加氢站内，把氢容器装载台车与牵引车分开保管，并与压缩机连接，加压至 $40MPa$ 后储藏在蓄压器内。这种方式有处理简单、易于维护、设备投资少等优点。不过在距工厂数百千米以外的地方，除成本高之外，在每天的加注台数达数百台的规模的大型加氢站，还存在运输次数增加导致经济性将降低等问题。因此，这种方式适用于初期汽车数量较少的加氢站。

图 1.30　加氢装置

1.7.6　氢管道输送型加氢站

氢能作为典型的二次能源，无论是通过煤制氢、工业副产氢等传统方式获得，还是通过新能源电解水制取，其高效储存运输始终是绕不开的话题，也是推广氢能电站的前提。要打通氢气储运瓶颈降低氢气成本，首先应在技术上有所突破，如积极布局合金材料储氢、液氢运输等新技术路线。

目前，我国的纯氢管道、液氢罐车、液氢船、液氢海上接收站等基础设施建设仍不完善，有些甚至尚属空白。相比之下，我国的天然气储运基础设施相对完善。基于这一现状，氢的特点、运送途径以及未来发展趋势与天然气非常相似，因此，可充分利用原有的天然气基础设施，如天然气管道掺氢、加油加气加氢合建站等，解决氢气基础设施缺乏的问题，拉动氢能终端消费潜力。

在利用产业用长距离氢管道的场合，管道的压力为 $3\sim6\mathrm{MPa}$，因此加压需要压缩机和蓄压器、分配器，不过作为这种加氢站，设备费很低。在美国和欧洲共有近 $3000\mathrm{km}$ 产业用氢管道网，有望在加氢站建设上加以利用。

迄今为止，荷兰、德国、法国、中国等国家先后开展了多个掺氢天然气管道输送系统应用示范项目。2004 年，在欧盟委员会的支持下，国际上首次开展了 NaturalHy 项目，将氢气注入高压输送管线，并通过配送管网输送至最终用户。该项目较为系统地研究了天然气管道掺氢对包括天然气输送、配送及用户终端在内的整个系统的影响，为后续的掺氢天然气管道输送系统示范应用项目创造了良好的开端。2007 年，在荷兰阿默兰岛上开展了 VG2 项目，将氢气掺入当地低热值天然气配送管网供普通家庭使用，积累了电解、混合过程以及掺氢天然气对荷兰管道和传统燃气器具性能影响的经验。2012 年，德国开展了风电制氢—天然气管道掺氢全过程示范项目，将法尔肯哈根风电制氢示范项目制取的氢气直接送入天然气管线，进行了掺氢天然气管道输送全过程技术链的示范应用；2014 年，法国开始实施 GRHYD 项目，开展了为期 5 年的混氢天然气应用示范。将氢气以 $6\%\sim20\%$ 的比例注入当地天然气管网，供健康中心和 100 户居民生活使用。2016 年，加利福尼亚大学欧文分校和 Socal 气体公司合作开展了美国首个掺氢天然气示范项目，将电解槽生产的氢气掺入学校内部的天然气管道系统。2017 年，英国开展了 HyDeploy 项目，向基尔大学专用天然气网络和英国北部天然气网络注入氢气，为住宅、教学楼、企业等供气，探索在不影响终端用户安全或改装设备的情况下，将氢气混合到全国天然气网络中的可行性。2019 年，意大利 Snam 公司将氢和天然气混合到国家天然气输送网络中，研究掺氢天然气与发电厂涡轮压缩机、储存场和燃气锅炉等用户设备的兼容性。2020 年，澳大利亚开展了 WSGG 项目，利用风/光电来电解水制氢，并将部分氢气注入 Jemena 公司的新南威尔士州天然气网络，为当地居民供暖。国内掺氢天然气管道输送系统的示范应用较少。2010 年，山西省国新能源发展集团有限公司与清华大学及中国氢能协会合作，在山西省河津市开展了掺氢天然气加气站示范项目的建设。2019 年，国家电力投资集团有限公司与浙江大学合作，在辽宁省朝阳市开展了掺氢天然气管道安全关键技术验证示范项目，进行电解水制氢—天然气掺氢—工业级民用用户供能示范，为未来氢气通过管网运输提供经验。

我国天然气管网比较完善，管道规模大，分布范围广，向已有的天然气管道掺入氢气，有利于实现氢能的大规模运输。目前我国对掺氢天然气管道输送技术的研究多集中于科研院校，相关示范应用项目经验较少，整体来说，与国际发达国家还有较大差距。

思　考　题

1. 根据生产工艺的不同，请详细说明可将氢气分为几类。
2. 氢能制取方法有哪些？
3. 电解水制绿氢技术有哪些？分别指出其优缺点。
4. 氢能储运方式有哪些？
5. 简述氢能运输方式的优缺点，并分析未来氢能运输发展方向。
6. 简述加氢站的分类及其核心设备。
7. 简述氢燃料电池原理及系统构成。
8. 目前氢能可以运用在哪些领域？
9. 国内有哪些氢能研究机构及企业？
10. 请详细阐述完整的氢能产业链。

参　考　文　献

［1］　高秀清，胡霞，屈殿银. 新能源应用技术 ［M］. 北京：化学工业出版社，2011.

［2］　向玉双. TiFe 系合金储氢性能的研究 ［D］. 上海：中国科学院上海冶金研究所，2002.

［3］　朱俏俏. 热化学硫碘制氢中 Bunsen 反应特性基础研究 ［D］. 杭州：浙江大学，2014.

［4］　朱家新. 铜基-多孔二氧化钛复合材料构筑及光催化制氢研究 ［D］. 武汉：武汉工程大学，2021.

［5］　刘欣. 非晶态 Mg－Ni 系储氢合金的制备及性能研究 ［D］. 重庆：重庆大学，2007.

［6］　陈思晗，张珂，常丽萍，等. 传统和新型制氢方法概述 ［J］. 天然气化工（C1 化学与化工），2019，44（2）：122－127.

［7］　李静. 电解水制氢的影响因素研究 ［D］. 北京：北京建筑大学，2020.

［8］　来天艺，王纪康，李天，等. 光电解水产活性氢/氧耦合加氢/氧化过程用水滑石基纳米材料 ［J］. 化工学报，2020，71（10）：4327－4349.

［9］　王文瑞. 光解水制氢线形共轭聚合物催化剂的设计合成及性能研究 ［D］. 上海：上海师范大学，2020.

［10］　李星国. 氢与氢能 ［M］. 北京：机械工业出版社，2012.

［11］　王兴国. 金属氢化物吸/放氢过程及储氢容器性能模拟研究 ［D］. 大连：大连理工大学，2022.

［12］　李兆辉. 金属氢化物反应器吸氢过程温度场实验研究 ［D］. 大连：大连理工大学，2021.

［13］　靳皎，杨会民，权亚文，等. 基于物理吸附的炭基储氢材料研究进展 ［J］. 煤炭加工与综合利用，2023（8）：74－78.

［14］　雷超，李韬. 碳中和背景下氢能利用关键技术及发展现状 ［J］. 发电技术，2021，42（2）：207－217.

［15］　丁舟波. 电动汽车燃料电池系统性能与优化设计研究 ［D］. 长沙：湖南大学，2015.

［16］ 胡英. 新能源与微纳电子技术 ［M］. 西安：西安电子科技大学出版社，2015.

［17］ 郭鹏翔. 氢发动机 EGR 与多次喷射耦合电子控制系统研究 ［D］. 郑州：华北水利水电大学，2021.

［18］ 李磊. 加氢站高压氢系统工艺参数研究 ［D］. 杭州：浙江大学，2007.

［19］ 刘晓天，尹永利，郑尧，等. 水电解制氢在电力储能系统中的应用模式 ［J］. 电力电子技术，2020，54（12）：37 - 40.

［20］ 尚娟，鲁仰辉，郑津洋，等. 掺氢天然气管道输送研究进展和挑战 ［J］. 化工进展，2021，40（10）：5499 - 5505.

第2章 储能技术与应用

2.1 引　言

随着可再生能源的迅速发展和电力系统的日益复杂化，储能技术正成为能源领域的关键技术之一。储能技术能够存储过剩的电能，并在需要时释放能量，以满足电力系统的动态需求，从而提高能源的利用效率和电力供应的稳定性。随着科技的进步和市场需求的增长，储能技术正朝着多样化、规模化、智能化的方向发展。从传统的抽水蓄能、压缩空气储能，到现代的电池储能、超级电容器、飞轮储能等，各种储能技术不断涌现，为不同应用场景提供了多样化的选择。同时，储能技术的集成应用也在不断拓展，从单一的储能系统到与可再生能源、智能电网等系统的耦合应用，储能技术的应用领域日益广泛。

2.2 储能技术原理

2.2.1 定义

在传统电力生产过程中，发电、输电、配电和用电等环节几乎同时进行，这种特性对电力系统的调度运行和控制有很大程度的影响。储能系统既可作为负荷，又可作为电源。在电力负荷低谷时段，可以利用储能系统将电能储存起来，这时储能系统充当负荷的角色；而在电力负荷高峰时段，储能系统可以释放储存的能量，为电力系统供电，这时储能系统充当电源的角色。

2.2.2 分类与发展程度

储能技术的发展是伴随着电力工业发展中存在的问题而发展起来的。电能本身不能存储，然而将电能转化为机械能、化学能或电磁能等形式即可实现存储。根据能量存储的不同可将储能方式分为电化学储能（如锂离子电池、钠硫电池、铅酸蓄电池等）、机械储能（如抽水蓄能、压缩空气储能和飞轮储能等）、电磁储能（如超导磁储能、超级电容器储能等）等四大类，储能在电力系统的应用见表2.1。国内外储能技术项目情况如图2.1、图2.2所示。

表 2.1 储能在电力系统中的应用

储能种类	额定功率	持续时间	优　点	缺　点	应用途径
抽水蓄能	$100\sim$ 2000MW	4～10h	功率大，容量大，成本低	受地理条件限制	辅助削峰填谷、黑启动和备用电源等
压缩空气储能	10～300MW	1～20h	功率大，容量大，成本低	受地理条件限制	备用电源，黑启动等
飞轮储能	5kW～10MW	1s～30min	功率密度高，寿命长	能量密度低	提高电力系统稳定性，电能质量调节等
锂离子电池	100kW～100MW	数小时	容量大，能量密度高，功率密度高，能量转换效率高	寿命短，制造成本高	辅助削峰填谷，平滑可再生能源功率输出
全钒液流电池	5kW～100MW	1～20h	容量大，寿命长	能量密度低，效率不高	辅助削峰填谷，平滑可再生能源功率输出
钠硫电池	100kW～100MW	数小时	容量大，能量密度高，功率密度高，能量转换效率高	安全顾虑	平滑可再生能源功率输出，辅助削峰填谷等
超导磁储能	10kW～50MW	2s～5min	响应速度快	能量密度低，制造成本高	电能质量调节，提高系统稳定性和可靠性
超级电容器	10kW～1MW	1～30s	能量转换效率高，寿命长，功率密度高	能量密度低	短时电能质量调节，平滑可再生能源功率输出等

迄今为止，由于电力系统缺乏有效的大量储存电能的手段，发电、输电、配电与用电必须同时完成，这就要求系统始终处于动态的平衡状态中，瞬间的不平衡就可能导致安全稳定问题。大功率逆变器的出现为储能电源和各种可再生能源与交流电网之间提供了一个理想的接口。从长远来看，由各种类型的电源和逆变器组成的储能系统可以直接连接在配电网中用户负荷附近，构成分布式电力系统，通过其快速响应特性，迅速吸收用户负荷的变化，从根本上解决电力系统的控制问题。

2.2.3　重要指标

2.2.3.1　储能规模性

储能规模性指标包括功率等级和持续发电时间/响应时间，功率等级越高、放电时间越长，储能系统的规模越大。根据各种类型电力储能系统的功率和放电时间进行比较，结合它们的应用情况，分为3种类型。

（1）大规模能源管理。抽水储能、压缩空气储能适合于规模超过100MW和能够实现每天持续输出的应用，可用于大规模的能源管理，如负载均衡、输出功率斜坡/负载跟踪。大型电池、液流电池、燃料电池、太阳能电池和蓄热/冷适合于10～100MW的中等规模能源管理。

（2）电力质量管理。飞轮、电池、超导磁能、电容反应速度快（毫秒），因此

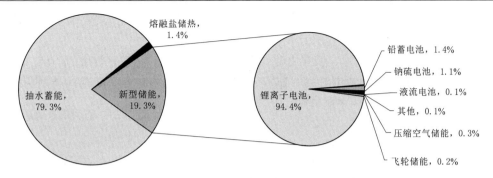

（a）全球电力储能市场累计装机规模占比（2000—2022年）

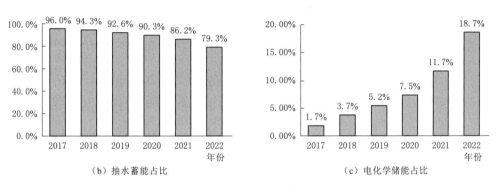

（b）抽水蓄能占比　　　　　　　　　（c）电化学储能占比

图 2.1　全球电力储能市场发展现状

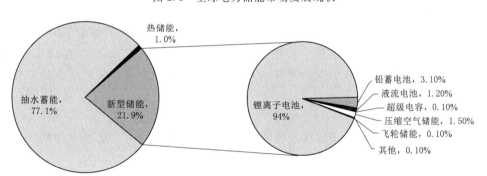

（a）国内电力储能市场累计装机规模占比（2000—2022年）

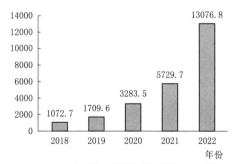

（b）2018—2022年国内新型储能市场累计装机规模/MW

图 2.2　国内电力储能市场发展现状

可用于电能质量管理，包括瞬时电压降、降低波动和不间断电源等，通常这类储能设备的功率级别小于 1MW。

（3）电能桥接。电池、液流电池和金属—空气电池不仅要有较快的响应（约小于 1s），还要有较长的放电时间（1h），因此比较适合桥接电能。通常此类型应用程序的额定功率为 100kW～10MW。

2.2.3.2　储能技术性能

1. 能量密度和功率密度

能量密度等于存储能量除以装置体积（或质量），功率密度等于额定功率除以存储设备的体积（或质量）。通过比较可知，金属—空气电池和太阳能燃料的循环效率很低，但是它们却有极高的能量密度（1000W·h/kg），而电池、蓄热/冷和压缩空气储能具有中等水平的能量密度。抽水储能、超导磁能、电容和飞轮的能量密度最低，通常在 30W·h/kg 以下。然而，超导磁能、电容和飞轮的功率密度非常高，它们更适用于大放电电流和快速响应下的电力质量管理。钠硫电池和锂离子电池的能量密度比其他传统电池的高，液流电池的能量密度比传统电池稍低。

2. 储存周期与能量自耗散率

储能周期与能量自耗散率是储能系统性能的具体体现指标，储能周期分为短期（<1h）、中期（1h 至 1 周）和长期（>1 周）。能量自耗散率等于储能系统自身的能量消耗除以储能总量。通过比较可知，抽水储能、压缩空气储能、燃料电池、金属—空气电池、太阳燃料和液流电池等的自耗散率很小，因此均适合长时间储存。铅酸电池、镍镉电池、锂电池、蓄热/冷等具有中等自放电率，储存时间以不超过数十天为宜。飞轮、超导磁能、电容每天有相当高的自充电比，只能用在最多几个小时的短循环周期。

3. 储能循环效率

储能循环效率是储能系统技术性能的最重要体现指标之一。储能系统的循环效率大致可以分为 3 种。

（1）极高效率。超导磁能、飞轮、超大容量电容和锂离子电池的循环效率超过 90%。

（2）较高效率。抽水蓄能、压缩空气储能、电池（锂离子电池除外）、液流电池和传统电容的循环效率为 60%～90%。

（3）低效率。金属—空气电池、太阳燃料、蓄热/冷的效率低于 60%。

基于热力学第一定律的储能系统效率计算为

$$\eta = \frac{\text{释放的能量}}{\text{储存的能量}} \tag{2.1}$$

式（2.1）适用于能量以机械能或电磁能形式储存的储能系统。

4. 使用寿命和循环次数

通过比较不同电力储能系统的使用寿命和循环次数，可以看出，在原理上主要依靠电磁技术的电力储能系统的循环周期非常长，通常大于 20000 次。例如，包括超导磁能和电容器。机械能或蓄热系统（包括抽水蓄能、压缩空气储能、飞轮、蓄热/冷）也有很长的循环周期。由于随着运行时间的增加会发生化学性质的变化，因此电池和液流电池的循环寿命较其他系统低。

2.2.3.3 储能经济性指标

价格成本是影响储能产业经济性的最重要因素之一。就单位电能的成本而言，压缩空气、金属—空气电池、抽水蓄能、储热技术成本较低。与其他形式储能系统相比，在已经成熟的储能技术中压缩空气储能的建设成本最低，抽水蓄能次之。尽管电池的成本近年来下降很快，但同抽水蓄能系统相比仍然较高。超导磁能、飞轮、电容单位输出功率成本不高，但从储能容量的角度看，价格很贵，因此它们更适用于大功率和短时间应用场合。总体而言，在所有的电力储能技术中，抽水储能和压缩空气储能的每千瓦时储能和释能的成本都是最低的。尽管近年来电池和其他储能技术的周期成本已在大幅下降，但仍比抽水储能和压缩空气储能的成本高出不少。

各种储能技术体现了各自的运行特性和发展特征，为解决大规模风电并网给电网带来的系列问题提供了可行解决方案。具体而言，为解决大规模风电并网增加的系统对调频及负荷跟踪备用的需求，可考虑采用充放电周期在分钟至小时级的储能介质，适用的储能技术包括镍镉电池、铅酸电池、镍金属氰化物电池、锂离子电池等储能形式；同时，为应对系统调峰需要，减小系统中基荷机组组合的挑战，可采用充放电周期在小时至日级的充放电介质，主要包括液流电池、钠硫电池、抽水蓄能、压缩空气储能、热能储能等形式。而在风电场平抑风电功率波动，可采用响应速度更快的储能介质如超级电容（Ultra - capacitor，UC）等，也可考虑采用优势互补的风电场复合储能系统（Hybrid Energy Storage System，HESS）技术。未来电网储能的主要发展方向是使用更加柔性化、多功能、灵活的储能系统。各种储能技术的应用领域比较如图 2.3 所示。

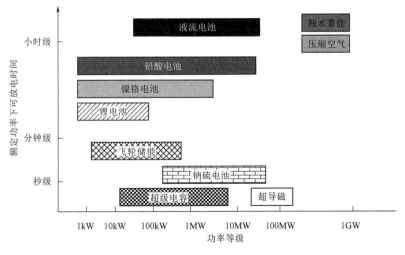

图 2.3 各种储能技术应用领域比较

2.3 电化学储能技术应用

2.3.1 电化学储能特性分析与发展

电化学储能技术不受地理地形环境的限制，具备系统简单、安装方便、运行方式灵活等优点，建设规模可以达到100kW～100MW，适用于电力系统分散式储能，也适合于构建大规模电化学储能电站，参与电力系统调峰调频，是目前国内外电力系统储能行业发展的焦点。

储能电站的储能电池选择，主要应从以下几方面进行研究：

（1）具有较高的功率密度，功率密度决定了储能设备的体积和重量，决定了电站的占地面积。

（2）具有合适的循环寿命，蓄电池的充放电循环寿命决定了电池的使用时间和储能电站全寿命期的使用成本。

（3）具有较高的充放电转换效率。

（4）设备价格，储能电池的设备投资决定了电站的初期投资水平。

（5）具有高安全性、可靠性：即使发生故障也在受控范围，不应该发生燃烧、爆炸等危及电站和人身安全的故障。

（6）环境友好，电池自身虽然没有污染，但是电池的制造和回收阶段却可能存在大规模的污染。因此选择合适的电池对环境的持续利用具有重要意义。

根据目前储能技术发展及应用项目实例，电化学储能技术路线对比见表2.2。

表2.2　　　　　　　　　　　电化学储能技术路线对比

电池类型	铅炭电池	全钒液流电池	钠硫电池	锂离子电池（磷酸铁锂）
能量密度/(W·h/kg)	25～50	15～50	100～250	130～200
循环寿命	1000～3000	>16000	2500～4000	3000～5000
倍率性能	0.25C	2～5C	5～10C	0.5～2C
充放电深度	30%～80%	0～100%	10%～85%	10%～90%
工作温度	−20～60℃	−5～40℃	300～350℃	充电 0～45℃ 放电 −20～55℃
响应速度	<10ms	毫秒级	毫秒级	毫秒级
安全性	风险较低	风险较低	工作温度高，存在钠硫泄漏风险	电池存在火灾爆炸危险
环保性	存在环境污染风险	电解液可回收	回收处理	回收处理
系统效率	75%～85%	60%～75%	>80%	80%～85%
系统成本/[元/(kW·h)]	1200～1800	4000～5000	2000～3000	1500～2500
费电成本/[元/(kW·h)]	0.45～0.7	0.7～1.0	0.9～1.2	0.5～0.9

电化学储能技术在未来能源格局中的具体功能如下：

（1）在发电侧，解决风能、太阳能等可再生能源发电不连续、不可控的问题，保障其可控并网和按需输配。

（2）在输配电侧，解决电网的调峰调频、削峰填谷、智能化供电、分布式供能问题，提高多能耦合效率，实现节能减排。

（3）在用电侧，支撑汽车等用能终端的电气化，进一步实现其低碳化、智能化等目标。

接下来介绍几种常见的电化学储能系统。

2.3.2 锂离子电池储能

2.3.2.1 锂离子电池基本信息

锂离子电池是一种重要的二次电池，其工作原理基于锂离子在电极材料和电解质中的迁移、嵌入和脱嵌过程。

2019 年 10 月 9 日，瑞典皇家科学院宣布，约翰·B·古迪纳夫（John B. Goodenough）、斯坦利·威廷汉（M. Stanley Whittingham）和吉野彰（Akira Yoshino）三位科学家获得2019 年诺贝尔化学奖（图 2.4），以表彰他们在开发锂离子电池上作出的贡献。古迪纳夫将锂电池的潜力提高了

图 2.4 2019 年诺贝尔化学奖得主

一倍，为功能更强大、更有用的电池创造了合适条件；威廷汉在开发首个功能性锂电池时，利用了锂的巨大动力来释放其外部电子；吉野彰则成功从电池中去除了纯锂，取而代之的是比纯锂更安全的锂离子。

一般来说，锂离子电池由正极、负极和电解质组成。正极和负极分别由活性材料和导电剂组成，而电解质则是介于正负极之间的液体或固体电解质。在充电时，电池外部电源提供电能，将电子从负极流向正极，同时将锂离子从正极嵌入负极。这个过程中，正极的活性材料会发生氧化反应，从而释放出锂离子和电子。同时，负极的活性材料会接受锂离子，并通过还原反应捕获电子。电解质则起到离子传输的作用，将锂离子从正极输送到负极。在放电时，电池内部储存的化学能被释放出来，负极的活性材料接受电子并与负极内的锂离子结合，形成锂化合物。同时，正极的活性材料接受负极输送过来的锂离子，并释放出电子。电子流动回到负极，完成电池电路的闭合。

目前锂离子电池技术有钴酸锂、锰酸锂、磷酸铁锂、钛酸锂等不同类型。从市场应用前景和技术成熟角度，推荐磷酸铁锂离子电池作为储能领域的首选。

正极材料通常用 Li_xCoO_2，也用 Li_xNiO_2 和 Li_xMnO_4，电解液用 $LiPF_6$＋二乙酰碳酸酯（EC）＋二甲基碳酸酯（DMC）。正极材料为 Li_xCoO_2 的锂离子电池充放电时的反应式如下：

正极为

$$LiCoO_2 \longrightarrow Li_{1-x}CoO_2 + xLi^+ + xe^-$$

负极为

$$Li_{1-x}C_6 + xLi^+ + xe^- \longrightarrow LiC_6$$

总反应为

$$LiCoO_2 + Li_{1-x}C_6 \longrightarrow Li_{1-x}CoO_2 + LiC_6$$

图 2.5 介绍锂离子电池工作原理，锂离子电池模型中的电化学模型是从电池工作机理角度出发，利用电化学原理描述电池工作过程的数学模型。这里以单粒子（Single-particle，SP）模型为例，简要介绍其基本原理。

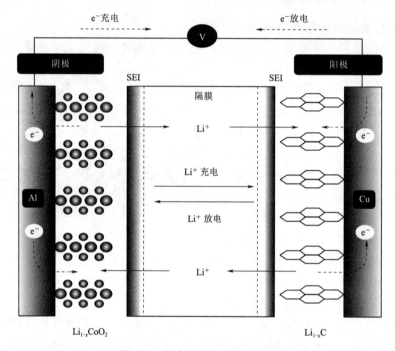

图 2.5　锂离子电池工作原理图

2.3.2.2　锂离子电池模型

1. 电化学模型

假设电池正负电极中的粒子是相同且均匀分布的，SP 模型将电池正负电极等效为两个球形活性物质颗粒，忽略内部反应的不均匀分布。进一步地，假设每个电极上只有一个粒子，扩散只发生在粒子内部，浓度极化过程被忽略。因此，SP 模型中只存在基本工作、反应极化和欧姆极化过程，其等效模型如图 2.6 所示。

在下述公式中，（a）与（b）分别代表 SP 模型中正极与负极的计算公式。

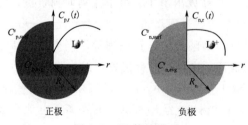

图 2.6　SP 等效模型

（1）基本工作过程。假设电极中的电流是均匀的，则集流体边界处的电流密度可近似为

$$\begin{cases} j_{\mathrm{p}}(t) \approx \dfrac{-I(t)R_{\mathrm{p}}}{3F(1-\varepsilon_{\mathrm{p}}-\varepsilon_{\mathrm{f,p}})l_{\mathrm{p}}s_{\mathrm{p}}} & (\mathrm{a}) \\[3mm] j_{\mathrm{n}}(t) \approx \dfrac{I(t)R_{\mathrm{n}}}{3F(1-\varepsilon_{\mathrm{n}}-\varepsilon_{\mathrm{f,n}})l_{\mathrm{n}}s_{\mathrm{n}}} & (\mathrm{b}) \end{cases} \tag{2.2}$$

式中　$j_{\mathrm{i}}(t)$——正负离子电流密度；

　　　$I(t)$——负载电流；

　　　R_{i}——活性物质的粒子半径；

　　　F——法拉第常数；

　　　ε_{i}——材料的孔隙率；

　　　$\varepsilon_{\mathrm{f,t}}$——填充材料的体积分数；

　　　l_{i}——正负极板的厚度；

　　　s_{i}——极板的面积。

平均锂离子浓度 $C_{\mathrm{i,avg}}^{s}(t)$ 与活性材料中电流密度之间的关系可定义为

$$\frac{\mathrm{d}}{\mathrm{d}t}C_{\mathrm{i,avg}}^{s}(t) = -\frac{3j_{\mathrm{i}}(t)}{R_{\mathrm{i}}}, \quad C_{\mathrm{i,avg}}^{s}(0) = C_{\mathrm{i,0}}^{s} \tag{2.3}$$

其中，初始离子浓度 $C_{\mathrm{i,0}}^{s}$ 被定为

$$\begin{cases} C_{\mathrm{p,0}}^{s} = y_{0}C_{\mathrm{p,max}}^{s} & (\mathrm{a}) \\[2mm] C_{\mathrm{n,0}}^{s} = x_{0}C_{\mathrm{n,max}}^{s} & (\mathrm{b}) \end{cases} \tag{2.4}$$

式中　y_{0}、x_{0}——正负电极活性材料中初始锂离子浓度和最大锂离子浓度的比率。

类似地，$y_{\mathrm{avg}}(t)$ 和 $x_{\mathrm{avg}}(t)$ 分别表示活性材料中的平均和最大锂离子浓度的比值，即

$$\begin{cases} y_{\mathrm{avg}}(t) = \dfrac{C_{\mathrm{p,avg}}^{s}(t)}{C_{\mathrm{p,max}}^{s}} & (\mathrm{a}) \\[4mm] x_{\mathrm{avg}}(t) = \dfrac{C_{\mathrm{n,avg}}^{s}(t)}{C_{\mathrm{n,max}}^{s}} & (\mathrm{b}) \end{cases} \tag{2.5}$$

电极中活性物质的最大可用容量受电池极板参数影响，可用表示为

$$Q_{\mathrm{i}} = C_{\mathrm{i,max}}^{s}F\left[(1-\varepsilon_{\mathrm{i}}-\varepsilon_{\mathrm{f,i}})l_{\mathrm{i}}s_{\mathrm{i}}\right] \tag{2.6}$$

综合等式（2.2）～式（2.6），可以求得正负电极平均离子浓度为

$$\begin{cases} y_{\mathrm{avg}}(t) = y_{0} + \displaystyle\int_{0}^{t} \dfrac{I(\tau)}{Q_{\mathrm{p}}}\mathrm{d}\tau & (\mathrm{a}) \\[4mm] x_{\mathrm{avg}}(t) = x_{0} - \displaystyle\int_{0}^{t} \dfrac{I(\tau)}{Q_{\mathrm{n}}}\mathrm{d}\tau & (\mathrm{b}) \end{cases} \tag{2.7}$$

全电池 SOC 表示剩余容量与总容量之比，其计算过程为

$$\mathrm{SOC}(t) = \mathrm{SOC}(t_{0}) - \frac{\eta}{Q_{\mathrm{all}}}\int_{t_{0}}^{t} I(\tau)\mathrm{d}\tau \tag{2.8}$$

式中　η、Q_{all}、t_{0}——电池的充放电效率、最大可用容量和初始时刻。

根据等式（2.7）和式（2.8）可得

$$\begin{cases} y_{\text{avg}}(t) = y_0 + \dfrac{D_{\text{p}}}{\eta}\big[\text{SOC}(t_0) - \text{SOC}(t)\big] & (a) \\[3mm] x_{\text{avg}}(t) = x_0 - \dfrac{D_{\text{n}}}{\eta}\big[\text{SOC}(t_0) - \text{SOC}(t)\big] & (b) \end{cases} \tag{2.9}$$

式中，D_i 表示化学计量数的最大变化范围。电池的开路电压 U_{ocv} 由正负极活性物质表面的离子浓度决定，即

$$U_{\text{ocv}}(t) = U_{\text{p}}\big[y_{\text{surf}}(t)\big] - U_{\text{n}}\big[x_{\text{surf}}(t)\big] \tag{2.10}$$

当电池采用低倍率电流充放电时，可以近似认为正负电极粒子表面的离子浓度和平均离子浓度是相等的，则开路电压可以表示为

$$U_{\text{ocv}}(t) \approx U_{\text{p}}\big[y_{\text{avg}}(t)\big] - U_{\text{n}}\big[x_{\text{avg}}(t)\big] \tag{2.11}$$

（2）反应极化过程。在电池的充放电过程中，由于电极上的电化学反应速率小于电子移动速度，则会形成反应极化现象。根据 Butler - volmer 动力学方程描述了反应速率和反应电势之间的数学关系，活性极化电压可以建立

$$U_{\text{act},i}(t) = 2RT(t)F^{-1}\ln\left\{ \frac{m_i(t) + \big[m_i^2(t) + 4\big]^{0.5}}{2} \right\} \tag{2.12}$$

$$\begin{cases} m_{\text{p}}(t) = \dfrac{-P_{\text{act}}I(t)}{3Q_{\text{p}}\{c_0\big[1 - y_{\text{surf}}(t)\big]y_{\text{surf}}(t)\}^{0.5}} & (a) \\[4mm] m_{\text{n}}(t) = \dfrac{P_{\text{act}}I(t)}{3Q_{\text{n}}\{c_0\big[1 - x_{\text{surf}}(t)\big]x_{\text{surf}}(t)\}^{0.5}} & (b) \end{cases} \tag{2.13}$$

其中

$$P_{\text{act}} \approx \frac{R_i}{k_i}$$

式中 P_{act}——电化学反应的速率常数，反映了活化极化的难度；

k_i、R_i——电极的反应速率常数和粒子半径。

（3）欧姆极化过程。欧姆极化是电池在工作过程中，由于电极材料阻抗、电解质阻抗、隔膜阻抗和 SEI 膜引起的一种极化现象。当电流施加到电池上时，欧姆极化电势 U_{ohm} 会瞬间产生，可以定义为

$$U_{\text{ohm}}(t) = R_{\text{ohm}}I(t) \tag{2.14}$$

式中 R_{ohm}——电池欧姆内阻。

基于上述分析可知，SP 模型的电压输出可以表示为

$$\begin{aligned} U_{\text{t}}(t) &= U_{\text{ocv}}(t) - U_{\text{act}}(t) - U_{\text{ohm}}(t) \\ &= U_{\text{p}}\big[y_{\text{avg}}(t)\big] - U_{\text{n}}\big[x_{\text{arg}}(t)\big] - U_{\text{act,p}}(t) + U_{\text{act,n}}(t) - U_{\text{ohm}}(t) \end{aligned} \tag{2.15}$$

2. 等效电路模型

等效电路模型是一种由电压源、电阻、电容等电子器件搭建成的电池模拟电路，可以有效模拟电池电压动态特性。这里以 Thevenin 模型为例，介绍其原理及建模过程。

图 2.7 展示了锂离子电池 Thevenin 模型，其中 U_{ocv} 代表电池开路电势，其数值受电池荷电状

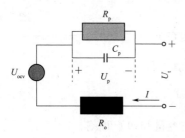

图 2.7   Thevenin 模型

态影响，它反映的是电池稳态响应特性。欧姆内阻 R_0、极化电阻 R_p 和极化电容 C_p 反映的是电池瞬态响应特征。根据电路原理，该电路的电压动态特性可以表示为

$$\dot{U}_p = -\frac{1}{R_p C_p} U_p + \frac{1}{C_p} I \tag{2.16}$$

$$U_t = U_{ocv} - U_p - R_o I \tag{2.17}$$

其中 $\qquad U_{ocv} = s_0 + s_1/z + s_2 z + s_3 z^2 + s_4 \ln z + s_5 \ln(1-z) \tag{2.18}$

式中 U_t、U_p、I——电池端电压、极化电压和负载电流，其中，电流充电为负；

    R_p 和 C_p——极化电阻和极化电容；

    U_{ocv}——电池开路电压，它是 SOC 的函数；

$s_i(i=0,1,\cdots,5)$——OCV - SOC 经验公式系数；

     z——电池 SOC。

3. 等效热模型

锂离子电池在充放电过程中不可避免伴随热量生成，在电芯、外壳和周围空气之间形成了热传递。首先，电池内部的热量通过热传导传递至电池外壳，电池外壳的热量与周围环境形成热对流，可以采用如下热平衡方程描述电池热动态行为。

$$\rho^i c^i \frac{\partial T^i(x,t)}{\partial t} = \lambda^i \frac{\partial^2 T^i(x,t)}{\partial x^2} + q_{rea} + q_{ohm} + q_{rev} \tag{2.19}$$

式中   角标 $i \in \{p,n,s\}$——正、负电极和隔膜；

    ρ、c、λ 和 T——电池材料密度、比热容、热系数和温度；

    q_{rea}、q_{ohm} 和 q_{rev}——电池反应热、欧姆热和可逆热。

$$q_{rea} = -[I(t) - I_e^i(x,t)]\frac{\partial \Phi_s^i(x,t)}{\partial x} - I_e^i(x,t)\frac{\partial \Phi_e^i(x,t)}{\partial x} \tag{2.20}$$

$$q_{ohm} = Fa^i J^i(x,t)\eta^i(x,t) \tag{2.21}$$

$$q_{rev} = Fa^i J^i(x,t)T^i(x,t)\Delta_s^i \tag{2.22}$$

式中 $I(t)$、$I_e^i(x,t)$——电池负载电流和材料中的电流密度；

$\Phi_s^i(x,t)$、$\Phi_e^i(x,t)$——电极电势和电解质电势；

    a、J——电极材料中固体颗粒表面积和锂离子通量；

    Δ_s——熵变。

根据上式可知，电池温度特性受多种因素影响，包括电池材料属性、负载电流等。该热模型含有偏微分项，其求解过程十分复杂，难以形成工程应用。现有研究提出了一种简化基于集总参数的圆柱形锂离子电池等效径向热模型。假设电池中是所有位置材料密度、导热系数、比热系数等参数都是一致的，则等效径向热模型可以简化为如图 2.8 所示。

$$\dot{T}_c = \frac{T_s - T_c}{R_c C_c} + \frac{Q_{gen}}{C_c} \tag{2.23}$$

$$\dot{T}_s = -\frac{T_s - T_c}{R_c C_s} + \frac{T_e - T_s}{R_u C_s} \tag{2.24}$$

式中 T_s、T_c、T_e——电池表面温度、核心温度和环境温度；

R_u、R_c——电池外壳与环境的热对流电阻和电芯与电池外壳的热传导电阻；

Q_c、Q_u——电池传热量和散热量；

Q_{gen}——电池产热功率，受电压和负载电流影响，计算为

$$Q_{gen} = I(U_t - U_{ocy}) + IT\frac{\partial U_{ocy}}{\partial T} \tag{2.25}$$

等式右边第一项代表欧姆电阻和极化电阻产生产热总功率，第二项代表由电极过电位引起发热功率。

2.3.2.3　锂离子电池特点

锂离子电池具有电压高、体积小、质量轻、自放电率低、比能量高、无记忆效应、环境适应能力强、循环寿命长等优点，其作为一种发展前景十分理想的绿色环保新电源，已被广泛应用于手机、笔记本电脑等各种电子产品中，并逐渐扩展到了新能

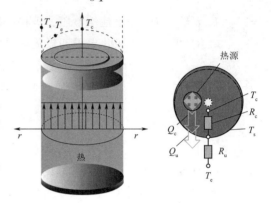

图 2.8　等效径向热模型

源电动汽车、航空航天以及军事装备等领域，变成了推进国民经济发展、保障国家边防安全的核心电子器件。锂离子电池的发明和应用，奠定了无线、无化石燃料社会的基础，使得人们可以进入一个可持续发展并且更清洁的社会，图 2.9 显示了锂离子电池发展进程。

然而，锂离子电池的缺点仍然不可忽视。锂离子电池具有化学和电气双重风险，目前被归类为第 9 类危险品。首先是衰老问题，与其他充电电池不同，锂离子电池的容量会缓慢衰退，与使用次数有关，也与温度有关。这种衰退的现象可以用容量减小表示，也可以用内阻升高表示。因为与温度有关，所以在工作电流高的电子产品更容易体现。用钛酸锂取代石墨似乎可以延长寿命。其次是回收率也相对较高，大约有 1% 的出厂新品因种种原因需要回收，市场上的锂离子电池至少存在 14 种不同类型的阴极材料，对回收、储存和运输都提出了重大挑战，需要更为安全的技术和操作。而且锂离子电池成本较高，不能大电流放电，需要保护线路控制以防过充和过放，还存在安全系数较差，存在爆炸风险。只有解决了锂离子电池在回收方面的可扩展性、低成本、安全性和环境可持续性，才可能从碳基经济向可持续能源转型，并减少化石燃料的使用和大量减少温室气体排放。

2021 年 7 月 30 日，澳大利亚最大的特斯拉储能项目维州大电池被曝发生火灾。据了解，该电池储能项目储能容量为 300MW/450MW·h，为澳大利亚目前最大的电池储能项目。图 2.10 为某储能电站事故图片。

2.3.2.4　应用实例

1. 晋江 100MW·h 级储能电站

2020 年 5 月 8 日，国家能源局福建监管办公室为福建省投资开发集团有限责任

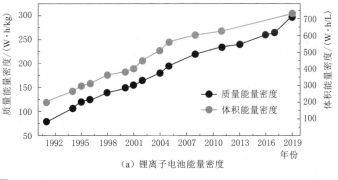

（a）锂离子电池能量密度

（b）价格历史趋势变化

图 2.9 锂离子电池发展进程

图 2.10 某储能电站事故

公司所属的晋江闽投电力储能科技有限公司颁发全国首张独立储能电站电力业务许可证（发电类），标志着我国目前最大的电网侧大型锂电储能电站—晋江桐林储能电站，获得了进入电力市场的合法身份，标志着我国大型锂电储能按照国家的能源规划，从"十三五"的示范阶段进入"十四五"大规模商业化运行阶段。图 2.11 为晋江 100MW·h 级储能电站电池室。

该项目由宁德时代新能源科技股份有限公司（以下简称宁德时代）负责整个储能系统的系统集成（电池系统＋PCS＋EMS），电池单体循环寿命可达 12000 次。2020 年 1 月 14 日项目顺利并网，标志着宁德时代承担的国家"十三五"智能电网

图 2.11　晋江 100MW·h 级储能电站电池室

技术与装备专项《100MW·h 级新型锂电池规模储能技术开发及应用》项目在基础研究和市场应用方面取得了重大突破。

该项目特点如下：

（1）目前国内规模最大的电网侧站房式锂电池储能电站。

（2）电力调频性能卓越，远超常规调频机组。

（3）是国内首家非电网企业管理的独立并网大规模储能电站。

2. 湖南耒阳 200MW/400MW·h 电化学储能电站

2022 年 12 月 27 日，由比亚迪储能供货的湖南耒阳 200MW/400MW·h 电化学储能电站（目前单站容量最大）成功并网，作为当地一期两台 21 万 kW 火电机组关停的替代能源供应点，该电站将有效缓解用电高峰期电力缺口压力。

该电站采用的比亚迪储能 1500V 电网级液冷储能产品 Cube T28，是全球首款通过 UL9540A 电芯层级、模组层级以及单元层级测试产品，具有极高安全性，兼容全球储能标准，可在全生命周期内充分保障储能电站安全可靠稳定运行。

2.3.3　铅酸蓄电池储能

铅酸蓄电池（LAB）是主要的二次电化学电源之一，被认为是最成熟的二次电池技术，应用广泛，如汽车起动机电池、不间断供电的备用电池以及与太阳能家用系统结合使用的大容量蓄电池。如图 2.12 所示为铅酸蓄电池样品。迄今为止，铅酸蓄电池仍占据主导地位，并将继续成为除便携式信息技术设备以外的大多数应用中使用的主要电化学电源。2013 年，全球电池市场规模为 540 亿美元，其中铅酸蓄电池市场占 60% 以上（330 亿美元）。2015 年，铅酸蓄电池市场持续增长至 370 亿美

图 2.12　铅酸蓄电池样品

元。2013 年，铅酸蓄电池储能 3.3 亿 kW·h，其中起动点火电池、工业电池、电动自行车电池等主要类型分别占 64％、33％和 3％。铅酸蓄电池还可用于各种并网和远程供电系统的储能。随着社会发展和工业化进程的加快，能源危机和严重的环境问题呼唤着可再生清洁能源。在储能应用方面，铅酸蓄电池是一项较为合理的投资，对于可再生清洁能源的储能系统而言，它将在未来几十年继续大量使用。

铅酸蓄电池由作为正极活性材料（PAM）的 PbO_2、作为负极活性材料（NAM）的 Pb 以及 H_2SO_4 水溶液电解质组成。正极和负极的固化浆料由各种二价铅化合物混合物组成，包括 $PbO - PbSO_4$（1BS）、$3PbO - PbSO_4 - H_2O$（3BS）、$4PbO - PbSO_4$（4BS）、PbO_2 和 Pb。形成过程是将固化浆料转化为具有电化学活性的多孔材料：正极为 PbO_2，负极为 Pb。图 2.13 为铅酸蓄电池充放电反应原理图。

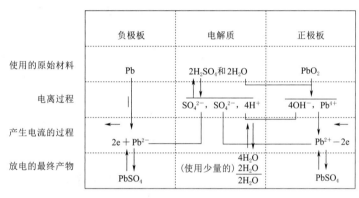

（a）放电反应

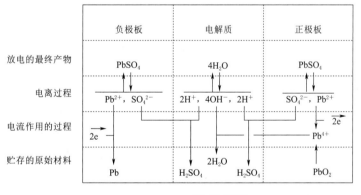

（b）充电反应

图 2.13　铅酸蓄电池充放电反应原理图

铅酸蓄电池的电化学原理方程式如下：

（1）释能方程式。

负极为

$$Pb - 2e^- + SO_4^{2-} = PbSO_4$$

正极为

$$PbO_2 + 2e^- + SO_4^{2-} + 4H^+ = PbSO_4 + 2H_2O$$

总反应为

$$PbO_2+2H_2SO_4+Pb=2PbSO_4+2H_2O$$

（2）储能方程式。

负极为

$$PbSO_4+2e^-=Pb+SO_4^{2-}$$

正极为

$$PbSO_4+2H_2O-2e^-=PbO_2+4H^++SO_4^{2-}$$

总反应为

$$2PbSO_4+2H_2O=PbO_2+2H_2SO_4+Pb$$

放电和充电之间的物质交换在理论上是可逆的。但在实际情况中，$PbSO_4$ 晶体并不能完全转化为 Pb 和 PbO_2，PbO_2 会从正方形网格中降解脱落。这些现象造成了严重的容量损失，甚至使铅酸蓄电池失效。

铅酸蓄电池是化学电池中市场份额最大、使用范围最广的电池，特别是在启动电池与大型储能电站等应用领域，在较长时间内尚难以被其他新型电池替代。铅酸蓄电池价格较低，具有技术成熟、高低温性能优异、稳定可靠、安全性高、资源再利用性好、市场竞争优势明显等优势点。相对于其他电池金属材料，铅资源比较丰富，铅储量和再生铅保证铅酸蓄电池产业可持续发展的年限相对较长，铅酸蓄电池大量应用，较长时间内不会造成铅资源短缺。

铅酸蓄电池不足之处在于：能量密度偏低、循环寿命偏短、尺寸和重量大，主要原材料铅是一类有毒物质，电池生产和再生铅加工过程中存在铅污染风险，管理不善可能会对环境和人体健康造成危害。

德国柏林 BEWAG 的小型电池储能系统设施于 1986 年安装，用于西柏林调峰和调频。投入使用后，它是世界上最大的铅酸电池储能系统。从 1987 年初到 1993 年运行了近 7 年。1993 年 12 月，BEWAG 并入西欧电网，解决了频率偏差的问题。随后，小型电池储能系统继续提供热储备，直到电池使用寿命结束。在该电池 9 年的使用寿命（1987—1995 年的大部分时间）中非常成功，几乎没出现任何问题。在提供频率调节和热储备的 7 年期间，电池的容量或周转率约为其标称 14MW·h 容量的 7000 倍，即约 98GW·h。BEWAG 电池由 12 串电池组并联组成，每串电池组有 590 节电池（7080 节电池）。这些电池被配置为 1416 个模块，每个模块有 5 节电池。每个电池的容量为 1000Ah；因此标称电池容量为 12000Ah 或约 14MW·h（1180V）。这些电池由 Hagen 制造，采用富液式铜拉伸金属（CSM）技术，具有增强的负极板电导率。电池通过 4 个并联转换器连接到 30kV 配电线路。当提供频率控制时，转换器被编程为将功率限制在 8.5MW。当提供热储备时，功率限制增加至供应 17MW。

2.3.4　钠硫电池储能

钠是锂的低成本替代品，在世界各地均有分布。地壳和水中钠含量分别为 28400mg/kg 和 1000mg/L。当钠作为负极与适当的正极材料耦合时，它能够提供大于 2V 的电池电压。高电压和低质量的组合导致了在可充电电池中使用钠作为负极材料来获得高比能量的可能性。钠硫（Na-S）电池和钠离子电池是目前国内外研究最多的钠电池。

Na-S 电池的主要组成部分是 β-氧化铝固体陶瓷电解质和液态钠、硫电极。钠硫电池组件由 3 个主要的子系统组成：大量的电气和机械连接的电池，一个热外壳维持温度在 300～350℃ 范围内，以及用于初始加热和去除电池余热的热管理系统。传统的钠硫电池是由液态的 Na 和 S 构成的工作温度在约 300℃ 的高温电池。如图 2.14 所示为钠硫电池原理示意图。

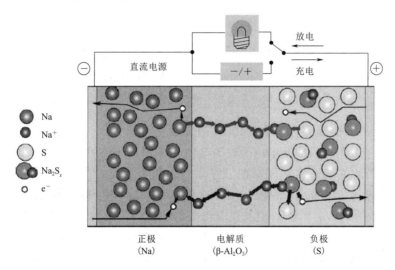

图 2.14 钠硫电池原理示意图

在硫/长链多硫化物电池充放电过程中，Na-S 电池中发生的电化学反应可表示如下：

阳极为

$$Na \longleftrightarrow Na^+ + e^-$$

阴极为

$$nS + 2Na^+ + 2e^- \longleftrightarrow Na_2S_n (4 \leqslant n \leqslant 8)$$

总反应为

$$nS + 2Na \longleftrightarrow Na_2S_n (4 \leqslant n \leqslant 8)$$

对于钠硫电池，电动势可以使用形成的吉布斯自由能来计算。与 Na_2S_3 和 Na_2S_2 的形成相对应，钠硫电池的电动势分别为 2.09V 和 1.96V。图 2.15 为高温钠硫电池在不同放电阶段下的相位电压曲线。

$$2Na + 3S \longrightarrow Na_2S_3 (\Delta G_f = -403.584 kJ/mol, E_o = 2.09V)$$
$$2Na + 2S \longrightarrow Na_2S_2 (\Delta G_f = -378.427 kJ/mol, E_o = 1.96V)$$

由于具有高能量密度，Na-S 电池的理论比能量较高，能达到 760W·h/kg，然而实际的比能量（150W·h/kg）也为铅酸电池的 10 倍；Na-S 电池的开路电压在高工作温度（350℃）下可以实现 2.076V；Na-S 电池因在无自放电和无副反应

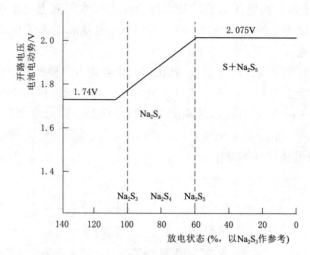

图 2.15　高温钠硫电池在不同放电阶段下的相位电压曲线

方面占据明显的优势，使其具有 100％的充放电效率，Na-S 电池在很短时间内（20～30min）就可以完成充电；Na-S 电池具有较长的利用寿命（15 年），可以连续充放电 2 万次左右；电池密封的，在运行过程中不会产生有害物质，对环境友好；Na-S 电池结构紧凑，容量大，它们可被商业化应用于储能系统。

但在室温条件下，Na-S 电池也有自身的缺点，其最大的缺点就是安全性比较差，由于原材料特别易燃，所以安全问题要特别注意；其次室温 Na-S 电池严重的穿梭效应导致其循环稳定性差，容量衰减快，库仑效率较低，硫的导电性差等。容量快速衰减和库仑效率低下的主要原因是钠硫电池在充放电过程中形成了溶解的多硫化钠中间体（NaPSs），其会渗透隔膜，然后被还原为不溶性的 NaPSs，在阳极侧沉淀后就会导致活性物质的损失，这种现象被称为"穿梭效应"。除此之外不溶性短链 NaPSs，如 Na_2S_2 和 Na_2S，容易引起缓慢的电化学反应。

日本 NGK Insulators 公司是最大的 Na-S 电池供应商，其 Na-S 电池系统自 2002 年以来已在全球 190 个地点安装，总产量超过 450MW，存储容量为 3000MW·h。表 2.3 是根据东京电力 2011 年 2 月 15 日的统计数据，Na-S 电池储能应用的分布情况。在统计的 99 个 Na-S 电池储能站中，共计 185MW，负荷均衡是其主要功能之一。Na-S 电池的储能应用与其高能量密度相匹配。

表 2.3 分别给出了我国和日本 Na-S 电池的特性参数，表明我国 Na-S 电池的性能与日本接近，尽管其他性能如电池性能的一致性、电池系统的循环寿命和电池安全性等仍需经受实践的严峻考验。

表 2.3　　　　　　　　　　我国和日本 Na-S 电池的特性参数

国　家	容　量	尺　寸	质量能量密度 /(W·h/kg)	体积能量密度 /(W·h/L)	效率/%
日本	1.22kW·h（632Ah）	φ91mm×516mm	222	367	89
中国	1.11kW·h（650Ah）	φ94mm×550mm	155	290	>90

续表

国　家	容　量	尺　寸	质量能量密度/(W・h/kg)	体积能量密度/(W・h/L)	效率/%
日本	52.6kW/421kW・h	2200mm×760mm×640mm	117	170	86
中国	25kW/200kW・h	1600mm×1200mm×900mm	70	115	>80

2012 年，上海电气钠硫电池储能技术有限公司在国内成立，致力于钠硫电池的量产和商业化应用。典型的电池产品是 25kW 组件，其在密封的热箱中包含约 180 个单体电池。2015 年年初，兆瓦时级 Na－S 电池储能站已投入运行上海崇明岛，作为微电网应用示范的重要贡献部分。

2.4　机械储能技术应用

2.4.1　机械储能特性分析与发展

机械储能是一种将能量转化为机械形式，并在需要时将其释放出来的能量储存技术。它利用物理原理和机械设备，将能量转化为机械运动或势能，并通过合适的装置将其储存起来，以便在需要时将其释放出来，以供应电力系统或其他能源需求。机械储能技术可以在能源系统中起到平衡供需、调节负荷和提供备用电力等方面的作用。

（1）机械储能的类型。

1）势能储能。通过提升物体的高度或拉伸弹簧等方式，将能量转化为重力势能或弹性势能，以实现能量储存。典型的势能储能装置包括重力式储能、压缩空气储能和弹簧储能等。

2）动能储能。通过将旋转或线性运动的部件（如飞轮、活塞等）进行加速来转换和储存能量。这些能量可以在需要时被释放，驱动发电机或其他负载工作。

3）压缩储能。通过气体或流体压缩到高压状态，将能量储存起来。当需要释放能量时，可以通过放松压力，使压缩介质释放能量，驱动涡轮机或发电机发电。

（2）机械储能的优点。

1）高效性。机械储能系统通常具有较高的能量转化效率，能够将输入的能源有效地转化为机械能或电能，并在需要时再次转化为可用能。

2）可靠性和长寿命。机械储能系统通常采用物理原理和机械设备，相对稳定可靠，并且寿命较长。其组成部件相对简单，并且容易进行维护和修复。

3）灵活性。机械储能系统可以根据需要进行快速响应，提供功率和能量的平衡。它们可以快速启动和停止，并且能够提供瞬时的大功率输出。

4）多种应用领域。机械储能技术具有广泛的应用领域。它们可以用于调节电力系统负荷、平衡电力需求和供应之间的差异，以及支持可再生能源的集成与利用等。

（3）机械储能的限制。

1）占地面积。某些机械储能技术需要占用较大的空间来安装设备，如飞轮储能和压缩空气储能系统，这在有限的土地资源下受到限制。

2）能量损失。在能量转化和储存过程中，机械储能系统会存在一定的能量损失。这些损失包括机械摩擦、传输损耗和转化效率等方面。

3）成本较高。机械储能系统通常需要建造复杂的设备和基础设施，这使得其成本相对较高。此外，机械储能系统的维护和运营也需要一定的成本投入。

4）适用性受限。不同类型的机械储能技术适用性有所不同，如飞轮储能适用于短时高功率需求，而压缩空气储能适用于长时间的能量储存。因此，在选择和应用机械储能技术时需要考虑其适用性和经济性。

5）技术挑战。机械储能技术仍然存在一些技术挑战，如飞轮材料的耐久性、压缩空气储能系统的效率和容量等方面。需要进一步研发和改进以提高性能和可靠性。

6）环境影响。机械储能系统在运行过程中会产生噪音和振动，对周围环境和居民造成一定影响。此外，部分机械储能技术涉及液体或气体的排放和处理，需要考虑环境保护的问题。

机械储能的原材料主要包括金属合金、复合材料、高性能轴承和电子元件等。这些材料在制造飞轮、压缩空气储能设备和其他机械储能系统中起到关键作用。机械储能应用行业涵盖了能源存储、电力调节、可再生能源集成和工业领域等。它可以平衡电力供需、提供备用电源、支持可再生能源消纳，并为工业过程提供稳定的能量供应。随着能源转型和可再生能源发展，机械储能行业正迎来快速发展，成为推动能源转型和实现可持续能源未来的重要组成部分。

随着全球对可再生能源的需求不断增长，机械储能市场也在迅速扩大。特别是在可再生能源发电过程中，机械储能系统可以充当关键的角色，平衡能源供应和需求之间的差异。此外，机械储能技术还可以应用于电网稳定、峰谷调节和备用能源供应等领域，为能源行业提供了更多的解决方案。

2.4.2　抽水蓄能

抽水蓄能电站的组成包括上水库、下水库、厂房和输水系统。图 2.16 为抽水蓄能电站工作原理图，图 2.17 为两种地下抽水蓄能电站枢纽布置示意图。主要建筑物有上水库、引水道和调压井、可逆式水轮机组、下水库等。如果压力隧洞直接从上水库取水，则引水道和调压室可以省略；如果尾水隧洞较短，则尾水调压室也可以省略。常规抽水蓄能电站上、下水库均为地表水库。为区别于常规抽

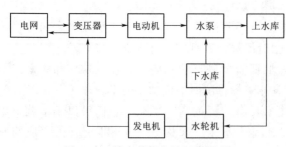

图 2.16　抽水蓄能电站工作原理

水蓄能电站,将上水库建在地面、下水库建在地下的称为半地下式抽水蓄能电站;将上水库和下水库均建在地下的称为全地下式抽水蓄能电站。半地下式和全地下式抽水蓄能电站统称为地下抽水蓄能电站。

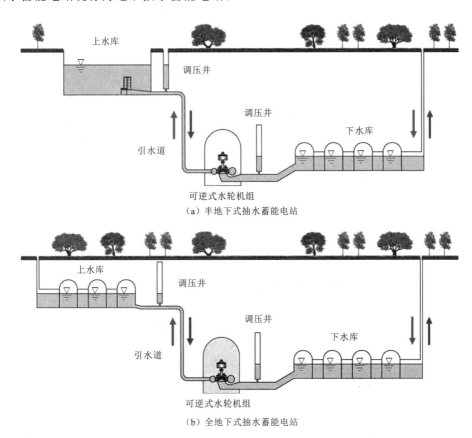

(a) 半地下式抽水蓄能电站

(b) 全地下式抽水蓄能电站

图 2.17 两种地下抽水蓄能电站枢纽布置示意图

抽水蓄能利用电能和水势能的相互转化进行能量存储,具有规模大、运行费用低、寿命长、储能周期不受限制等优点,是目前为止技术最成熟、使用最可靠、最安全,最具大规模开发潜力并且经济性最优的储能技术。抽水蓄能系统可以提供巨大的能量储存容量,能够储存数千兆瓦小时的电能。这种大规模的储能能力使得抽水蓄能适用于电网的长期调峰和能量平衡。抽水蓄能有着较强的调峰能力,作为目前最为成熟、容量最大的储能设备,抽水蓄能电站具有启动快速、工作方式灵活的特点,在调峰方面发挥着重要作用。抽水蓄能的能量转换效率较高。在储能过程中,电能转化为潜在能(水位高度),并在发电时再将潜在能转化为电能。一般情况下,能量转换效率可达 70%~80%,这使得抽水蓄能成为一种相对高效的能源储存方式。抽水蓄能系统的设计寿命较长,通常可达 50 年以上。其主要组成部分(如水泵、水轮机等)都是经过长期使用验证的成熟技术,具有较高的可靠性。抽水蓄能不会直接排放任何气体或温室气体,对环境的污染较小。同时,抽水蓄能还可以在弃水发电过程中有效利用降解的水能,提供额外的清洁能源。表 2.4 总结了部分地下抽水蓄能电站关键设计参数。

表 2.4　　　　　　　　　　部分地下抽水蓄能电站关键设计参数

电 站 名 称	电站类型	巷道长度 /km	发电水头 /m	调节库容 /万 m³	装机容量 /MW
美国 Mount Hope 工程	半地下	—	810	620	2040
美国 Summit 工程	半地下		671	957	1500
奥地利 Pfaffenboden 工程	半地下	1.5	—	134	300
德国 Grund 工程	全地下	25	700	24～26	100
德国 Prosper - Haniel 工程	半地下	15.5	560	60	200
西班牙 Asturian 工程	半地下	5.7	300～600	17	23.52
南非 FWR 工程	全地下级联	67	2400～3000	100	1230

虽然抽水蓄能有着诸多优点，但是抽水蓄能也存在不足，如建设成本高，地理限制严格等问题。抽水蓄能系统需要适合建设水库的地理条件，包括地势高差、水源等因素。由于这些限制，只有一部分地区适合建设抽水蓄能系统。如今，全球抽水蓄能电站数量持续增长，部分地形条件良好的站点已位处生态功能区，而环境保护的呼声日益强烈，常规抽水蓄能电站选址愈发困难。抽水蓄能系统有着较高的建设成本。其需要建造两个水库和连接两个水库的导水管道，还需要安装水泵和水轮机等设备。这些大规模的基础设施投资往往需要巨额资金，增加了项目的经济风险性。此外，抽水蓄能系统还需要大片土地用于建设水库和相关设施，可能导致土地资源的竞争和生态系统的破坏。抽水蓄能系统需要大量的水资源进行循环利用，可能对当地水资源供需产生影响，并引发与其他水利用需求的冲突，例如灌溉、饮用水等。

国网新能源吉林敦化抽水蓄能电站 1 号机组已于 2021 年 6 月 4 日正式投产发电，2022 年 4 月 26 日实现全部投产，可为东北电网安全稳定运行和促进新能源消纳提供坚强保障，如图 2.18 所示。敦化电站可说是国内抽水蓄能技术的一个里程碑，是国内首次实现 700m 级超高水头、高转速、大容量抽水蓄能机组的完全自主研发、设计和制造，额定水头 655m，最高扬程达 712m，装机容量为 1400MW，其中包含 4 台单机容量 350MW 可逆式水泵水轮机组，且在机组运行稳定性、电缆生产工艺、斜井施工技术上皆有所突破，还克服了施工过程中低温严寒所造成的问题。敦化抽水蓄能电站完工投产，可发挥调峰、填谷、调频、调相、事故备用及黑启动等储能应用，可提高并网电力系统的稳定性与安全性，并促进节能减排。

2.4.3　压缩空气储能

2.4.3.1　压缩空气储能原理

传统压缩空气储能系统是基于燃气轮机技术，利用电能和空气内能转化进行能量储存的系统。传统压缩空气储能系统具有容量较大、周期长、寿命长、投资相对小等优点，但由于其不是一项独立的技术，必须同燃气轮机电站配套使用，依赖燃

图 2.18 敦化抽水蓄能电站

烧化石燃料提供热源，且依赖大型储气室，如岩石洞穴、盐洞、废弃矿井等，因此应用也受到地理条件的限制。

压缩空气储能的工作原理包括 4 个主要步骤：压缩、储存、释放和能量转换。图 2.19 为传统压缩空气储能系统示意图。初始阶段，环境中的空气被引入压缩机，通过电动机将空气压缩到较高压力水平，会导致空气温度的升高。压缩后的空气被输送到储气罐中，通常是地下的腔室或洞穴，储气罐可以起到能量储存的作用，可在储气罐内长期保存高压空气，待需要能量时再释放。当能量需求出现时，高压空气从储气罐释放，通过打开释放阀门，压缩空气进入膨胀机（如涡轮机或活塞发动机），释放期间，空气会膨胀，并驱动膨胀机产生动力或驱动发电机以产生电力。膨胀机通过驱动发电机将机械能转换为电能，并将其输送到电网或用于供电。同

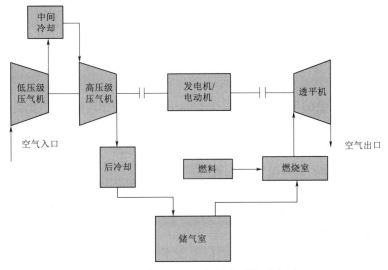

图 2.19 传统压缩空气储能系统示意图

时，释放的空气温度会升高，这些热量可以被回收和利用。

21 世纪初，随着环境保护的重要性日益突出，不少学者针对不需要使用化石燃料的绝热压缩空气储能（A‑CAES）系统开展了研究工作。得益于发展迅速的热能存储（TES）技术，欧洲 Alstom 公司联合其他 18 所高校与科研机构，以绝热压缩空气储能技术为基础，在 2003—2006 年开展了先进绝热压缩空气储能（AA‑CAES）系统示范工程建设，以评估 AA‑CAES 系统的运行特性。该系统示意图如图 2.20 所示。

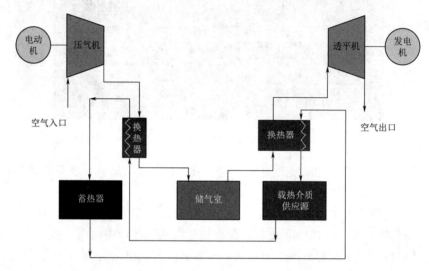

图 2.20　AA‑CAES 系统示意图

如图 2.20 所示，AA‑CAES 系统利用热存储器收集并存储多级压缩、中间冷却过程释放的热量，在系统对外做功阶段将存储的热量提供给温度较低的高压空气，完成多级膨胀、中间再热过程。通过这种方式，AA‑CAES 系统充分利用了空气在压缩过程中产生的热量，避免了化石燃料的使用。

2.4.3.2　AA‑CAES 系统热力学建模

AA‑CAES 系统主要包括压气机、透平机、换热器、蓄热器、储气室、载热介质供应源、电动机和发电机等部件。

1. 工作阶段

AA‑CAES 系统的工作过程可以分为两个阶段，即储能阶段和释能阶段。在储能阶段，空气经过压气机巧缩，升压升温后进入换热器，与来自载热介质供应源的温度较低的载热介质进行热量交换，降温后进入储气室存储；同时，吸热升温后的载热介质进入蓄热器，存储吸收的热量。在释能阶段，储气室释放存储的空气。高压低温的空气首先进入换热器，与蓄热器释放的温度较高的载热介质进行热量交换，升温后进入透平机做功，随后排放至大气；经过换热降温后载热介质由载热介质供应源回收并存储。

为了使 AA‑CAES 系统达到较高的电效率（定义为释能阶段输出电能与储能阶段输入电能的比值）和热利用率（定义为释能阶段利用热量与储能阶段存蓄热量

的比值），储能阶段可采用多级压缩、级间冷却模式，释能阶段则采用多级膨胀、级间再热模式。本书以多级系统为例，建立 AA-CAES 系统的热力学模型。

（1）储能阶段。在对 AA-CAES 系统进行建模的过程中，采用下述假设条件：空气为理想气体，满足理想气体状态方程；忽略流体在流动、换热过程中的相变及其他化学反应；不考虑流体在管道中的热量损失和压力损失等。

在储能阶段，当系统采用多级压缩、级间冷却模式时，空气会依次经历压缩-换热过程，直到压气机出口空气压力升至储气室目标压力值。以系统采用 N 压缩为例，假设环境压力为 p_0，环境温度为 T_0，压缩过程视为可逆绝热过程，则第 i 级皮气机的出口温度为

$$T_{c,i} = T_i \beta^{\frac{k}{N}} \tag{2.26}$$

其中

$$\beta = \frac{p}{p_0}, \quad k = \frac{\gamma-1}{\gamma}$$

式中　T_i——第 i 级压气机的进气温度；

p——储气室内的压力值；

γ——空气的比热容比。

经压气机压缩后，空气进入换热器完成换热过程。在换热过程中，引入换热器效能参数 ε 为

$$\varepsilon = \frac{c_{p_1} m_1 (T_{in1} - T_{out1})}{(c_p m)_{min} (T_{in1} - T_{in2})} = \frac{c_{p_2} m_2 (T_{out2} - T_{in2})}{(c_p m)_{min} (T_{in1} - T_{in2})} \tag{2.27}$$

式中　下标 1 和 2——热流体和冷流体；

c_p——流体的比热；

m——流体的质量；

T——流体的温度；

下标 in 和 out——流体进入换热器和离开换热器。

根据换热器效能的概念，在 N 级压缩过程中，假设载热介质的初始温度为 T_0，且热流体和冷流体的比热容量（mc_p）相等，那么经过第 i 级换热器的换热过程后，空气温度变为

$$T_i = (1-\varepsilon) T_{i-1} \beta^{\frac{k}{N}} + \varepsilon T_0 \tag{2.28}$$

需要补充的是，当 $i=1$ 时，$T_1 = T_0$。

当质量为 dm 的空气经过多级压缩后进入储气室，对于 N 级压缩过程，系统的耗功量为

$$dW_c = dm c_p (\beta^{\frac{k}{N}} - 1) \sum_{i=1}^{N} T_i \tag{2.29}$$

同时，若不考虑换热器中的热量损失，质量为 dm 的空气经过换热器换热，通过载热介质对压缩过程热量进行收集。经过 N 级换热过程后，存储在蓄热器中的热量为

$$dQ_c = dm c_p \varepsilon \sum_{i=1}^{N} (T_i \beta^{\frac{k}{N}} - T_0) \tag{2.30}$$

储能阶段的总耗功量 W_c 和总蓄热量 Q_c 可以通过对式（2.29）、式（2.30）进行积分得到。由于假设空气和载热介质的比热容量相等，因此可以利用换热器效能公式得到第 i 级换热器载热介质的出口温度。此外，蓄热器存蓄热的温度是影响 AA-CAES 系统效率的重要因素，在储能过程结束后，可根据能量守恒确定其最终温度 T_w 为

$$T_w = \frac{Q_c}{m_w c_w} - T_0 \tag{2.31}$$

式中　m_w——载热介质的总质量；

　　　c_w——载热介质的比热容；

　　　T_0——环境温度，载热介质的初始温度等于环境温度。

（2）释能阶段。在释能阶段，当系统采用多级膨胀、级间再热模式时，离开储气室的高压空气依次经历吸热-膨胀过程，直到末级透平化出口空气的皮力降低至环境压力。在该阶段，蓄热器存储的热量值由载热介质带入换热器，在换热器内与空气实现热量交换，提升空气的温度。

离开储气室的空气首先进入换热器升温。假定离开储气室时空气的温度为 T_{CV}，根据换热器效能的定义，经历释能阶段第一级换热之后，换热器出口空气温度为

$$T_h = (1-\varepsilon) T_{CV} + \varepsilon T_w \tag{2.32}$$

在不考虑热量损失的条件下，该温度值 T_h 也是第一级透平机的进气温度。在 N 级膨胀过程中，根据换热器效能的定义，可以得到第 i 级透平机的进气温度 T_i 为

$$T_i = (1-\varepsilon) T_{i-1} \beta^{-\frac{k}{N}} + \varepsilon T_w \tag{2.33}$$

其中　　　　　　　　　　　　$T_1 = T_h$

当质量为 dm 的空气经过 N 级膨胀排放至大气，释能阶段 N 级膨胀过程的输出功为

$$dW_t = -dm c_p \sum_{i=1}^{N} T_i \left[1 - \beta^{-\frac{k}{N}} \right] \tag{2.34}$$

同时，经过 N 级换热过程，蓄热器返还给质量为 dm 的空气的热量值为

$$dQ_t = -dm c_p \varepsilon \left[T_w - T + \sum_{i=1}^{N-1} (T_w - T_i \beta^{-\frac{k}{N}}) \right] \tag{2.35}$$

与储能阶段类似，释能阶段的总输出功 W_t 和总用热量 Q_t 可以通过对式（2.34）、式（2.35）进行积分得到。

至此，AA-CAES 系统储能阶段和释能阶段主要热力学参数的表达式已经基本确定。由于上述参数与储气室内的状态参数相关，因此还需要对储气室模型进行考虑。下面将针对储气室模型展开建模和分析工作。

2. 储气室模型

储气室是 AA-CAES 系统的核心部件，对其理论模型的研究是目前的热点问题之一。虽然有学者建立了不同特性的储气室模型，但由于大部分储气室模型均基

于实际地形构建，或针对特定规模的储能系统，因此模型的通用性较差。考虑到储气室模型的通用性和典型性，本书建立如下 4 种储气室模型：①定容等温模型（VT 模型）：储气室容积恒定，温度不变；②定容绝热模型（VA 模型）：储气室容积恒定，与外界绝热；③定压等温模型（PT 模型）：储气室压力恒定，温度不变；④定压绝热模型（PA 模型）：储气室压力恒定，与外界绝热。

这 4 种模型根据储气室在压力、容积、温度和绝热方面的特征构建，可以认为是储气室的基础模型。下面将针对这 4 种储气室模型开展相关的建模和特性分析工作。

对于储气室构成的封闭空间，根据能量守恒方程可得

$$\delta Q = \mathrm{d}U_{\mathrm{CV}} + h_{\mathrm{out}}\delta m_{\mathrm{out}} - h_{\mathrm{in}}\delta m_{\mathrm{in}} + \delta W \tag{2.36}$$

式中　δQ——储气室与外界环境的传热量，以吸热为正；

　　　δW——储气室对外界环境的做功量，以对外做功为正；

　　　δm——储气室内空气的质量；

　　　h——空气的比焓；

　　$\mathrm{d}U_{\mathrm{CV}}$——储气室内内能的变化量，下标 in 和 out 分别代表进入和离开储气室。

以环境状态为基准，当空气温度为 T 时，比焓 h 定义为

$$h = c_{\mathrm{p}}(T - T_0) \tag{2.37}$$

根据比焓 h 和比内能 u 的关系式，可以得到比内能 u 的表达式为

$$u = h - pv = c_{\mathrm{v}}T - c_{\mathrm{p}}T_0 \tag{2.38}$$

式中　T_0——环境温度；

　　　c_{p}——空气的定压比热容；

　　　c_{v}——空气的定容比热容。

（1）定容等温模型（VT 模型）。储气室定容等温模型的基本特征是容积恒定，且温度不变（假设等于环境温度 T_0）。下面分别对其储气过程和放气过程进行分析。

1）VT 模型的储气过程。假设进入储气室的空气温度为 T_{in}，压力为 p。以储气室为控制容积，根据模型自身特性，VT 模型容积不变、温度恒定，与外界环境无功量交换。若不考虑储气室的泄漏问题，在储气过程中没有空气离开储气室，因此能量守恒方程可以简化为

$$\mathrm{d}(mu) = h_{\mathrm{in}}\mathrm{d}m + \delta Q \tag{2.39}$$

分别将比焓和比内能的表达式代入上式，可以得

$$(c_{\mathrm{v}}T_0 - c_{\mathrm{p}}T_{\mathrm{in}})\mathrm{d}m = \delta Q \tag{2.40}$$

可以看出，为了保证储气室内温度恒定，VT 模型需要与环境进行热量交换。若进口空气温度 $T_{\mathrm{in}} = T_0$，根据理想气体状态方程 $m = pV/(R_{\mathrm{g}}T)$，式（2.40）简化为

$$\delta Q = -R_{\mathrm{g}}T_0\mathrm{d}m = -V\mathrm{d}p \tag{2.41}$$

式中　R_{g}——气体常数。

假设 p_1 和 p_2 分别为储气室的压力下限和压力上限，对式（2.41）积分后可得

$$Q = V(p_1 - p_2) \tag{2.42}$$

因此对 VT 模型而言，在储气过程中，储气室与外界环境的热量交换与储气室的容积及压力上下限的差值有关。由于 $p_1 < p_2$，所以 Q 为负值，即储气过程中储气室对外界环境放热。

根据理想气体状态方程，可以得到储气室内空气质量与其他参数的关系为

$$dm = \frac{V}{R_g T_0} dp \tag{2.43}$$

2）VT 模型的放气过程。在放气过程中，仍以储气室为控制容积。根据储气室的放气特点，能量守恒方程简化为

$$d(mu) = \delta Q - h_{out} \delta m = \delta Q + h_{out} dm \tag{2.44}$$

其中
$$\delta m = -dm$$

由于出口气体温度为 T_0，因此 $h_{out} = c_p(T_0 - T_0) = 0$。因此式（2.44）简化为

$$\delta Q = -R_g T_0 dm \tag{2.45}$$

对式（2.45）积分可得

$$Q = V(p_2 - p_1) \tag{2.46}$$

可以看出，在放气过程中，VT 模型与外界环境存在热量交换。比较储气过程和放气过程的热量交换的情况可以看出，储气过程和放气过程中储气室与外界环境的换热量大小相等，热量传递方向相反。因此在放气过程中，储气室从外界环境吸热，且吸收热量的大小等于其在储气过程中对外放热量的大小。

需要说明的是，在放气过程中，储气室内空气质量与其他参数的关系仍满足式（2.43）。

（2）定容绝热模型（VA 模型）。定容绝热模型的主要特点是容积恒定，且与外界没有热量交换。下面分别对 VA 模型的储气过程和放气过程进行分析。

1）VA 模型的储气过程。参照对 VT 模型储气过程的分析思路，VA 模型自身容积恒定，且处于绝热状态，因此 VA 模型与环境无热量和功量交换。于是能量守恒方程可以简化为

$$d(mu) - h_{in} dm = 0 \tag{2.47}$$

将比焓和比内能表达式代入式（2.47），可以得

$$dm = \frac{V}{T_{in} R_g \gamma} dp \tag{2.48}$$

2）VA 模型的放气过程。VA 模型在放气过程中与环境无热量和功量交换。以 VA 模型为控制体积，可得 VA 模型放气过程的能量守恒方程为

$$d(mu) + h_{out} \delta m = 0 \tag{2.49}$$

考虑到 $\delta m = -dm$，且 $h_{out} = h$，式（2.49）可简化为

$$m \, du + u \, dm = h \, dm$$

$$m \, du = (h - u) dm = R_g T \, dm$$

$$\frac{dm}{m} = \frac{c_v}{R_g} \frac{dT}{T} \tag{2.50}$$

根据理想气体状态方程为

$$\frac{\mathrm{d}p}{p} + \frac{\mathrm{d}V}{V} - \frac{\mathrm{d}T}{T} - \frac{\mathrm{d}m}{m} = 0 \tag{2.51}$$

消去温度参数，可得

$$\frac{\mathrm{d}m}{m} = \frac{c_v}{c_p} \frac{\mathrm{d}p}{p} = \frac{1}{\gamma} \frac{\mathrm{d}p}{p} \tag{2.52}$$

最终得

$$\mathrm{d}m = \frac{V}{TR_g\gamma} \mathrm{d}p \tag{2.53}$$

根据上式可以推断，在放气过程中，VA 模型中储气室内空气将经历可逆绝热过程。

（3）定压等温模型（PT 模型）。定压等温模型是主要特点是压力恒定，且温度不变。下面分别对 PT 模型的储气过程和放气过程进行分析。

1）PT 模型的储气过程。对于 PT 模型，假设储气室内压力 $p = p_s$，温度 $T = T_0$。当空气以温度 T_{in} 和压力 p_s 进入储气室时，能量守恒方程简化为

$$\mathrm{d}(mu) = h_{in}\mathrm{d}m - \delta W + \delta Q \tag{2.54}$$

由于储气室压力恒定，根据其容积变化可以计算做功量 $\delta W = p_s\mathrm{d}V$，于是有

$$\mathrm{d}(mc_vT - mc_pT_0) = c_p(T_{in} - T_0)\mathrm{d}m - p_s\mathrm{d}V + \delta Q \tag{2.55}$$

$$\mathrm{d}\left(\frac{p_sV}{R_gT}c_vT\right) = c_pT_{in}\mathrm{d}m - p_s\mathrm{d}V + \delta Q \tag{2.56}$$

$$\delta Q = \frac{p_sc_p}{R_g}\mathrm{d}V - c_pT_{in}\mathrm{d}m = \frac{p_sc_p}{R_g}\mathrm{d}V - c_pT_{in}\frac{p_s}{R_gT_0}\mathrm{d}m \tag{2.57}$$

最终式（2.57）简化为

$$\delta Q = \frac{p_sc_p(T_0 - T_{in})}{R_gT_0}\mathrm{d}V \tag{2.58}$$

当储气室的容积由 V_1 变化至 V_2 时，通过积分得到储气室与外界环境的换热量为

$$Q = \frac{c_p(T_{in} - T_0)}{R_gT_0}p_s(V_2 - V_1) \tag{2.59}$$

假设 $T_{in} = T_0$，根据上式可以得到 $Q = 0$，即储气过程为绝热过程。根据理想气体的状态方程可以得

$$\mathrm{d}m = \frac{p_s}{T_0R_g}\mathrm{d}V \tag{2.60}$$

2）PT 模型的放气过程。在放气过程中，储气室的出口空气温度为 T_0，出口压力为 p_s。根据能量守恒方程可以得

$$\mathrm{d}(mu) = \delta Q - \delta W - h_{out}\delta m \tag{2.61}$$

对式（2.61）简化后可得

$$\delta Q = p_s\mathrm{d}V - R_gT_0\frac{p_s}{R_gT_0}\mathrm{d}V = 0 \tag{2.62}$$

因此 PT 模型的放气过程也是绝热过程，同时式（2.60）在放气过程中同样适用。

（4）定压绝热模型（PA 模型）。根据定压等温模型（PT 模型）的分析结果，PT 模型的储气过程和放气过程均为绝热过程。因此在这里对定压绝热模型进行分析，对定压等温模型和定压绝热模型之间的关联性进行验证。

1）PA 模型的储气过程。对于定压绝热模型，储气室内压力恒定且与外界无热量交换。假设进入储气室的空气的温度和压力分别为 T_{in} 和 p_s，能量守恒方程简化为

$$d(mu) = h_{in}dm - \delta W \tag{2.63}$$

将式（2.63）进行化简得

$$dm = \frac{p_s}{T_{in}R_g}dV \tag{2.64}$$

结合理想气体状态方程，得

$$\frac{dV}{V} = \frac{T_{in}}{T_{in}-T}\frac{dT}{T} \tag{2.65}$$

对容积进行积分，可以得

$$\frac{T_2}{T_1} = \frac{1}{\dfrac{T_1}{T_{in}} + \left(1 - \dfrac{T_1}{T_{in}}\right)\dfrac{V_1}{V_2}} \tag{2.66}$$

当储气室的初始温度 $T_{in} = T_1$，可以得到 $T_2 = T_1$。因此 PA 模型在储气阶段温度保持恒定。

2）PA 模型的放气过程。对于放气过程，能量守恒方程可以化简为

$$d(mu) + \delta W + h_{out}\delta m = 0 \tag{2.67}$$

进一步将式（2.67）化简，得到

$$dm = \frac{p_s}{TR_g}dV \tag{2.68}$$

将理想气体状态方程代入式（2.68），得

$$\frac{dm}{m} = \frac{dV}{V} \tag{2.69}$$

根据 PA 模型 $dp = 0$，可以得到 $dT = 0$，即 PA 模型在放气过程中温度保持不变。

因此可以看出，在某些初始参数一定的情况下，PT 模型和 PA 模型在储气和放气过程中的特性一致，可以认为是同一种模型。在这里将两种模型记为定压模型，该模型基本特征是在储气和放气过程中，压力恒定、温度不变且与外界环境无热量交换。

2.4.3.3　压缩空气储能特点

压缩空气储能优势在于规模大、寿命长、低污染或无污染、综合能量利用率高、储能周期不受限制等优点，是极具发展潜力的长时大规模储能技术，可实现电力系统调峰、调频、调相、旋转备用、黑启动等多个功能。黑启动是指整个系统因

故障停运后，系统全部停电，处于全"黑"状态，不依赖别的网络帮助，通过系统中具有自启动能力的发电机组启动，带动无自启动能力的发电机组，逐渐扩大系统恢复范围，最终实现整个系统的恢复。压缩空气储能优势在于寿命长、低污染或无污染、综合能量利用率高，而且具有天然的冷热电接口，因为其原理涉及空气的内能变化，压缩过程与膨胀释能过程均与外界有热能交换。这些特点进一步促使压缩空气储能在以能量综合利用为主的微电网系统中充分发挥优势。

压缩空气储能的劣势主要有 3 个方面：一是目前压缩空气储能的效率约为 70%，与效率较高的电池（85%～90%）相比较低；二是响应速度没有电化学储能快，负荷从 0 到 100% 的正常响应时间需要 3～9min，而电化学储能为秒级到毫秒级。压缩空气储能系统只有作为旋转备用时才可以达到秒级；三是一般情况下不适合太小规模的应用场景，规模太小，系统效率会下降，单位成本会增加。

压缩空气储能具有广阔的应用范围。

（1）电力系统调度和峰值负荷削减。压缩空气储能系统可应用于电力系统的调度和峰值负荷削减。在峰值用电时段，释放储存的压缩空气以产生动力，并向电力网络供应额外的电力，以平衡供需关系，减轻电力系统的负荷压力。

（2）可再生能源平滑输出。再生能源如风能和太阳能具有间歇性和波动性。压缩空气储能系统可以将过剩的可再生能源转化为压缩空气，待需求增加时释放压缩空气以补充电力，从而实现再生能源的平滑输出，提高能源的可靠性。

（3）储能与备用电源。压缩空气储能系统可以作为储能设备，将电力储存起来以备用。在电力故障或断电时，可以通过释放储存的压缩空气来提供紧急备用电源。

（4）工业制造与运输。压缩空气储能可以为工业制造和运输领域提供动力支持，驱动机械设备，供应气动工具，以及提供动力给气动车辆（如气动汽车和气动火车）等。

（5）储能与能量回收。压缩空气储能系统还可以用于能量回收和利用。在某些工业过程中，通过回收释放过程中产生的热能，可以实现能量的有效回收和利用，提高系统的能量效率。

（6）偏远地区电力供应。对于偏远地区或无法接入传统电力网络的地方，压缩空气储能系统可以提供可再生能源的储存和供电解决方案，满足当地的电力需求。

压缩空气储能技术在可再生能源并网、电力系统调度和能源转型等方面具有很大的潜力。虽然目前在商业化应用上仍面临一些技术和经济挑战，但随着技术的进步和成本的降低，压缩空气储能在未来能源领域的应用前景十分广阔。

2022 年 9 月 30 日，国际首套百兆瓦先进压缩空气储能国家示范项目在河北张家口顺利并网发电，如图 2.21 所示。

张家口国际首套百兆瓦先进压缩空气储能国家示范项目总规模为 100MW/400MW·h，核心装备自主化率 100%，每年可发电 1.32 亿 kW·h 以上，能够在用电高峰为约 5 万户用户提供电力保障，每年可节约标准煤 4.2 万 t，减少二氧化

图 2.21　百兆瓦先进压缩空气储能国家示范项目现场

碳排放 10.9 万 t，是目前世界单机规模最大、效率最高的新型压缩空气储能电站。

2.4.4　飞轮储能

2.4.4.1　飞轮储能基本信息

　　飞轮储能利用高速旋转的飞轮，将电能转化为动能并储存起来。飞轮储能特别适用于小容量、高频率充电—放电的操作环境。从整个系统的生命周期成本看，飞轮储能系统远低于电池储能系统。因此在航空航天、电力系统、电动汽车电池、不间断电源等多个场合中都有广泛的应用。

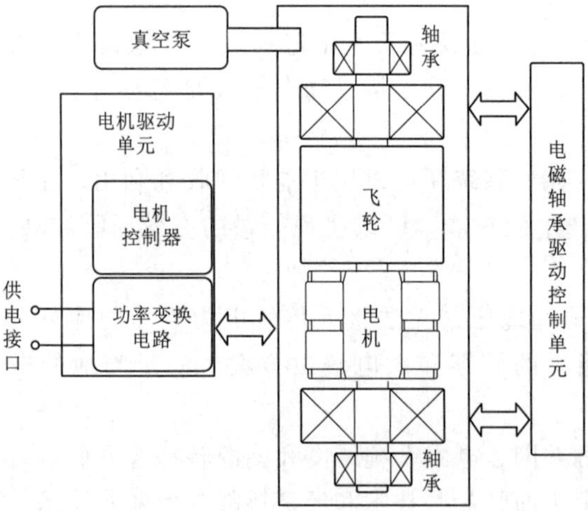

　　飞轮储能系统结构如图 2.22 所示，主要由飞轮、轴承、电机、真空泵、电机驱动单元等装置。

　　在飞轮储能中，飞轮转子是整个飞轮储能系统的核心。飞轮转子通过旋转以高速储存能量。当需要释放能量时，转子会转动减速，将储存的动能转化为电能或机械能输出。它具有高速旋转、大惯量和低损耗等优点，能够提供高效、快速的能量储存和释放，适用于短时间内能量需求较大的应用场合。飞轮转子必须具备高强度、高刚度和高稳定性等特点，以保证其在高速旋转过程中能够安全可靠地工作。

图 2.22　飞轮储能系统结构图

　　飞轮储能的应用领域主要有：火电储能一次和二次辅助调频，新能源场站一次调频、独立储能调频、调峰储能。

2.4.4.2 飞轮储能系统运行特性分析

1. 飞轮储能系统数学模型

图 2.23 为本书所讲述的飞轮储能系统电气结构示意图，飞轮和永磁同步电动/发电机同轴连接，由三相 PWM 变流器驱动，变流器的直流母线和外部系统连接。在实际系统中，直流母线通常与逆变器相连，与飞轮储能系统变流器共用母线电压，因此可根据飞轮的工作模式在充放电状态下分别等效为一个时变的直流电源或者直流负载。飞轮系统在 dq 坐标系下数学模型的电流状态方程为

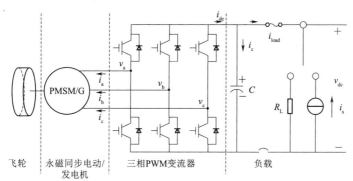

图 2.23 飞轮储能系统电气结构示意图

$$L_d \frac{\mathrm{d}i_d}{\mathrm{d}t} = v_d - R_s i_d + \omega_r L_q i_q \tag{2.70}$$

$$L_q \frac{\mathrm{d}i_q}{\mathrm{d}t} = v_q - R_s i_q - \omega_r L_d i_d - \psi_m \omega_r \tag{2.71}$$

机械状态方程为

$$J \frac{\mathrm{d}\omega_r}{\mathrm{d}t} = T_e - B_m \omega_r - T_L \tag{2.72}$$

电磁转矩公式

$$T_e = \frac{3}{2} P [\psi_m + (L_d - L_q) i_d] i_q \tag{2.73}$$

母线电压状态方程

$$C \frac{\mathrm{d}v_{dc}}{\mathrm{d}t} = i_{dc} - i_{load} \tag{2.74}$$

三相 PWM 变流器的交直流侧功率平衡关系为

$$v_{dc} i_{dc} + P_{switch} = -\frac{3}{2} (v_d i_d + v_q i_q) \tag{2.75}$$

式中 i_d、i_q、v_d、v_q、L_d、L_q——电机的 d 轴、q 轴电流、电压和电感；

$\qquad\qquad R_s$——定子相电阻；

$\qquad\qquad \omega_r$——电角频率；

$\qquad\qquad \psi_m$——永磁电机的磁链；

$\qquad\qquad P$——极对数；

$\qquad\qquad J$、B_m 和 T_L——转动惯量、机械阻尼系数和机械负载转矩；

$$v_{dc}、i_{dc} 和 C ——直流母线的电压、电流和电容;$$

$$P_{switch}——开关损耗。$$

飞轮储能系统的永磁同步电动/发电机交替工作在电动和发电状态下,本书建立的数学模型以电动状态下的电机电流方向为正方向,而直流母线则以整流状态下的电流方向为正方向,因此式(2.75)的等号右侧存在负号。

充电状态下为

$$i_{load} = -i_s \tag{2.76}$$

放电状态下为

$$i_{load} = \frac{v_{dc}}{R_L} \tag{2.77}$$

储能容量和放电容量的定义分别为

$$E_s = \frac{1}{2} J \omega_{max}^2 \tag{2.78}$$

$$E_d = \frac{1}{2} J (\omega_{max}^2 - \omega_{min}^2) \tag{2.79}$$

二者比值为放电深度,即

$$\lambda = \frac{E_d}{E_s} = 1 - \frac{\omega_{min}^2}{\omega_{max}^2} \tag{2.80}$$

式中　ω_{max}、ω_{min}——飞轮储能系统可运行的最高和最低角速度。

从式(2.78)和式(2.79)可以看出,飞轮储能系统的储能容量与最高转速平方成正比,放电容量与最高转速和最低转速的平方差成正比,因此高速宽转速范围运行对提高飞轮储能系统储能容量和放电深度至关重要。

2. 飞轮系统的工作状态

(1)飞轮储能系统的周期性交替工作有 3 种状态。

1)充电状态,充电能量从母线电容流向飞轮驱动电机,外部系统表现为电流源向母线电容充电,变流器工作在逆变状态,系统维持母线电压稳定,电机转速持续上升见下方。

2)放电状态,放电能量从飞轮驱动电机流向母线电容,外部单元表现为负载消耗电能,变流器工作在整流状态,系统维持母线电压稳定,电机转速持续下降。

3)待机状态,变流器停止工作,母线电容和飞轮驱动电机之间不存在能量传输,电机自由旋转,能量以动能的形式存储在飞轮中。

(2)充电状态和放电状态的区别在于能量的流入与流出方向相反,从而导致的电机转速的升高和下降,但对于飞轮储能系统的控制策略设计而言并无区别。根据直流端口所连接的外部系统运行状态的不同,飞轮储能系统的控制策略可以分为3 种:①转速控制模式,通常用于启动预充电阶段,调节飞轮转速至指定值;②功率控制模式,当用于风力发电等具有强直流电压源的系统时,飞轮储能系统运行于功率控制状态,充电/放电的功率跟踪外部系统的功率指令;③母线电压控制模式,当用于 UPS 电源等无外部直流电压源的系统时,飞轮储能系统运行于母线电压控制模式,维持母线电压稳定。通常功率控制模式和电压控制模式对控制算法有较高的要求，而转速控制模式则对控制算法的性能要求不高，这是由于飞轮储能系统中重点关注的指标是系统传输的能量和功率，且母线电压环具有非线性特点，而转速控制的精度不是飞轮关注点。

1）转速控制模式。当设备初始启动时，采用转速控制模式将飞轮拖动至指定转速，此时控制系统的由外环转速控制器和内环电流控制器构成，结构如图 2.24 所示，转速控制器根据参考转速 ω_r^* 和反馈转速 ω_r 生成 q 轴电流参考值 i_q^*，d 轴电流参考值 i_d^* 由根据是否弱磁进行设定，电流控制器根据 d 轴、q 轴电流参考指令生成 d 轴、q 轴参考电压，最后由 SVPWM 模块产生脉冲信号输送给变流器。飞轮储能系统的转速控制模式下和传统的电机调速系统相比并无特殊要求，由于飞轮储能系统对转速的动态响应速度和控制精度要求不高，且飞轮储能系统的电机实际上不存在机械负载，因此普通的双环 PI 控制器可以满足转速控制要求。需要注意的是飞轮转动惯量大，启动电流大，且永磁同步电机存在初始磁极定位问题，因此启动问题也是飞轮储能系统永磁同步电机控制的一大难点。

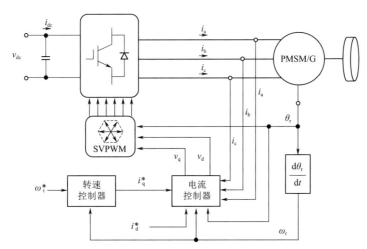

图 2.24　飞轮系统转速控制模式的控制系统示意图

2）功率控制模式。用于风力发电等具有强直流电压源的系统时，飞轮储能系统控制器工作于功率控制模式，跟踪上层控制器的功率指令，此时的控制系统如图 2.25 所示。功率指令 P_e^* 通过功率控制器生成 q 轴直流参考值后输入电流控制器，由电流控制器生成的 d 轴、q 轴参考电压送给 SVPWM 单元，由 SVPWM 模块产生脉冲信号输送给变流器。其中功率到电流的转换关系可根据式（2.81）变换得到，即

$$i_q^* = \frac{\sqrt{24 P_e^* R_s + 9 \omega_r^2 \psi_m^2} - 2 \omega_r \psi_m}{6 R_s} \tag{2.81}$$

当飞轮储能系统处于充电状态时，$P_e^* > 0$，$i_q^* > 0$；放电状态时，$P_e^* < 0$，$i_q^* < 0$。

式（2.81）是一个开环计算公式，但是由于实际系统中不可能得到准确的电机参数，往往会导致计算误差，影响控制精度。因此在实际系统中通常会利用飞轮储

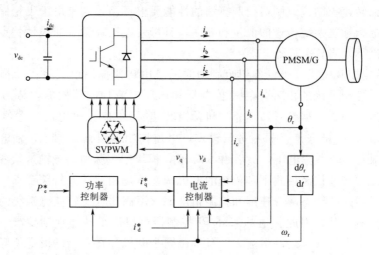

图 2.25　飞轮储能系统功率控制模式的控制系统示意图

能系统输入/输出功率的反馈值对 q 轴电流参考值 i_q^* 进行修正。Kenny 等采用的反馈控制算法如图 2.26 所示，利用了负载电流 i_{load} 的给定值和测量值的误差，经过 PI 控制器，对开环公式生成的 i_q^* 进行反馈校正，其中 k_p 和 k_i 分别为比例和积分系数，算法中忽略了电机中的绕组损耗，将（2.81）简化为比例算式，即

$$i_{load}^* \approx \frac{-2\omega_r \psi_m i_q^*}{2v_{dc}} \tag{2.82}$$

需要说明的是，根据电路原理，端口的输入/输出功率只由母线电压和外部负载/电源的功率特性决定，不与永磁同步电机的电磁功率直接相关。在飞轮储能系统处于放电状态时，外部负载和母线电压共同确定了从母线电容输出电能的功率，而永磁同步电机的电磁功率决定了从飞轮向母线电容注入电能的功率，二者的功率差影响母线电压 v_{dc} 的变化方向和速度，充电状态的情形与之类似，所以飞轮储能系统的输入/输出功率跟随外部功率指令的控制模式实际上本质上是通过调节电机输入/输出的电磁功率使 v_{dc} 保持与外部功率指令相匹配的电压值。

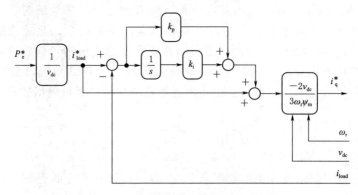

图 2.26　采用 PI 闭环补偿的功率控制算法

　　3）母线电压控制模式。用于 UPS 电源等无外部直流电压源或电动汽车等弱电

压源的系统时，飞轮储能系统控制器应该采用母线电压控制模式，以母线电压为被控变量，通过调节永磁同步电机输入/输出的电磁功率使母线电压保持稳定，此时控制系统如图 2.27 所示。

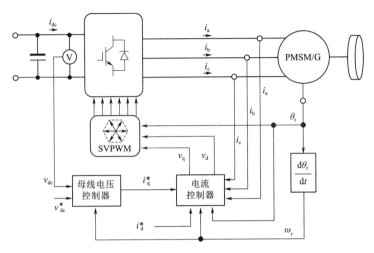

图 2.27　飞轮储能系统母线电压控制模式控制系统示意图

该控制系统为双闭环结构，外环电压控制器根据母线电压给定值 v_{dc}^* 和反馈值 v_{dc} 的误差生成 q 轴电流参考值 i_q^* 并送入电流控制器，由电流控制器生成 d 轴、q 轴电压参考值并输送给 SVPWM 模块，最后由 SVPWM 模块产生脉冲输出。当母线电压稳定时，母线电容两侧的充放电功率保持平衡，飞轮储能系统的瞬时功率能够根据外部逆变器的工作状态，自动调节输入输出功率。直流母线电压是基于 PWM 载波控制的控制系统中的重要参数，其精度和稳定性对系统控制性能影响性能很大，要求直流母线电压控制器具有较高的稳定性和抗扰动性。

根据三相 PWM 变流器交直流侧的功率平衡关系，母线电压的动态方程为

$$Cv_{dc}\frac{dv_{dc}}{dt}=-\frac{3}{2}\psi_m\omega_r i_q-\frac{3}{2}R_s i_q^2-P_{load} \tag{2.83}$$

其中
$$P_{load}=v_{dc}i_{load}$$

式中　　i_q——系统输入；

$\quad\quad v_{dc}$——状态变量；

$\quad P_{load}$——负载功率。

式（2.83）为母线电压的动态方程，可以看出母线电压环是一个非线性系统，由于飞轮储能系统频繁工作于转速大范围波动的工况下，反电势频率和幅值快速大范围连续变化，会导致传统基于 PI 控制的控制算法性能恶化，因此要求鲁棒性更高的非线性控制算法，这也是飞轮储能系统的控制难点。

2.4.4.3　飞轮储能特点

飞轮储能的主要特点是寿命长，可循环充放电数十万次、寿命可超过 20 年，且响应速度快、效率高（90%～95%）、功率密度高、对环境较为友善等。正因为其有响应快速、功率大的特点，飞轮储能常用于不间断电源和改善电能质量，在短

时间尺度（数秒）内稳定因电力供需不平衡或电网故障所引起的电压及频率的波动。飞轮储能还可应用于混合动力汽车、航天器、航母发射等场景。

目前飞轮储能的主要缺点在于由转子和轴承的摩擦阻力与电机和转换器的电磁阻力所致能量耗损。若想储存更多能量，飞轮就需要有更高的转速（一般为 10000～100000rad/m），但这同时会使飞轮产生更大的应力，对材料的要求更高，通常高转速时选用碳纤维复合材料取代适用于低转速的金属材料。其中，轴承是影响成本的关键，当转速提高时摩擦损耗影响甚巨，为了降低摩擦耗损造成的负面影响，需选用更佳的轴承。在转子高速运行的条件下传统的机械球轴承已不适用，磁轴承（其中超导磁轴承尤佳）会是更好的选择。然而，若选用高强度材料的转子、性能更佳的轴承，会大幅增加储能系统的成本，这是当前影响飞轮储能普及的关键因素。

飞轮储能正朝着增加飞轮单机与单元储能容量、增加功率、提高效率的方向发展，其关键技术包括先进复合材料飞轮技术、高速高效电机技术、磁悬浮轴承技术、飞轮阵列技术等。

飞轮储能调频市场规模：①到"十四五"末新能源一次调频累计市场规模 840 亿元；②到"十四五"末火电 AGC 调频累计市场规模 900 亿元；③火电灵活性升级，到"十四五"末累计市场规模 600 亿元；④到"十四五"末独立储能、共享储能调频 3000 亿元；⑤到 2030 年国内市场规模 0.8 万亿～1 万亿元，国外市场 2 万亿元。

2.4.4.4　应用实例

2022 年 8 月，科技部等九部门印发《科技支撑碳达峰碳中和实施方案（2022—2030 年）》（国科发社〔2022〕157 号）提出，要加快研发压缩空气储能、飞轮储能等高效储能技术。在《关于加快推动新型储能发展的指导意见》（发改能源规〔2021〕1051 号）及《"十四五"新型储能发展实施方案》（发改能源〔2022〕209 号）等顶层设计规划中均提出重点建设飞轮储能领域技术试点及示范项目。

如图 2.28 为飞轮储能发展历程，表 2.5 为锂电池与全磁悬浮储能飞轮性能对比。

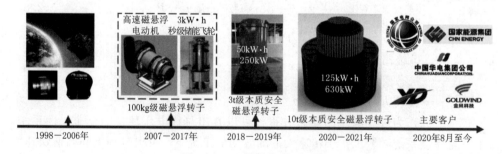

图 2.28　飞轮储能发展历程

表 2.5　　　　　　　　　　　锂电池与全磁悬浮储能飞轮性能对比

性　　能	锂电池	全磁悬浮储能飞轮	备　注
安全性能——燃爆	热失控燃爆	完全没有	地井安装
充放电循环次数	5000～10000 次	1000 万次	锂电的 1000 倍

续表

性　能	锂电池	全磁悬浮储能飞轮	备　注
响应速度	ms	ms	
深度充放电效率	90%	93%	
功率爬升	1C～2C 倍率	4C～60C 倍率	
环境要求	−40℃低效或失效，需放置空调房，环境清洁度要求高	宽温域：−40～+80℃，无需温控	
寿命	2～3 年	＞20 年	锂电的 10 倍
剩余电量 SOC	估算方法　模糊错误	精确	
容量衰减	持续衰减	零衰减	
维护	复杂（电池一致性、电池簇容量、空调、风机、风道、消防等）	近零维护	
大系统集成	10 万～30 万个电池组成控制管理风险复杂	125kW·h/630kW 规格：10～30 台飞轮 1000kW·h/4MW 规格：2～6 台飞轮	
全生命周期成本	运行成本较高、空调、消防、更换电池	20 年全生命周期运行成本低	
环保性能——后期处理	污染后处理	没有危险化学物的处理与回收问题、特种钢高值回收	

1. 国能宁夏灵武发电项目

2021 年 9 月，国家能源集团在飞轮储能领域的重大科技示范项目立项：国能宁夏灵武发电有限公司在 2X600MW 火电机组配置 22MW/4.5MW·h 飞轮储能调频，提高火电机组精准灵活性，是全球首个火电机组配置飞轮储能的规模化项目，2021 年 11 月开工建设，华驰动能飞轮产品；总占地面积约 5000 平，36 台 630kW/125kW·h 储能飞轮地井安装，无需配置特殊的消防系统和空调系统；2022 年 11 月投运，如图 2.29 和图 2.30 所示。

图 2.29　火电＋飞轮储能联合调频项目

该项目达到的效益显著，具体如下：

（1）社会效益。

1）形成一套灵活性可行的技术路线，可在集团、全国推广。

2）开发一套具有自主知识产权的光火储耦合的控制系统及监控平台。

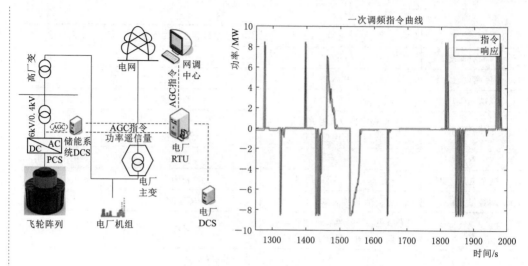

图 2.30 灵武项目 4 台飞轮接入系统参与 AGC 辅助调频

3）基本无工业废气、废水排放，对周围环境的影响很小。

4）辅助火电机组进行电力调频服务和电力调峰服务，减少火电机组提供电力辅助服务过程的碳排放水平。

（2）经济效益。

1）每次动作一次调频积分电量为 14.4kW·h/次，全年动作电量 126.63 万 kW·h，目前辅助服务细则规定，一次调频积分电量补偿 15 元/(kW·h)，全年新增储能一次调频补偿金额为 1899 万元。则全年两台 600MW 机组耦合 22MW 储能系统一次调频补偿金额为 3798 万元。

2）宁夏属太阳能资源一类区域，全年日照时数 2800～3200h。按照年发电利用小时数 1533.6h，电价 0.244 元/(kW·h)，进行计算，6MW 光伏系统年发电收益 224.5 万元。

（3）生态效益。

1）有助于电网实现高比例接入和大规模消纳新能源的目的，对推动高效清洁热电联产机组与大规模新能源协调发展具有重要意义。

2）通过促进大规模可再生能源消纳实现电力行业绿色低碳发展，为电力系统低碳转型和高质量发展开辟一条重要途径。

3）符合我国能源行业"双碳"发展要求，生态效益显著。

2. 三峡新能源乌兰察布新型储能技术验证平台项目

2022 年 5 月 7 日，在国家能源局公布的"2021 年度能源领域首台（套）重大技术装备（项目）"名单中，沈阳微控联合三峡集团、中核汇能、核理化院，依托"山西右玉老千山风电场一次调频示范项目/三峡新能源乌兰察布新型储能技术验证平台"项目共同研制的"适用于新能源电站惯量和调频支撑的兆瓦级飞轮储能系统"技术装备（项目）成功入选，是储能技术在新能源惯量响应及调频领域唯一一项入选的重大技术装备（项目），如图 2.31 所示。

3. "二氧化碳＋飞轮储能"示范项目

2022 年 8 月 25 日，全球首个"二氧化碳＋飞轮储能"示范项目在四川省德阳市建成，标志着我国这一储能技术迈开了工程化应用的步伐。这个"零碳超级充电宝"占地 $18000m^2$，约为两个半足球场大小，储能规模 10MW/20MW·h，能在 2h 内存满 2万 kW·h 电，足够 60 多个家庭使用 1个月，值得一提的是整个充放电过程，

图 2.31　三峡乌兰察布"源网荷储"试验基地飞轮储能集装箱

不会用到化石燃料，也不会产生固体废弃物，完全做到零碳排放。如图 2.32 所示为"二氧化碳＋飞轮储能"示范项目。

图 2.32　"二氧化碳＋飞轮储能"示范项目

2.5　电磁储能技术应用

2.5.1　电磁储能特性分析与发展

电磁储能技术是一种能够将电能转化为磁能进行储存的技术。这种技术利用电流通过线圈产生磁场，将能量储存在磁场中，当需要释放能量时，可以通过磁感应将磁能转化为电能进行使用。

电磁储能技术可以应用于许多领域，例如电力系统、交通运输、能源储备等。在电力系统中，电磁储能技术可以作为电网的辅助能源储备系统，提供备用能源以应对电力峰谷调节、电网稳定等问题。在交通运输领域，电磁储能技术可以应用于动力系统中，提供高效的能量储存和释放方式，以提高车辆的能源利用效率。在能源储备领域，电磁储能技术可以作为一种新型的能源储存方式，用于储存大规模的可再生能源，以平衡电网供需关系。

电磁储能技术具有很多优点。首先，其能量密度较高，能够储存大量的能量；其次，其储存和释放过程能够快速进行，响应时间短，能够满足快速能量需求；最后，电磁储能技术的寿命较长，且没有污染物排放，对环境友好。然而，电磁储能技术也存在一些挑战，首先，其成本较高，需要大量的材料和设备支持；其次，存在电磁储能技术的效率相对较低的问题。

2.5.2 超导磁储能

2.5.2.1 超导磁储能基本信息

由于电磁储能无需进行能量变换，因此高效率高响应度的优点是其他形式能量不可比拟的。当前，超导磁储能（SMES）是各国研究超导储能最广泛的一种形式，其原理是利用多组由超导带材绕制的超导线圈，以串并联相结合的方式做成环形核心部件，当电流通过时会产生强度很高的磁场，由于超导零电阻高密度载流特性，储能密度可以长时间无损耗储存，基本可认为能量实现了无损耗储存。当需要时再将电磁能返回给电网或负载，超导线圈储存能量可以表示为

$$E_{m} = \frac{1}{2}LI^{2} \qquad (2.84)$$

式中　E_{m}——电磁能；

$\quad\quad L$——超导线圈电感；

$\quad\quad I$——通电电流。

虽然 SMES 可以储存较高的能量密度，但由于受到磁体质量、体积以及材料性能等条件的影响，式（2.85）和式（2.86）可以看出储能密度无法做到更大。

$$\frac{E_{m}}{V} \leqslant \frac{1}{2} \times \frac{B^{2}}{\mu_{0}} \qquad (2.85)$$

$$\frac{E_{m}}{M_{min}} = \frac{\sigma}{\rho} \qquad (2.86)$$

其中　　　　　　　　　$\sigma = JBR$

式中　V——磁体体积；

$\quad\quad B$——超导线圈产生的磁场；

$\quad\quad \mu_{0}$——真空磁导率；

$\quad\quad M_{min}$——材料的最小质量；

$\quad\quad \sigma$——材料工作应力；

$\quad\quad J$——电流密度；

$\quad\quad R$——超导线圈半径；

$\quad\quad \rho$——材料密度。

SMES 系统由超导材料线圈、低温容器、制冷装置、功率变换装置和检测与控制系统组成，如图 2.33 所示。

（1）超导材料线圈是 SMES 核心，是能量存储单元。在超导态下，具有零电阻，完全抗磁性，与常规导电材料相比，能够承载非常大的电流密度，储能密度可

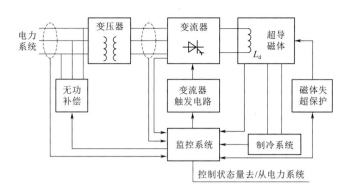

图 2.33 SMES 结构原理框图

高达 $10^8 J/m^2$。

（2）功率变换装置是大电网与 SMES 系统进行能量交换的装置，实现电网能量在超导储能线圈缓存，在需要时释放；同时还可发出电网所需的无功功率，通过相位控制实现与电网的四象限功率交换，从而发挥提高电网稳定性或改善电能质量的作用。

（3）低温制冷装置为超导磁体提供低温超导态的运行环境，目前主要是通过液氮实现 77K 制冷环境。

（4）检测与控制系统用来检测获取电网运行主要参数，同时还具有自检和保护功能，保障 SMES 系统安全可靠运行。

2.5.2.2 超导磁储能模型

1. 能量单向型电路模型

（1）工作原理与数字化控制。在实际应用过程中，超导磁储能系统可作为后备的电源储能装置，由各种离网电源设备如分布式发电系统供电，并对电网系统的功率凹陷、电压凹陷问题起到快速补偿的作用，也可作为在线的能量交互装置，通过功率调节系统与电网系统进行实时能量交互操作。本书将以上两种应用方式分别定义为能量单向型功率调节系统和能量双向型功率调节系统。相应地，超导磁储能系统的简化电路模型也可以分为能量单向型电路模型（unidirectional energy flow circuit model）和能量双向型电路模型（bidirectional energy flow circuit model）。

含理想直流斩波器、传统直流斩波器及桥式直流斩波器的能量单向型电路模型分别如图 2.34～图 2.36 所示。其核心元件包括直流电源 U、直流链电容器 C、纯阻性负载 R 及直流斩波器。其中，理想直流斩波器由 4 个无损耗的理想开关 $S_1 \sim S_4$ 组成；传统直流斩波器由两个功率开关管 S_1、S_3 及两个功率二极管 VD_2、VD_4 组成；桥式直流斩波器由 4 个功率开关管 $S_1 \sim S_4$ 及两个功率二极管 VD_2、VD_4 组成。

需要说明的是，理想直流斩波器主要用于分析理想情况下的超导磁体受控充放电特性，同时也适应于直流斩波器损耗功率比能量交互功率小得多的应用场合；传统直流斩波器主要工作在较高电压等级下的应用场合，此时功率二极管的导通损耗功率小于或等于功率开关管；本书提出的桥式直流斩波器则主要工作在较低电压等级下的应用场合，此时功率二极管的导通损耗功率大于功率开关管。

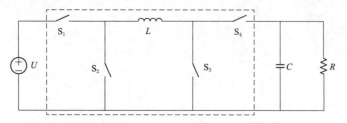

图 2.34　含理想直流斩波器的能量单向型电路模型

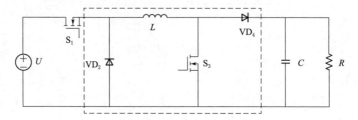

图 2.35　含传统直流斩波器的能量单向型电路模型

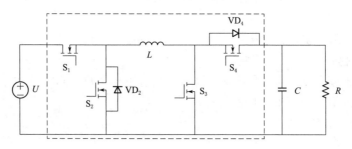

图 2.36　含桥式直流斩波器的能量单向型电路模型

以上 3 种直流斩波器的运行状态均可分为充电状态（charge state）、储能状态（storage state）和放电状态（discharge state）。其中，为了防止直流电源和直流链电容器出现短路故障隐患，桥式直流斩波器的储能状态还需进一步划分为储能暂态（temporary storage state）和储能稳态（steady storage state）；放电状态还需进一步划分为放电暂态（temporary discharge state）和放电稳态（steady discharge state）。

定义理想开关及功率开关管的导通或关断状态为"1"或"0"，则以上 3 种直流斩波器的所有运行状态均可采用"$S_1 S_2 S_3 S_4$"进行数字化处理，见表 2.6。其中，储能状态和放电状态中的"(1)"或"(2)"分别表示暂态和稳态。

表 2.6 中的数字化运行状态可用于实现对直流斩波器的数字化控制（digital control）。如图 2.37 所示，通过对数字化运行状态的控制，即可实现对直流斩波器运行状态之间的切换，最终实现对超导磁体的受控充放电操作。其中，充电状态与储能状态构成的控制环路称为充电—储能模式（charge - storage mode）；放电状态与储能状态构成的控制环路被称为放电—储能模式（discharge - storage mode）；充电状态与放电状态构成的控制环路称为充电—放电模式（charge - discharge mode）。

表 2.6 直流斩波器的运行状态及数字化开关状态

运行状态		理想直流斩波器	传统直流斩波器	桥式直流斩波器
充电状态		1010	1010	1010
储能状态	(1)	N/A	N/A	0010
	(2)	0110	0010	0110
放电状态	(1)	N/A	N/A	0100
	(2)	0101	0000	0101

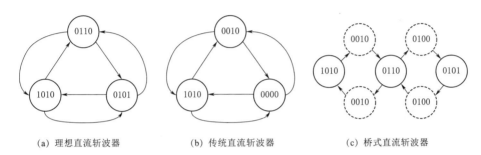

(a) 理想直流斩波器　　　　(b) 传统直流斩波器　　　　(c) 桥式直流斩波器

图 2.37　直流斩波器的数字化控制方案

需要说明的是，理想直流斩波器和传统直流斩波器均具备以上 3 种控制模式，即可以在充电、储能、放电状态之间任意切换；而桥式直流斩波器则只具备充电—储能模式和放电—储能模式，即充电状态和放电状态的转换过程需要一个储能状态作为中间过渡环节。虽然桥式直流斩波器的控制策略相对复杂一些，但是，它具有更高的电路安全性能，有效避免了电源与负载之间的直接连通现象；而且，它在低压应用场合中具有更高的运行效率。

（2）充电状态电路分析。如图 2.34 所示，理想直流斩波器的充电状态电压方程为

$$U - L\frac{\mathrm{d}I_\mathrm{L}(t)}{\mathrm{d}t} = 0 \tag{2.87}$$

式中　U——直流电源的输出电压；

　　　L——超导磁体的自感；

　$I_\mathrm{L}(t)$——超导磁体的工作电流。

求解，获得任意时刻 t 下的超导磁体工作电流值为

$$I_\mathrm{L}(t) = \frac{U}{L}t + I_0 \tag{2.88}$$

式中　I_0——超导磁体在初始零时刻的工作电流。

对于传统直流斩波器和桥式直流斩波器而言，功率开关管可等效为一个理想开关和一个串联的导通电阻 R_on，功率二极管可等效为一个理想二极管、一个串联的等效导通电阻 R_d 及一个串联的等效导通电压源 U_d。图 2.38 和图 2.39 分别给出了含传统直流斩波器和桥式直流斩波器的能量单向型电路模型的等效电路。

传统直流斩波器和桥式直流斩波器的充电状态电压方程是完全一致的，即

$$U - L\frac{\mathrm{d}I_{\mathrm{L}}(t)}{\mathrm{d}t} - 2I_{\mathrm{L}}(t)R_{\mathrm{on}} = 0 \tag{2.89}$$

式中 I_0——超导磁体在初始零时刻的工作电流。

求解，获得任意时刻 t 下的超导磁体工作电流值，即

$$I_{\mathrm{L}}(t) = I_0\exp\left(-\frac{2R_{\mathrm{on}}t}{L}\right) + \frac{U}{2R_{\mathrm{on}}}\left[1 - \exp\left(-\frac{2R_{\mathrm{on}}t}{L}\right)\right] \tag{2.90}$$

由式（2.90）可知，当 $t\to\infty$ 时，超导磁体的工作电流 $I_{\mathrm{L}}(t)$ 达到最大值，即 $U/(2R_{\mathrm{on}})$。一般情况下，当 $t = 5\tau$ 时，可近似认为超导磁体已经充满电。其中，τ 为时间常数，其值为 $L/(2R_{\mathrm{on}})$。

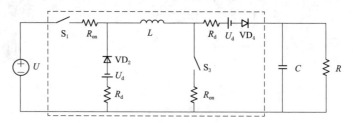

图 2.38　含传统直流斩波器的能量单向型电路模型的等效电路

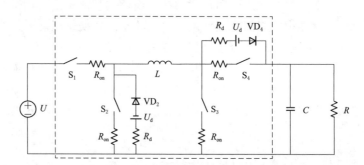

图 2.39　含桥式直流斩波器的能量单向型电路模型的等效电路

（3）储能状态电路分析。对于理想直流斩波器而言，其处于储能状态时的超导磁体工作电流是恒定不变的。受到功率电子器件导通损耗的影响，传统直流斩波器和桥式直流斩波器处于储能状态时的超导磁体工作电流是逐渐衰减的。

传统直流斩波器的储能状态电压方程为

$$L\frac{\mathrm{d}I_{\mathrm{L}}(t)}{\mathrm{d}t} + I_{\mathrm{L}}(t)R_{\mathrm{on}} + I_{\mathrm{L}}(t)R_{\mathrm{d}} + U_{\mathrm{d}} = 0 \tag{2.91}$$

求解后可获得任意时刻 t 下的超导磁体工作电流值为

$$I(t) = I_0\exp\left(-\frac{R_{\mathrm{d}} + R_{\mathrm{on}}}{L}t\right) - \frac{U_{\mathrm{d}}}{R_{\mathrm{d}} + R_{\mathrm{on}}}\left[1 - \exp\left(-\frac{R_{\mathrm{d}} + R_{\mathrm{on}}}{L}t\right)\right] \tag{2.92}$$

对于桥式直流斩波器而言，其含有两个储能状态，即储能暂态和储能稳态。传统直流斩波器的储能状态即为桥式直流斩波器的储能暂态。桥式直流斩波器的储能

稳态电压方程为

$$L\,\frac{\mathrm{d}I_{\mathrm{L}}(t)}{\mathrm{d}t}+2I_{\mathrm{L}}(t)R_{\mathrm{on}}=0 \tag{2.93}$$

求解后可获得任意时刻 t 下的超导磁体工作电流值为

$$I_{\mathrm{L}}(t)=I_0\exp\left(-\frac{2R_{\mathrm{on}}t}{L}\right) \tag{2.94}$$

（4）放电状态电路分析。如图 2.33 所示，理想直流斩波器的放电状态电压方程为

$$-\frac{\mathrm{d}I_{\mathrm{L}}(t)}{\mathrm{d}t}=U_0+\frac{1}{C}\int_0^t I_{\mathrm{C}}(t)\mathrm{d}t=I_{\mathrm{R}}(t)R \tag{2.95}$$

式中　U_0——直流链电容的初始零时刻的工作电压；

　　C——直流链电容的电容值；

　$I_{\mathrm{C}}(t)$——直流链电容的工作电流；

　$I_{\mathrm{R}}(t)$——纯阻性负载的工作电流；

　　R——纯阻性负载的电阻值。

理想直流斩波器的放电状态电流方程为

$$I_{\mathrm{L}}(t)=I_{\mathrm{C}}(t)+I_{\mathrm{R}}(t) \tag{2.96}$$

结合式（2.95）和式（2.96），可得到一个一元二次微分方程，即

$$LC\,\frac{\mathrm{d}^2 I_{\mathrm{L}}(t)}{\mathrm{d}t^2}+\frac{L}{R}\frac{\mathrm{d}I_{\mathrm{L}}(t)}{\mathrm{d}t}+I_{\mathrm{L}}(t)=0 \tag{2.97}$$

求解，获得任意时刻 t 下的超导磁体工作电流值为

$$I_{\mathrm{L}}(t)=\begin{cases} A_1\exp\left[(-\alpha+\sqrt{\alpha^2-\omega^2})t\right]+A_2\exp\left[(-\alpha-\sqrt{\alpha^2-\omega^2})t\right], & \alpha>\omega \\ (B_1+B_2 t)\exp(-\alpha t), & \alpha=\omega \\ (C_1\cos\omega_{\mathrm{d}}t+C_2\sin\omega_{\mathrm{d}}t)\exp(-\alpha t), & \alpha<\omega \end{cases}$$

$$\tag{2.98}$$

其中

$$\alpha=\frac{1}{2R_{\mathrm{r}}C}$$

$$\omega=\frac{1}{(LC)^{0.5}}$$

$$\omega_{\mathrm{d}}=(\omega^2-\alpha^2)^{0.5}$$

$$A_1=\frac{I_0\left[-\alpha+(\alpha^2-\omega^2)^{0.5}\right]+\dfrac{U_0}{L}}{2(\alpha^2-\omega^2)^{0.5}}$$

$$A_2=I_0-A_1$$

$$B_1=I_0$$

$$B_2=\alpha I_0-\frac{U_0}{L}$$

$$C_1=I_0$$

$$C_2 = \frac{\alpha I_0 - \dfrac{U_0}{L}}{\omega_d}$$

纯阻性负载的工作电流

$$I_R(t) = -\frac{L}{R}\frac{dI(t)}{dt}$$

传统直流斩波器的放电状态电压方程为

$$-\frac{dI_L(t)}{dt} - 2I_L(t)R_d - 2U_d = U_0 + \frac{1}{C}\int_0^t I_C(t)dt = I_R(t)R \tag{2.99}$$

对于桥式直流斩波器而言，其含有两个放电状态，即放电暂态和放电稳态。桥式直流斩波器的放电暂态电压方程和放电稳态电压方程为

$$-\frac{dI_L(t)}{dt} - I_L(t)R_{on} - I_L(t)R_d - U_d = U_0 + \frac{1}{C}\int_0^t I_C(t)dt = I_R(t)R \tag{2.100}$$

$$-\frac{dI_L(t)}{dt} - 2I_L(t)R_{on} = U_0 + \frac{1}{C}\int_0^t I_C(t)dt = I_R(t)R \tag{2.101}$$

传统直流斩波器和桥式直流斩波器的放电状态电流方程与理想直流斩波器一致。因此，结合式（2.96）和式（2.99）并求解，即可获得传统直流斩波器在放电过程中的超导磁体工作电流及纯阻性负载工作电流；结合式（2.96）和式（2.100）并求解，即可获得桥式直流斩波器在放电暂态过程中的超导磁体工作电流及纯阻性负载工作电流；结合式（2.96）和式（2.101）并求解，即可获得桥式直流斩波器在放电稳态过程中的超导磁体工作电流及纯阻性负载工作电流。

2. 能量双向型电路模型

（1）工作原理与数字化控制。含理想直流斩波器、传统直流斩波器及桥式直流斩波器的能量双向型电路模型分别如图 2.40～图 2.42 所示。其核心元件包括直流电源 U、直流链电容器 C、线路电阻 R_{line}、负载电阻 R_{load} 及直流斩波器。其中，理想直流斩波器由四个无能量损耗的理想开关 $S_1 \sim S_4$ 组成；传统直流斩波器由两个功率开关管 S_1、S_3 及两个功率二极管 VD_2、VD_4 组成；桥式直流斩波器由四个功率开关管 $S_1 \sim S_4$ 及两个功率二极管 VD_2、VD_4 组成。

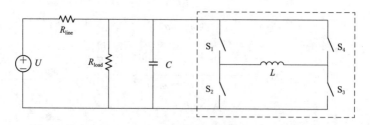

图 2.40　含理想直流斩波器的能量双向型电路模型

与能量单向型电路模型类似，以上 3 种直流斩波器的运行状态也可分为充电状态（charge state）、储能状态（storage state）和放电状态（discharge state）。相应

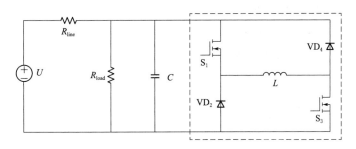

图 2.41　含传统直流斩波器的能量双向型电路模型

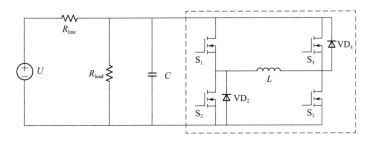

图 2.42　含桥式直流斩波器的能量双向型电路模型

的数字化运行状态表 2.6。在实际运行过程中，需要根据负载电阻 R_{load} 的实时电压、功率值，来判断负载电阻 R_{load} 的实时工作状态，进而通过对直流斩波器运行状态之间的切换，实现对超导磁体的受控充放电操作，最终使负载电阻 R_{load} 始终工作在其额定工作状态下。

在这里，引入一个相对电压偏差 $|\Delta U|/U_{rated}$ 或相对功率偏差 $|\Delta P|/P_{rated}$ 的概念。其中，ΔU、ΔP、U_{rated}、P_{rated} 分别为负载实际电压与其额定电压的绝对偏差量、负载实际功率与其额定功率的绝对偏差量、负载的额定电压、负载的额定功率。对于纯阻性负载来说，相对电压偏差和相对功率偏差是等效的，均被定义为 $\lambda(t)$，同时定义 $\lambda(t)$ 的最大偏差值 λ_m。那么，能量双向型电路模型的整个数字化控制过程如下：

1）当 $-\lambda_m \leqslant \lambda(t) \leqslant \lambda_m$ 时，负载工作在额定功率状态（rated power state），此时，3 个直流斩波器均工作在储能状态，不与外部系统进行能量交互操作；

2）当 $\lambda(t) > \lambda_m$ 时，负载工作在功率凸出状态（power swell state），此时，3 个直流斩波器均工作在充电-储能模式，从外部系统吸收过剩的电能功率；

3）当 $\lambda(t) < -\lambda_m$ 时，负载工作在功率凹陷状态（power sag state），此时，3 个直流斩波器均工作在放电-储能模式，对外部系统补偿不足的电能功率。

（2）充电状态电路分析。如图 2.40 所示，直流电源的负载回路电压方程为

$$U = I(t)R_{line} + I_R(t)R_{load} \tag{2.102}$$

式中　U——直流电源的输出电压；

$I(t)$——直流电源的输出电流；

$I_R(t)$——纯阻性负载的工作电流；

R_{line}——线路损耗电阻值；

R_{load}——纯阻性负载的电阻值。

理想直流斩波器的充电状态电压方程为

$$L\frac{\mathrm{d}I_{\text{L}}(t)}{\mathrm{d}t}=U_0+\frac{1}{C}\int_0^t I_{\text{C}}(t)\mathrm{d}t=I_{\text{R}}(t)R_{\text{load}} \qquad (2.103)$$

式中　L——超导磁体的自感；

$I_{\text{L}}(t)$——超导磁体的工作电流；

U_0——直流链电容的初始零时刻的工作电压；

C——直流链电容的电容值；

$I_{\text{C}}(t)$——直流链电容的工作电流。

理想直流斩波器的充电状态电流方程为

$$I(t)=I_{\text{C}}(t)+I_{\text{R}}(t)+I_{\text{L}}(t) \qquad (2.104)$$

结合式（2.102）~式（2.104）并求解，即可获得理想直流斩波器在充电过程中的超导磁体工作电流及纯阻性负载工作电流。

图 2.43 和图 2.44 分别给出了含传统直流斩波器和桥式直流斩波器的能量双向型电路模型的等效电路。

传统直流斩波器和桥式直流斩波器的充电状态电流方程均与理想直流斩波器的一致。而且，传统直流斩波器和桥式直流斩波器的充电状态电压方程也是完全一致的，如下：

$$L\frac{\mathrm{d}I_{\text{L}}(t)}{\mathrm{d}t}+2I_{\text{L}}(t)R_{\text{on}}=U_0+\frac{1}{C}\int_0^t I_{\text{C}}(t)\mathrm{d}t=I_{\text{R}}(t)R_{\text{load}} \qquad (2.105)$$

因此，结合式（2.102）、式（2.104）和式（2.105）并求解，即可获得传统直流斩波器和桥式直流斩波器在充电过程中的超导磁体工作电流及纯阻性负载工作电流。

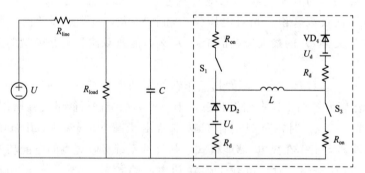

图 2.43　含传统直流斩波器的能量双向型电路模型的等效电路

（3）储能状态电路分析。传统直流斩波器的储能状态电压方程与式（2.91）一致。桥式直流斩波器的储能状态电压方程与式（2.91）、式（2.93）一致。

对于直流电源及负载回路，当理想直流斩波器、传统直流斩波器及桥式直流斩波器处于储能状态时，直流电源的负载回路电压方程均与式（2.102）一致，且其电流方程为

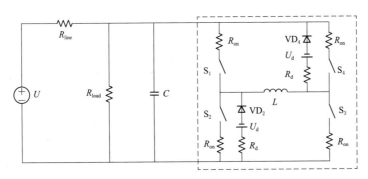

图 2.44 含桥式直流斩波器的能量双向型电路模型的等效电路

$$I(t) = I_C(t) + I_R(t) \tag{2.106}$$

相应的负载电压方程为

$$U_0 + \frac{1}{C} \int_0^t I_C(t) \mathrm{d}t = I_R(t) R_{\text{load}} \tag{2.107}$$

结合式（2.102）、式（2.106）和式（2.107）并求解，即可获得 3 种斩波器在储能过程中的纯阻性负载工作电流。

（4）放电状态电路分析。如图 2.40 所示，理想直流斩波器的放电状态电压方程为

$$-L \frac{\mathrm{d}I_L(t)}{\mathrm{d}t} = U_0 + \frac{1}{C} \int_0^t I_C(t) \mathrm{d}t = I_R(t) R_{\text{load}} \tag{2.108}$$

理想直流斩波器的放电状态电流方程为

$$I(t) + I_L(t) = I_C(t) + I_R(t) \tag{2.109}$$

结合式（2.102）、式（2.108）和式（2.109）并求解，即可获得理想直流斩波器在放电过程中的超导磁体工作电流及纯阻性负载工作电流。

传统直流斩波器的放电状态电压方程为

$$-\frac{\mathrm{d}I_L(t)}{\mathrm{d}t} - 2I_L(t) R_d - 2U_d = U_0 + \frac{1}{C} \int_0^t I_C(t) \mathrm{d}t = I_R(t) R_{\text{load}} \tag{2.110}$$

对于桥式直流斩波器而言，其含有两个放电状态，即放电暂态和放电稳态。桥式直流斩波器的放电暂态电压方程和放电稳态电压方程分别为

$$-L \frac{\mathrm{d}I_L(t)}{\mathrm{d}t} - I_L(t) R_{\text{on}} - I_L(t) R_d - U_d = U_0 + \frac{1}{C} \int_0^t I_C(t) \mathrm{d}t = I_R(t) R_{\text{load}}$$
$$\tag{2.111}$$

$$-L \frac{\mathrm{d}I_L(t)}{\mathrm{d}t} - 2I_L(t) R_{\text{on}} = U_0 + \frac{1}{C} \int_0^t I_C(t) \mathrm{d}t = I_R(t) R_{\text{load}} \tag{2.112}$$

传统直流斩波器和桥式直流斩波器的放电状态电流方程与理想直流斩波器一致。因此，结合式（2.102）、式（2.109）和式（2.110）并求解，即可获得传统直流斩波器在放电过程中的超导磁体工作电流；结合式（2.102）、式（2.109）和式（2.111）并求解，即可获得桥式直流斩波器在放电暂态过程中的超导磁体工作电流；结合式（2.102）、式（2.109）和式（2.112）并求解，即可获得桥式直流斩波

器在放电稳态过程中的超导磁体工作电流。

2.5.2.3 超导磁储能特点

超导磁储能具有高达 95％的效率、响应时间极快（最长可达 1ms）、功率密度高（超导磁体超过 2000W/kg）、充电速度快、控制策略灵活、输电负载的承载能力增加、循环寿命长（超过 10 万次循环）、环境友好等特点。它可以有效降低风力或太阳能发电过程中的功率波动，从而提高可再生能源发电的电能质量和可靠性。超导磁储能适用于电能质量和稳定性改善、不间断电源（UPS）和桥接电源等大功率、快速响应应用场合。图 2.45 为 SMES 和其他储能方式在放电功率和放电时间上的对比，图 2.46 为 SMES 和电容、电池在储能密度和功率密度上的对比。

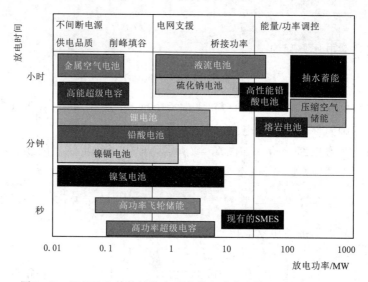

图 2.45　SMES 和其他储能方式在放电功率和放电时间上的对比

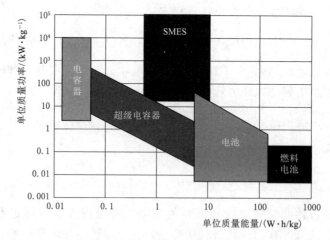

图 2.46　SMES 和电容、电池在储能密度和功率密度上的对比

虽然 SMES 在提高电力系统稳定性和改善供电质量方面具有明显优势，但是受限于其自身高昂的费用，SMES 还未能大规模进入市场，技术的可行性和经济价值

将是 SMES 未来发展面临的重大挑战。如何降低成本、优化高温超导线材的工艺和性能、开拓新的变流器技术和控制策略、降低超导储能线圈交流存耗和提高储能线圈稳定性、加强失超保护等几方面将会是 SMES 的研究重点。

高温超导材料的不断发展，极大地推动了 SMES 的发展，许多国家采用高温超导材料进行 SMES 系统的研究实验，包括日本和韩国，得出了高温超导材料会极大降低 SMES 的成本，并提高性能的结论。可以预见，高温超导材料的不断发展成熟，将会降低整个 SMES 系统的价格，极大地简化了冷却手段和运行条件，提高其性能和寿命。SMES 技术将加速发展，并可望成为主要电力基础应用装备之一。

日本中部电力公司研制了 5MJ/5MVA SMES 用以补偿系统瞬时电压跌落（图 2.47），解决敏感工业用户的电能质量问题。2003 年 7 月起，该 SMES 装置已安装在日本的一个大型 LCD 电视生产厂家长期现场运行实验，检验 SMES 的运行特性及可靠性。在现场实验过程中，当 SMES 检测到系统出现

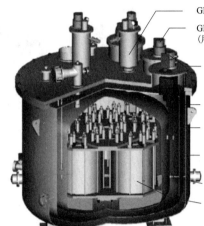

GM-JT制冷机
GM-JT制冷机
（用于辐射屏）
GM-JT制冷机
（用于电流引线）
高温超导电流引线
杜瓦
辐射屏
氦容器
超导磁体

图 2.47　日本中部电力 5MJ/5MVA，低温 SMES

电压降落问题时，立即切入系统对负载进行单独供电，保证负载的供电电压。系统运行过程中，由于雷击引起 77kV 输电线路上的两条支路产生接地故障，使实验基地经历了瞬时电压降落。SMES 在系统电压降落期间对负荷进行补偿供电，当系统电压恢复正常后，SMES 退出运行，平滑切换到系统供电，保证负荷的正常运行。

2.5.3　超级电容器储能

2.5.3.1　超级电容器基本信息

超级电容器或称双电层电容器、电化学电容器，它具有相对较高的能量密度，大约传统的电解电容器能量密度的数百倍。超级电容器主要通过电极与电解质之间的离子和电荷交换来实现电能和化学能之间的相互转换。能量储存在充电极板之间。与传统的电容器相比，超级电容器包括显著扩大表面积的电极，液体电解质和聚合物膜。超级电容器在充放电过程中只有离子和电荷的传递，因此其容量几乎没有衰减，循环寿命可达万次以上，远远大于蓄电池的充放电循环寿命。

图 2.48 展示了超级电容器的发展史，超级电容的发展经历了 3 个阶段。

（1）双层电容阶段。早期的超级电容器是双层电容器，它的储能机制是通过将电荷存储在电极表面的双层电容上来实现的。1853 年，德国物理学家 Hermann von Helmholtz 首次提出双层电容的概念。通用电气公司于 1957 年首次获得双层电容的

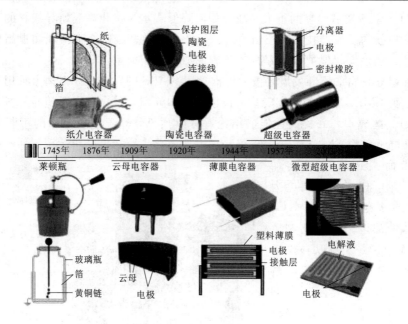

图 2.48 超级电容器的发展史

专利。相比于传统的电容器，双层结构电容具备更大容量。

（2）赝电容阶段。也称为伪电容超级电容器，为了进一步提高超级电容的能量密度和功率密度，研究人员开始使用吸附剂、氧化物等材料来形成电极表面的伪电容层，从而实现更高的储能和放电性能，这种超级电容器具有与传统双电层超级电容器不同的电化学反应机制，可以通过化学吸附/脱附或氧化还原反应来存储电荷。因此，伪电容超级电容器通常具有更高的能量密度和功率密度，以及更长的循环寿命。

（3）混合型超级电容阶段。在双层电容和伪电容的基础上，研究人员开始探索混合型超级电容，利用纳米材料和高分子材料等技术来改进电极材料，从而实现更高的能量密度和功率密度。

超级电容性能介于传统电池和电容器之间，主要由极化电极、电解液、隔膜和集流器组成，如图 2.49 所示。

超级电容的充电过程为：在其两端施加电压，电压和电解液使得电极导体表面分别形成正、负电荷层。超级电容的放电过程为：电解液通过隔膜抵消内部电解液的正负电荷，外加电路抵消正负极板的正负电荷。超级电容的实时工作状态可以根据这两个电压值的大小来判断。采用多孔结构能够增加电极有效表面积，提高能量密度。

2.5.3.2 超级电容器模型

1. 双电层理论模型

超级电容器的双电层结构模型最早由德国 Helmholtz 提出，并由 Gouy、Chapman、Stern 等研究完善的双电层理论演变而成。因为任何超级电容器都存在双电层电容，所以由双电层结构模型的研究有助于理解双电层电容的工作机理。

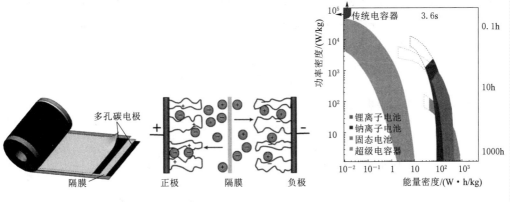

| (a) 超级电容器组成 | (b) 超级电容器工作原理 | (c) 电化学储能设备性能比较 |

图 2.49　超级电容器组成与原理

Helmholtz 首次提出了界面电荷分离的推论，他从刚性界面两侧正负电荷排列的规则考虑，设计出类似于平板电容器的双电层模型，该模型由相距为原子尺寸的微小距离的两个相反电荷层构成，如图 2.50（a）所示。其电容值为

$$C_d = \frac{\varepsilon_0 \varepsilon_r S}{d} \tag{2.113}$$

式中　S——电极的有效比表面积；

　　　d——双电荷层的距离。

根据这一模型，其电势变化是线性的，且 C_d 不随电极所施加的电势而变化，如图 2.50（b）所示。由于 Helmholtz 双电层模型只考虑了电极与吸附层之间的相互作用，而没有考虑电解质溶液浓度的影响，因此该模型只在浓溶液中，特别是电势差较大时才能更好地与实验数据进行拟合，需要一个更完善的模型。

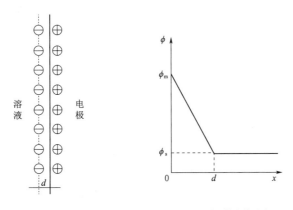

| (a) 电极及溶液中电荷的分布 | (b) 界面区的电势分布 |

图 2.50　Helmholtz 双电层模型

在 Helmholtz 双电层模型中，电荷被局限于电极表面，但在实际电解液中，尤其是在稀溶液中，电荷并不如此。在 20 世纪初，Gouy 提出了扩散层的概念，

Chapman 对其进行了详尽的数学讨论，因此该模型被称为 Gouy-Chapman 模型。该模型中包含了一个溶液电荷扩散层，溶液中的阴阳离子呈三维扩散分布的聚集体，如图 2.51 所示。其扩散层电容为

$$C_d = \frac{\partial q_M}{\partial \phi_0} = \left(\frac{2z^2 e^2 \varepsilon_r \varepsilon_0 n_i^0}{kT}\right) \cosh\left(\frac{ze\phi_0}{2kT}\right) \tag{2.114}$$

式中　q_M——扩散层电荷密度；

　　　ϕ_0——双电层溶液一侧总的电位差；

　　　z——溶液中每个离子的电荷；

　　　n_i——本征半导体的电子密度。

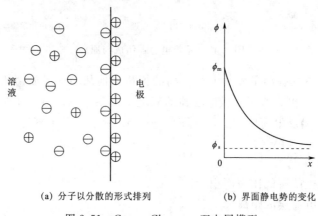

(a) 分子以分散的形式排列　　　　(b) 界面静电势的变化

图 2.51　Gouy-Chapman 双电层模型

因为该模型将溶液中的离子假设为点电荷，所以导致电极表面附近的电势分布与实际不符，计算出电容值也要大于实际电容值。

1924 年，Stern 将上述两个模型结合起来，区分了电极表面吸附的离子和扩散层的离子，该模型由紧靠电极处的紧密层（Helmholtz 层）和延伸到溶液本体的扩散层组成。如图 2.52 所示，距电极表面的紧密层电势呈线性分布，而扩散层中电势则呈指数变化。该模型的电容值可视为两个串联电容，即

$$\frac{1}{C_d} = \frac{1}{C_H} + \frac{1}{C_D} \tag{2.115}$$

式中　C_H——紧密层电容；

　　　C_D——扩散层电容。

自 Stern 模型后，Grahame、Bockzis 等都进一步对双电层进行理论细分。1947 年，Grahame 考虑了特性吸附的作用，进一步将双电层划分三个区域，即内 Helmholtz 层（IHP）、外 Helmholtz 层（OHP）和扩散层，其中内 Helmholtz 面对应于特性吸附离子中心的面，外 Helmholtz 层和扩散层分布与 Stern 模型相同。而在 Bockzis 模型中则考虑到溶剂的因素，认为溶剂分子优先排列在电极的表面，偶极溶剂分子与特性吸附离子在同一层；此外还定义了一个与电极紧密结合的离子的切面，切面外的离子可以自由移动，该切面近似于 Grahame 模型中的 OHP，但不一定与之完全一致，该切面的电势被称为电动电势。

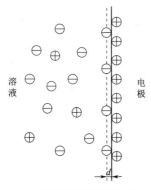

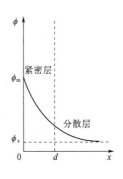

(a) 离子在紧密层和分散层中的排列　　　(b) 静电势随距离的变化

图 2.52　Stern 双电层模型

2. 多孔电极模型

超级电容器的电极大多被制成具有多孔准三维电极以获得大的比表面电容,孔内电荷传递通常是非线性的,所以不能完全采用上述在二维表面建立的双电层模型来分析。影响多孔电极性能因素很多,其中最主要的是电极的孔隙率和孔径,两者之间的优化配置常常限制了在一定的尺寸内获得尽量大的电容量。以上都决定了多孔电极研究的特殊性,这也增加了由多孔电极组成的超级电容器的模型的复杂性。

De Levie 认为理想的孔可等效为均匀的传输线,此时超级电容器可看作一种分散参数系统。图 2.53 是半剖面无限孔模型,黑框表示电极和电解液的交界处。电极中任一孔都由无数个孔逐级嵌套组合而成,每个孔的电化学行为都与孔径、孔容及孔型等密切相关,同时每个孔的电容、电阻都随电位、角频率等外部因素而变化,多孔电极阻抗可以用下式表示为

$$Z_{ps} = \sqrt{\frac{R_{el}}{j\omega C_{dl}}} \coth\sqrt{j\omega R_{el} C_{dl}} \tag{2.116}$$

低频下为

$$Z_{ps}(0) = \frac{R_{el}}{3} + \frac{1}{j\omega C_{dl}} \tag{2.117}$$

高频下为

$$Z_{ps}(\omega \to \infty) = \sqrt{\frac{R_{el}}{j\omega C_{dl}}} \tag{2.118}$$

式中　R_{el}——孔内电解质阻抗。

由于在低频情况该模型不适用,Kötz 等提出了由 $(j\omega)^{\gamma}$ $(0 < \gamma \leqslant 1)$ 代替频率相 $(j\omega)$,其总阻抗为

$$Z_{pg} = \sqrt{\frac{R_{el}}{(j\omega)^{\gamma} A_{dl}}} \coth\sqrt{(j\omega)^{\gamma} R_{el} A_{dl}} \tag{2.119}$$

3. 超级电容器等效电路模型

采用动力学参数来建立等效电路模型是交流阻抗谱的主要分析方法之一,它可

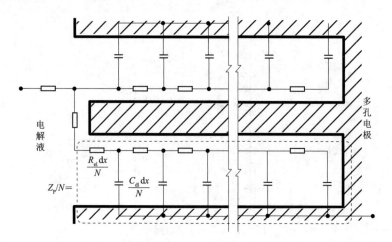

图 2.53　半剖面无限孔模型

以比较直观地表现电极的动力学过程。由于等效电路的方法存在着随机性、直觉性和非唯一性等特点，且超级电容器的结构多样化，致使超级电容器的模型存在多样化，且每种模型的适用范围又不同。目前常见的模型如图 2.54～图 2.61 所示。

（1）超级电容器的简单模型。等效串联电阻（ESR）和理想电容（C）串联的 RC 串联电路是超级电容器最简单的等效电路。为了揭示超级电容器的漏电流效应，在串联 RC 电路模型的基础之上。增加一个等效并联电阻（EPR），如图 2.54 所示。该串并联等效电路具有结构简单，ESR、EPR、C 三个参数容易辨别、计算简单等优点，一般可用于粗略计算和分析超级电容器的动态性能。

（2）基于动力学参数的模型。由于实际使用的超级电容器结构复杂，为了表征超级电容器的阻抗特性，Conway 引入法拉第电容建立了超级电容器的等效电路模型，如图 2.55 所示，其中 R_S、R_F、C_{dl} 和 C_Φ 分别代表引线和电解液等的电阻、法拉第电阻、双电层电容和法拉第电容。R_F 和 C_Φ 与超级电容器的动力学参数有关，由超级电容器内部组成决定。

图 2.54　简单串并联模型　　　　　　　　图 2.55　Conway 模型

基于典型碳纤维电极的阻抗谱出发建立了等效电路，如图 2.56 所示，其中 C_c、R_c 分别是表面电容和接触电阻，Z_w 是孔洞内弥散效应的 Warburg 阻抗，C_d 是孔内的双电层电容。在图 2.55、图 2.56 所描述的模型中，每个元件参数都具有实际的物理意义，其值求取方便，能与阻抗谱进行很好的拟合，可直观表现超级电容器的电极反应动力学和热力学关系，可应用于原理分析。

（3）传输线模型。图 2.57 是梯形网络结构的传输线模型。此时，超级电容器被看作是一种分布参数系统，从左向右再现了内部电荷再分配的过程，表现出了超级电容器的能量传递过程。传输线模型具有如下优点：

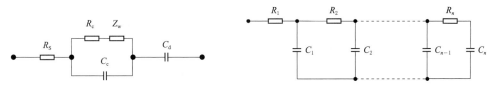

图 2.56　基于阻抗谱建立的双电层电容器模型　　　图 2.57　传输线模型

1）由于是由电极的微孔结构和材料特性所决定的不同 RC 分支组成，且从物理结构上很好模拟了超级电容器的分散特性，通过该模型拟合的数据能在很广的频率范围内与实际数据相符。

2）由于外接特性良好，可与不同的负载进行连接仿真。

3）由于采用网络结构，可以根据应用场合对时间响应的要求进行合理的减少或增加不同的分支，简化为如二、三、五分支等有限的 RC 串并联支路模型，其中五阶的梯形电路的频率范围可达到 10kHz，但计算量大为提高。

目前，对传输线模型的研究主要是如何在保证精度的前提下减少计算参数的计算量，在该模型中引入不同的模块对温度特性、电气特性进行研究。该模型良好的外接特性可应用于电动车等研究当中。

在多孔电极的传输线模型中引入电感 L_s 可使该等效电路在更广泛的频率范围内应用，如图 2.58（a）所示，其中 L_s 为串联电感，R_s 为集流体和溶液内阻，Z_{ps} 为多孔电极阻抗。电感的引入提高了动态特性仿真的精度。在图 2.58（a）的基础上，又加入了一个 R_x、C_x 并联电路，如图 2.58（b）所示，其作用相当于在电路中引入了一个常相位角元件。加入这一支路后，仿真误差比未加前低一个数量级。此类模型在自放电、温度特性、老化实验等仿真中得到了很好的验证，其应用前景广阔。

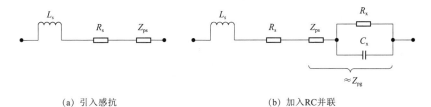

（a）引入感抗　　　　　　　　　（b）加入RC并联

图 2.58　多孔电极模型

Rafik 等在传输线模型的基础上，引入了与频率、电压、温度特性有关的等效电路，如图 2.59 所示。电路 1 引入了在低频下受温度特性影响的电解质离子阻抗 R_i，在高频时 C_i 在 R_i 的影响下逐渐减小；电路 2 中的 $R_i C_R$ 的引入可抬高电容的平均频率，使对 Bode 图的仿真更为精确；电路 3 描述了电容器的漏电流和电容器内部的电流再分配的过程，其主要针对电容器的自放电特性。在 $-20\sim 60℃$ 温度范围内，该电路模型对 Maxwell 的 2600F 超级电容器模块，在 50mHz 下以 $0\sim 60A$

电流放电进行仿真，结果与实验测试结果相符。

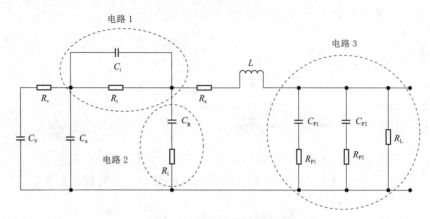

图 2.59　改进的传输线模型

（4）基于超级电容器的结构特性建立的模型。单个超级电容器一般由正、负两个电极、集流体、电解液和隔膜组成。根据超级电容器结构特性来建立模型立意清晰，各元件参数具有实际的物理意义，直接反映器件的各部分性能。如图 2.60 所示的等效电路代表了超级电容器的各个部分功能，其中电阻 R_{F1} 和 R_{F2} 反映了正、负电极的自放电性能。图 2.61 是具有多孔电极的超级电容器等效电路，其中 R_{ins} 代表超级电容器两极间的绝缘电阻，R_{sep} 代表隔膜电阻，R_e 代表炭电极间的电阻，$R_1 \cdots R_n$ 代表等效串联电阻，$C_1 \cdots C_n$ 代表炭电极中的各个电容，R_{kn} 表示电极与集电极的引线电阻。

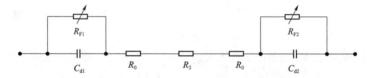

图 2.60　基于物理结构的超级电容器简化模型

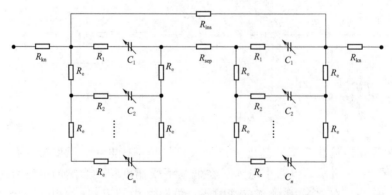

图 2.61　基于物理结构的超级电容器详细模型

2.5.3.3　超级电容器特点

超级电容器适用于需要快速充放电或放电周期较多的能源储存领域，而非通用电路元件，特别适用于精密能源控制和瞬间负载设备。利用超级电容器的比功率大的特点，可以弥补电力系统中功率不稳定的问题，如风力发电和光伏发电，在这些发电系统中，超级电容可以对系统起到瞬时功率补偿的作用，可以在发电中断时作为备用电源，以提高供电的稳定性和可靠性；在交通运输业中，双电层电容器常用于回馈制动、短期能量存储或突发状况时的电力输送。超级电容器也有作为能量储存和动能回收系统设备在车辆使用，如汽车、地铁等交通工具中。超级电容可以用于燃油汽车（尤其是柴油机汽车）的冷启动、制动能量回收和急加速工况等；在工业领域，超级电容还经常用作起重机、电梯等高占空比的深度放电周期的设备，利用制动和下降过程的能量回收为设备节约能源，并补偿峰值功率。另外亦有用于其他小型系统，例如需要快速充/放电的家用太阳能系统。图2.62为超级电容器混合电动车。

（a）超级电容重型牵引车　　　　　　　　（b）超级电容器轻轨列车

图2.62　超级电容器混合电动车

然而，超级电容器存在如下缺点：

（1）单体工作电压低。水系电解液超级电容器单体的工作电压一般为10V。超级电容器高输出电压是通过多个单体电容器串联实现的，并且要求串联电容器单体具有很好的一致性。非水系电解液超级电容器单体的工作电压可达35V，但实际使用过程中最高只有3.0V，同时非水系电解质纯度要求高，需要在无水、真空等装配环境下进行生产。

（2）可能出现泄露。超级电容器使用的材料虽然安全无害，但是如果安装位置不合理，仍然会出现电解质泄露问题，影响超级电容器的正常性能。

（3）适用条件有限。超级电容器一般应用在直流条件下，不适应用在交流场合。

（4）价格较高。超级电容器的成本远高于普通电容器。

位于福建省罗源县的华能罗源电厂5MW超级电容＋15MW锂电池混合储能调频系统经过调试，进入成熟稳定运营阶段，如图2.63所示。标志着我国超级电容的技术研发、集成及应用水平跻身世界前列，为电力系统调频开辟出新路径。据介绍，该项目总规模达到20MW，采用复合储能技术，包括5MW超级电容储能系统，以及15MW/7.5MW·h锂电池储能系统。储存的电量相当于21.17万个1万mA的普通充电宝的容量总和，可同时满足超过1119户居民家庭1天的可靠用电，系首次将长寿命、高安全性的超级电容储能技术应用在火电调频领域，有效解决了大容量超级电容储能技术集成与调频应用难题。项目投用后，对于提升电网安全稳定运行，促进可再生能源消纳和能源转型具有重要意义。

图 2.63　超级电容混合储能调频项目远景

2.6　混合储能与电网应用

2.6.1　混合储能与并网发展现状

"双碳"目标的实现不仅是当今环境的需求，也是经济社会可持续发展的重要保障，进一步对我国能源体系建设所提出的更高的要求。立足于我国碳排放总量大、能源消费需求高、能源结构体系以煤炭为主的现状，国家发展和改革委强调大力推动风电、光伏等可再生能源建设，构建高比例可再生能源接入下的新型电力系统，并促进电能逐步成为主要的能源消费品种。

截至 2023 年 6 月底，我国可再生能源发电总装机容量突破 13 亿 kW，达到 13.22 亿 kW，同比增长 18.2%，约占我国总装机的 48.8%。其中，水电装机 4.18 亿 kW，风电装机 3.9 亿 kW，太阳能发电装机 4.71 亿 kW，生物质发电装机 0.43 亿 kW。表 2.7 为 2017—2022 年我国光伏、风电、水电、核电累计装机容量。

表 2.7　　　　2017—2022 年我国光伏、风电、水电、核电累计装机容量

指　标	年　份					
	2017	2018	2019	2020	2021	2022
光伏累计装机容量/GW	130.25	174.46	204.18	253.43	305.99	392.61
风电累计装机容量/亿 kW	1.64	1.84	2.09	2.81	3.28	3.65
水电累计装机容量/亿 kW	3.44	3.53	3.58	3.70	3.91	4.13
核电累计装机容量/亿 kW	0.36	0.45	0.49	0.51	0.55	0.55

新型电力系统明显的技术优势包括绿色低碳、多元互动、高度市场化等，其核心特征在于可再生能源占主导地位，成为主要能源消费形式。然而，为建成新型电

力系统，目前仍急需解决高比例可再生能源接入下的系统不确定性与脆弱性问题，表现在可再生能源发电的不确定性与波动性以及用户侧负荷属性与发电属性的不匹配性。随着可再生能源装机容量与发电占比的快速提升，其间歇性和波动性的出力特点导致新型电力系统对灵活性调节资源的需求剧增。混合储能技术在实现新型电力系统安全、稳定、灵活运行中有着重要的战略意义。

2.6.2 新型电力系统特征

传统电力系统以大机组、大电网、大电厂、高参数、高电压、远距离及高度自动化的复杂大电网系统为特征，其不确定性主要来自于负荷的不断变化。然而，当可再生能源大比例接入电力系统中后，系统由传统的负荷不确定性转变为电源与负荷的双重不确定性。相对于系统行为的必然性和可预测性的确定性行为，不确定性因素是新型电力系统行为的偶然性、不可预测性，其中包括不确定性、随机性、模糊性、不确知性等。

1. 发电侧特征分析

在未来新型电力系统中，新能源在电源结构占比将有望达到一半以上，发电设备主要包括风电、光伏、水电、生物质发电、氢能等一次与二次能源。可再生能源大规模接入电力系统后，其表现出的波动性、随机性和间歇性等特征对新型电力系统的电能质量、无功电压及有功功率等多要素有着较大的影响，进而影响输配电安全以及用户用能质量。除出力的波动性与随机性特点之外，风光发电又存在地域性与季节性差异特点，不同季节的风光发电概率分布特征有着较大的差异，不同地区的风光资源存量又存在较大的不同。此外，风光出力受自然资源多要素综合影响，难以保证出力预测的准确度，一般存在一定的预测误差。综上，由于影响因素复杂多样、地理区域差异较大、预测难度较高等多重因素交织耦合，新型电力系统发电环节一般表现出非规则性、非对称性、时空关联性等复杂特点，难以通过单一指标或模型对其进行刻画，从而大大提高了新型电力系统规划难度。

2. 输配侧特征分析

随着电网职能的不断细分，输配电环节职责较传统，职能更加丰富多样，分布式能源与微电网也成为输配侧管理的重要对象，从而导致新型电力系统输配环节具有双向传递特征。具体分析，为满足分布式能源以及微电网的余电上网条件，保障电力系统安全稳定运行，输配侧不仅要将发电侧的电能及时稳定传输给用户，还需根据分布式能源与微电网系统的运行情况，以自身输配能力为约束，实现多余分布式能源的重新分配。这一特点不仅增加了输配环节的调度难度，更加大了输配环节的灵活性调节需求。此外，由于新型电力系统具有可再生能源高占比的特点，具有波动性与不确定性的电能在输配侧传输势必会给线路带来一定的影响，从而增加了输配侧无功支持、线路扩建与改造等需求。此外，由于我国风光资源分布不均衡，在用电需求量相对较少的西北地区有着丰富的风光资源，而用电量较高的华北地区风光资源相对较少。因此，由于系统的双向传递性、电能波动性以及资源分配不平衡性，新型电力系统输配侧的灵活性调节需求将大大提高，输配侧与发电侧、输配侧与用户侧交互关系更加复杂多变。

3. 用户侧特征分析

随着能源互联网、智能电网的构建与交通运输行业电气化转变以及电动汽车的推广,可再生能源波动性与不确定性将给用户多样化用电需求带来更为复杂的影响。具体分析,首先,受用户消费习惯、当地用能政策、市场能源价格、社会环境保护需求等多重因素影响,各类能源使用者在不同时刻的能源消费特点存在较大的差异,从而导致新型电力系统用户侧负荷可表现出较大的波动性与不确定性。在发电侧与用户侧双重不确定性环境下,用户电力负荷的实时满足需求更加难以实现。其次,在传统电力系统中,由于电力用户的用能环境较为稳定,电力消费方式较为单一,因此传统电力系统可以精确预测电能需求。但随着新型电力系统建设发展,受分时电价策略、需求响应管理与终端用能方式的电气化转变等各种因素的耦合作用,精准预测新型电力系统用电负荷难度较大,从而大大提高了新型电力系统安全稳定运行的管理难度。最后,用能集成商、代理商等新兴用能消费者将逐渐形成,其用能消费策略受到当地政策、市场竞争等多重复杂因素影响,表现出用能的非规则性、随机性等特点。因此,用电需求在变量选取、参数刻画、多场景分析、复杂利益相关者博弈等不确定性问题上更加难以刻画。

综上所述,新型电力系统需要对资源进行充足性规划,资源充足性规划可以确定各环节所需不同资源的总量满足未来一段时间的电力需求。其目的是确保有足够的可用资源实现及时供需平衡,防止大面积停电事故的发生。其次,通过采取满足资源充足性要求的机制减少市场参与者对电力系统可靠性"搭便车"的行为。为应对大规模可再生能源应用给电力系统带来的发电与用电的不确定性与波动性影响,应提高系统灵活性调节能力。最后,提高电力系统的韧性,使其在应对极端天气等气候变化的挑战中具有极强的自我调节与自我恢复能力。

2.6.3　新型电力系统发电元件运行特征分析

新型电力系统的发电装置主要包括风电场、光伏电站、水电站、燃煤电厂等。不同地区发电厂建设类型有较大差异,例如,在水资源丰富的四川,其水力发电比例在一定程度上大于火力发电。随着高比例可再生能源在新型电力系统中的广泛应用,大型风电、光伏发电以及分布式新能源将成为电力市场的重要组成部分。

1. 风力发电

风力发电系统在发电过程中将风能转化为切割磁感线的机械能再进一步转化为电能,其运行机理是通过风力带动风车叶片旋转,因此其具有清洁环保的特点。然而,风能具有高随机性与间歇性,其发电功率计算方法为

$$P_{\mathrm{w}} = \begin{cases} 0, & v(t) < v_{\mathrm{in}} \\ P_{\mathrm{R}} \dfrac{v(t) - v_{\mathrm{in}}}{v_{\mathrm{r}} - v_{\mathrm{in}}}, & v_{\mathrm{in}} \leqslant v(t) < v_{\mathrm{r}} \\ P_{\mathrm{R}}, & v_{\mathrm{r}} < v(t) \leqslant v_{\mathrm{out}} \\ 0, & v(t) > v_{\mathrm{out}} \end{cases} \tag{2.120}$$

式中 P_w——风力发电机组的输出功率；

  $v(t)$——风力机在轮毂高度处的实际风速；

  v_{in}——风力机的切入风速；

  v_r——风电机的额定风速；

  P_R——风力发电机组的额定功率。

一般可用式（2.121）进一步将测风塔的风速转化为风电机组在轮毂高度处的风速，即

$$v(t)=v_{ref}(t)\left(\frac{H_{wt}}{H_{ref}}\right)^{\chi} \tag{2.121}$$

式中 H_{ref}——测风塔高度；

  H_{wt}——轮毂高度；

  $v_{ref}(t)$——测风塔高度处风速；

  χ——摩擦系数。

由于风电机组在生产过程中不消耗燃料，其可视为无环境成本。随着风电接入电网规模地不断增大，其出力的不确定性与波动性将给电力系统灵活性调节，如稳定电压、调峰调频等方面带来更大的压力，弃风弃电现象更易发生，从而降低能源利用效率，易导致资源浪费。因此，在运行过程中，风电机组的成本不仅包括运维成本，还包括弃风弃电成本，其计算为

$$C_{wd,y}=\sum_{u=1}^{N_{wd}}\sum_{t=1}^{T}\{c_{om,wd,u}P_{wd,u,y}(t)+c_{pen,wd}[P_{wd,u,y}^{pre}(t)-P_{wd,u,y}(t)]\}\Delta t$$

$$\tag{2.122}$$

式中 $C_{wd,y}$——风电机组在 y 日的运行成本；

  N_{wd}——风电机组个数；

  $c_{om,wd,u}$——风电机组的单位运维成本；

  $P_{wd,u,y}(t)$——风电机组的调度功率；

  $P_{wd,u,y}^{pre}(t)$——风电机组的预测输出功率；

  $c_{pen,wd}$——单位弃风电量惩罚成本。

2. 光伏发电

光伏发电与风能相类似，也具有强随机性和时变性，其输出功率主要由太阳能辐射强度、环境温度等要素决定，计算为

$$P_{pv}=P_s*f_{pv}\frac{G(\varphi,m,d,h)}{G_{STC}}[1+\theta_T(T-T_{ref})] \tag{2.123}$$

式中 P_s——光伏阵列的额定功率；

  f_{pv}——功率衰退系数；

  $G(\varphi,m,d,h)$——光伏待建地区（维度 φ）第 m 月、第 d 天第 h 时的地表太阳能辐射强度小时均值；

  G_{STC}——标准环境下的光照强度；

  θ_T——光伏阵列的功率温度系数；

T——运行光伏阵列的温度；

T_{ref}——光伏阵列的参考温度。

通过将太阳能转化为电能，光伏发电在生产过程中同样不消耗燃料，其运行成本主要由运维成本与弃风弃电成本构成，计算为

$$C_{\text{pv,y}}=\sum_{v=1}^{N_{\text{pv}}}\sum_{t=1}^{T}\{c_{\text{om,pv},v}P_{\text{pv},v,\text{y}}(t)+c_{\text{pen,pv}}[P_{\text{pv},v,\text{y}}^{pre}(t)-P_{\text{pv},v,\text{y}}(t)]\}\Delta t \qquad (2.124)$$

式中　　　　　$C_{\text{pv,y}}$——光伏电站在典型日 y 的运行成本；

　　　　　　　N_{pv}——光伏电站个数；

　　　　　$c_{\text{om,pv},v}$——光伏电站 v 的单位电量运维成本；

$P_{\text{pv},v,\text{y}}(t)$、$P_{\text{pv},v,\text{y}}^{pre}(t)$——光伏电站 v 在典型日 y 时段 t 的调度、预测输出功率；

　　　　　$c_{\text{pen,pv}}$——单位弃光电量惩罚成本。

其中光伏出力应大于 0 且小于预测出力。

3. 水力发电

水电厂发电原理与抽水蓄能类似，在发电过程中将水流动的动能转化为电能，从而满足系统负荷用电需求。此外，有调节水库和无调节水库是水电厂的两大分类。"以水定电"是保证水库安全运行的重要保障，水电不消耗燃料成本，与燃煤电厂相比其环境成本为 0。因此，水电站较燃煤机组更加清洁，可优先安排发电，其运行成本的计算为

$$C_{\text{hv,y}}=\sum_{k=1}^{N_{\text{hy}}}\sum_{l=1}^{N_{\text{hy},k}}\sum_{t=1}^{T}[c_{\text{su,hy},k,l}Y_{\text{hy},k,l,\text{y}}(t)+c_{\text{om,hy},k,l}P_{\text{hy},k,l,\text{y}}(t)\Delta t] \qquad (2.125)$$

式中　　　　　$C_{\text{hv,y}}$——水电机组在典型日 y 的运行成本；

　N_{hy}、$N_{\text{hy},k}$——水电站个数与相应的水电机组个数；

　　　$c_{\text{su,hy},k,l}$——水电站 k 的各机组的单次启动成本；

　$Y_{\text{hy},k,l,\text{y}}(t)$——水电站 k 的各机组在典型日 y 时段 t 的运行状态，1 为在运行，

　　　　　　　　　0 为未启动；

　　$c_{\text{om,hy},k,l}$——水电站 k 机组 l 单位运维成本；

　$P_{\text{hy},k,l,\text{y}}(t)$——水电站 k 机组 l 在典型日 y 时段 t 的输出功率。

水电机组具有最大与最小出力限制，如式（2.126）所示。此外，水电机组在运行过程中具有备用约束及日发电量约束，从而保证其安全稳定运行，相关约束分别为

$$U_{\text{hy}}(t)P_{\text{hy,min}}\leqslant P_{\text{hy}}(t)\leqslant U_{\text{hy}}(t)P_{\text{hy,max}} \qquad (2.126)$$

式中　$U_{\text{hy}}(t)$——0、1 变量，表示水电站的开机状态；

　　　$P_{\text{hy,min}}$——水电站最小输出功率；

　　　$P_{\text{hy,max}}$——水电站最大输出功率。

$$0\leqslant R_{\text{hy}}(t)\leqslant P_{\text{hy,max}}-P_{\text{hy}}(t) \qquad (2.127)$$

式中　$R_{\text{hy}}(t)$——水电站在 t 时段的旋转备用功率。

$$\sum_{t=1}^{T}P_{\text{hy}}(t)\Delta t=E_{\text{hy}} \qquad (2.128)$$

式中　E_{hy}——根据水库来水容量确定的水电站的计划发电量。

为保证水库安全运行，该约束要求水电站中水电机组的日发电量之和须等于该水电站计划发电量。

2.6.4　混合储能方案优选

　　在混合储能方案优选中，优选模型的构建极大程度影响了评价结果有效性、客观性、科学性。在指标信息的表达中，由于客观环境的动态变化性以及技术指标的难以测量性，往往很难用精确值表示各储能技术属性。其次，指标权重的设定逻辑与设定方法直接影响了该因素在优选中的价值占比。权重较大的指标为决策者的焦点要素，表明此指标的优越性将重点影响决策者的选择。权重较小的指标往往会被弱化重要性，其指标值的波动在一定程度上并不会给决策结果带来较大的影响。因此，建立客观、科学的指标赋权方法尤为重要。此外，优选排序的科学性直接决定了评价结果的有效性和适用性，排序方法需降低指标信息间的相互抵消作用。综上所述，构建全面、有效、科学的混合储能方案优选模型对于储能在各个关键应用场景中的决策有着重要价值。图 2.64 为混合储能方案优选指标体系。

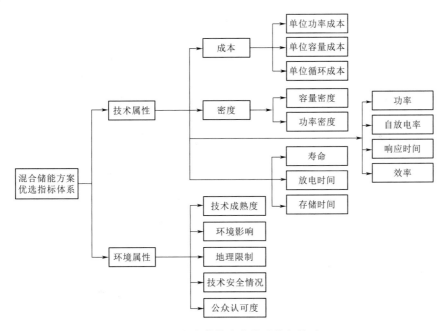

图 2.64　混合储能方案优选指标体系

　　目前，各类储能属性可分为技术属性与环境属性。在技术属性方面，单位功率成本、单位容量成本、最大功率、响应时间和最大持续放电时间、功率密度、容量密度、储能时间、自放电属性、充放电效率为影响储能推广应用的关键因素。在环境属性方面，技术成熟度、环境影响、地理限制、技术安全情况、公众认可度是储能技术在新型电力系统大规模推广应用的其他关键特征。

　　为最终获取发电侧、输配侧、用户侧科学、可靠且有效的混合储能应用方案，构建了严谨的混合储能方案优选框架，如图 2.65 所示，从而既实现各储能技术在不同场景的分类与优势度横向对比，又保证新型电力系统各环节的纵向储能需求得以满足。

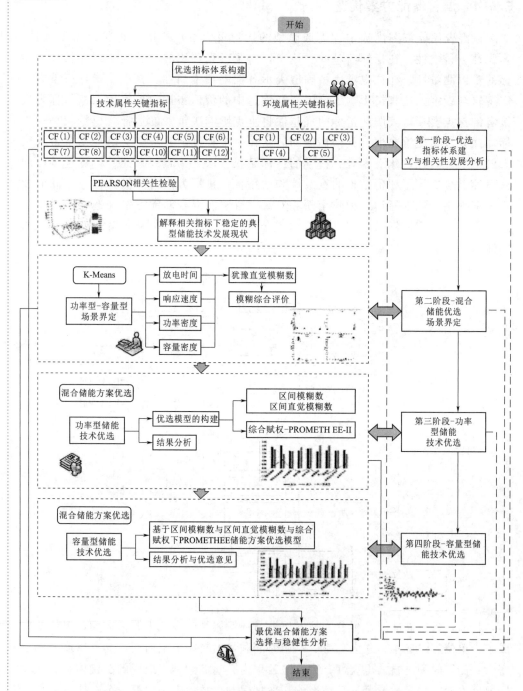

图 2.65　面向新型电力系统各环节需求的混合储能优选框架

总之，混合储能方案优选具有重要意义。未来，随着技术的不断进步和应用场景的不断扩展，我们建议加强混合储能技术的研发和推广，提高系统的稳定性和经济性；同时结合政策支持，推动混合储能系统的广泛应用，为社会的可持续发展做出贡献。

思　考　题

1. 简述压缩空气储能系统的主要组成部分以及其功能。

2. 简述超级电容在当今社会中的应用情况。

3. 什么是储能技术？它有哪些主要的应用领域？

4. 描述一下目前常见的几种储能技术，如电池、超级电容器、飞轮、压缩空气储能等，并比较其优缺点。

5. 在电力系统中，储能技术有哪些应用场景？具体说明一下。

6. 储能技术如何助力可再生能源的发展？

7. 简述电池储能系统（BESS）的基本组成和运行原理。

8. 针对特定的应用场景，如何选择合适的储能技术？以家庭储能为例进行说明。

9. 从环境友好性的角度，对比一下各种储能技术的优劣。

参　考　文　献

［1］ 张国维. 区域电网风电消纳途径优化研究［D］. 北京：华北电力大学，2017.

［2］ 张冬谊. 基于状态空间模型的智能电网蓄电池储能系统仿真研究［D］. 重庆：重庆大学，2016.

［3］ 王再闯. 储能电站提高风电消纳能力电源规划研究［D］. 乌鲁木齐：新疆大学，2016.

［4］ 韩璐. 风光储联合发电系统平滑控制方法研究［D］. 成都：电子科技大学，2016.

［5］ 孔令怡，廖丽莹，张海武，等. 电池储能系统在电力系统中的应用［J］. 电气开关，2008（5）：61－62.

［6］ 俞磊. 智能电网中储能技术的服务形式及其价值评估［D］. 北京：华北电力大学，2016.

［7］ 李翔. 抑制风电电压闪变的混合储能优化配置方法［D］. 广州：华南理工大学，2015.

［8］ 张熙. 大规模储能与风力发电协调优化运行研究［D］. 济南：山东大学，2016.

［9］ 韩旭东，刘征. 液流电池储能电站降低土建造价的几点分析［J］. 科技创新与应用，2020（35）：47－48.

［10］ 陶威. 二氧化钛基自支撑电极的合成及其储能应用［D］. 成都：电子科技大学，2020.

［11］ 田佳强. 储能锂电池系统健康评估与故障诊断研究［D］. 合肥：中国科学技术大学，2021.

［12］ 周哲. 铅酸蓄电池企业 IT 治理体系设计研究［D］. 上海：上海财经大学，2022.

［13］ 付英男. 提高风电消纳的热电混合储能系统优化控制与配置［D］. 吉林：东北电力大学，2021.

［14］ 李社栋，宋莹莹，边煜华，等. 室温钠硫电池的发展现状和挑战［J］. 储能科学与技术，2023，12（5）：1315－1331.

［15］ 黄琴. 基于深度强化学习的风光储系统运行和控制方法研究［D］. 成都：电子科技大学，2023.

［16］ 吴皓文，王军，龚迎莉，等. 储能技术发展现状及应用前景分析［J］. 电力学报，2021，

36 (5)：434 - 443.

[17]　张远. 风电与先进绝热压缩空气储能技术的系统集成与仿真研究 [D]. 北京：中国科学院
　　　　研究生院（工程热物理研究所），2016.

[18]　李雪梅，杨科，张远. AA - CAES 压缩膨胀系统的运行级数优化 [J]. 工程热物理学报，
　　　　2013，34 (9)：1649 - 1653.

[19]　张杰. 含先进绝热压缩空气储能和风电的电力系统鲁棒优化调度 [D]. 杭州：杭州电子科
　　　　技大学，2022.

[20]　李雪梅. 先进绝热压缩空气储能系统部件特性对系统性能影响的研究 [D]. 北京：中国科
　　　　学院研究生院（工程热物理研究所），2015.

[21]　张翔. 飞轮储能系统高速永磁同步电动/发电机控制关键技术研究 [D]. 杭州：浙江大
　　　　学，2019.

[22]　曹雨军，夏芳敏，朱红亮，等. 超导储能在新能源电力系统中的应用与展望 [J]. 电工电
　　　　气，2021 (10)：1 - 6.

[23]　陈孝元. 超导磁储能能量交互模型及其应用研究 [D]. 成都：电子科技大学，2016.

[24]　宋金岩. 混合型超级电容器的建模与制备研究 [D]. 大连：大连理工大学，2010.

第3章 气电耦合技术与应用

3.1 引　言

在全球化能源转型的背景下，气电耦合技术作为一种创新的能源系统整合方案，正日益受到广泛关注。这种技术通过将天然气发电系统与电力系统紧密耦合，不仅能够提高能源利用效率，还能增强能源供应的灵活性和可靠性。气电耦合技术的核心在于实现天然气和电力两大能源系统的互补与协同，通过优化能源流、信息流和价值流，达到提高能源系统整体性能的目的。

3.2 天 然 气 的 介 绍

3.2.1 天然气的基本性质

3.2.1.1 天然气的组成及用途

在石油地质学科中，天然气指从地层内开发生产出来、以烃类为主，且包含非烃类气体的混合物。其中烃类气体指常温常压下为气态的碳氢化合物，包含从单个碳原子烷烃的甲烷（CH_4）到33个碳原子的石蜡烃和22个或更多碳原子的芳香烃，均为可燃气体。表3.1给出了我国陕西某地开采的典型天然气的组成。

表 3.1　　　　　　　　　陕西某地典型天然气的组成

组分	摩尔占比/%	组分	摩尔占比/%
C_1	88.350	C_6	—
C_2	5.555	C_{7+}	—
C_3	1.133	N_2	1.131
iC_4	0.152	CO_2	3.276
nC_4	0.219	H_2O	0.0622
iC_5	0.0438	H_2	0.0165
nC_5	0.061	H_2S	$<20mg/m^3$

天然气中的烃类气体以正构或异构烷烃为主，还包括少量的乙烷、丙烷和丁烷。其中甲烷比例最大，占比可高达85%以上。甲烷不但可以作为燃料，其经过高

温分解可得炭黑，用作油墨、油漆及橡胶添加剂等，此外还能用作太阳能电池以及医药化工合成的原料。而乙烷、丙烷和丁烷经过裂解后可用于合成橡胶、合成纤维等诸多产品的生产，也是重要的化工原料。

天然气中的非烃类气体如硫化氢、二氧化碳、氮、氦等成分，一般不可燃，在天然气中占比较低。硫化氢可用作硫黄、硫酸和硫铵的生产，二氧化碳可用于化学加工、食品保存等，氮是合成树脂，合成橡胶等的重要原料，氦更是国防和原子能工业所需要的重要产品。

因此，天然气作为重要的能源和化工原料，在各领域应用广泛，此外其容易燃烧完全、清洁低碳的特性对于我国优化能源消费结构、推动能源绿色低碳转型和尽早实现碳中和目标具有重要战略意义。

3.2.1.2　天然气的物化性质

1. 天然气的分类

（1）按照天然气的来源、酸气含量、烃类组成及储运形态的差异，天然气的分类方式也有所不同。

（2）按照天然气的来源不同，天然气可分为气田气、凝析气和伴生气。气田气指以气态形式从气井中开采出来的混合物；部分天然气混合物在地层原始状态下为气态，随着开采的进行，地层压力逐渐下降，部分烃类将以液态的形式析出，称为凝析气；也有部分天然气混合物伴随液体石油一起从油井中开采出来，被称为油田伴生气。

（3）按照天然气的酸气含量差异，天然气可分为酸性天然气和洁净天然气。酸性天然气是指常规天然气组成中二氧化碳和硫化物等含量超标，必须经过净化处理后才能达到商品气气质指标或天然气长输管道输送标准；而洁净天然气指常规天然气组成中不含二氧化碳和硫化物或其含量达标，无需经过处理净化就可以输送或外用。根据国家标准《石油天然气工程设计防火规范》（GB 50183—2004）的内容，当天然气通过长输管道输送时，若天然气的 H_2S 分压大于或等于 300Pa（绝对压力条件下），集输管道需采用抗 H_2S 钢材，若天然气的 CO_2 分压不大于或等于 0.021MPa，集输管道需采用抗 CO_2 钢材。

（4）按照天然气烃类组成的不同，天然气可分为干气、湿气或贫气、富气。将天然气重烃组分含量折算为凝析液体积，通过 C_5 界定法（根据天然气中 C_5 以上烃液含量来进行界定），若 C_5 以上烃液含量在 $1Nm^3$ 井口流出物中不大于 $10cm^3$ 为干气，否则为湿气；通过 C_3 界定法（根据天然气中 C_3 以上烃液含量来进行界定），若 C_3 以上烃液含量在 $1Nm^3$ 井口流出物中小于或等于 $100cm^3$ 为贫气，否则为富气。

（5）按照天然气储运形态的差异，天然气可分为压缩天然气（CNG）、液化天然气（LNG）、吸附天然气（ANG）和天然气水合物（NGH）。其中压缩天然气的压力一般为 20～25MPa；液化天然气的压力为 1atm，温度需达到 −162℃；天然气水合物的生成条件为 1atm，温度需达到 −15℃。

2．天然气的基本物性

（1）天然气的密度与相对密度。密度的定义为单位体积气体的质量，为气体质量与体积的比值。而任何气体的体积都与所处的压力和温度有关，天然气也是如此。在物理标准状态（101325kPa，20℃）下，天然气的密度计算为

$$\rho = \frac{\mu}{22.414} \tag{3.1}$$

式中　ρ——天然气在物理标准状态下的密度，kg/m^3；

　　　　μ——天然气的相对分子质量，可以按摩尔分数或体积分数对天然气中各组分的相对分子质量进行加权平均。

根据该式可以计算得出甲烷在物理标准状态下密度为 $0.7143kg/m^3$，而天然气中通常含有相对分子质量较高的烃类，因此天然气在标准状态下的密度一般小于但又比较接近 $1kg/m^3$。天然气相对密度的定义为在相同温度和压力条件下，天然气与干空气的密度比。对非烃类气体含量很低的天然气，相对密度间接反映了其中重烃组分含量的高低，或者说粗略反映了天然气的组成。当相对密度越大时，天然气中重烃组分含量越高，反之越低。

（2）天然气的黏度。气体和液体一样，在流动过程中，由于相邻两个流体层的速度不同，其分子间会发生摩擦（称为内摩擦）和交换，从而对流体流动产生阻碍作用，这种性质称为黏性。

与液体的区别在于，当两层气体之间有相对运动时，气体分子间不仅会因两层气体相对滑动产生内摩擦，而且由于气体分子的无序热运动，两层气体之间的分子交换也会产生与内摩擦相同的效果。当温度升高时，气体的无序热运动将会增强，气层之间的加速和阻滞作用也随之增加，内摩擦也会增加。因此，气体的黏度将会随着温度的升高而加大，与液体黏度随温度升高而降低刚好不同。但是随着压力的增加，气体的性质将会逐渐接近于液体，温度对黏度的影响也会越来越接近于液体。当压力升高到一定限度时，温度升高将导致气体黏度降低。根据《输气管道设计与管理》，表 3.2 给出了甲烷动力黏度随着绝对压力和温度变化的情况。可以看出，甲烷动力黏度随着压力的增加而增加，在较低压力时，气体黏度随着温度的升高而加大，随着压力不断增加，温度升高对黏度增大的影响越来越小，当达到界限压力 10MPa 时，气体黏度随着温度的升高而降低，明显表现出类似于液体的性质。

表 3.2　　　　　　　甲烷动力黏度随着绝对压力和温度变化的情况

绝对压力/MPa	0℃	25℃	75℃
0.1013	1.027	1.108	1.26
2.0265	1.068	1.135	1.29
6.0795	1.22	1.26	1.355
10.1325	1.42	1.37	1.455
15.1988	1.795	1.68	1.635
20.2650	2.165	1.99	1.81

绝对压力/MPa	0℃	25℃	75℃
30.3976	2.8	2.51	2.23
40.5301	3.36	3.005	2.62
60.7951		3.89	3.33

（3）天然气的湿度。湿度的定义为在一定的温度下在一定体积的空气里含有的水蒸气量，水蒸气含量越少，则湿度越低，水蒸气含量越多则湿度越高。表征天然气湿度有绝对湿度和相对湿度两种方式。绝对湿度为 $1m^3$ 或 $1kg$ 天然气中所含水蒸气的质量，相对湿度为 $1m^3$ 天然气中水蒸气含量与在相同压力和温度下的 $1m^3$ 天然气中最大水蒸气含量的比值。在高压低温条件下，水在天然气中的溶解度将降低，压力将促使水与天然气结合固体水合物，从而堵塞管线妨碍正常生产。绝对湿度的具体表达为

$$W_a = \frac{m}{V} = \frac{\varepsilon p}{R_M T} \tag{3.2}$$

式中　W_a——天然气的绝对湿度，kg/m^3；

　　　m——天然气中所含的水蒸气量，kg；

　　　V——湿气的体积，m^3；

　　　ε——水蒸气的相对分子质量，水的相对分子质量为 18；

　　　p——湿气中的水蒸气分压，Pa；

　　　R_M——通用气体常数，R_M 取值 $8314J/(kmol \cdot K)$；

　　　T——气体的温度，K。

当天然气中水分含量非常少时，水分将以过热蒸汽的形式存在。当水分逐渐增加，在一定温度下，水分含量有一个上限，即天然气已被水蒸气所饱和，水蒸气分压也达到了饱和蒸气压，此时天然气的相对湿度计算为

$$W_a^0 = 2.165 \times 10^{-3} \frac{p_0}{T} \tag{3.3}$$

式中　p_0——水的饱和蒸气压。

（4）天然气的露点。使天然气在一定压力下处于饱和并将析出水滴的温度称为天然气在该压力下的水露点。在天然气管道中，当输气温度低于天然气露点时，将会有水析出。析出的水与硫化氢和二氧化碳作用将产生酸性液体，从而加剧管道内壁的腐蚀，减少管道内的流通面积，甚至会形成固体水合物从而造成管道的堵塞。因此，天然气在进入大型输气管道前要进行深度脱水，降低水露点，使得水露点温度低于最低管输温度 5~10℃。

此外，在一定压力下降低温度时，天然气中的重烃组分也会析出，因此将天然气在一定压力下将析出液态烃的温度称为天然气在该压力下的烃露点。

（5）天然气的节流效应。天然气在管道流动过程中，由于摩擦而导致压力下降的过程称为天然气的节流效应。例如气体在管道中流动、通过调节阀或孔板等阻力元件的过程都属于节流。如果气体在节流过程中与外界环境没有热量交换，则称为

绝热节流。如图 3.1 所示，气体在管道中流动经过节流元件时，会发生节流过程，该过程是不可逆的，且流体在该过程中处于不平衡状态，无法确定具体的状态参数，因此可以研究节流过程前后流体处于平衡状态的参数变化情况。如在离节流元件足够远的左右截面处，假设气体已经达到了平衡状态，那么存在压力 $p_1 > p_2$，流速 $w_1 < w_2$，依据能量守恒方程，可得

$$H_1 + \frac{w_1^2}{2} = H_2 + \frac{w_2^2}{2} \tag{3.4}$$

其中，H 表示气体的焓值，虽然气体经过节流过程后，流速增大，但总的来说，动能变化不大，可近似认为节流前后气体的焓值不变，即 $H_1 = H_2$。

但对于真实气体，其焓值不仅与温度有关，也与压力息息相关。具体来说，节流以后气体压力降低，通常也会导致温度下降，称为正节流效应（致冷效应）；当节流前温度超过某界限值（节流效应转变温度，与气体组成有关）时，节流导致温度升高，称为

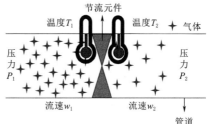

图 3.1　绝热节流示意图

负节流效应（致热效应，如氢气，氦气）。图 3.1 为绝热节流示意图。

3.2.2　天然气的净化

从地层中开采出的天然气通常含有砂、铁锈等固体杂质以及水蒸气、硫化物和二氧化碳等有害物质。因此，天然气在进入管道输送之前必须经过净化达到输气要求，从而确保输气管道线路、设备及用气设施安全、可靠、高效运行，保证天然气的燃烧产物满足环保要求。

1. 气质标准

为达到天然气管道输送要求，需要控制天然气的以下指标使其在规定范围内：①水露点、烃露点；②硫化氢、有机硫、总硫；③二氧化碳；④固体杂质、液体杂质。

我国颁布的国家标准《天然气》（GB 17820—2012）对天然气的质量要求见表 3.3，按照天然气的高位发热量，总硫、硫化氢和二氧化碳含量可将天然气分为一类、二类和三类。此外，由于用户对气质的要求有差异，天然气的质量指标也有所区别，其中作为民用燃料的天然气，总硫和硫化氢含量应符合一类气或二类气的技术指标。

表 3.3　　　　　　　　　　　　　天然气技术指标

项　　目		一类	二类	三类
高位发热量[a]/(MJ/m³)	≥	36.0	31.4	31.4
总硫（以硫记）[a]/(mg/m³)	≤	60	200	350
硫化氢[a]/(mg/m³)	≤	6	20	350

续表

项　　目		一类	二类	三类
二氧化碳，y/%	≤	2.0	3.0	—
水露点[b,c]/℃		在交接点压力下，水露点应比输送条件下最低环境温度低 5℃。		

a. 本标准中气体体积的标准参比条件是 101.325kPa，20℃。

b. 在输送条件下，当管道管顶埋地温度为 0℃时，水露点应不高于−5℃。

c. 进入输气管道的天然气，水露点的压力应是最高输送压力

根据国家标准《进入天然气长输管道的气体质量要求》（GB/T 37124—2018），天然气进入长输管道的质量要求应符合以下指标，见表 3.4。

表 3.4　　　　　　　　　　天然气进入长输管道的质量指标

项　　目		指　标	项　　目		指　标
高位发热量[a]/(MJ/m³)	≥	34.0	氢气摩尔分数/%	≤	3.0
总硫（以硫记）[a]/(mg/m³)	≤	20	氧气摩尔分数/%	≤	0.1
硫化氢[a]/(mg/m³)	≤	6	水露点[c,d]/℃		水露点应比输送条件下最低环境温度低 5℃
二氧化碳摩尔分数/%	≤	3.0			
一氧化碳摩尔分数/%	≤	0.1			

a. 本标准中气体体积的标准参比条件是 101.325kPa，20℃。

b. 高位发热量以干基计。

c. 在输送条件下，当管道管顶埋地温度为 0℃时，水露点应不高于−5℃。

d. 进入天然气长输管道的气体，水露点的压力应是进气处的管道设计最高输送压力

2. 天然气分离和除尘

天然气的液体和固态杂质来源于 3 个方面：一是从采气井下携带的凝析液、岩屑粉尘；二是在管道施工时残留的杂质；三是管道内产生的铁锈碎屑或者腐蚀产物。这些杂质会随着天然气在管道内发生流动，从而对管道设备及部件产生磨损害，甚至会影响管道输气的正常运行。因此，需要对天然气进行分离和除尘，使天然气中的含尘量达到国家标准，确保天然气管道的安全可靠运行。常用的天然气分离和除尘方法包括：①给管道内壁涂防腐涂层，防止管道发生腐蚀从而产生腐蚀碎屑；②定期清管和扫线，去除杂质；③在管道运行条件可行的前提下，降低气体流速，从而减少气流速度过大而增加气流冲击腐蚀和携带粉尘的能力；④在管道各个站点如集气站、压气站、配气站等位置设置分离器、除尘器或过滤器。

3. 天然气脱水

天然气在长输管道中，若含水量较多则会面临：①水蒸气与天然气在高压低温条件下易形成水合物，从而堵塞管道及相关设备；②在具有较大起伏地形差的管道内，凝结水会聚在管道低洼处，从而降低管道输气容量的同时也会增加动能消耗；③天然气中的酸性气体如硫化氢、二氧化碳与水结合，会产生酸性溶液从而腐蚀管道内壁。

因此，天然气在进入长输管道前必须脱除其中的水分，即在输送压力下要求天然气的水露点应比最低输送度低 5℃。脱水方法应根据油气集输工艺、天然气压力、

组成、气源状态、地区条件、用户要求、脱水深度等进行技术、经济综合比较后确定，其中常见的脱水方法包括以下4种。

（1）低温分离脱水。包含两类脱水方法：一是利用天然气的正节流效应，即天然气经过节流后温度降低，从而分离出水。这种方法适用于高压天然气，因为高压天然气经过节流装置后压力降低（低于水合物生成压力），但依然高于输气压力，同时又使温度降低（大于水合物生成温度），从而不易产生水合物。二是对于压力较低的天然气进行加压冷却脱水，我国部分油田会采用冬季的低温来冷却石油从而达到脱水的目的。它具有工艺简单、设备较少等优点，但也有耗能高、水露点高等缺点。

（2）吸附脱水。一般采用多孔固体干燥剂来吸附天然气中的水蒸气从而达到脱水的目的，常用的干燥剂包括活性氧化铝、硅胶和分子筛。其中，脱水成本排序为分子筛＞硅胶＞活性氧化铝，且分子筛的脱水深度最大为95%～99.9%，硅胶和活性氧化铝的脱水深度一般为80%～90%。因此，当工艺要求脱水深度小于90%时，可选择硅胶和活性氧化铝。吸附法脱水具有装置简单、占地面积小等优点。

（3）溶剂吸收法脱水。溶剂吸收法脱水是目前天然气工业中应用最普遍的方法之一。其利用吸收原理，采用一种亲水的溶剂与天然气充分接触，使水传递到溶剂中从而达到脱水的目的。溶剂吸收法中常采用甘醇类物质作为吸收剂，在甘醇的分子结构中含有羟基和醚键，能与水形成氢键，对水有极强的亲和力，具有较高的脱水深度。

（4）膜分离脱水。井口来的高压天然气首先进行一级节流，节流后再进入膜脱水的预处理设施，脱去对膜有影响的液滴和固体杂质，然后再进入膜脱水组件进行脱水，脱水后的天然气进行节流达到外输的压力后外输。

脱水方法特点及应用情况见表3.5。

4. 天然气脱碳

目前在天然气脱碳工业上主要运用以下6种工艺。

（1）膜分离工艺。膜分离的基本原理就是利用各气体组分在高分子聚合物中的溶解扩散速率不同，因而在膜两侧分压差的作用下导致其渗透通过纤维膜壁的速率不同而分离。推动力（膜两侧相应组分的分压差）、膜面积及膜的分离选择性，构成了膜分离的三要素。依照气体渗透通过膜的速率快慢，可把气体分成渗透系数较大的"快气"和渗透系数相对较小的"慢气"。常见气体中，H_2O、H_2、He、H_2S、CO_2等称为"快气"；而称为"慢气"的则有CH_4及其他烃类、N_2、CO等。膜分离器内装有数万根细小的中空纤维丝。中空纤维的优点就是能够在最小的体积中提供最大的分离面积，使得分离系统紧凑高效，同时可以在很薄的纤维壁支撑下，承受较大的压力差。天然气进入膜分离器壳程后，沿纤维外侧流动，维持纤维内外两侧适当的压力差，则气体在分压差的驱动下，"快气"（H_2O、CO_2）选择性地优先透过纤维膜壁在管内低压侧富集导出膜分离系统，渗透速率较慢的气体（烃类）则被滞留在非渗透气侧，以几乎跟天然气相同的压力送出界区。

表 3.5　　　　　　　　　　　脱水方法特点及应用情况

方法名称	分离原理	示例	特　点	应用情况
低温工艺	高压天然气节流膨胀降温	—	—	适宜于高压天然气
固体吸附法	利用多孔介质表面对不同组分的吸附作用	活性铝土矿	价格低，湿容量低，露点降较低	
		硅胶	湿容量高，易破碎	一般不单独使用
		活性氧化铝	湿容量较活性铝土矿高，干气露点可达 $-73℃$，能耗高	不宜处理含硫天然气
		分子筛	湿容量高，选择性高，露点降大于 $120℃$	应用于深度脱水
溶剂吸收法	天然气与水分在脱水溶剂中溶解度的差异	氯化钙水溶液	价格低，露点降较低（10～25℃）	适宜于边远、寒冷气井
		氯化锂水溶液	对水有较高的容量，露点降为 22～36℃	由于价高一般不使用
		甘醇一胺溶液	同时脱水、脱 H_2S、CO_2，携带损失大，再生温度要求高，露点低于三甘醇脱水	仅限于酸性天然气脱水
		二甘醇水溶液 DEG	对水有高的容量，溶液再生容易，再生浓度不超过 95%，露点低于三甘醇脱水，携带损失大	新装置多不采用
		三甘醇水溶液 TEG	对水有高的容量，再生容易，浓度达 98.7%，蒸汽压低，携带损失小，露点降高（28～58℃）	应用最普遍
膜分离法	膜分离技术			适用高压天然气

　　膜分离在脱除 CO_2 的同时，能脱除天然气中的水分，脱水后的天然气的水露点能满足小于 $-5℃$（操作压力下）要求，可不建设脱水装置，从而节省一次性投资，缩短建设周期，但产品气中烃的损耗较大。膜分离技术目前主要应用于橇装装置，或作为液相脱碳工艺前的初脱装置，以减小液相脱碳溶液的负荷，减小循环量，降低能耗和投资。

　　（2）活性甲基二乙醇胺（MDEA）法。活性 MDEA 工艺于 20 世纪 60 年代开始开发，第一套活性 MDEA 工业装置于 1971 年在德国巴斯夫的一座工厂中被投入生产应用。活化 MDEA 法采用 45%～50% 的 MDEA 水溶液，并添加适量的活化剂以提高 CO_2 的吸收速率。MDEA 不易降解，具有较强的抗化学和热降解能力，腐蚀性小，蒸汽压低，溶液循环率低，并且烃溶解能力小，是目前应用最广泛的气体净化处理溶剂。该工艺应用范围广泛，可以用来去除合成氨厂合成气中的 CO_2，也可净化合成气、天然气，甚至诸如高炉气等专用气体。目前活化 MDEA 工艺已被成功地运用在全世界超过 250 个气体净化工厂中，其中包括 80 个天然气处理厂。并且该工艺还可应用到现有工厂的技术改造上，近年来，国外的大型化肥装置已有采用活化 MDEA 水溶液改造热钾碱脱 CO_2 的趋势。

目前国内已基本掌握活化 MDEA 工艺技术，并成功研制出活化 MDEA 复合脱碳溶剂，现已成功应用于国内多套合成氨工厂和天然气处理厂的脱 CO_2 装置。

（3）聚乙二醇二甲醚（Selexol）法。Selexol 工艺是美国 Allied 化学公司（现归属 Norton 公司）在 20 世纪 60 年代成功开发的。该法所使用的吸收剂（聚乙二醇二甲醚混合物）具有极低的蒸汽压、无腐蚀性耐热降解和化学降解等特点，适用于合成气和天然气的净化处理。目前全球采用 Selexol 工艺装置的数量超过 55 套，但 Selexol 工艺现存很多问题，如聚乙二醇二甲醚混合物的溶液黏度较大增加了传质阻力不利于吸收过程，并且聚乙二醇二甲醚混合物会溶解和夹带天然气中的烃类物质。

（4）冷甲醇法。冷甲醇法工艺是由德国 Linde AG 公司和 Lurgi 公司于 20 世纪 50 年代联合开发的气体净化工艺。该工艺利用甲醇作为溶剂，依据甲醇溶剂对不同气体溶解度的显著差别来脱除 H_2S、CO_2 和有机硫等杂质，由于所使用的甲醇具有蒸汽压较高，故须在低温下（$-55 \sim -35℃$）操作。该工艺目前多用于渣油或煤部分氧化制合成气的脱硫和脱碳，而在单独用于脱除 CO_2 的工业应用实例很少。

（5）改良热钾碱法。热钾碱法所使用的吸收剂都是热碳酸钾溶液，其工艺的反应原理是碳酸钾水溶液吸收 CO_2 生成碳酸氢钾，碳酸氢钾在加热后又分解、释放出 CO_2，碳酸钾得以再生，并重复利用。改良碳酸钾法在溶液中添加了一些活化剂和腐蚀防护剂，用以改善溶液性能，提高了溶液的传质速率，提高了溶液的吸收能力和解吸速率，有利于降低再生能耗，而且能保证溶液的化学稳定性和热稳定性，避免溶剂变质而导致溶液发泡，加剧设备腐蚀及降解产物在系统中沉积。改良热钾碱法工艺已经成熟，应用相当广泛，目前采用美国 UOP 公司 Benfield 工艺的工业装置已经超过 700 套。在我国改良热钾碱法主要用于合成氨装置合成气中 CO_2 的脱除和回收。由于热钾碱法脱除 CO_2 的能耗较高和对设备腐蚀严重，因此近些年来，国外的大型化肥装置已开始用活化 MDEA 水溶液脱除 CO_2 改造热钾碱脱 CO_2。

（6）低温分离法。低温分离是利用天然气中各组分相对挥发度的差异，通过冷冻制冷，在低温下将气体中组分按工艺要求冷凝下来，然后用蒸馏法将其中各类物质依照沸点的不同逐一加以分离。该方法应用较多的工艺主要是美国的 Rayn - Holmes 工艺，目前全世界工业装置超过 8 套。该方法适用于天然气中 CO_2 含量较高以及在 CO_2 进行 3 次采油时采出气中 CO_2 含量和流量出现较大波动的情形，但该工艺设备投资费用较大，能耗较高。

3.2.3　天然气管流的基本方程

天然气在管道内流动时，沿着气体流动方向，管道内的气体压力不断下降，密度减少，流速不断增大，温度也会发生变化。在动态情况下，这些变化将会更加复杂、激烈，描述气体状态的 4 个参数为压力 p、密度 ρ、流速 w 和温度 T，为了更加清晰地了解天然气的各类参数在管道内的动态分布情况，需求解这四类参数，用到的基本方程包括连续性方程、运动方程、能量方程和气体状态方程。

通常描述气体定律的研究对象是针对一个系统来说明的。为了方便，这里以气体流经某一空间体积来观察气体状态参数的变化情况，此空间体积可称为控制体，控制体的表面称为控制面。

由于输气管道的直径在很长距离上不发生变化，垂直于管线方向上的气体参数变化与气体流动方向上的变化相比可以忽略不计，因此这种流动可以看作是一元流动，即在管路的任一界面上所有气体参数都可看作是均匀的，可取平均值来代表。那么描述气体状态的 4 个参数压力 p、密度 ρ、流速 w 和温度 T 可以看作是时间变量 τ 和沿管路长度的空间变量 x 变化的函数。图 3.2 为一元流动的气体流动参数。

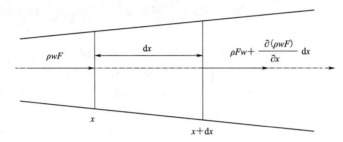

图 3.2　一元流动的气体流动参数

1. 连续性方程

连续性方程的基础是质量守恒定律。F 为管道横截面面积，那么在时间 $\mathrm{d}\tau$ 内，进入控制面的质量为

$$M_{\mathrm{in}} = \rho w F \mathrm{d}\tau \tag{3.5}$$

流出控制面的质量为

$$M_{\mathrm{out}} = \left(\rho + \frac{\partial \rho}{\partial x}\mathrm{d}x\right)\left(w + \frac{\partial w}{\partial x}\mathrm{d}x\right)\left(F + \frac{\partial F}{\partial x}\mathrm{d}x\right)\mathrm{d}\tau = \left[\rho w F + \frac{\partial}{\partial x}(\rho w F)\mathrm{d}x\right]\mathrm{d}\tau \tag{3.6}$$

控制体内的质量为 $\rho F \mathrm{d}x$，那么时间 $\mathrm{d}\tau$ 内控制体中的质量变化为

$$\Delta M = \frac{\partial}{\partial \tau}(\rho F \mathrm{d}x)\mathrm{d}\tau \tag{3.7}$$

依据质量守恒定律，在时间 $\mathrm{d}\tau$ 内流入微元体积的气体质量等于微元体积的气体质量的增加量，即

$$\Delta M = M_{\mathrm{in}} - M_{\mathrm{out}} \tag{3.8}$$

$$\frac{\partial(\rho F)}{\partial \tau} + \frac{\partial(\rho w F)}{\partial x} = 0 \tag{3.9}$$

上述连续性方程，针对动态流动条件，在稳态情况下，其流动参数不随时间发生改变，即 $\frac{\partial(\rho F)}{\partial \tau} = 0$，那么稳态流动的连续性方程变为 $\frac{\partial(\rho w F)}{\partial x} = 0$ 或 $\rho w F$ 为常数。

2. 运动方程

运动方程的基础是牛顿第二定律，运动方程的表达为

$$\frac{\partial(\rho w)}{\partial t} + \frac{\partial(\rho w^2)}{\partial x} + \frac{\partial p}{\partial x} + \frac{\lambda \rho w^2}{2D} + \rho g \sin\theta = 0 \tag{3.10}$$

其中
$$\sin\theta = \frac{\mathrm{d}s}{\mathrm{d}x}$$

式中 $\dfrac{\partial(\rho w)}{\partial t}$——气体的惯性项，表示动量随时间的变化，反映了过程的不稳定性，

      具有定点变化的特征；

    $\dfrac{\partial(\rho v w^2)}{\partial x}$——气体的对流项，表示动量随管长的变化，即控制体从一组流动参

      数改变为另一组参数时动量的改变量；

     $\dfrac{\partial p}{\partial x}$——气体压力沿流动方向的压力梯度，即压力项；

     $\dfrac{\lambda \rho w^2}{2D}$——摩擦力项；

    $\rho g \sin\theta$——重力项；

     $\mathrm{d}s$——管段 $\mathrm{d}x$ 上的高程变化。

3. 能量方程

能量方程的基础是能量守恒定律，即进入控制体的能量减去离开控制体的能量等于控制体储存能的变化。设置 u 为热力学能（也称内能），s 为系统的位置高程，H 为气体的焓，那么控制体的储存能为

$$E = \rho F \mathrm{d}x \left(u + \frac{w^2}{2} + gs \right) \tag{3.11}$$

在时间 $\mathrm{d}\tau$ 内的储存能变化为

$$\Delta E = \frac{\partial}{\partial \tau} \left[(\rho F \mathrm{d}x) \left(u + \frac{w^2}{2} + gs \right) \right] \mathrm{d}\tau \tag{3.12}$$

在时间 $\mathrm{d}\tau$ 内加入控制体的流动净功和能量为

$$\Delta A = A_1 - A_2 = -\frac{\partial}{\partial x} \left[(\rho w F) \left(H + \frac{w^2}{2} + gs \right) \right] \mathrm{d}x \mathrm{d}\tau \tag{3.13}$$

设置 $\mathrm{d}Q$ 为单位质量流体的气体在长度 $\mathrm{d}x$ 上的换热量，则 $\dfrac{\partial Q}{\partial x}$ 为单位质量流量的气体在单位管长上的热交换率。管长 $\mathrm{d}x$ 上单位时间的热交换为 $\dfrac{\partial Q}{\partial x}(\rho w F)\mathrm{d}x$，那么在时间 $\mathrm{d}\tau$ 内从长度 $\mathrm{d}x$ 管段上的热损失为

$$\Delta Q = -\frac{\partial Q}{\partial x}(\rho w F)\mathrm{d}x\mathrm{d}\tau \tag{3.14}$$

根据式（3.12）～式（3.14）可得能量方程的表达式之一，即

$$-\frac{\partial Q}{\partial x}(\rho w F) = \frac{\partial}{\partial \tau} \left[(\rho F) \left(u + \frac{w^2}{2} + gs \right) \right] + \frac{\partial}{\partial x} \left[(\rho w F) \left(H + \frac{w^2}{2} + gs \right) \right] \tag{3.15}$$

当气体处于稳态时，$\dfrac{\partial}{\partial \tau} \left[(\rho F) \left(u + \dfrac{w^2}{2} + gs \right) \right] = 0$，且 $\rho w F$ 为常数，代入式（3.15）并化简为

$$-(\rho w F)\frac{\mathrm{d}Q}{\mathrm{d}x} = (\rho w F)\frac{\mathrm{d}}{\mathrm{d}x} \left(H + \frac{w^2}{2} + gs \right) \tag{3.16}$$

即

$$\frac{\mathrm{d}H}{\mathrm{d}x}+w\frac{\mathrm{d}w}{\mathrm{d}x}+g\frac{\mathrm{d}s}{\mathrm{d}x}=-\frac{\mathrm{d}Q}{\mathrm{d}x} \tag{3.17}$$

由热力学关系可知

$$\mathrm{d}H=\left(\frac{\partial H}{\partial T}\right)_{p}\mathrm{d}T+\left(\frac{\partial H}{\partial p}\right)_{T}\mathrm{d}p \tag{3.18}$$

代入式（3.17）可得稳定流常用的能量方程为

$$\left(\frac{\partial H}{\partial T}\right)_{p}\frac{\mathrm{d}T}{\mathrm{d}x}+\left(\frac{\partial H}{\partial p}\right)_{T}\frac{\mathrm{d}p}{\mathrm{d}x}+w\frac{\mathrm{d}w}{\mathrm{d}x}+g\frac{\mathrm{d}g}{\mathrm{d}x}=-\frac{\mathrm{d}Q}{\mathrm{d}x} \tag{3.19}$$

4. 气体状态方程

气体状态方程描述的是气体压力、比体积和温度之间的相互关系，对于理想气体来说，其状态方程为

$$pv=RT \tag{3.20}$$
$$pv_{\mathrm{m}}=R_{\mathrm{m}}T \tag{3.21}$$
$$pV_{\mathrm{m}}=mR_{\mathrm{m}}T \tag{3.22}$$
$$pV=nRT \tag{3.23}$$

其中　　　　　　　　　$R=R_{\mathrm{m}}/M(\mathrm{kJ/kg\cdot K})$

式中　p——气体的绝对压力，Pa；

T——气体的绝对温度，K；

v_{m}——气体的摩尔比容，m³/kmol；

v——气体比容，m³/kg；

V_{m}——m 千摩尔（kmol）气体的体积，m³；

V——n 千克（kg）气体的体积，m³；

m——气体摩尔数，kmol；

n——气体质量，kg；

R_{m}——通用气体常数，取值 8.314kJ/(kmol·K)；

R——气体常数；

M——气体分子量。

但是对于真实气体来说，其与理想气体有偏差，因此用 Z 表示真实气体行为偏离理想行为的程度，真实气体的 Z 值取决于其化学组成、温度与压力。对只含微量非烃类气体的非酸性天然气，根据其中各组分的比例就可由 Standing-Katz 通用压缩因子图确定其在不同温度与压力下的 Z 值。对酸性天然气，可以根据一定的法则对通用压缩因子图确定的 Z 值进行修正。

$$pV_{\mathrm{M}}=ZmR_{\mathrm{m}}T \tag{3.24}$$

由气体的连续性方程、运动方程、能量方程和气体状态方程可组成一组方程组来求解管道任意截面处 x 和任意时间 τ 的气体状态参数压力 p、密度 ρ、流速 w 和温度 T。这里需要注意的是，这些方程是一组非线性偏微分方程，无法获得解析解，因此只能在特定条件下进行简化，通过线性化或数值化的方法求得近似解。

3.3 气电耦合系统的介绍

3.3.1 天然气系统的定义

由于天然气密度小、体积大，其可压缩和易燃易爆特性使管道几乎成为其主要的输送方式。天然气系统的基本拓扑结构如图 3.3 所示，气体由采气井采出，经集气管网输送至集气站和天然气处理厂，进行统一处理后到达干线集输管网，并进入配气管网送到用户，从而形成一个统一的、密闭的输气系统。整个系统包括集气管网、干线集输管网、配气管网和这些管网相匹配的负荷侧等。为了便于理解天然气系统和电力系统，这里以天然气处理和输配送的拓扑结构为划分节点，将天然气系统划分为源网荷储 4 个部分。

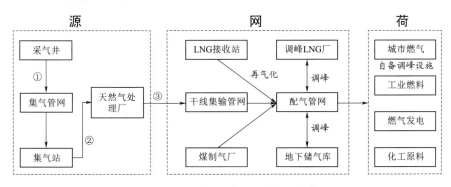

图 3.3 天然气系统的基本拓扑结构

（1）源。由于采气井采出的气体压力较高，一般需要通过多级节流降压后才能进入集气管线，确保气体以安全压力进行输送。气体到达集气站后，集气站利用气液两（三）相分离器脱出气体中夹带的凝液、水和机械杂质，其中水和凝液经液体流量计计量后输送至储罐，而脱出杂质后的气体经计量后输送至天然气处理厂。天然气处理厂负责对气体进一步进行脱水、脱硫和脱二氧化碳处理，至此气体达到了干线集输管网的输送要求，并经过干线集输管道和配气管网到达用户负荷侧。

（2）网。天然气系统的网端包含干线集输管道和配气管网。

气体输送时需要给气体不断供给压力能才能实现长距离输送，因此干线集输管道沿途每隔一段距离需要设置一座中间压气站，压气站内配置压缩机，负责给气体加压。因此干线集输管道主要由输气管线和压气站两大部分组成，此外还包括通信、自动监控、道路、水电供应等一系列辅助服务设施，是一个复杂的工程系统。干线集输管道主要有以下几个特点：

1）距离长：跨区域输送，一般从几百千米到几千千米。

2）管径大：干线输量大，年输气量可达到数百亿立方米，因此管道管径大，一般在 16 英寸以上（目前最大达到 56 英寸）。

3）压力高：一般大于等于 4MPa（目前陆上输气管道最高压力达到 12MPa）。

配气管网与配气站、气体调压站和储气设施配合工作共同满足各用户的用气要求。其中配气站是干线集输管道的终点，也是配气管网的起点和总枢纽，负责将来自干线管道的气体进行分离、调压、计量和添味，之后输送至配气管网。与干线集输管道不同的是，配气管网的压力较低，一般为 $10kPa{\sim}4MPa$，且压力等级明确，分为高压（A 级高压：$2.5MPa{<}p{\leqslant}4.0MPa$；B 级高压：$1.6MPa{<}p{\leqslant}2.5MPa$）、次高压（A 级次高压：$0.8MPa{<}p{\leqslant}1.6MPa$；B 级次高压：$0.4MPa{<}p{\leqslant}0.8MPa$）、中压（A 级中压：$0.2MPa{<}p{\leqslant}0.4MPa$；B 级中压：$0.01MPa{<}p{\leqslant}0.2MPa$）、低压（$p{\leqslant}0.01MPa$）。上一级压力的管网只有经过调压站调压至安全等级后才能进入下一级配气管网，且配气管网的压力和拓扑结构与城市规模、用户数量、用户种类以及地形条件等因素均有关。

（3）荷。天然气系统的用途一般包括城市燃气、工业燃料、燃气发电和化工原料四大类。

（4）储。在配气管网端一般会有地下储气库，通过注气、储气和采气实现对天然气的调峰；在城市附近一般会建设储气设施，以调节供气与用气的不平衡，当用户用气量较少时，储气库将多余的天然气进行存储，反之当用户用气量较多时，将天然气从储气库中取出从而保障天然气的供应能力。

根据以上分析可以发现，天然气系统存在以下特点：

1）密闭连续输送：天然气从生产至用户包含采气、气体处理、输气、储气、供配气 5 个环节，且各环节相互连接形成统一、密闭和连续的输送系统，因此任一环节的故障都对全线造成影响。

2）气体压缩性对系统压力流量的影响：当上站来气量与本站气量不相等时，由于天然气的可压缩性，压气站入口的压力变化较为缓慢，有足够的时间来调整输气量的不平衡，不需设置旁接罐，使整个输气系统成为连续、密闭的水力系统；输气管道的流量也会随着管长而发生改变，起始点气体流量小，而终点流量大；输气管末端比中间站间管段长，可调节供需不平衡，相当于一个储气设备；管道停输后管内压力将逐渐趋于平衡。

3.3.2　电力系统的定义

电力系统为完成电能生产、输送、分配、消费的统一整体。通常由发电机、变压器、电力线路和负荷等电力设备组成的三相交流系统。图 3.4 为电力系统的基本拓扑结构。这里将电力系统划分为源、网、荷、储 4 个部分。

（1）源。源侧为电能生产部分，由一次能源如火、水、核、风、太阳、地热等转换成二次能源（电能）。根据所使用的一次能源不同，发电站的种类也有所差异。

1）火电厂。2021 年火电占我国总发电量的 71.13%，仍然是我国发电的主战场。其主要利用化石燃料如煤、石油、天然气、油页岩等燃烧所释放的热能来进行发电，其能量转换过程为化学能→热能→机械能→电能。

2）水电站。2021 年水电约为全国总发电量的 14.6%，排名第二，其主要利用水流的动能和势能来生产电能，水流量的大小和水头的高低直接决定发电量的大

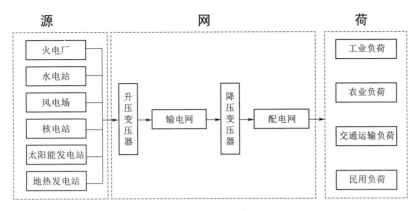

图 3.4　电力系统的基本拓扑结构

小，其能量转换过程为水能→机械能→电能。

3）风电场。2021 年风电约为全国总发电量的 6.99%，排名第三，其主要通过风产生的动能转换成机械动能并转化为电力动能的过程，当风吹过叶片时风轮将在风的作用下开始旋转，虽然旋转的速度很慢，但内部增速器会使旋转速度大大增加，以使发电机产生电力，根据目前的风电机组技术要达到 3m/s 的微风速度就有可能通过发电机发电。内蒙古、辽宁和吉林是我国风力发电的主要集中地。

4）核电站。2021 年核能发电量为全国总发电量的 5.02%，排名第四，原子核的各个核子（中子与质子）之间具有强大的结合力，重核分裂和轻核聚合时，都会放出巨大的能量，称为核能，其能量转换过程为重核裂变核能→热能→机械能→电能。世界核电站的发展可划分为四代，其中第一代核电厂为原型堆核电厂，其建造的目的主要是作为实验示范来验证核电在工程实施方面的可行性，如美国的希平港和法国的舒兹核电站；第二代核电站建设的目的是在完成第一代核电站工程化的基础上，实现核电站的商业化、标准化、系列化和批量化，以提高核电站投产运行的经济性，同时切尔诺贝利核电站等事故也促使各国对核电站在安全性和经济性方面有了进一步的提高；第三代核电站的安全性和经济性都明显优于第二代，如我国引进的美国非能动 AP1000 核电站及广东核电集团公司引进的法国 EPR 核电站都属于第三代核电站；第四代核电站将满足安全、经济、可持续发展、极少的废物生成、燃料增殖的风险低，防止核扩散等基本要求。

5）太阳能发电站。2021 年太阳能发电量为 1836.6 亿 kW·h，占比 2.26%。太阳能发电有两种方式，一种是光热电转换方式，另一种是光电直接转换方式。前者的能量转换过程为光能→热能→电能，但是这种发电方式效率低且投资高，因此只能被小规模应用，后者的能量转换过程为光能→电能。

6）地热发电站。地热能是指贮存地球内部的可再生热能，一般集中分布在构造板块边缘一带，起源于地球的熔融岩浆和放射性物质的衰变，其能量转换过程为地热能→机械能→电能。全球地热能的储量与资源潜量巨大，每年从地球内部传到地面的热能相当于 100PW·h，但是地热资源复杂，不同热田的蓄热介质及温度各不相同，而汽轮机对工质要求较高，相比其他能源电站，地热电站的很难模块化，相对制约了地热发电的步伐。

（2）网。网端负责电能的输送和分配，包括：输电网（输电系统）和配电网（配电系统）。

1）输电网。1000kV 及以上的称特高压输电网，330～750kV 及以上的称超高压输电网，输电网一般是由电压为 220kV 以上的主干电力线路组成，它连接大型发电厂、大容量用户以及相邻子电力网，二级输电网的电压一般为 110～220kV，它上接输电网，下连高压配电网，是一个区域性的网络，连接区域性的发电厂和大用户。

2）配电网。配电网是向中等用户和小用户供电的网络，分为高压配电电压（110kV、63kV、35kV），中压配电电压（10kV）和低压配电电压（380V/220V）。

（3）荷。电力负荷是指发电厂或电力系统在某一时刻所承担的某一范围耗电设备所消耗电功率的总和。按照用户的性质，负荷可分为工业负荷、农业负荷、交通运输业负荷和民用生活用电负荷。按照电力系统拓扑结构，负荷包含三类。

1）用电负荷，即电能用户的用电设备在某一时刻向电力系统取用的电功率的总和，也是电力总负荷的重要组成部分。

2）线路损失负荷，电能从发电厂到终端用户的输送过程中，不可避免地会产生一定的能量损失，这种损失所对应的电功率称为线路损失负荷。

3）供电负荷，即在同一时刻发电厂对电网供电时所承担的用电负荷与线路损失负荷的总和。

4）厂用电负荷，即发电厂在发电过程中诸多厂用电设备运行所消耗的电功率。

5）发电负荷，即供电负荷与厂用电负荷的总和，为电网的全部电能生产负荷。

（4）储。电力系统储能技术可以分为机械储能、电化学/电储能和替代燃料储能三类。

机械储能通常基于电能和动能之间的双向转换，部分通过工作介质（如水、空气和岩石）的内能变化来实现，包括泵抽水储能、压缩空气储能、液体空气储能、热能储能、重力储能和飞轮储能。

电化学/电储能通常是基于可逆的电化学反应或电容性过程来存储电，包括锂离子电池、液态金属电池、氧化还原流电池和超级电容器。

替代燃料储能通常基于可逆转的电化学反应，完成非化石燃料的还原和氧化循环。在电力系统储能中，电力被用于生产可储存和可运输的替代燃料——可能具有高能量密度的能量载体。电合成燃料可以在不同于电合成的地方使用（即氧化），作为燃料满足不同地方更广泛的能源需求，包括氢能存储和金属燃料存储。

根据以上分析可以发现，电力系统存在以下特点：①密切性，即发电厂，变压器，输电线路，配电线路和用电设备在电网中是一个整体且不可分割的，任一环节的缺失都将导致电力系统的非正常运行；②短促性，即电能输送过程是瞬时迅速的；③同时性，即发电、输电、用电同时完成，不能大量储存。电力系统运行的要求：①可靠性高；②针对频率、电压及波形，电能质量要求高；③要保证各环节各市场主体的经济效益；④环境友好型，即以清洁能源为主体，尽可能地降低环境污染。

3.3.3　天然气和电力系统比较

同样作为能源系统，天然气系统和电力系统存在诸多相似和不同的特征。

（1）表 3.6 展示了天然气系统和电力系统的相同点。从源—网—荷的角度出发，相似特征包含 3 个方面。

表 3.6　　　　　　　　　　　　天然气系统和电力系统的相同点

系统	源	网			荷
		输送	配送	遵循定律	
天然气系统	风光水等多类型发电厂	高电压电网	中低电压电网	基尔霍夫电压定律和基尔霍夫电流定律	冬季用气高峰夏季用气低谷
电力系统	气井	高气压天然气管网	中低气压天然气管网	质量守恒定律和动量守恒定律	冬季和夏季两个用电高峰

1）在源侧，天然气的气源来源于气井，而对于高比例可再生能源的新型电力系统而言，电力来源于大型风光水火等发电厂，都相对独立且远离用户中心。

2）在网端，天然气系统包含高气压的输气干线和中低气压的供配网络，其中输气干线负责将天然气从气源处运送至系统中的各个中低压管道和小部分大用户，与电力系统的输电网络类似，供配网络则将干线中的天然气运送至需求侧供用户直接使用，作用类似于电力系统的配电网络。

3）在输配网络中，天然气系统的气路遵循质量守恒定律和动量守恒定律，依据该定律可建立天然气系统的数学模型，求解得到系统各节点的压力和流量，而电力系统的电路遵循基尔霍夫电压定律和基尔霍夫电流定律，基于此规律同样可以建立电力系统的数学模型，求解得到系统各节点的电压和电流。

4）在荷端，天然气和电力是需求侧不可或缺的资源，且存在季节性波动趋势。天然气承担着大量的供暖需求，其消耗主要与温度和天气有关，冬季会出现用气高峰，夏季会出现用气低谷。而电力需求在一年的冬季和夏季会出现两个用电高峰，而春季和秋季的用电量则较少，这是因为冬季对电加热器的需求较大，而夏季对空调的使用量急剧增加。

（2）除了以上相似特征外，天然气系统和电力系统也存在不同点见表 3.7，包含以下 3 个方面。

表 3.7　　　　　　　　　　　　天然气系统和电力系统的不同点

系统	网	储	
		网络储能	介质储能
天然气系统	密闭加压缓慢输送	管道末端具有储气功能	通过储气罐、储气库等方式以 CNG 或 LNG 形式存储
电力系统	加压瞬时输送	电网只能输配电能而无法存储电能	无法支持长期存储电能，通过各类发电机组来完成削峰填谷

1）天然气和电同样作为能源载体，具有介质特性差异。天然气主要成分是甲烷，相对密度小，具有可压缩和易燃易爆特性，因此一般通过密闭加压输送的方式运往需求侧。与天然气系统的运行方式不同，电力系统中电能的生产、输送、消费几乎是同时进行并在瞬间完成，具有同时和瞬时特性，这也意味着电力系统对安全性和可靠性的要求更高。

2）在输配网络中，天然气系统中的管道末端紧邻需求侧，而需求侧天然气负荷存在不确定性，因此管道末端一般具有储气功能，在需求侧负荷增加时释放天然气，在需求侧负荷降低时存储天然气。而在电力系统中，电网只能输配电能而无法存储电能。

3）介质特性造成储能的差异。天然气具有可压缩特性，存储方式包含压缩天然气（CNG）和液化天然气（LNG）两种，前者以常温加压天然气之后以气态的状态存在，后者以超低温（-162℃）常压液化天然气的状态存在，可通过建立储气罐、地上/下储气库的方式进行长期大量存储，从而对天然气需求侧起到灵活调节的作用。由于电的自然属性，目前的技术还无法支持长期存储电能，因此电力需求的削峰填谷主要通过各类发电机组来完成。

3.3.4　气电耦合系统的典型形态

图 3.5 为气电耦合系统结构图，其中 P_2G 装置、燃气发电机组、燃气热电联产机组作为天然气系统和电力系统的耦合元件，负责两个系统间的能量双向流动。在电力系统侧，P_2G 装置通过电解水和甲烷的化合反应将富余的电能转化为天然气，并输入天然气系统。在天然气系统侧，在电力需求无法得到满足时，燃气发电机组和燃气热电联产机组将天然气转化为电力，同时燃气热电联产机组运行产生的高温蒸汽可进一步满足用户的热负荷，进而形成电力与天然气的循环系统。

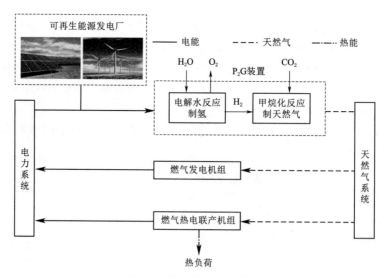

图 3.5　气电耦合系统结构

3.4 气电耦合技术

长期以来电力系统和天然气系统都是单独规划和独立运行的，存在能源利用效率低、系统保供能力差等问题，无法发挥系统间的互补优势和协同效应。随着新型电力系统的发展，包括风电场、太阳能发电站在内的可再生能源发电装机规模不断扩大，其出力的间歇性、随机性和不确定性给电力系统的安全运行带来了巨大影响。气电系统互联一方面可以在确保电力系统的安全灵活运行的同时提高风光消纳比例，另一方面还可以满足日益增长的天然气需求，因此世界范围内的气电耦合进程都在加速。另外，由于独立的系统规划和安全运行技术已无法满足安全性、经济性的分析需求，从而形成了诸多耦合系统的规划和运行技术。

3.4.1 规划技术

气电耦合系统规划是指在规划时间内对天然气系统、电力系统以及系统耦合组件的最佳设备位置、容量、组合、不同设备的投建时间等进行规划，达到优化资源配置、提高调度效率和提升综合效益的目的，规划优化是解决异质能源协同耦合、终端能源供给结构优化难题的重要技术，一般通过建模的形式来获得可行的规划方案。模型的三要素包括目标函数、约束条件和求解策略。

（1）目标函数。经济性因素通常是气电耦合系统规划的重要目标函数之一，气电耦合系统的规划成本一般包括系统建设、扩建和运行成本，这些成本与多种因素有关，包括电气负荷需求、电气管道铺设距离、气体管道直径、变压器和压缩机配置和提供压力等。天然气和电力网络存在多个供应点和需求点，且存在线路损失和摩阻损失，需投建变压器和压缩机，投建的组合在时间和空间上存在多种可能，存在大量的二元变量。此外源侧可再生能源出力与需求侧负荷的不确定性、电力市场与天然气市场、系统故障以及需求响应等因素都会对气电耦合系统规划产生影响，因此耦合系统规划是一项非常复杂的工作。也有一些研究根据不同的需求将低碳性、系统安全可靠性、弃风量等指标加入到优化目标中。

（2）约束条件。气电耦合系统在规划过程中必须考虑系统在运行时相关设备和运行工艺的限制，约束条件分为三类：①电力系统相关约束，包括发电机组出力约束、节点电压约束、线路功率及功率平衡约束；②天然气系统相关约束，包括气流传输约束、节点压力和流量约束、管存约束以及压缩机设备安全约束；③耦合设备约束，包括电转气设备和燃气轮机设备转换约束。上述约束在系统运行时也是必须考虑的因素。

（3）求解策略。气电耦合系统规划优化模型包含大量的二元变量，包括待选发电机、输电线路、输气管道、电转气厂站、燃气轮机站的选择及建设状态变量，此外，天然气管网压力和电力系统网络潮流约束为非线性约束，因此采用常规的线性求解器无法求得全局最优解，可通过粒子群、免疫算法、启发式算法对模型进行求解，或将复杂的非线性模型转化为线性模型也是比较常用的处理方法。

总之，气电耦合系统的优化规划需针对具体地区的具体场景进行分析，同时需考虑电力网络与天然气网络的双向互动，达到各方主体利益最大化，并尽可能消纳大规模间歇性可再生能源并降低其对气电耦合系统带来的影响。

3.4.2　运行技术

在传统的调度运行中，天然气系统与电力系统相互独立运行，并分别成立了国家电网公司国家电力调度控制中心和国家石油天然气管网集团有限公司油气调控中心，两者在信息上不交互。但是随着高比例新能源消纳和电力调峰需求的日渐迫切，电力系统和天然气系统的耦合越来越密切，统一的调度优化运行将推动双碳目标的实现，进一步降低运行成本。建模求解一般是解决气电耦合系统优化运行调度的常用方法，按照拓扑结构可以划分为电力系统建模、天然气系统建模和耦合元件建模，下面将针对三类分别进行介绍。

1. 电力系统

构建电力系统模型之前，需要明确有功功率、无功功率和视在功率的定义。有功功率的定义为在交流电路中，电源在一个周期内发出瞬时功率的平均值（或负载电阻所消耗的功率），一般用 P 表示；无功功率的定义为在具有电感或电容的电路中，在每半个周期内，把电源能量变成磁场（或电场）能量储存起来，然后，再释放，又把储存的磁场（或电场）能量再返回给电源，只是进行这种能量的交换，并没有真正消耗能量，我们把这个交换的功率值，称为无功功率，一般用 Q 表示；视在功率 S 用来衡量一个用电设备对上级供电设备的供电功率需求。输电网络由连接发电机组和负荷中心的高压输电线路组成。输电网络中的潮流分析目标是计算网络各点电压、各支路功率以及功率损耗，考虑节点功率注入与电压之间非线性、非凸关系的精确模型一般称为交流潮流模型。在引入一些简化的假设后，潮流方程可以用一组线性方程来近似表示，称为直流潮流模型。

（1）交流潮流模型。电力系统稳态原始的交流潮流模型为一组非线性非凸方程，表示各母线注入功率、电压幅值和电压角之间的关系为

$$P_{G,i} - P_{L,i} = V_i \sum_{j \in i} V_j (G_{ij} \cos\theta_{ij} + B_{ij} \sin\theta_{ij}), \forall i, j \in \partial_E \tag{3.25}$$

$$Q_{G,i} - Q_{L,i} = V_i \sum_{j \in i} V_j (G_{ij} \sin\theta_{ij} - B_{ij} \cos\theta_{ij}), \forall i, j \in \partial_E \tag{3.26}$$

$$P_{ij} = V_i V_j (G_{ij} \cos\theta_{ij} + B_{ij} \sin\theta_{ij}) - G_{ij} V_i^2, \forall i, j \in \partial_E \tag{3.27}$$

$$Q_{ij} = V_i V_j (G_{ij} \sin\theta_{ij} - B_{ij} \cos\theta_{ij}) + B_{ij} V_i^2, \forall i, j \in \partial_E \tag{3.28}$$

$$|S_{ij}| = \sqrt{P_{ij}^2 + Q_{ij}^2}, \forall i, j \in \partial_E \tag{3.29}$$

式中　$i, j \in \partial_E$——电网中节点的集合；

$\quad\quad P_{G,i}$、$Q_{G,i}$——发电机 i 的有功和无功功率；

$\quad\quad P_{L,i}$、$Q_{L,i}$——母线有功和无功负荷；

$\quad\quad\quad\quad V_i$——母线电压值；

$\quad\quad G_{ij}$、B_{ij}——连接 i 和 j 的支线电导和电纳；

$\quad\quad\quad\quad \theta_{ij}$——电压角 θ_i 和 θ_j 之间的角度差。

此外，电力系统还需要考虑为发电机有功［式（3.30）］、无功容量极限［式（3.31）］、各母线电压幅值约束［式（3.32）］以及输电支路热约束［式（3.33）］。

$$P_{G,i}^{\min} \leqslant P_{G,i} \leqslant P_{G,i}^{\max} , \forall i \in \partial_E \tag{3.30}$$

$$Q_{G,i}^{\min} \leqslant Q_{G,i} \leqslant Q_{G,i}^{\max} , \forall i \in \partial_E \tag{3.31}$$

$$V_i^{\min} \leqslant V_i \leqslant V_i^{\max} , \forall i \in \partial_E \tag{3.32}$$

$$|PFS_{ij}| \leqslant PFS_{ij}^{\max} , \forall i,j \in \partial_E \tag{3.33}$$

（2）直流潮流模型。在实践中，当对计算精度要求不高而对计算速度要求较高时，可采用一种线性化形式的潮流方程，即直流潮流模型。直流潮流方程基于以下假设：

1）忽略每条支路的并联电导和串联电阻，只考虑支路的串联电抗。

2）电力系统节点电压在额定电压附近，且支路两端相角差很小，因而 $\sin\theta_{ij} = \theta_{ij}$，$\cos\theta_{ij} = 1$。

3）节点电压值恒定，即 $V_i = V_j = 1$，那么交流潮流方程可转化为

$$P_{G,i} - P_{L,i} = \sum_{j \in i} B_{ij}\theta_j , \forall i,j \in \partial_E \tag{3.34}$$

$$P_{ij} = -B'_{ij}(\theta_i - \theta_j) = \frac{\theta_i - \theta_j}{x_{ij}} , \forall i,j \in \partial_E \tag{3.35}$$

其中

$$B'_{ij} = \frac{-1}{x_{ij}}$$

式中 x_{ij}——支路电抗。

2. 天然气系统

天然气网络模型可分为稳态模型和动态模型两大类。前者假设每条天然气管线的流入和流出相等（即气体流动状态不随时间变化），无法捕捉天然气管道的动态及其存储能力，将导致电力-天然气综合系统调度不满足实际需求或获得调度的次优解；后者考虑了气体流动状态随时间的变化，此外，由于天然气的可压缩性，管道的注入和输出不相等，进而可以考虑管道的管存效应。

（1）动态气体模型。根据 3.1.3 节天然气管流的基本方程可知，为求解气体状态的 4 个参数压力 p、密度 ρ、流速 w 和温度 T，需要用到连续性方程、运动方程、能量方程和气体状态方程。假设气体为等温流动情况，即忽略动态情况下气体温度的变化，只需要连续性方程、运动方程和能量方程即可求解得到每个节点气体的压力 p、密度 ρ 和流速 w，但由于上述方程组呈非线性非凸特性，因此需要做出一定的简化才能方便求解。

气体连续性方程 $\dfrac{\partial(\rho F)}{\partial \tau} + \dfrac{\partial(\rho w F)}{\partial x} = 0$ 表示的就是气体在动态情况下的变化解析式；由于动态情况下假设气体为等温流动，因此温度恒定，管道与周围环境呈现平衡状态，因此能量方程可以忽略；针对气体运动方程 $\dfrac{\partial(\rho w)}{\partial t} + \dfrac{\partial(\rho v w^2)}{\partial x} + \dfrac{\partial p}{\partial x} + \dfrac{\lambda \rho w^2}{2D} + \rho g \sin\theta = 0$，对流项 $\dfrac{\partial(\rho v w^2)}{\partial x}$ 的数值在流速（工程上通常在 10m/s 内）远远小于声速

时趋近于 0，且在天然气的输送过程中，与压力梯度相比，气体的惯性项和重力项都可以忽略不计，而且水平管道的高程为 0，因此动量方程可以简化为

$$\frac{\partial p}{\partial x}+\frac{\lambda \rho w^2}{2D}=0 \tag{3.36}$$

（2）稳态气体模型。关于气体的连续性方程，当气体流动为稳态时，其流动参数不随时间发生改变，即 $\frac{\partial(\rho F)}{\partial \tau}=0$，那么稳态流动的连续性方程变为 $\frac{\partial(\rho w F)}{\partial x}=0$ 或 $\rho w F$ 为常数。

关于连续性方程，在稳态情况下，$\frac{\partial(\rho w)}{\partial t}=0$ 且 $\frac{\partial(\rho w)}{\partial x}=0$，因此得

$$\rho w \frac{\partial w}{\partial x}+\frac{\partial p}{\partial x}+\frac{\lambda \rho w^2}{2D}+\rho g \sin\theta=0 \tag{3.37}$$

上述方程的解析解为下式，又称为 Weymouth 方程，即

$$q_{ij}=\mathrm{sgn}(\pi_i,\pi_j)K_{ij}\sqrt{|\pi_i^2-\pi_j^2|} \tag{3.38}$$

式中　　K_{ij}——一个常数，取决于气体和管道的性质；

$\mathrm{sgn}(\pi_i,\pi_j)$——气体流动的方向，当 $\pi_i>\pi_j$ 时，$\mathrm{sgn}(\pi_i,\pi_j)=1$，当 $\pi_i<\pi_j$ 时，$\mathrm{sgn}(\pi_i,\pi_j)=-1$。

在高压、高流量、大直径输气管道条件下，可以不需要评估摩擦因数 λ，采用简化的 K_{ij} 表达式。此外，一般假设气体管道的流动方向为单向，因此上述方程可转化为

$$q_{ij}=K_{ij}\sqrt{\pi_i^2-\pi_j^2} \tag{3.39}$$

（3）准稳态气体模型。在需要平衡生产或需求的微小变化时，管道的存储能力是首先要考虑的灵活性来源，此外，如果在电—气一体化系统中加入大规模的电转气设备，那么管存作用愈发重要。但是稳态模型不能捕捉管存效应，完全忽略了与天然气网络储存能力相关的显著灵活性，而求解动态气体偏微分方程又带来了挑战和高计算负担。为此，研究开发了准稳态气体模型来近似捕捉相对缓慢的管存效应。模型假设对于任一气体管线，其在任一时刻的平均气体流量可表示为管道内气体流入流量和流出流量的平均值，即

$$\overline{q_{ij,t}}=\frac{q_{ij,t}^{in}+q_{ij,t}^{out}}{2} \tag{3.40}$$

气体管道的方程可表示为

$$\overline{q_{ij,t}}=\mathrm{sgn}(\pi_{i,t},\pi_{j,t})K_{ij}\sqrt{|\pi_{i,t}^2-\pi_{j,t}^2|} \tag{3.41}$$

管线在 t 时刻的气体管存量等于前一时刻 $t-1$ 的管存量加上气体的变化量。

$$S_{tij,t+1}=S_{tij,t}+(q_{ij,t}^{in}-q_{ij,t}^{out})\Delta t \tag{3.42}$$

3. 耦合元件

（1）燃气轮机。电力和天然气系统间的典型耦合元件之一是天然气发电厂的燃气轮机，其利用天然气进行发电（G2P），用气量 γ_i^{G2P} 和发电量 φ_i^{G2P} 之间的关系可表述为下式之一：

$$\gamma_i^{G2P} = a_i \varphi_i^{G2P^2} + b_i \varphi_i^{G2P} + c_i \tag{3.43}$$

$$\gamma_i^{G2P} = \frac{\varphi_i^{G2P}}{n_{G2P}} \tag{3.44}$$

（2）电转气（P2G）设备。这里电转气指的是利用可再生能源产生的电力来转化成天然气的设施。也可用简化的形式描述耗电量 φ_k^{P2G} 和天然气 γ_k^{P2G} 生产量的关系，即

$$\gamma_k^{P2G} = \frac{\varphi_k^{P2G}}{n_{P2G}} \tag{3.45}$$

（3）压缩机设备。压缩机用于将天然气管道的进气端，对其进行增压，以提高出口压力。压缩机元件的数学描述非常复杂，对于离心压缩机，由于运行状态的变化会导致设备运行偏离额定工况，工程上通常采用压缩机特性曲线描述压缩机的运行状态，即

$$P_{i,j} = \frac{q_{i,j} H_{i,j}}{n_{i,j}}, \forall i,j \in \partial_G \tag{3.46}$$

式中　$i,j \in \partial_G$——天然气网中节点的集合；

　　　　$P_{i,j}$——连接节点 i 和 j 的管线处压缩机功率；

　　　　$H_{i,j}$——压缩机的单位流量水头；

　　　　$n_{i,j}$——压缩机的效率系数。

对于规模较小的管道，为了更加精确地描述压缩机的特性，也有部分研究将压缩机特性曲线进行了建模，最常用到的压缩机公式为

$$H_{i,j} = RTZ \frac{k}{k-1} \left[\left(\frac{p_j}{p_i} \right)^{(k-1)/k} - 1 \right], \forall (i,j) \in \partial_G \tag{3.47}$$

3.4.3　规划运行求解策略

在已知电力系统、天然气系统及耦合元件的约束条件后，可根据不同的研究目标和因素建立相应的规划、运行或可靠性评估模型，而这些模型都面临求解困难的挑战，这是由于描述管道中气体流动规律的方程以及耦合元件具有高度非线性和非凸性，采用非线性求解器难以在可接受时间范围内获得最优解。因此，一般情况下采用元启发式算法、线性化方法、凸松弛技术对高度非线性非凸模型进行求解。

（1）元启发式算法包括粒子群、蚁群等算法，具有诸如鲁棒性和直观性的优点，但是由于气体方程呈现非线性非凸特征，该类算法求解时间较长且难以保证得到全局最优解。

（2）线性化方法就是通过分阶段线性化的方法将非凸非线性气体流动方程进行线性化处理，原理如图 3.6 所示，将流量区域分成四个小区间，黑色曲线代表压力 p^m 的原始非线性关系，点划线代表每个区间内的近似线性关系，那么管段的流量一定会处于其中一个区间。通过以上的划分，每个范围内的管道压力流量曲线表达式可近似为线性约束式。采用这种方法可以将混合整数非线性规划模型（MINLP）转化为可采用商用求解器快速求解的混合整数线性规划模型（MILP），从而在尽可

能不降低解质量的前提下大幅度提升求解效率。但是分段数以及断点位置的好坏对求解速度影响很大，当最优解所在区域的分段数越密，求解结果越精确，然而随着分段数的增多模型引入的二元变量及不等式数量也将增多，求解时间呈指数增加。因此，一个好的分段数以及断点位置可以大大加快模型求解速度。

（3）凸松弛技术是先引入松弛变量，然后借助二阶锥规划松弛方法对含有松弛变量的气体压力方程进行凸松弛转化为二阶锥约束，最后将原有的非线性非凸方程转化为线性方程，再采用商业求解器求解，如图 3.7 所示。

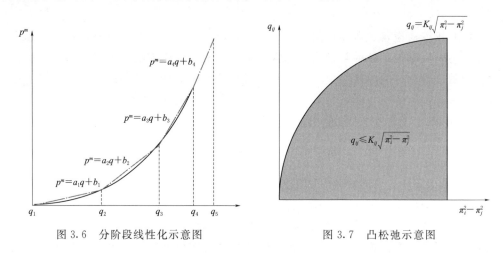

图 3.6　分阶段线性化示意图　　　　图 3.7　凸松弛示意图

3.5　气电耦合系统的发展现状

"十三五"时期我国累计建成天然气长输管道 4.6 万 km，天然气管道总里程达到约 11 万 km，全国互联互通重点工程建设取得新进展，我国天然气多元供应体系持续完善，推动天然气"全国一张网"不断完善并基本成形。预计 2025 年我国天然气消费量将达到 4200 亿 m³，"十四五"期间年均增速为 5.8%，管网公司将大力建设国家基干管网、支干管网，同时区域、省级管网将逐步完善。燃气轮机由于运行灵活、启停迅速、碳排放强度低、输出功率范围广等优点，被公认为构建新型电力系统的重要技术装备，其有效容量可高达 90%，大约为风电、光伏的近 10 倍。随着我国电力负荷不断增加，电力负荷随机性和波动性强，天然气由于本身的压缩性可在管道内进行大量存储，通过燃气轮机发电可成为电力削峰填谷的重要资源，但是国内目前天然气的主要产地为长庆油田、塔里木油田、西南油气田，已经无法满足目前日益增长的天然气需求，更无法实现气电耦合的协同运行，因此中国需要进口天然气，天然气对外依存度于 2020 年达到了 43%，且有不断攀升的趋势，其中管道天然气的主要进口地为中亚地区（土库曼斯坦、乌兹别克斯坦等 4 个国家），液化天然气的主要进口地为澳大利亚、印度尼西亚、马来西亚和卡塔尔。

在天然气发电方面，据 BP 世界能源统计年鉴数据显示，2022 年，世界天然气消费量 3.94 万亿 m³，同比增速由上年的 5.3% 降至 −3.1%；全球经济复苏乏力、国际气价异常高位、替代能源利用增加是需求下降的主要因素。欧洲是全球消费降幅最大的地区，全年消费量 4988 亿 m^3，同比下降 13.0%，主要是由于天然气供应体系重构，需求管控加强，煤炭等替代能源利用提高。北美地区全年天然气消费量 1.10 万亿 m^3，同比增长 4.7%。其中，美国消费量 8812 亿 m^3，同比增长 5.4%，主要是发电用气快速增长。亚太地区多国重启核电，加强煤电利用，加快推动可再生能源发展，全年消费量 9071 亿 m^3，同比下降 2.3%。其中，韩国、中国、日本、印度分别同比下降 0.8%、1.2%、3.0%、6.3%。但我国天然气发电比例与全球相比仍然较低，2021 年发电量约 2726 亿 $kW \cdot h$，只占全国发电量的 3%。这是因为我国天然气长期稳定供应存在较大的不确定性，且我国天然气资源有限，对外依存度较高，供应能力明显不足。此外，燃气发电目前依然面临天然气价格居高不下、运维费用高昂、排放标准要求高、机组启停频繁等诸多问题。另外，由于我国未完全掌握燃气发电的核心技术，所以，国内燃气发电并不具有竞争优势，且天然气新增装机目前主要集中在电价承受能力较高的东部、中部地区，且以调峰电源为主。

在电转气（P2G）方面，P2G 装置的开启一方面可以尽可能满足我国日益增长的天然气负荷需求，另一方面可以有效解决我国弃风限电问题。P2G 装置可以将可再生能源产生的电力用来生成氢气或天然气，其中电转氢气的效率明显高于电转天然气，两者均可以通过注入天然气管道的形式运输到用户侧，但需要注意的是氢气的性质与天然气性质存在较大差异，若盲目地将氢气注入天然气管道，会发生氢脆、渗透等管材方面的风险事故，因此，对氢气注入天然气管道的比例有一定限制，且注入比例与管材、天然气性质等均有关，一般来讲天然气管道混合氢气的注入量不得超过天然气总体积的 10%。因此，国内 P2G 装置大部分用于将富余电力转化为天然气，通过管道运输再进行发电或取暖。此外，2021 年全国弃风电量高达 206.1 亿 $kW \cdot h$，而北京市 2021 年天然气消费量达到 190 亿 m^3，可转化为 1900 亿 $kW \cdot h$，若这些弃风量被有效利用，可以满足北京市一个多月的用气需求，降低天然气的对外依存度，有利于国家实现战略能源安全。

综上所述，我国采用天然气发电存在成本高昂、未完全突破核心技术等困难，因此暂不具备竞争优势，但是由于燃气轮机的快速响应和灵活性高等优势，可用于调峰辅助来满足电力需求，仍具有较大发展空间。在电转气方面，我国面临弃风弃光量较大和天然气负荷持续攀升的特征，因此，电转气装置可作为有效解决上述问题的手段，但是目前 P2G 仍有装置投资、运维成本高昂、能量转化效率较低等问题，使得目前国内的 P2G 项目装机容量有限，在未来政策支持下，有较大的增长空间和发展潜力。

3.6 气电耦合技术的应用

关于气电耦合技术的应用可划分为用户级、区域级和跨区级。用户级别包括园区，以微网、智能用电、电动汽车集成、分布式供电/气/热等供能网络耦合互联形成的用户侧产销一体化供能体系。区域级是指以配电网络、配气网络等供能网络耦合互联形成的区域社会供能网络，起到"承上启下"的功能，主要集中在城市内。跨区级是以大型输电、输气等系统作为骨干网架形成的广域范围内的气电互联系统。

目前，气电耦合系统多以天然气分布式能源系统为媒介，与电力系统耦合完成电、气和热的能源供应和负荷需求。下面将从成本变化趋势、政策支持、商业模式三方面对天然气分布式能源系统的应用及发展展开说明。

（1）成本变化。当前可再生能源作为实现"双碳"目标的战略意义已深入人心，不仅是工商业，分布式光伏已经成为诸多家庭用户的选择，并得到了广泛的渗透，特别是在农村地区已生根发芽，得到了众多政策和资金的扶持，随着光伏和风电市场的规模化发展，其成本也将迅速下降。

（2）是政策支持。根据《"十四五"现代能源体系规划》（发改能源〔2022〕210号），到2025年非化石能源消费比重将进一步提高到20%以上，此外，国家发改委等部门印发《"十四五"可再生能源发展规划》（发改能源〔2021〕1445号）提出，到2025年，可再生能源年发电量达到3.3万亿kW·h左右。可再生能源发电量增量在全社会用电量增量中的占比超过50%，风电、光伏装机将分别达到4亿kW左右，风电和太阳能发电量实现翻倍。

（3）商业模式。我国于2017年启动全国碳排放权交易市场，并于2021年开市，截至2021年12月31日，全国碳市场已累计运行114个交易日，碳排放配额累计成交量1.79亿t，累计成交额76.61亿元，已初步建成制度完善、交易活跃、监管严格、公开透明的全国碳排放权交易市场，对可再生能源的发展起到巨大的推动作用。

关于电转气技术，从成本变化、政策支持两方面对电转气的发展和应用展开说明。电转气技术的成本与其转化效率息息相关，且在不同压力下的转化效率也存在差异，在20MPa压力条件下，电转天然气的转化效率为49%～64%，在8MPa压力条件下，电转天然气的转化效率为50%～64%，生成的天然气可直接注入管道，总的来说，P2G相技术受限于投资运维成本高昂且运行效率和寿命低等问题，因而使得其难以在电力—天然气综合能源系统中获得经济收益，从而尚未达到大规模商业化应用的目的。在政策支持方面，目前我国还未有相关政策扶持，驱动因素主要为可再生能源发电份额的提高，且电转气技术可大幅消纳弃风弃光，可为增加可再生能源发电比例做出突出贡献。对于国外，截至2017年一季度，欧洲电转气示范项目装机容量约30MW，其中23%的项目以天然气为最终产品，且从项目数量上看，德国走在世界的前列，但欧洲国家的制度也面临一些难点如欧盟尚未将电转气生产的天然气认可为生物燃料，造成电转气难以受益于交通领域可再生能源的比例目标。此外部分欧洲国家将电转气用的电视作终端用电，从而需要支付终端用电的税费成本。

思　考　题

1. 随着城镇人口规模的不断增加，城市气化率的不断上升，如何保证城市用户的燃气供应?

    2. 简述天然气和电力系统的差异之处。

    3. 气电耦合系统规划和运行之间的关系是什么?

    4. 制约我国气电耦合系统未规模化发展的原因有哪些?

    5. 气电耦合系统在用户级、区域级和跨区域级哪个级别在未来最有发展潜力?
说出理由。

参 考 文 献

[1] 毛莉君. 天然气站场 100×10～4m～3/d 装置脱水工艺设计及分析 [D]. 成都：西南石油大学，2008.

[2] 王洪海，李邦宪，桑伟，等. 关于大容积钢质无缝气瓶轻量化的几点建议 [J]. 中国特种设备安全，2019，35 (11)：5-8.

[3] 崔德春，熊亮，于广欣，等. 掺氢天然气作燃料的掺氢比例与互换性要求 [J]. 天然气工业，2022，42 (S1)：181-185.

[4] 毕思永. 长输天然气管道过滤器 [J]. 石油科技论坛，2014，33 (1)：55-57.

[5] 刘霄，刘唯佳，张倩，等. 天然气脱水技术优选 [J]. 油气田地面工程，2017，36 (10)：31-35.

[6] 阳跃鹏. 天然气集输采用膜脱水工艺可能性分析 [J]. 油气田地面工程，2010，29 (12)：54-56.

[7] 付源. 徐深 9 天然气净化厂脱 CO_2 工艺技术研究 [D]. 大庆：东北石油大学，2018.

[8] 高云义. 长岭气田高含二氧化碳天然气处理技术研究 [D]. 大庆：东北石油大学，2012.

[9] 陈桂娥，韩玉峰，阎剑，等. 气体膜分离技术的进展及其应用 [J]. 化工生产与技术，2005 (5)：23-26.

[10] 李慧. 醋酸生产变动成本的控制 [J]. 化工设计，2018，28 (3)：25-26.

[11] 张凯. 能源输运特性的热力学分析 [D]. 北京：华北电力大学，2016.

[12] 杨诗繁. 逆流 U 型管给水加热器复合传热过程性能强化研究 [D]. 南京：东南大学，2023.

[13] 胡国华. 天然气集输系统固体颗粒运动轨迹和沉积的研究 [D]. 青岛：中国石油大学（华东），2016.

[14] 李永建. 外物损伤叶片的微观损伤和残余应力对疲劳性能影响 [D]. 南京：南京航空航天大学，2016.

[15] 张远. 风电与先进绝热压缩空气储能技术的系统集成与仿真研究 [D]. 北京：中国科学院研究生院（工程热物理研究所），2016.

[16] 付安媛. 基于分布式鲁棒优化的气—电耦合系统经济调度研究 [D]. 北京：华北电力大学，2022.

[17] 牛启帆. 电力天然气耦合系统协同优化规划方法研究 [D]. 上海：上海工程技术大学，2021.

[18] 陆肖宇. 基于信息间隙决策理论的电—气综合能源系统优化调度研究 [D]. 秦皇岛：燕山大学，2021.

[19] 乔铮，郭庆来，孙宏斌. 电力—天然气耦合系统建模与规划运行研究综述 [J]. 全球能源互联网，2020，3 (1)：14-26.

[20] 徐梦飞. 风力机叶片涂层的沙尘冲蚀模型试验研究 [D]. 兰州：兰州理工大学，2023.

第4章 蓄热技术与应用

4.1 引　言

近年来，能源短缺和环境污染等情况日益严重，世界各国都在大力发展新能源技术，改善能源结构。随着可再生能源占比的不断提高，电力系统的运行稳定性、可靠性、电能质量等遭受诸多挑战。大容量储能技术是这场能源革命当中的关键技术，既可以有效地解决可再生能源发电的间歇性和波动性，实现其发电的平滑输出，还可以用于电网的削峰填谷和电能质量的改善等。

4.2 蓄　热　技　术

蓄热技术最为简单和普遍，它的应用也远远早于工业革命尤其是电力革命后才出现的其他储能技术，如我国北方地区的烧炕取暖即是利用蓄热技术解决热能供求

图4.1　蓄热技术应用与分类

在时间上的不匹配问题。随着人类的发展和对能源利用技术的不断改进，蓄热技术也不断发展，而且在人们的生产和生活中，在能源的集中供应端和用户端，都发挥着日益重要的作用。蓄热技术应用与分类如图4.1所示，值得指出的是蓄热技术并不单指储存和利用高于环境温度的热能，而且包括储存和利用低于环境温度的热能，即日常所说的储冷。

蓄热技术包括两个方面的要素，其一是热能的转化，它既包括热能与其他形式能量之间的转化，也包括热能在不同物质载体之间的传递；其二是热能的储存，即热能在物质载体上的存在状态，理论上其表现为热力学特征。虽然蓄热有显热蓄热、潜热蓄热和化学反应蓄热等多种形式，但本质上均是物质中大量分子热运动时的能量。

将蓄热技术应用于电力系统的大规模储能中具有其独特的优势。首先蓄热技术是物理过程，相对于化学储能和电磁储能它的技术成熟度更高而成本较低，适合大容量长时间储能。更为重要的是目前电力系统中绝大部分的发电过程是通过热功转

化的方式实现的（水电例外），热能本身就是发电过程的重要环节。因而利用蓄热技术作为电力系统中大规模储能手段时，其释能过程可以利用电力系统本身的热功转化设备，这样可以大大提高设备利用率和整体能源利用效率，进一步降低了储能的成本。最后，在某些特殊场合如分布式能源系统中，热能（包括热与冷）本身就是终端用户需要的能量形式之一，故而利用蓄热技术可以达到一举多得的目的。

但是相对于其他储能技术蓄热也有其自身的不足。一是热能的品位相对于化学能和电磁能等比较低，这就使得大规模蓄热虽然容易，但是要保证所储存热量的质，即所蓄热量最终转化为电功的量却不易，因而进一步提高蓄热的能量密度一直是科学研究和实际应用中的一个努力方向。另外，蓄热技术中能量的转化和转移是依靠分子的热运动完成的，由于热的传递相对于化学能和电磁能的传递要慢得多，使得热能的转化和转移过程中其品质的损失较大（由传热过程中的温差引起），严重影响整个储能过程的效率。因此在当前电力系统中主要的蓄热技术应用方面，包括太阳能热发电蓄热技术、压缩空气储能蓄热技术、深冷储电技术以及热泵储电技术，都在努力通过提高储存热量的能量密度和优化热能转化和转移过程以提高蓄热技术的效率和经济性。

蓄热技术的性能除了受到蓄热介质密度等状态量的影响外，还受到介质本身在热量交换和转化等过程性能的影响。这些过程量包括介质的换热性能及流动性能（蓄热介质本身也可能是换热工质）等，即在理论上表现为传热学和流体力学方面的特征，在此不作赘述。

4.2.1 显热蓄热

显热蓄热材料是通过物体本身温度的改变来吸收—释放热量，其热量的改变量可以表示为

$$Q = \int_{T_2}^{T_1} C_{ps} \Delta T \qquad (4.1)$$

式中 Q——储存的热量，J；

C_{ps}——材料的比热容，J/(g·K)；

T——温度，K。

蓄热材料的研究目前主要是集中于显热蓄热材料和相变材料，尤以蓄热密度高、蓄热装置结构紧凑的高温相变材料为主。按物质的状态，显热蓄热材料可分为固态与液态显热蓄热材料。显热蓄热材料具有来源广、成本低的优点，但是在蓄热量、体积和运输方面存在很大的缺陷，限制了显热蓄热材料的应用范围。常见的显热蓄热介质有水、热油、熔融盐、液态金属、混凝土砖等。水是应用非常广泛的蓄热介质和传热介质，因其易于获取，价格低廉，结构设计简单。热油热传导性较好，适合做传热介质。但其价格较贵，不适合做蓄热介质。当蓄热温度大于 400℃时，熔盐是合适的蓄热介质，其最高温度可到 565℃。但是熔盐具有腐蚀性，结构设计复杂。液态金属具有较好的传热特性，其导热系数可达 64.9W/(m·K)。但其与热油同样价格较贵，不适合做蓄热介质，适合作传热介质。陆地固体材料（例如

岩石、沙子等）蓄热温度最高一般不超过 300℃。混凝土砖常见的有镁砖和铝砖，其蓄热温度可超过 500℃。混凝土砖因为价格便宜，蓄热密度较大，化学性质稳定，结构设计简单，适合用于做大规模蓄热系统的蓄热介质。

导热油又称热载体油，是一种热量的传递介质，由于传热效果好、使用温度范围宽、温度上限高、抗氧化性好、挥发性小、使用寿命长、规范操作下不会发生火灾爆炸，具有对设备腐蚀性小、经济实用、原料充足等特点，近年来被广泛应用于各种场合。根据化学组成，可以分为矿物油型和合成型两类。矿物型导热油主要是重的石油馏分，基本均为环烷烃和链烷烃混合物，具有长、直链化学结构，容易发生断裂，因此热稳定性差，多数工作温度低于 300℃。此外，矿物型导热油低温黏度很大，劣化后不能再生。主要优点是安全性较高、成本低、原料广泛、产物毒性小。合成型导热油一般为对称烷基苯结构的芳香烃类化合物，通过对基础化工原料进行合成、分离和提纯制得，由于馏程窄、初馏点高、原子间的键合分子结构具有完整的共轭结构等特点，使得导热油具有较好的高温热稳定性和导热性。此外其还有黏度低、流动性好、熔值高、可再生处理等特点。

熔融盐工作温度范围宽、饱和蒸汽压力低、成本低、密度大、黏度低、热稳定性好、与多数金属兼容性好，被认为是目前最为理想的高温显热蓄热材料。

4.2.2　潜热蓄热

潜热蓄热也称为相变蓄热，是当今世界上流行的研究趋势，相变材料有独特的潜热性能，在其物相变化过程中，可以从环境吸收热（冷）量或向环境放出热（冷）量从而达到热量储存和释放的目的。利用此特性不仅可制造出各种提高能源利用率的设施，同时由于其相变时温度近似恒定，可以用于调整控制周围环境的温度，并且可以多次重复使用。其储能密度大约比显热储能高一个数量级，而且放热温度恒定，但其蓄热介质一般有过冷、相分离和导热系数较小、易老化等缺点。

相变蓄热材料主要使用的是固液相变蓄热材料和固固相变蓄热材料。固液相变材料主要优点是价廉易得。但是固液相变蓄热材料存在过冷和相分离现象，会导致蓄热性能恶化，易产生泄露、污染环境、腐蚀物品、封装容器价格高等缺点。固固相变材料在发生相变前后运用固体的晶格结构改变而放热吸热，与固液相变材料相比，固固相变材料具有更多优点：可以直接加工成型，不需容器盛放。固固相变材料膨胀系数较小，不存在过冷和相分离现象，毒性腐蚀性小，无泄漏问题。同时组成稳定，相变可逆性好，使用寿命长，装置简单。固固相变材料主要缺点是相变潜热较低，价格较高。

潜热材料还可以分为有机物、无机物两大类。常见有机物潜热材料有石蜡、脂肪酸、酯类、醇等，其中石蜡作为蓄热介质应用较广。有机物材料作为蓄热介质，其相变温度点低，蓄热密度较低，热传导性差，相变时体积形变较大（约 10%）。常见无机物潜热材料有混合盐、盐水合物、金属合金。

金属合金单位体积蓄热密度较大，热传导性好，但价格昂贵，适用于体积要求较高的场合。盐类相变材料相变温度点高，可到 600℃以上，蓄热密度大，但其热传导性差。硫酸钠水合盐的熔点 32.4℃，溶解潜热 250.8J/g，它具有相变温度不高、潜热值较大两个优点。硫酸钠类蓄热剂不仅蓄热量大，而且成本较低，温度适宜，常用于余热利用的场合。然而十水硫酸钠在经多次熔化—结晶的储放热过程后，会发生相分离，为了解决这个问题，可加入防相分离剂。三水醋酸钠的熔点是 58.2℃，熔解热 250.8J/g，属于中低温蓄热材料。三水醋酸钠作为蓄热材料，其最大的缺点是易产生过冷，使释热温度发生变动，通常要加入防过冷剂。为防止无水醋酸钠在反复熔化—凝固可逆相变操作中析出，还要加入明胶、树胶或阳离子表面活性剂等防相分离剂。

石蜡在室温是一种蜡状物质，熔解热为 336J/g。它是固体石蜡烃的混合物，主要含直链碳氢化合物，仅含少量支链。石蜡有良好的蓄热性能，有较宽的熔化温度范围，较高的熔化潜热，且相变较迅速，可自身成核，过冷可忽略，化学性质稳定，无毒、无腐蚀性。此外，石蜡价廉、资源丰富、耐用，日常生活中应用较为广泛。脂肪酸的熔解热与石蜡相当，过冷度小，有可逆的熔化和凝固性能，是很好的相变蓄热材料。但价格较高，约为石蜡的 2.5 倍，如大量用于蓄热，成本会偏高。

4.2.3 热化学蓄热

表 4.1 对 3 种蓄热技术进行了对比，相比其他两种技术发展比较成熟的蓄热技术，热化学蓄热具有优势。

表 4.1　储 能 技 术 对 比

项　目	显热蓄热	潜热蓄热	热化学蓄热
体积密度/(kW·h/m³)	低，约 50	中，100	高，500
质量密度/(kW·h/kg³)	低，0.02~0.03	中，0.05~0.1	高，0.5~1
储能周期	有限	有限	无限长
运输	短距离	短距离	无限远
成熟度	工业应用阶段	测试阶段	实验室阶段
技术复杂程度	简单	中等	复杂

（1）储能密度高，热化学蓄热密度比显热储能密度高 1 个数量级。

（2）热化学蓄热可以在环境温度下进行，由于没有热损失，储能周期理论上无限长。

（3）可以长距离运输。相对于显热储能和潜热储能，具有上述优势的热化学蓄热成为太阳能转化和存储极有前景的形式，可以实现热能的持续供应，保证太阳能光热电站的连续稳定运行。

目前的热化学蓄热体系中主要有金属氢化物储能体系、碳酸盐储能体系、氢氧化物储能体系、金属氧化物储能体系、氨储能体系和有机物储能体系等，中高温热化学蓄热体系分类和代表性反应物如图 4.2 所示。

热化学反应储能的本质源于反应体系的正逆反应，反应体系的优劣是影响储能系统整体性能的关键。多数化学反应都伴随着大量的热效应，所以选择作为储能系

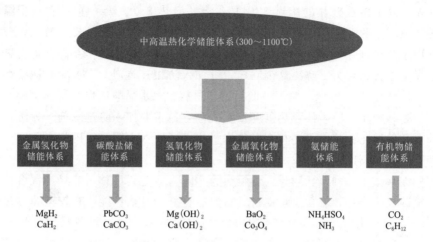

图 4.2 中高温热化学蓄热体系分类和代表性反应物

统的反应体系需要满足 6 项要求。

（1）反应具有较高的焓值和较大的储能密度。

（2）反应发生的温度和压力要在设备条件允许的范围之内，且操作条件要温和。

（3）反应在动力学上能够快速进行，具有较高的储放热速率及储能效率。

（4）反应过程可逆性好，无副产物。

（5）反应物和产物在常温下稳定、无污染、无腐蚀性，便于长时间储存和运输。

（6）反应材料来源丰富，价格便宜以降低反应成本。

4.3 固体蓄热系统设计

固体蓄热系统的设计与计算是设备设计必不可少的环节，与常规供热锅炉系统的设计类似，需要通过热力计算对系统进行设计。热力计算根据已知设备的额定参数进行设备关键参数设计，在已有设备结构参数、热力系统参数等基础上，通过改变负荷、工况及关键部件等行为提出了一种固体蓄热系统的热力计算方法。根据蓄热系统结构的特点将系统划分为加热、蓄热、取热、换热 4 个系统，通过各系统之间的联系可建立整个系统热力学计算流程与方法，并对构成蓄热系统的加热丝、换热器、变频风机结构进行详细的选型与计算。

4.3.1 固体蓄热系统组成及工作原理

高温固体蓄热系统采用电阻加热方式，把电能转换为热能，通过辐射换热、对流换热方式把热量传递并存储到蓄热材料中，当需要利用这部分热量时，通过对流换热方式将空气加热，空气流经气水换热器将热量供给到供暖系统。固体蓄热系统由以下系统单元构成：蓄热体、加热系统、换热系统、风循环控制系统、外部换热附属循环系统等，还包括其附属系统设备：热水循环泵、软化水设备、GIS 系统、定压补水系统、控制系统、热量计量装置及温度测量装置组成，如图 4.3 所示。

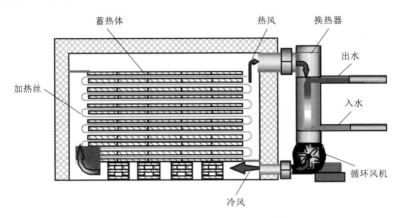

图 4.3　固体蓄热系统工作原理示意图

高温固态蓄热系统的电热能量转换过程主要有如下几个环节：

（1）热量产生。通电之后，蓄热机组内加热元件产热将电能转化为热能。

（2）热量储存。热量产生后通过热交换将热量存储于固体蓄热体中，蓄热温度可达到 500～800℃。

（3）热量控制。蓄热体外层采用高等隔热体，与外环境隔热，以防止热量散失，提高热量利用率。

（4）热量释放。被储存的热量通过内置循环风机有序地向外释放，其风速由变频调速电机转速等因素决定。

（5）热量输送。在负载需要热量供给时，设备可按照预先设定好的程序，按设定的供回水温度等，由变频风机提供循环高温空气，并经过气－水分离换热设备将热能释放。

上述的结构可以分为蓄热（蓄能）与热转换供热输出两大部分，两者之间相互独立，具有很高的安全系数，系统的控制原理框如图 4.4 所示。

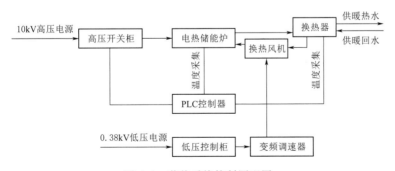

图 4.4　蓄热系统控制原理图

蓄热部分是利用 10～110kV 高电压直接接入蓄热体，采用电阻发热原理产生热量，再通过辐射换热、对流换热方式将热量传递并存储于蓄热材料中，当蓄热体温度达 200～800℃时蓄热体开始放热，主要通过对流换热、辐射换热等方式将空气加热，热空气再通入气－水换热器与辅助供热系统中的冷水进行热交换。换热速率由循环热风的流量和流速决定，根据用户需求供热温度进行双闭环控制。固体电蓄热设备的投切时间和时长由用户或电力系统调度运行者来确定。蓄热机组内部由换热出水温度和变频风机转速两层闭环控制，可基于蓄热量、释热速度进行先进 PID 自动控制。

4.3.2　固体蓄热系统结构

根据其内部的储能体、换热风机和换热器的相对位置，蓄热装置可以分为立体式蓄热装置和水平式蓄热装置两种，如图 4.5 和图 4.6 所示。高温固体电热储能炉体结构如图 4.7 所示。

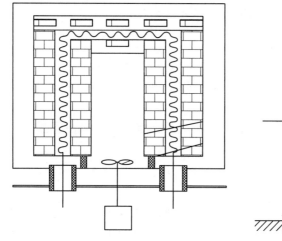

图 4.5　立体式蓄热装置

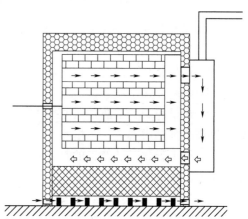

图 4.6　水平式蓄热装置

4.3.3　固体蓄热系统设计

根据高温、高电压固体蓄热系统结构体的整体情况，可以把系统设计简单概括为材料选型、支撑结构稳定性设计、循环风道优化设计、蓄热体结构优化设计、保温散热结构设计等。

1. 材料选型

蓄热装置中材料选型主要包括加热材料的选择、蓄热材料的选择、绝缘材料以及保温材料的选择。加热材料主要对蓄热体中加热电阻丝的材料进行选择，选择发热效率高、质量轻并且能够产生 800℃以上高温的电阻丝，在如此高的温度下，如何维持电阻丝形状稳定也是选择电阻丝的重要指标。蓄热材料是存蓄热量的主体，选择导热系数高，高温下形变小且比热较大的蓄热材料是材料选型的重点。同时选择导热系数小，容重小的保温材料以及可承受高温、高电压的绝缘穿墙套管材料也是材料选择另一个重点。

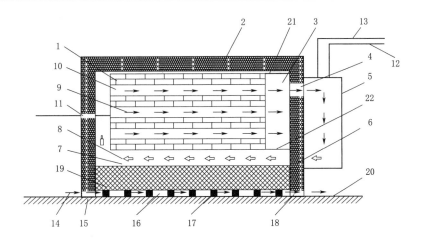

图 4.7 高温固体电热储能炉体结构

1—储能体；2—保温壳体；3—高温腔；4—高温气体出气口；5—热交换器；
6—低温气体进气口；7—低温风道；8—低温风；9—高温风；10—高温风道；
11—电源引入端；12—第一热能输出通道；13—第二热能输出通道；14—常温
空气；15—常温气体进气口；16—降温通道；17—绝缘支撑；18—常温气体
出气口；19—绝缘隔热层；20—承重平台；21—第一高温绝缘挡板；
22—第二高温绝缘挡板

2. 支撑结构稳定性设计

蓄热材料一般因储能容量要求而具有密度高、质量大的特点，由于温度的升高和反复变化，结构体会发生蠕变和膨胀，因此需要专门为结构体设计支撑框架、承重体以及抑制变形的特殊形体。同时，在加热元件施加 10kV 及以上的高电压下，需要蓄热体有相对好的抗绝缘击穿和爬电等性能，并在电磁场耦合方面不会导致结构的损坏和影响寿命，因此在支撑结构体设计方面要考虑稳定性、绝缘性两方面的因素。

针对需要保障绝缘基础部分性能稳定的问题，尤其要确保绝缘基座温度不至于过高而导致基座绝缘和承受压力的性能出现下降，因此需对蓄热体的绝缘基座结构进行专门的设计，蓄热体的绝缘基础部分由呈矩阵形式分布的绝缘支撑组成，绝缘支撑固定在绝缘隔热层底部，绝缘支撑与保温壳体侧壁、绝缘隔热层、承重平台之间形成独立的降温通道，空气经位于保温壳体一侧壁的常温气体进气口进入降温通道，与绝缘支撑进行热交换，由位于保温壳体另一侧壁的常温气体出气口流出。这样就保证了即使位于热循环部分内的储能体工作在 $600\sim1200^\circ C$ 范围内，也能保证绝缘基础部分的绝缘支撑表面温度低于 $300^\circ C$，使现有高电压固体电热储能炉在不增加储能体质量的情况下，就能提高蓄热能力，并保持绝缘支撑的承压力强度和绝缘性能不下降，很大程度上改善了原有电热储能炉在温度超过 $300^\circ C$ 时绝缘支撑的承压力强度和绝缘性能快速下降的问题。

储能炉体中绝缘基础部分包括绝缘支撑以及绝缘隔热层等组成，绝缘支撑采用可以耐受高工作电压以及具有一定强度的陶瓷或玻璃制成，而绝缘隔热层则由耐高温，同时也耐高电压的绝缘材料组合而成，蓄热体绝缘基座结构如图 4.8 所示。

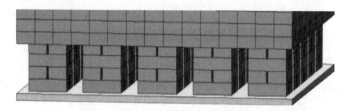

图 4.8　蓄热体绝缘基座结构

3. 循环风道优化设计

固体蓄热装置的工作流程如下：

（1）固体蓄热装置中的加热元件通过电极与 $10\sim66\text{kV}$ 的高电压相连接，由电阻丝产生热量，通过对流和辐射方式传递给蓄热体，使蓄热体的温度升高。

（2）当蓄热体的温度升高至一定温度后，电阻丝停止加热，此时开启风机；蓄热体中的热量通过对流换热方式传递给空气，高温空气通过对流－导热－对流换热的方式对换热器管程中的介质进行加热。

（3）换热后气流温度降低，低温空气流再次通过蓄热体进行加热，进入下一次的循环。循环风道的优化设计主要考虑蓄热体的风孔阻力和换热器的风阻力，可通过增加气体流动黏性和摩擦力来加强气体和固体的接触摩擦系数，以加强换热效果。

换热通道结构设计需要综合考虑电加热强度、空气流速、材料导热性能和高温下的材料强度问题，当蓄热体的换热面积大、蓄换热效率高时，换热通道多，若气流无法合理分配，易存在气流死区，导致局部过热引起模块强度下降，通道塌陷可能性增加。针对蓄热体结构的换热通道和蓄热体之间的传热、力学和空气流动规律进行模拟，可掌握蓄热体内的三维流场、温度场和受力信息，为换热通道设计提供理论支撑；根据温度场及力学分布情况，针对不同位置采用不同尺寸和厚度的模块进行差异化配置，合理设计和布局换热通道，可保证整个蓄热体均匀快速蓄热。

4. 蓄热体结构优化设计

固体蓄热结构体本身安装有嵌入式的电阻丝加热元件，且体内有换热风通道和加热通道 2 种，整体风道、换热通道占整体蓄热体结构的比例和布局可以根据蓄热的均匀性和释热的持续性进行优化。主要的设计结构参数有：蓄热体尺寸（长、宽、高），加热通道占孔比（即加热通道体积/整个蓄热体体积），通风风道占孔比（即通风管道体积/整个蓄热体体积），风道行程长度（单回程或双回程）；受运行影响的控制参数有：蓄热时长、释热时长、加热功率。

5. 保温散热结构设计

保温层性能的好坏直接关系到蓄热体的效率以及能量节约的问题，选择厚度合适，同时导热系数小、容重低的保温材料对于整个蓄热装置来说至关重要，保温层的保温性能好坏直接体现在蓄热体外壳的温度，在保证蓄热体外壳温度在合理的范围内，选择性价比最高，同时质量较轻的材料是保温性能设计所需要重点关注的方向。

4.4 固体蓄热材料选择

4.4.1 蓄热材料的基本热物性指标

蓄热材料的基本热物性指标如下：

（1）熔点。熔点是固体将其物态由固体转变（熔化）为液态的温度。物质的熔点并不是固定不变的，压强和杂质都会影响物质的熔点。蓄热材料的熔点也叫相变点，对于显热材料，熔点是材料的极限使用温度，材料温度接近熔点就会破坏材料的结构。对于相变材料，熔点通常是材料的使用温度，利用相变点进行蓄热，既可以增加材料的蓄热密度，还可以达到良好的控温效果。

（2）相变工作温度。介质相变时的温度/介质工作的温度范围。

（3）比热容。比热容是单位质量物质改变单位温度时吸收的热量或释放的内能，用 C 表示，比热容的常用的单位是 kJ/(kg·K)、kJ/(kg·℃)。比热容是衡量蓄热材料蓄热能力的重要参数之一，材料比热容越大，在单位物质在相同温升内储存的热量就越多。

（4）相变热。相变热指物体在一定的温度下由一个相转变为另一个相时吸收或放出的热，主要有蒸发热、熔化热、升华热，单位为 kJ/kg。相变热是衡量相变蓄热材料蓄热能力的另一个重要参数，由于相变材料在相变时的恒温释热特性，所以相变热也是相变材料蓄热效果的重要参数。

（5）相变焓。相变焓指 1mol 纯物质于恒定温度 T 及该温度的平衡压力 p 下发生相变时对应的焓变，即该纯物质于温度 T 条件下的相变焓，单位为 J/mol 或 kJ/mol。由于发生相变的过程恒压且非体积做功为零，所以相变焓也称相变热，可以用热的方法来测定。

（6）密度。密度指在一定温度下，某种物质单位体积内所含物质的质量。密度是物质的一种特性，不随质量和体积的变化而变化，只随物态（温度、压强）变化而变化。通常用 ρ 表示，常用单位为 kg/m³。

（7）电阻。电阻通常用 R 表示，是一个物理量，在物理学中表示导体对电流阻碍作用的大小。导体的电阻越大，表示导体对电流的阻碍作用越大。对于电热元件，电阻越大，在同样大小电流下，功率越高。对于由某种材料制成的柱形均匀导体，其电阻 R 与长度 L 成正比，与横截面积 S 成反比，即

$$R = \rho \frac{L}{S} \tag{4.2}$$

（8）导热系数。导热系数表征物体导热本领的大小，是指单位温度梯度作用下的物体内所产生的热流量，单位为 W/(m·K) 或 W/(m·℃)。导热系数 λ 与物质种类及热力状态有关［温度、压强（气体）］，与物质几何形状无关。大多数材料的导热系数对温度的依变化关系可近似采用线性关系计算，即

$$\lambda = \lambda_0 (1 + bt) \tag{4.3}$$

式中　λ_0——材料在0℃下的导热系数；

$\quad\quad b$——由实验确定的温度常数，其数值与物质的种类有关，1/℃。

（9）线膨胀系数。表示材料膨胀或收缩的程度。材料在某一温度区间每升高一度温度的平均伸长量称为平均线膨胀系数，用于衡量材料在升温过程中的伸长量。线膨胀系数具体表示为

$$\alpha = \Delta L (L \cdot \Delta T) \tag{4.4}$$

式中　ΔL——温度变化ΔT下物体长度的改变；

$\quad\quad L$——初始长度。

（10）热膨胀性。热膨胀性是耐火材料使用时应考虑的重要性能之一。蓄热体在常温下砌筑，而在使用时，随着蓄热体温度升高，结构体要膨胀。为消除因热膨胀造成的结构体偏移变形，需预留膨胀缝。线膨胀率和线膨胀系数是预留膨胀缝和砌体总尺寸结构设计计算的关键参数。

（11）孔隙率。材料的孔隙率是块状材料中孔隙体积与材料在自然状态下总体积的百分比，以P表示。孔隙率P的计算公式为

$$P = \frac{V_0 - V}{V_0} \times 100\% = \left(1 - \frac{\rho_0}{\rho}\right) \times 100\% \tag{4.5}$$

式中　P——材料孔隙率，%；

$\quad\quad V_0$——材料在自然状态下的体积，或称表观体积，cm^3或m^3；

$\quad\quad V$——材料的绝对密实体积，绝对密实体积是指只有构成材料的固体物质本身的体积，即固体物质内不含有孔隙的体积，cm^3或m^3；

$\quad\quad \rho_0$——材料体积密度或表观密度，g/cm^3或kg/m^3；

$\quad\quad \rho$——材料密度或真密度，g/cm^3或kg/m^3。

4.4.2　蓄热材料分类

蓄热材料是蓄热装置的构成主体，同时也是影响其蓄释热性能的重要因素之一。不同材料的热力性能各参数有所差异，故选择相对适合的蓄热材料对装置性能必然产生有利的作用。伴随着蓄热材料的发展，其种类越来越多，蓄热材料按温度体系可划分为低温、中温、高温三层，使用温度在100℃以下的蓄热材料属于低温蓄热材料，使用温度在100～250℃之间的蓄热材料属于中温蓄热材料，使用温度高于250℃以上的蓄热材料则属于高温蓄热材料（图4.9）。

1. 低温蓄热材料

低温范围为100℃以下的蓄热。低温蓄热主要用于废热回收、太阳能低温热利用、供暖空调系统以及电子器件热管理等方面。低温蓄热系统组成通常比较简单、成本较低，设计灵活，常用的蓄热材料有水、结晶水合盐、石蜡、热化学材料等，其中水应用最为广泛。在此应用温度范围内的蓄热技术基本成熟。

结晶水合盐是最主要的中低温蓄热材料，温度范围为小于130℃，满足所有低温领域的蓄热，是目前应用最广泛的低温相变蓄热材料。相比其他蓄热材料，其主要优点是：适用温度范围宽、固液相变潜热远大于显热、蓄热和放热可以在恒定的

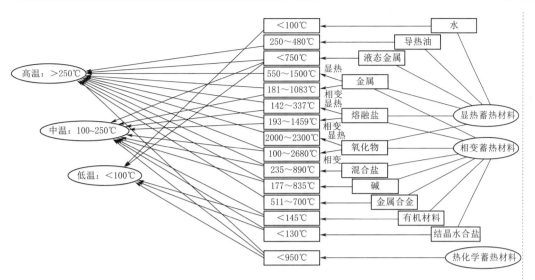

图 4.9　蓄热材料体系示意图

温度下进行。结晶水合盐在太阳房采暖系统、家用电器等领域已经得到应用。但大多数结晶水合盐都存在过冷、相分离现象，给实际应用带来不良的影响。

有机相变储能材料也是一种重要的中低温蓄热材料，其温度范围为小于 145℃，在低温领域主要用于小于 80℃ 的蓄热。其具备的优点有：适用温度范围宽、温度可调控、稳定性好，腐蚀性小、原料环保可再生、凝固时几乎无过冷现象，可以通过不同相变材料的混合来调节相变温度。因而有机相变材料在太阳能利用、建筑、电力负荷调节、纺织等方面都有广泛的应用，是很有发展前途的相变材料。但有机相变材料在达到相变温度后，容易泄露，易损失，因而对容器的封装有较高的要求，使其应用成本较高。

热化学蓄热材料是一种新型蓄热材料，其温度范围为小于 950℃，可用于 50℃以上的低温蓄热。热化学蓄热材料具有储能密度极高、储能过程热损失小、能稳定储存、可以长时间储存、应用温度范围广泛的优点。热化学蓄热具有在低温领域其他蓄热材料无法比拟的高储能密度，在实际应用中，热化学蓄热也极具潜力，在余废热利用、太阳能储存、化学热泵等方面有极大的应用价值。但是化学蓄热系统的效率同时也极大地受限于传热和传质效率，而在显热和潜热蓄热系统中，系统效率通常只受传热影响，因此，热化学蓄热系统更为复杂，成本更高，其安全性还有待提高。

显热材料的蓄热能力一般要低于相变和热化学材料，在低温领域也仅有水作为显热材料使用，但即使如此，水却因为其低廉的成本，方便易得的原料，有着最广泛的应用，因而对蓄热要求不高，占地面积较大的一些蓄热项目，水依然是最主要的蓄热材料。

2. 中温蓄热材料

中温范围为 100～250℃ 的蓄热。中温蓄热材料效率相对较低，体积和质量相对庞大，各方面要求相对也低，适合大规模应用，主要针对地面民用领域，其经常作为产业的加热源，此外也可用于化工生产、冶金、发电等场合。但由于中温蓄热材料近些年才受到重视，所以其研究较少。

中温显热蓄热材料主要是液态金属和部分熔融盐，熔融盐是应用最广泛的蓄热材料之一，它既有显热材料中的应用，也有相变材料中的应用，在显热材料中它的温度范围为 142～337℃。熔融盐蓄热材料的比热容高于液态金属材料，此外，熔融盐还具有温度范围宽、黏度低、流动性能好、蒸汽压小、对管路承压能力要求低、相对密度大、比热容高、蓄热能力强、成本较低等诸多优点，已成为一种公认的良好的中高温传热蓄热介质。熔融盐的显热蓄热技术原理较简单、技术较成熟、蓄热方式较灵活、成本较低廉，并且已具备大规模商业应用的能力，目前在太阳能热发电领域熔融盐的显热蓄热技术已经得到了应用，并取得了非常显著的效果。但限于其流动与传热性能，腐蚀性，其在中温领域的应用受到了一定限制。

3. 高温蓄热材料

高温范围为 250℃以上的蓄热。高温蓄热通常具有很高的效率，且运行设备相对紧凑，常用于高温余热回收利用、太阳能热发电、太阳能热解制氢、电力调峰填谷以及人造卫星等场合。对于回收的热能，无论数量和温度随时间变动都比较小时，可采用余热锅炉，以高温高压的水蒸气形式回收，或转换为电力或作为热源进行有效的利用。

4.5 固体蓄热系统热力计算流程与方法

固态蓄热系统是将蓄热与换热结合为一体的系统，系统由蓄热机组（包括蓄热体和加热丝）、换热机组（包括换热器和变频通风机）、保温壳体、炉体外壳等结构等组成，根据系统结构将固态蓄热系统分为加热系统、蓄热系统、循环风系统、换热系统四个子系统。固态电热储能系统中加热、蓄热、传热、换热各部分相辅相成，相互之间存在能量传递，分别涉及到加热丝、蓄热体、换热器、变频风机 4 个部分的关键参数。热力计算主要确定加热丝参数、蓄热体结构形状参数、换热系统参数、变频风机关键设计参数等，如图 4.10 所示。热力计算规则与流程分为如下步骤：

（1）明确加热功率，加热时长，蓄热体初、终温度等值，上述值需按蓄热系统额定功率设计要求确定，且可根据用户需要进行调整。

（2）蓄热系统中蓄热体孔数为加热系统的一个输入量，在明确加热系统的电压和功率时，蓄热系统中蓄热体孔数将影响加热丝长度及加热丝表面负荷，最终影响加热丝的形状设计。

（3）依据系统设计要求所确定的最大供热负荷，上、下风道温度等值将影响换热系统设计。蓄热系统的风道流阻还将影响循环风系统的设计。

（4）由换热系统决定整个固态蓄热装置所需风流量、水流量。在换热系统中将会产生较大的流阻，而流阻参数将直接影响循环风系统的设计参数。

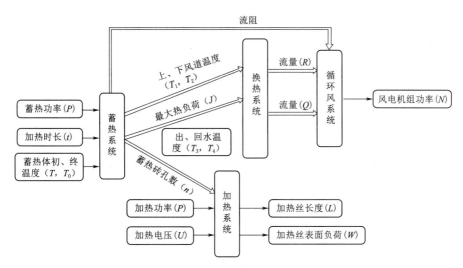

图 4.10　储能系统热力计算关系图

4.5.1　加热系统设计计算

电加热丝一般由电热合金加工制成，制造加热丝一般采用线材和带材，特种加热丝使用直线形状。线材与带材相比，同体积下表面积更大，耐热能力更高，所以线材元件在同温度下具有较高的表面负荷，且寿命更长，但带材一般比线材容易加工成其他形状，且韧性更好。电加热合金线材、带材在使用时必须加工成各种形状的加热丝。螺旋形和波形是常用加热丝的基本形状。

带材的最高使用温度同其形状的关系甚为密切。使用温度越高，带状元件的波形高度就越低，带材厚度也随之增大。这样可以减少元件的高温蠕变变形量，保持较长的寿命。带材波形加热丝元件如图 4.11 所示。

线材绕制成的螺旋形加热丝，为了防止加热丝在高温工作过程变形或倒塌，要求螺旋的直径（D）和线材的直径（d）有一定

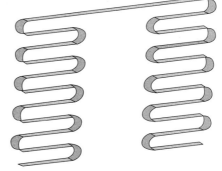

图 4.11　带材波形加热丝元件

的配合比例。不同工作温度应有合理的 D/d 值。线材螺旋形加热丝如图 4.12 所示。

螺旋形加热丝的最高使用温度同 D/d 值成反比例，即随 D/d 值增大最高使用温度下降。否则，当螺旋直径太大时，加热丝在高温下容易发生变形或倒塌现象。如果螺旋直径太小，则有可能在缠绕过程中线材表面产生裂纹，从而缩短了加热丝使用寿命。因此，在设计螺旋形元件时要根据最高使用温度来选择合理的 D/d 值。

加热丝材料的形状与其工作温度和蓄热体功率有关。当蓄热体运行温度比较低，要求元件尺寸比较小时，一般多使用线材加工成螺旋形元件使用。工作温度

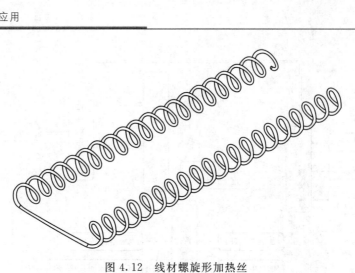

图 4.12　线材螺旋形加热丝

高、功率大的蓄热体多使用带材，带材加工成波形元件使用。特殊条件下使用辐射管加热丝时，均使用线材。

　　以电阻式加热的固体电蓄热系统，参考高温电热炉的设计方式、选用的电热材料主要有奥氏体型镍铬系列和铁素体型铁铬铝系列。根据系统设计容量，需要计算加热丝长度和表面负荷。加热丝形状可选用线形或带形，带形可承受更高的热负荷，但价格较高，加热丝可制作为波浪形或螺旋形。

　　1. 加热功率计算

　　蓄热系统功率的选择按照采暖房间的热负荷来计算。不同房屋结构、采光面积、房间位置，对应的热负荷不同。通常节能建筑取 $13\sim15\mathrm{m}^2/\mathrm{kW}$，普通楼房取 $10\sim111\mathrm{m}^2/\mathrm{kW}$，因此蓄热系统的功率为

$$P = SW \tag{4.6}$$

式中　S——采暖面积，m^2；

　　　　W——相应地区功率配置参考值，W/m^2。

　　2. 电阻丝长度计算

　　当已知加热丝电压、功率、电阻丝电阻率、温度系数等参数时，电阻丝长度为

$$L = \frac{U^2 S}{k\rho N p} \tag{4.7}$$

式中　U——加热丝电压，V；

　　　　S——电阻丝横向截面面积，mm^2；

　　　　k——温度系数；

　　　　ρ——材料电阻率（20℃下），$\mu\Omega\cdot\mathrm{m}$；

　　　　N——加热丝数量；

　　　　P——加热功率，W。

　　3. 加热丝表面负荷计算

　　材料表面负荷是影响电热丝使用寿命和耐热性的重要指标。电热元件的表面负荷越大，电热元件的温度越高，因此表面负荷的选择应适中。在一般高温加热应用

场合下，表面负荷控制在 $3\sim8\mathrm{W/cm^2}$ 即可。电热合金材料的表面负荷计算为

$$W=\frac{P}{SL} \tag{4.8}$$

式中　P——蓄热模块加热功率，W；

　　　S——加热丝直径，cm；

　　　L——电阻丝长度，cm。

4. 波形加热丝选型计算

在实际工程应用中，波形加热丝形状设计时要对波高、波距、波数等参数进行合理选择计算。波形电热丝波高要略窄于元件放置槽，防止波高过大，导致加热丝无法防止或处于架空的状态，因而需要承受自身重力，导致加热丝在高温情况下容易发生形变甚至断裂。波形加热丝的波距受到材料塑性限制，无法实现大弯曲。在工程计算中，波距通常依据经验值取为加热丝直径的 $5\sim6$ 倍。波形电热元件如图 4.13 所示。

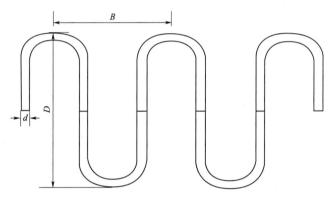

图 4.13　波形电热元件

电热丝的波数计算为

$$X=\frac{L^{*}-L_{\mathrm{e}}}{B}-0.5 \tag{4.9}$$

式中　X——波数；

　　　L^{*}——加热丝丝型长度；

　　　L_{e}——$2\times$加热丝端长$+1/2\times$裸丝长（裸丝长为两加热丝之间连接丝长，端长为加热丝非波形部分）；

　　　B——加热丝波距。

5. 螺旋形加热丝选型计算

计算一般情况下，螺旋形加热丝的节距 S 通常依据工程经验进行取值，节距通常为加热丝线材直径的 $2\sim4$ 倍。螺旋形电热元件如图 4.14 所示。

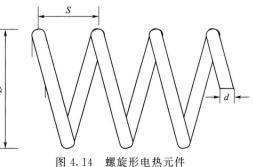

图 4.14　螺旋形电热元件

考虑到电热丝在高温工作过程可能存在的变形或倒塌问题，要求元件的螺旋直径 D 与加热丝直径 d 有一定的配合比例。在螺旋元件的螺旋直径 D、加热丝直径 d 以及线材长度已知的情况下，螺旋形加热丝的螺旋圈数 N 的计算为

$$N = \frac{1000l}{\pi} \times (D - d) \tag{4.10}$$

式中　l——合金线长度；

　　　D——螺距；

　　　d——线径。

在工程应用中经常将 N 进行取整，可以求出设计计算完成后螺旋形加热丝整体的长度为

$$L = SN \tag{4.11}$$

式中　L——加热丝螺旋长度。

通过式（4.11）对加热丝螺旋长度进行计算，将此值与蓄热体风道长度进行对比，判断其是否满足要求。

4.5.2　蓄热结构设计计算

1. 蓄热量计算

蓄热体作为储存热量的主体，其蓄热量、取热方式、加热均匀性与蓄热体结构密切相关。固态电热储能系统烘炉结束时，记录蓄热装置内平均温度为 T（℃）。蓄热体加热到设定温度，装置内平均温度为 T_0（℃），则蓄热体蓄热量为

$$Q_0 = c\rho_1 Vn(T_0 - T) \tag{4.12}$$

式中　c——蓄热单元比热；

　　　ρ_1——蓄热单元密度；

　　　V——蓄热单元体积；

　　　n——蓄热单元数量。

2. 固态电热储能系统的热效率评估方法

蓄热系统所储存的热量占电阻丝发热消耗电能的百分数即为系统热效率，计算为

$$\eta = \frac{Q_1}{Q} \tag{4.13}$$

式中　η——热效率；

　　　Q_1——蓄热材料的蓄热量；

　　　Q——加热丝产生的能量。

4.5.3　换热系统设计计算

换热器作为蓄热体换热系统的重要组成部分，可以良好地承担蓄热体与外界进行热交换的任务，选择合适于换热系统的换热器对蓄热体中热量的利用效率、蓄热体整体体积以及换热器自身的使用寿命等方面有重要的影响，因此需要对换热器进行选型的计算。

换热器设计计算目的是根据给定的工作条件及热负荷，选择一种适当的换热器类型，确定所需的换热面积。进而确定换热器的具体尺寸。校核计算的目的则是判断已有的换热器，是否满足预定的换热要求，这是属于换热器的性能计算问题，无论是设计计算还是校核计算，所需的数据包括结构数据、工艺数据和物性数据三大类，其中结构数据在换热器的设计中最为重要，对于管壳式换热器的设计包括壳体型式、管程数、管子类型、管长、管子排列、折流板型式、冷、热流体流动通道等方面的选择；工艺数据包括冷热流体的流量、进出口温度、进出口压力、允许压降及污垢系数。物性数据包括冷热流体在进出口温度或定性温度下的密度、比热容、黏度、导热系数、表面张力。

1. 换热器的公称直径、公称长度选择

当换热器内的流体较为洁净时，换热器的管径可取小些，当换热器内的流体不洁净或易结垢时，管按选定的管径应取得大些，以免堵塞。目前我国试行的系列标准规定采用 $\Phi25\text{mm}\times2.5\text{mm}$ 和 $\Phi19\text{mm}\times2\text{mm}$ 两种规格，可以适用于一般流体。根据选取的管径和流体流速可以确定换热管数目，同时根据传热面积，即可求得换热管长度。换热管系列标准中管长有 1.5m、2m、3m、4.5m、6m 和 9m 六种，其中以 3m 和 6m 最为普遍。

2. 换热器换热面积计算

换热器传热面积计算采用对数平均温差法，当换热功率、供回水温度以及进出口风温确定时，传热面积为

$$A = \frac{Q}{\beta \Delta t} \tag{4.14}$$

式中　A——传热面积，m^2；

　　　Q——换热功率，W；

　　　β——传热系数；

　　　Δt——对数温差，℃。

3. 换热器管列数计算

换热管的管列数量与换热管参数和换热器的所需传热面积有关。换热管长度、直径由设计者选定。换热管的长度与管径相适应，一般情况下管长（L）与管径（D）之比（即 L/D）为 4～6。

$$N = \frac{A_0}{\pi D L} \tag{4.15}$$

式中　A_0——换热器的换热面积；

　　　D——换热管直径；

　　　L——换热管长度。

4. 换热器和管程数的计算

当流体的流量较小或传热面积较大而需管数很多时，有时会使管内流速较低，因而当流传热系数较小时。为了提高管内流速，可采用多管程。但是程数过多，会导致管程流体阻力加大，增加动力费用；同时多程会使平均温度差下降；此外还会

使多程隔板使管板上可利用的面积减少，设计配型时应考虑这些问题。

列管式换热器的系列标准中管程数有 1、2、4 和 6 程等 4 种。采用多程时，通常应使每程的管子数大致相等。

管程数 m 可计算为

$$m = \frac{u}{u'} \tag{4.16}$$

式中　u——管程内流体的适宜速度，m/s；

　　　u'——管程内流体的实际速度，m/s。

5. 换热器的类型及特点

在固体蓄热系统中的换热系统主要部分是换热器，换热器按照其作用原理和传热方式可分为直接接触式换热器、蓄热式换热器、间壁式换热器和中间载热体式换热器。在固体蓄热系统中换热设备的换热方式包括气—水、气—气、气—油等，其中气—水换热为最常用的换热方式，因此在固体蓄热系统中通常采用间壁式换热器，其中进行换热的气体一般为温度较高的清洁空气，而换热流体为软化水、油等不易结垢流体。因此，通常根据换热系统中流体的理化性质来对换热器进行选择和选型计算。

在固体蓄热系统中通常采用间壁式换热器进行气—水换热，常见的间壁式换热器有管壳式换热器、板式换热器、板翅式换热器和翅片管式换热器等；还有一些用于特定情况或者特殊情况下的特殊形式的换热器，如空冷器、多管式换热器、折流杆式换热器、螺旋板式换热器、蛇管式换热器和热管换热器等。

（1）管壳式换热器。管壳式换热器又称列管式换热器，是以封闭在壳体中管束的壁面作为传热面的间壁式换热器，如图 4.15 所示。主要应用在化工、炼油、石油化工、动力、核能和其他工业装置中，特别是在高温高压和大型换热器中的应用占据绝对优势。

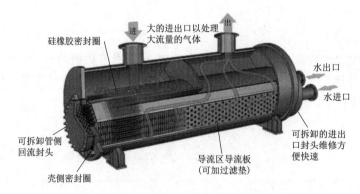

图 4.15　管壳式换热器示意图

（2）板式换热器。板式换热器是由一系列具有一定波纹形状的金属片叠装而成的一种高效换热器，如图 4.16 所示。各种板片之间形成薄矩形通道，通过板片进行热量交换。板式换热器的使用范围很广泛，介质从普通水到高黏度的非牛顿型液体；从含固体小颗粒的物料到含少量纤维的物料；从水蒸气到各种气体；从无腐蚀性的到具有强腐蚀性的各种介质均能处理。

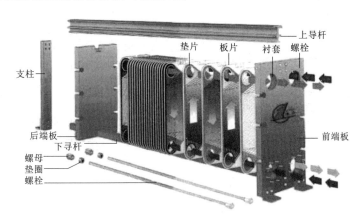

图 4.16 板式换热器示意图

（3）板翅式换热器。板翅式换热器通常由隔板、翅片、封条、导流片组成，如图 4.17 所示。板翅式换热器的换热效率较高，同时板翅式换热器具有体积小、质量轻、可处理两种以上介质等优点。目前，板翅式换热器已广泛应用于石油、化工、天然气加工等行业。

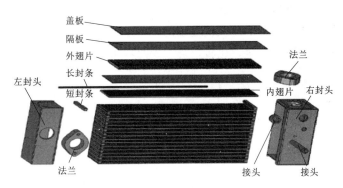

图 4.17 板翅式换热器

（4）翅片管式换热器。翅片式换热器是气体与液体热交换器中使用最为广泛的一种换热设备，如图 4.18 所示。在动力、化工等工业中有广泛应用。翅片管换热器的结构与一般管壳式换热器基本相同，只是用翅片管代替了光管作为传热面来达到强化传热的目的。翅片管式换热器主要应用于换热的冷热流体换热系数梯度较大时的情况，当管内侧流体的换热性能好，热阻较小时，管外侧流体热阻较大，通过在管外侧安装翅片增加换热面积来减少管外侧流体的换热热阻进而提高换热器的换热效率，有效解决了因为换热介质较大的换热系数差造成的热不平衡问题。

4.5.4 风循环系统参数计算

风循环系统计算主要确定变频风机转速、功率等参数。变频风机转速依赖风循环系统所需提供空气流量；变频风机功率则风机所需提供的风量和风压决定。而变

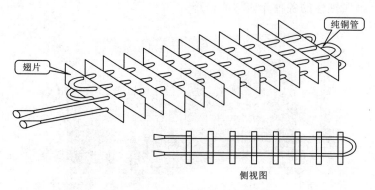

图 4.18　翅片管式换热器

频风机所需提供的风压、风量由蓄热系统总流阻和换热器出口空气流量决定。

风机是气体压缩和气体输送机械的简称，其主要结构部件是叶轮、机壳、进风口、支架、电机、皮带轮、联轴器、消音器、传动件（轴承）等。常见的风机按照风的流动方向进行分类，大致可以分成离心式、轴流式、混流式、横流式等 4 种；比转速（指单位流量和压力所需要的转速）则也是一个也区分风机的方法，根据比转速可以将风机分为低比转速、中比转速和高比转速三种风机。而常用于蓄热锅炉装置中的换热风机一般为离心式通风机。

对风机进行选型，需要了解风机选型的几个主要的参数，风机的主要参数有风量、风压、功率、效率、转速、比转数等，换热风机选型流程如图 4.19 所示。

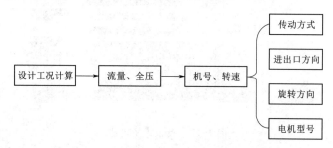

图 4.19　换热风机选型流程

根据上述的风机的选型流程，首先需要根据风机的应用工况得知风机所要产生流体的流量以及全压，根据流量及全压情况才能对风机的型号进行具体的选择，在固体蓄热炉装置中，换热风机的流量及全压与换热器的选型有关，要根据换热器中需要的换热气流量以及在此流量上换热器中的压力来确定，所以在得知换热风机工况下的流量以及全压就能对风机的转速、功率、机号进行选择，最后再对风机的传动方式、进出口方向、旋转方向和电机型号进行选择。

4.6　固体电热储能系统热力计算实例分析

为验证上述蓄热装置设计热力计算方法及流程的正确性以及合理性，现以蓄热功率 1MW，日蓄热量 8MW·h，换热功率 2MW 的蓄热系统设计要求为例，1MW 固体蓄热装置热力平衡计算案例见表 4.2。应用案例按照蓄热系统的加热、蓄热、传热、换热 4 个部分进行计算，加热部分对电阻丝长度和表面负荷等重要参数进行计算，为下一步电阻丝形状设计做准备；蓄热体部分对蓄热体蓄热单元数量、蓄热单元排布等进行计算，对一定排布方式下的蓄热量校核，确认满足设计要求；换热系统部分对换热面积、换热器进出口空气流量、换热器流通截面积和换热管内空气的流速等参数进行计算，方便变频风机的选型计算；风循环系统中对变频风机的功率、风压以及流量等参数进行计算，选取满足设计要求的变频通风机功率。

表 4.2   **1MW 固体蓄热装置热力平衡计算案例**

计算过程	参 数	输入	参 数	输出
基本参数计算	设计配电加热功率/kW	1000	冷水焓值/(kJ/kg)	189
	加热时长/h	8	热水焓值/(kJ/kg)	231
	最快放热时长/h	4	水管直径/mm	201
	冷水入口温度/h	45	供水最大热负荷/kW	2000
	热水出口温度/h	55	加热周期内总蓄热量/(kW·h)	8000
	设计功率/kW	1000	单相数量/根	56
加热丝参数计算	三相电压/V	10000	单相电压/V	5774
	三相根数量/根	168	单根电阻/Ω	1.79
	加热丝直径/mm	3	单根功率/kW	5.95
	温度系数	1.08	加热丝长度/mm	8202.50
蓄热体结构设计计算	加热丝电阻率/(Ω·mm²/m)	1.39	加热丝表面负荷/(W/cm²)	7.51
	蓄热裕度	1.1	设计蓄热砖总蓄热量/(kW·h)	8800
	蓄热砖比热/[kJ/(kg·℃)]	1.064	蓄热砖单块体积/m³	0.00413
	蓄热砖加热终了平均温度/℃	700	蓄热砖单块质量/kg	11.55
	蓄热砖加热初始平均温度/℃	150	蓄热砖计算总数/块	4687
	蓄热砖横向排数量	7	蓄热砖纵向排放量	16
	蓄热砖高度排数量	43	折合大蓄热块数量/块	4816
	蓄热砖密度/(kg/m³)	2800	蓄热砖总质量/kg	55712
	单块蓄热砖蓄热量/(kW·h)	1.71	实际蓄热砖总蓄热量/(kW·h)	9056
换热器选型计算	换热器设计换热负荷/kW	2000	换热器出口空气流量/(m³/h)	12669
	换热器入口空气温度/℃	650	换热器入口空气流量/(m³/h)	30936
	换热器出口空气温度/℃	105	传热面积/m²	115
	传热系数	0.078	单根换热管换热面积/m²	0.13
	换热管管长/mm	1700	换热管数量/根	862
	换热管直径/mm	25	换热管内空气实际流速/(m/s)	15.79

续表

计算过程	参　　数	输入	参　　数	输出
变频风机选型计算	蓄热砖体流阻/Pa	58	累计总流阻/Pa	1536
	换热器流阻/Pa	989	风机空气流量/(m³/h)	10594
	低温风道流阻/Pa	15	风机效率	0.75
	高温风道流阻/Pa	36	风机计算功率/kW	7.80
	换热器后流阻/Pa	500	选择风机功率/kW	11.0

4.7　固体电制热蓄热多物理场作用原理

在蓄热体的整体结构中，存在电—热—磁—流—力的相互耦合作用：电场为加热丝导电产生的电场强度；热场为导电体焦耳热产生的蓄热体内的温度变化；磁场为加热丝导电后产生交变磁场；流场为蓄热释热空气对流换热速度变化情况；力场为蓄热体结构受力、温差不平衡热应力和电磁力作用产生应力等。固体蓄热装置多物理场结构示意图如图 4.20 所示。

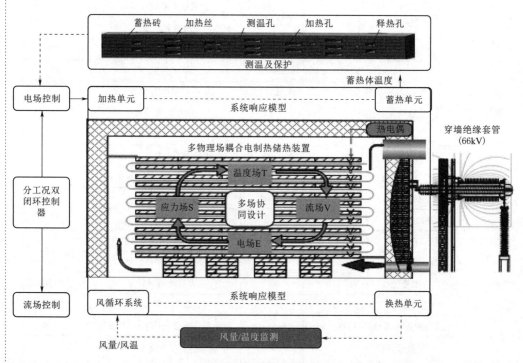

图 4.20　固体蓄热装置多物理场结构示意图

4.8　多物理场耦合求解方法

耦合场分析方法有两种：强耦合和弱耦合，也称直接耦合和顺序耦合。直接耦

合是指将流体区域以及固体区域的控制方程的所有物理量放在同一求解器中求解，所有物理量在同一时间步内同时求解，即

$$\begin{bmatrix} A_{\text{ff}} & A_{\text{fs}} \\ A_{\text{sf}} & A_{\text{ss}} \end{bmatrix}\begin{bmatrix} \Delta X_{\text{f}}^{k} \\ \Delta X_{\text{s}}^{k} \end{bmatrix} = \begin{bmatrix} B_{\text{f}} \\ B_{\text{s}} \end{bmatrix} \tag{4.17}$$

式中　　　　k——迭代时间步；

A_{ff}、ΔX_{f}^{k} 和 B_{f}——流场的系统矩阵、待求解和外部作用力；

A_{ss}、ΔX_{s}^{k} 和 B_{s}——固体区域的各项；

　　A_{sf}、A_{fs}——流—固的耦合矩阵各项。

固体电蓄热系统内涉及电—热—流—固多场耦合，多场耦合关系如图 4.21 所示。不讨论电热丝电磁场，电热丝功率为一常数。直接耦合在计算上不存在时间滞后等问题，结果精度较高，然而目前还没有较为完善求解器能实现这一技术，仅存在于理论研究阶段。顺序耦合则是在不同的求解器分别计算流场以及固体的变形，通过将载荷（压力、位移等）加载到流固界面处实现数据共享，在流体求解器中主要求解温度、速度、压力等，固体求解器中主要求解应力、应变等。

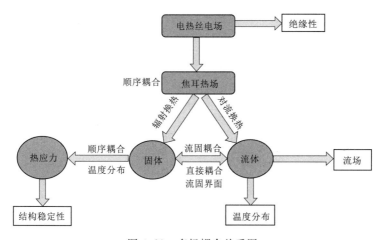

图 4.21　多场耦合关系图

对于流固耦合传热作用的研究，目前主要有试验以及数值模拟方法。试验法可以获得较为精确的数据，然而对于较为复杂的模型，需耗费巨大的人力及物力，且实验过程中不可控因素较多。随着计算机技术的不断发展，计算精度不断提高，数值模拟技术受到学者青睐。常用的数值方法包括有限体积法、有限元法以及有限差分法 3 种。

（1）有限体积法是把计算域分割成有限个控制容积，每个控制容积中选择一个节点来代表，对每个节点的被求变量守恒微分控制方程作积分。

（2）有限元法区别于有限体积法的是在控制容积中选取数个节点作积分，且控制方程要乘上一个权函数，并要求控制方程余量的加权平均值等于 0。

（3）有限差分法是将计算区域用与坐标轴平行的网格线交点代替，控制方程的每个变量用差分表达式来代替。

ANSYS 软件由美国 ANSYS 公司开发的大型通用有限元分析软件，可以实现流体、电磁、结构等多场耦合，求解器丰富，计算精度较高。软件主要包括前处理、分析计算和后处理 3 个模块，用户使用量经多次调查后均排首位。前处理模块主要为模型构建以及网格生成，分析计算模块主要为多区域数据分析，而后处理模块主要是分析结果并以图片动画形式展出。

热流固耦合在换热领域应用较为广泛，是在流固耦合理论基础上考虑温度场对流场、应力场影响而发展起来。耦合问题包括单向耦合以及双向耦合。单向耦合通常是考虑固体在流场作用下产生变形，而固体对流场作用影响较小可以忽略。双向耦合问题既考虑流场对固体变形产生的影响，也考虑固体变形对流场造成的影响。

固体电蓄热装置流体区域与固体区域直接接触换热，界面处热流无法确定。通过运用流固直接耦合法将边界处难以确定的热流边界转化成内部边界。运用 ICEM-CFD 建立结构化网格模型。Fluent 版块运用有限体积法，计算流场以及温度场分布，换热方式为流固耦合传热。

流固耦合换热计算流程如图 4.22 所示。

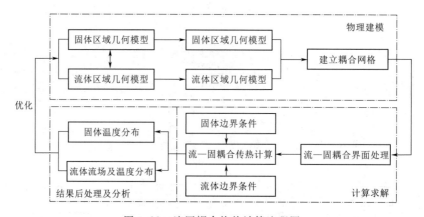

图 4.22　流固耦合换热计算流程图

4.9　蓄热结构体多物理场耦合机理分析

固体蓄热装置涉及到 5 个物理场作用，耦合难度大。为设计分析有针对性，分别针对热—流场耦合、热—应力场耦合、热—电磁场耦合进行建模分析与仿真。

4.9.1　热—流场耦合分析

蓄热体内部空气的流动遵循质量守恒定律、动量守恒定律和能量守恒定律，可用如下控制方程描述。

1. 流体区域控制方程

质量守恒方程为

$$\frac{\partial \rho_f}{\partial t} + \nabla(\rho_f \vec{v}_f) = 0 \tag{4.18}$$

动量守恒方程为

$$\frac{\partial}{\partial t}(\rho_f \vec{v}_f) + \nabla(\rho_f \vec{v}_f \vec{v}_f) = \rho_f \vec{f}_f - \nabla p + \nabla \mu_f \left[(\nabla \vec{v}_f + \nabla \vec{v}_f^T) - \frac{2}{3} \nabla \vec{v}_f I \right] \tag{4.19}$$

能量守恒方程为

$$\frac{\partial}{\partial t}(\rho_f h_f) - \frac{\partial p}{\partial t} + \nabla(\rho_f \vec{v}_f h_f) = \vec{v}_f \rho_f \vec{f}_f + \nabla(\vec{v} \vec{\tau}_f) + \nabla(\lambda_f \nabla T_f) + S_f \tag{4.20}$$

式中　ρ_f——气体的密度；

　　　h_f——气体的焓；

　　　p——压强；

　　　μ_f——气体动力黏度；

　　　I——单位张量；

　　　λ_f——气体的导热系数；

　　　S_f——内热源。

2. 固体区域控制方程

固体区域的质量守恒方程为

$$\frac{\partial \rho_s}{\partial t} + \nabla(\rho_s \vec{v}_s) = 0 \tag{4.21}$$

能量守恒方程为

$$\frac{\partial}{\partial t}(\rho_s h_s) + \nabla(\rho_s \vec{v}_s h_s) = \nabla \cdot (\lambda_s \nabla T_s) + S_s \tag{4.22}$$

式中　ρ_s——固体的密度；

　　　h_s——固体的焓；

　　　λ_s——固体的导热系数；

　　　S_s——内热源。

3. 流—固耦合界面方程

利用直接流—固耦合法对空气流动和蓄热体区域进行分析，将流—固界面上难以确定的对流换热条件转化为系统的内部边界，实现固体和流体传热的耦合，得到所需要流体流场以及固体和流体温度场。

由能量守恒定律可知，在流—固耦合界面处，固体吸收的热量与流体损失的热量相等。

$$T_f = T_s \tag{4.23}$$

$$q_f = -\lambda_f \left(\frac{\partial T_f}{\partial n}\right) = -\lambda_s \left(\frac{\partial T_f}{\partial n}\right) = q_s \tag{4.24}$$

式中　λ_f、λ_s——流体和固体的导热系数；

　　　T_f、T_s——流体和固体温度；

　　　q_f、q_s——流—固交界面上流体侧和固体侧的热流密度；

　　　n——流—固交界面法向量。

4.9.2　热—应力场耦合分析

固体蓄热装置的热应力主要集中于蓄热体。蓄热体的热应力分析主要考虑蓄热单元变形所产生的应力，故将采用热—弹性力学应力方程对变形应力进行描述，热—弹性力学应力方程包括平衡方程、几何方程和物理方程。

1. 平衡方程

$$
\begin{cases}
\dfrac{\partial \sigma_x}{\partial x} + \dfrac{\partial \tau_{yx}}{\partial y} + \dfrac{\partial \tau_{zx}}{\partial z} = 0 \\[2mm]
\dfrac{\partial \sigma_y}{\partial y} + \dfrac{\partial \tau_{yx}}{\partial x} + \dfrac{\partial \tau_{zy}}{\partial z} = 0 \\[2mm]
\dfrac{\partial \sigma_z}{\partial z} + \dfrac{\partial \tau_{xz}}{\partial x} + \dfrac{\partial \tau_{yz}}{\partial y} = 0
\end{cases}
\tag{4.25}
$$

式中　σ_x、σ_y、σ_z——蓄热单元 x、y、z 方向上的正应力；

τ_{xy}、τ_{yz}、τ_{zx}——蓄热单元 x、y、z 方向上的切应力。

2. 几何方程

$$
\begin{cases}
\sigma_x = \dfrac{E}{1-2\mu}\left[\dfrac{1-\mu}{1+\mu}\varepsilon_x + \dfrac{\mu}{1+\mu}(\varepsilon_y + \varepsilon_z) - \alpha\Delta T\right] \\[4mm]
\qquad\qquad \tau_{xy} = \dfrac{E}{2(1+\mu)}\gamma_{xy} \\[4mm]
\sigma_y = \dfrac{E}{1-2\mu}\left[\dfrac{1-\mu}{1+\mu}\varepsilon_y + \dfrac{\mu}{1+\mu}(\varepsilon_x + \varepsilon_z) - \alpha\Delta T\right] \\[4mm]
\qquad\qquad \tau_{yz} = \dfrac{E}{2(1+\mu)}\gamma_{yz} \\[4mm]
\sigma_z = \dfrac{E}{1-2\mu}\left[\dfrac{1-\mu}{1+\mu}\varepsilon_z + \dfrac{\mu}{1+\mu}(\varepsilon_x + \varepsilon_y) - \alpha\Delta T\right] \\[4mm]
\qquad\qquad \tau_{zx} = \dfrac{E}{2(1+\mu)}\gamma_{zx}
\end{cases}
\tag{4.26}
$$

式中　　　E——特制氧化镁的杨氏模量；

μ——氧化镁的泊松比；

ε_x、ε_y、ε_z——蓄热单元 x、y、z 方向上的正向变形量；

γ_{xy}、γ_{yz}、γ_{zx}——蓄热材料的切向变形量；

α——蓄热材料线膨胀系数；

ΔT——蓄热体的现在温度与初始状态下的温差。

3. 物理方程

$$
\begin{cases}
\dfrac{\partial^2 \varepsilon_x}{\partial y^2} + \dfrac{\partial^2 \varepsilon_y}{\partial x^2} = \dfrac{\partial^2 \gamma_{xy}}{\partial x \partial y},\ \dfrac{\delta}{\delta x}\left(\dfrac{\delta \gamma_{zx}}{\delta y} + \dfrac{\delta \gamma_{xy}}{\delta z} - \dfrac{\delta \gamma_{yz}}{\delta x}\right) = 2\dfrac{\partial^2 \varepsilon_x}{\partial y \partial z} \\[4mm]
\dfrac{\partial^2 \varepsilon_y}{\partial z^2} + \dfrac{\partial^2 \varepsilon_z}{\partial y^2} = \dfrac{\partial^2 \gamma_{yz}}{\partial y \partial z},\ \dfrac{\delta}{\delta y}\left(\dfrac{\delta \gamma_{xy}}{\delta z} + \dfrac{\delta \gamma_{yz}}{\delta x} - \dfrac{\delta \gamma_{zx}}{\delta y}\right) = 2\dfrac{\partial^2 \varepsilon_y}{\partial z \partial x} \\[4mm]
\dfrac{\partial^2 \varepsilon_z}{\partial x^2} + \dfrac{\partial^2 \varepsilon_x}{\partial z^2} = \dfrac{\partial^2 \gamma_{zx}}{\partial z \partial x},\ \dfrac{\delta}{\delta z}\left(\dfrac{\delta \gamma_{yz}}{\delta x} + \dfrac{\delta \gamma_{zx}}{\delta y} - \dfrac{\delta \gamma_{xy}}{\delta z}\right) = 2\dfrac{\partial^2 \varepsilon_z}{\partial x \partial y}
\end{cases}
\tag{4.27}
$$

式（4.27）中正向变形量 ε_x、ε_y、ε_z 和切向变形量 γ_{xy}、γ_{yz}、γ_{zx} 可表示为

$$
\begin{cases}
\varepsilon_x = \dfrac{\partial u}{\partial x}, \quad \gamma_{xy} = \dfrac{\partial v}{\partial x} + \dfrac{\partial u}{\partial y} \\[3mm]
\varepsilon_y = \dfrac{\partial v}{\partial y}, \quad \gamma_{yz} = \dfrac{\partial w}{\partial y} + \dfrac{\partial v}{\partial z} \\[3mm]
\varepsilon_z = \dfrac{\partial w}{\partial z}, \quad \gamma_{zx} = \dfrac{\partial u}{\partial z} + \dfrac{\partial w}{\partial x}
\end{cases}
\tag{4.28}
$$

式中　u、v、w——蓄热模块 x、y、z 方向上的距离。

本书采用 Von - Mises 等效应力模型可以充分地表示蓄热体内部的应力分布情况，蓄热体在温度载荷下的等效应力 σ 可由下式表示。

$$
\sigma = \left\{ \frac{1}{2} \left[(\sigma_x - \sigma_y)^2 + (\sigma_y - \sigma_z)^2 + (\sigma_z - \sigma_x)^2 + 6(\tau_{xy}^2 + \tau_{yz}^2 + \tau_{xz}^2) \right] \right\}^{\frac{1}{2}}
\tag{4.29}
$$

式中　σ_x、σ_y、σ_z——蓄热单元 x、y、z 方向上的正应力；

　　　τ_{xy}、τ_{yz}、τ_{zx}——蓄热单元 x、y、z 方向上的切应力。

蓄热体在温度载荷下受热应力产生的变形量由两部分组成，即由外部作用力而引起的上下表面相对变形量 d_i 和上下表面由于热膨胀引起的变形量 d_{th}，则蓄热体的热形变量 d 可表示为

$$
d = d_i + d_{th} + d_o
\tag{4.30}
$$

其中上下表面由于热膨胀引起的变形量 d_{th} 可表示为

$$
d_{th} = \alpha \Delta T h
\tag{4.31}
$$

式中　d——蓄热模块热变形总量；

　　　d_i——蓄热模块由外部作用力而引起的上、下表面相对变形量；

　　　d_{th}——上、下表面由于热膨胀引起的变形量；

　　　d_o——蓄热单元上、下表面最初的间距；

　　　h——固体初始长度。

4.9.3　热—电磁场耦合分析

固体蓄热装置内加热丝采用螺旋形，在通过交流电时会产生电磁场，相邻的加热丝的电流方向与螺旋方式会影响磁场的分布。加热丝在高温下机械强度减小，无法与受到的磁场力平衡，这将导致匝间短路和连接线短路，从而影响蓄热器的绝缘性能。

设单根加热丝的长度为 $2L$，单位长度的所具有的匝数为 n，螺杆直径为 $2r$，加热丝中径的一半为 a。流过每匝的电流都是沿着 ϕ 的方向，密度为

$$
\vec{j} = \vec{i}_\varphi \frac{ni}{\Delta}
\tag{4.32}
$$

根据 Biot - Savart 定理，螺线型加热丝轴线磁场为

$$
B_z = \frac{\mu_0}{4\pi} \int_{-L}^{L} \int_0^{2\pi} ni \cdot \frac{(\vec{i}_\varphi \times \vec{i}_{r'r})_z}{|r - r'|^2} a \, \mathrm{d}\phi' \mathrm{d}z'
\tag{4.33}
$$

其中　　　　$\vec{i}_{r'r} = \overrightarrow{-i_r} \sin a \overrightarrow{-i_z} \cos a$，　$|r - r'|^2 = a^2 + (z - z')^2$

则

$$B_z = \frac{\mu_0 ni}{2} \int_{-L}^{L} \frac{a^2 \mathrm{d}z'}{\left[a^2 + (z'-z)^2\right]^{\frac{3}{2}}} \tag{4.34}$$

一定长度的螺旋加热丝，沿轴的内部磁场为 B_∞。由于 z 在 Z 轴上远小于 L，因此式（4.34）可简化为

$$B_\infty \approx \frac{\mu_0 niL}{\sqrt{a^2 + L^2}} \approx \mu ni \tag{4.35}$$

在 $z = \pm L$ 的螺线管口上，式（4.34）可简化为

$$B_z \approx \frac{1}{2} \mu ni \tag{4.36}$$

通过位于一定匝数某空间中任一点的电磁感应强度进行积分，可获得加热丝中的任意一点处的磁感应强度。假设以 Z 轴对称，表达式为

$$B_z = \frac{\mu_0 nI}{2\pi} \int_0^\pi \frac{a^2 - a\rho\cos\phi}{R^2} \left[\frac{z+L}{\sqrt{(z+L)^2 + R^2}} - \frac{z-L}{\sqrt{(z-L)^2 - R^2}} \right] \mathrm{d}\phi \tag{4.37}$$

$$B_\rho = \frac{\mu_0 nIa}{2\pi} \int_0^\pi \left[\frac{\cos\phi}{\sqrt{(z-L)^2 + R^2}} - \frac{\cos\phi}{\sqrt{(z+L)^2 + R^2}} \right] \mathrm{d}\phi \tag{4.38}$$

其中

$$R^2 = a^2 + \rho^2 - 2a\rho\cos\phi$$

4.10　电蓄热装置内热—流—应力场分析

4.10.1　模型建立及模拟条件确立

1. 物理模型及网格划分

固体蓄热装置结构是依据某企业已投入运行的蓄热装置建模，建模软件利用 Solidworks，比例为 1∶1。整个蓄热体装置由 2028 块镁砖交错堆砌而成，砖型为异型砖，上下砖体相对放置，中间形成长方体空隙区域，则为流体通道，砖体形状及尺寸示意图如图 4.23 所示。蓄热体宽度方向摆放砖块数为 6，长度方向砖块数为 13，高度方向砖块数为 26，孔占比为 15%（保持蓄热总体积不变，改变通道尺寸，通道总截面积与装置截面积之比定义为孔占比）。

流体通道数为 78 个，电热丝均匀置于通道内，个数为 36。为了确定影响研究对象运行特性的主要因素，在本章中不考虑砖体与砖体之间的空气缝隙，将整个蓄热单元看成长宽高固定的立体结构。电热丝加热方式为恒功率加热，由于其尺寸相对整个蓄热单元而言非常小，且形状对蓄热体工作过程影响可以忽略，将其当作棒热源处理。蓄热体长 2300mm，宽 1500mm，高 1874mm，通道截面尺寸为 125mm×39mm。蓄热体的总体积为 8.355m³，蓄热体几何模型如图 4.24 所示，为了使流体全部流入流体通道，蓄热体上面以及两个侧面设有挡板，用来阻挡绕流蓄热体外部的流体。选取一电热丝在通道内布置，如图 4.25 所示。

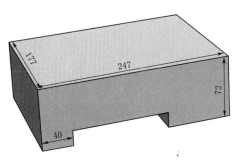

图 4.23　砖体形状及尺寸示意图（单位：cm）　　图 4.24　蓄热体几何模型

图 4.25　电热丝布置方式图

流体从下端流入通道内，与蓄热体表面直接接触换热，从上端流出，入口处截面尺寸为 200mm×400mm，固体蓄热装置外壳如图 4.26 所示。整个蓄热装置需要计算的区域分流动区域、蓄热区域、加热区域 3 个部分。本章网格划分软件借助 ICEM-CFD。本章网格利用 ICEMCFD 进行六面体结构化网格划分，网格数量为 210 万，网格精度在 0.4 以上，流体与两部分固体区域网格节点是一一对应的。由于 Fluent 计算软件为非结构求解器，故将结构化网格转换为非结构化网格导入到软件中计算。

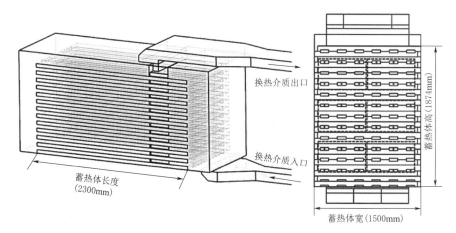

图 4.26　固体蓄热装置外壳模型

2. 定义材料性质及边界条件

边界条件根据装置实际运行过程中操作数据给出。换热介质为空气，入口为速度入口，出口为压力出口。假定蓄热体外壁面与环境之间不进行换热，外壁面设定为绝热边界条件。蓄热区域、流体区域以及流体区域、加热区域两两之间交界面设为耦合换热，交界面为计算域的内部边界，不需要给定热流、温度等壁面边界条件。蓄热材料为镁砖，电加热丝的材质为铁铬铝电热合金。假定两者的物理性质均为常数，不随时间变化。

蓄热时，加热丝总功率为270kW，为了防止加热丝表面过热以及风机不断启停对设备影响，向装置内通入少量空气，空气流速为0.01m/s，温度根据现场实际测试温度编译UDF导入确定。计算过程中对6个热电偶所在的位置设置监测点，初始蓄热体内温度均匀为482K，总蓄热时间为24000s。放热时，加热丝停止工作，功率为0。入口流量为2.24m²/s，速度为28m/s。

4.10.2　蓄热过程结果分析

1. 模型验证

为选取合适的辐射模型，本章对比了PI辐射模型以及DO辐射模型对计算结果的影响，提取两种模型在4号热电偶处的计算温度，两种辐射模型在测点处温度变化对比如图4.27所示。两条曲线基本重合，最大温差为0.2K，因此，可认为两个辐射模型对计算结果无影响，在后续的计算中均选用DO辐射模型。

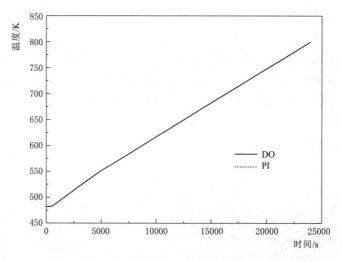

图4.27　两种辐射模型在测点处温度变化对比

现场数据提供6个热电偶温度随时间的变化，提取温度计算值与现场数据进行对比，如图4.28所示。误差产生的来源主要是：

（1）热电偶测得的温度为局部区域温度，而计算初始化取482K。4号热电偶的初始温度为442K，与装置初始平均温度最为接近，计算过程中最大为8%。

（2）物性参数取为常数，实际物性参数随温度变化。

（3）模拟假设蓄热体处与外界完全绝热，而现场得到的数据受各种因素影响。各点的实验温度与计算温度的变化趋势基本一致，温度上升速率也差别不大。

2. 温度场分布分析

本节针对蓄热体蓄热过程进行瞬态热分析，利用Fluent有限体积软件，施加蓄

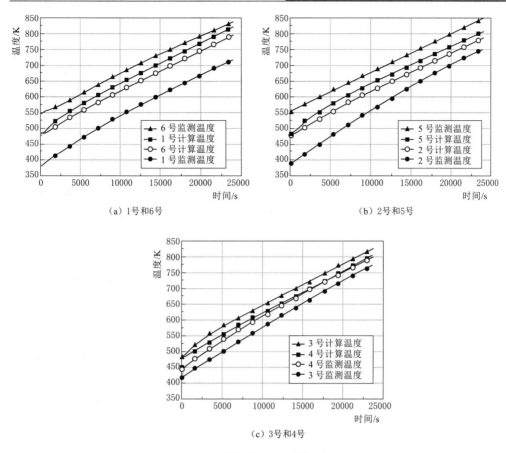

（a）1号和6号   （b）2号和5号

（c）3号和4号

图 4.28 计算值与现场数据对比

热过程对应的边界条件以及初始条件，得到蓄热体内详细的温度分布。图 4.29 中显示的是不同时间段，蓄热体沿着 $z=0$ 方向，通道表面上的温度分布云图。可以看出，随着蓄热过程的进行，布置加热丝的通道表面由于直接接受电热丝辐射，温度最先升高，周围温度依靠导热则上升较慢，其传热速率主要取决于蓄热材料的导热系数以及传热温差。在蓄热 10800s，热量传递到无电热丝通道表面，蓄热体中部温度均在 557K 以上，没有明显的温度分布不均匀，蓄热体上部及下部温度无明显变化。蓄热 21600s 后，除上部挡板处温度无明显升高，蓄热体整体温度上升，而不均匀程度加大。

图 4.30 为电热丝、通道表面以及蓄热体平均温度变化曲线。加热方式为恒功率加热，对电热丝计算区域设置一个恒定且分布均匀的热源。电热丝在加热初始时温度接近直线上升到 1000K 左右，蓄热 1500s 后上升速率较为缓慢，最终达到 1116K，小于电热丝工作温度。蓄热体通道 4 个表面直接接受电热丝辐射，温度较大，且相差很小，平均温度最大为 885K，远小于工作温度。蓄热结束后，蓄热体平均温度达 763K，与初始温度 482K 相比，上升了 281K。由前面材料的物理性质可知，蓄热材料以及电热丝温度最高工作温度分别为 1600℃ 以及 1425℃，超过此温度，蓄热材料以及加热装置会出现故障，故在蓄热过程中要对此处温度进行监测。

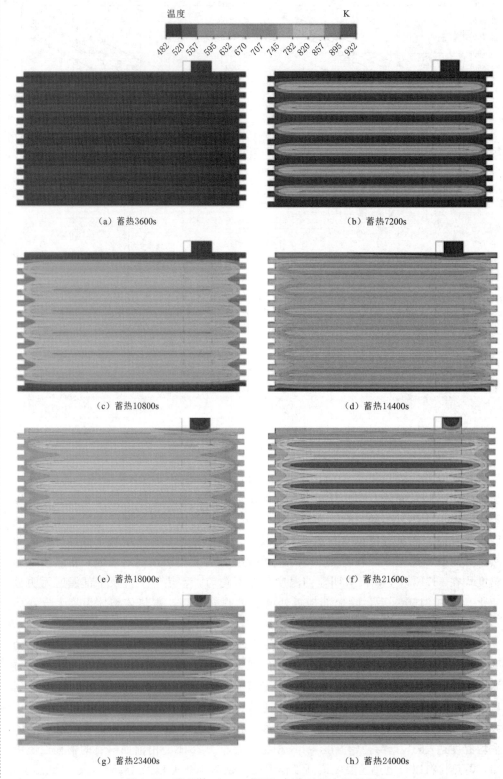

图 4.29　蓄热体（$z=0$ 截面）加热过程中温度分布

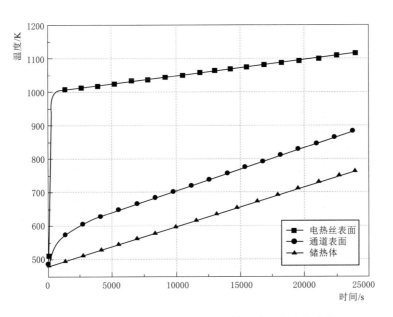

图 4.30　电热丝、通道表面及蓄热体平均温度变化曲线

3. 放热过程结果分析

冷空气以 28m/s 的流速从入口流向各个通道，通过流固耦合界面被加热，传热方式以对流换热为主。图 4.31 所示为纵截面处（$z=0.06$m）流场速度矢量及流线分布。入口段拐角处流动截面积缩小，根据不可压缩流体质量守恒定律，流体在此处速度变大。蓄热体前端流体受热不均匀，速度有所差异，且由于挡板作用，回流以及漩涡较多，各

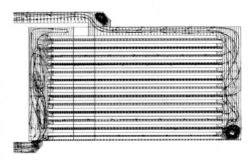

图 4.31　纵截面处（$z=0.06$m）流场速度矢量及流线分布

个通道的所接受流体的流量并不相同。蓄热体后端以及与出口段连接处存在较大旋涡，会造成一定的压力损失。

图 4.32 为纵截面处（$z=0$）温度分布云图。蓄热体温度在 364～447K 之间，前端流体与蓄热体温差较大，热流量较大，温度下降较快，蓄热体前端到后端，温度云图呈凹形分层分布。温度场分布受流动影响较大，下端通道为逆流，已被加热的流体与下部通道表面再次进行换热，温差较小，热流较小，下部温度下降较慢。

图 4.33 为放热过程蓄热体平均温度与出口温度的变化曲线。放热初期，两者温差最大为 170K，出口温度出现短暂升高现象。随着放热进行，蓄热体温度逐渐下降，两者之间温差逐渐缩小，出口温度在 386～624K 之间。

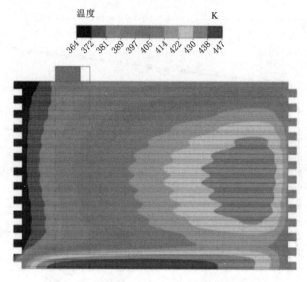

图 4.32　纵截面处（$z=0$）温度分布云图

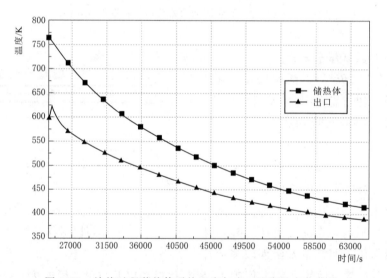

图 4.33　放热过程蓄热体平均温度与出口温度的变化曲线

4.11　固体蓄热系统供暖运行分析与控制策略研究

在供暖过程中，供暖出水温度或回水温度波动大，不但影响供暖用户舒适度，还会造成固体蓄热装置蓄、释热温度不均匀，导致能源浪费、装置损坏，不利于固体蓄热技术的应用和推广。为提高系统供暖温度的有效性及可靠性，在固体蓄热系统中采用先进的控制方法至关重要。传统的供暖控制方法大多是针对燃煤、燃气供暖提出的，针对固体蓄热供暖控制方法的研究较少，且大部分都是通过手动调节阀门的方式来实现供暖温度的控制，未能实现供暖温度的自动调节，此外在蓄热供暖系统中采用先进运行控制策略保证供暖效果方面的研究和应用也较少。

通过研究一种切实可靠的固体蓄热供暖控制策略，来实现供暖温度的自动调整，并保证供暖的稳定性和可靠性意义重大。

4.11.1 运行原理与特性分析

1. 运行原理

电固体蓄热供暖装置在夜间谷电时间段，利用谷电制热并将热量存储在固体蓄热单元中，白天峰平电时间段将储存的热量释放用于 24h 提供循环热水供暖。固体蓄热供暖装置如图 4.34 所示，分为蓄热部分和热交换供暖输出部分，蓄热部分用来产生和蓄存热量，主要由加热丝、加热控制单元、固体蓄热单元组成，热交换供暖输出部分用来把蓄热单元存储的热量以热水的形式释放出去用于供暖，主要由气水换热器、变频风机、供暖管道等组成。

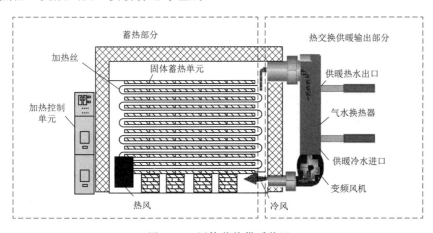

图 4.34　固体蓄热供暖装置

蓄热材料采用高温高压下绝缘能力强、性能稳定的特制固体氧化镁制成，蓄热单元为采用特制固体氧化镁制造的镁砖制成，有高度耐火绝缘性，可以在 800℃ 以上的高温高压蓄热环境下使用，蓄热体外层采用高等隔热体，有利于与外界环境隔热，防止热量散失，提高热量利用率，可保证谷电固体蓄热供暖装置的蓄热温度高达 500~800℃。

供暖时谷电固体蓄热供暖装置主要有热量产生与存储、热量释放两个工作过程。

（1）热量产生与存储。谷电固体蓄热供暖装置供暖热交换所需要热量的产生和储存在其蓄热部分完成，蓄热装置将 10~66kV 高压电直接接入固体蓄热单元，利用电阻发热原理产生热量，加热控制单元在不同的加热阶段选择不同的加热丝数量，当加热到一定温度时停止加热，在放热过程中，若蓄热单元的温度低于 200℃，为保证供暖效果将会对蓄热单元进行再加热。

（2）热量释放。谷电固体蓄热供暖装置的热量释放环节发生在热转换供暖输出部分，换热风机利用变频调节方式，吹出不同风速的冷风，冷风经风道与装置中的固体蓄热单元进行热交换变成高温热风，高温热风经热风通道进入气水换热器，在气水换热器中，热风与供暖管道内的冷水进行热量交换，冷水吸收热风热量，温度升高，变成供暖所需的循环热水。通过对变频换热风机的转速调节，可以实现供暖出水或供暖回水温度的自动调整。

2. 蓄热供暖系统组成

谷电固体蓄热供暖系统主要由谷电固体蓄热供暖装置、外部供暖循环系统、用户供暖状况监测系统、供暖用户等组成，除此之外，还包括一些供暖附属设备，如软化水设备、定压补水设备、流量计量装置、温度测量装置、热量计量装置等。固体蓄热供暖系统如图 4.35 所示。

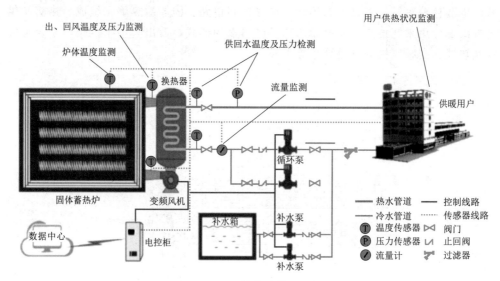

图 4.35　固体蓄热供暖系统

当供暖季到来需要供暖时，根据天气气温及实际的供暖环境，对谷电固体蓄热供暖装置进行相应的供暖目标设定，生产出满足供暖目标的热水，通过供暖循环泵把热水输送到采暖用户，蓄热炉内部、换热器进出口安装了温度传感器，整个供暖过程中，对蓄热炉温度和供暖出回水温度进行实时监测，通过反馈回来的供暖出水温度或供暖回水温度，调节变频风机吹出的冷风风速，实现供暖温度的自动控制，此外还在热水管道和冷水管道安装了压力和流量监测装置，对供暖循环水流量和压力进行监测，当供暖循环水流量或压力过小时，由补水泵对其进行补水，以保证安全稳定供暖。

4.11.2　运行特性分析

1. 蓄热供暖装置运行工况分析

整个供暖过程中，蓄热供暖装置要实现 24h 供暖就必须一直在不断释放热量，然而蓄热只在夜间谷电时间段进行，而且当蓄热炉温度低于最低蓄热温度时，为保证供暖效果及设备的使用寿命，会出现非谷电时间段加热的情况。根据供暖过程中蓄热供暖装置是否蓄热，将蓄热供暖装置的运行工况分为既蓄热又放热供暖运行工况和单纯放热供暖运行工况。

（1）既蓄热又放热供暖运行工况。电网谷电时间段时，谷电固体蓄热供暖系统蓄热单元中的加热丝加热产生热量，同时系统也释放热量供暖，为实现热量储存系统利用加热丝加热产生的热量大于系统供暖所释放的热量，热量存储在蓄热单元中，炉温不断升高。加热时启动的加热丝组数不同，炉体温度升高的速度也将不同。电网谷电时间段时，谷电固体蓄热供暖系统处于既加热又放热供暖运行工况。

（2）单纯放热供暖运行工况。电网无谷电时间段且无特殊情况时，蓄热单元中的加热丝停止加热，不再产生热量，即蓄热过程停止，此时变频换热风机仍在工作，消耗蓄热单元存储的热量持续进行供暖，随着供暖过程的进行蓄热量减少炉体温度降低，不同供暖需求下炉体温度下降的速度也不同。无特殊情况电网无谷电时间段时，谷电固体蓄热供暖系统处于单纯放热供暖运行工况，且蓄热单元中存储的热量足够到下一个谷电时间段到来时的供暖消耗，可保证 24h 不间断持续供暖。

2. 蓄热供暖系统供暖模式分析

目前供暖系统最常用的两种运行模式分别为以供暖出水温度为控制目标的供暖出水运行模式和以供暖回水温度为控制目标的供暖回水运行模式。

（1）供暖出水运行模式。当供暖用户与供暖热站之间的距离较近时，其从供暖热站到供暖用户之间铺设的供暖循环水管道也较短，从换热器流出的供暖循环热水温度到达供暖用户时，因管道较短，热量损耗较少，其温度变化很小，可以认为从换热器流出的供暖出水温度与流进供暖用户的供暖水温相同，此时供暖系统采用供暖出水运行模式进行供暖是合理的。

（2）供暖回水运行模式。当供暖用户与供暖热站之间的距离较远时，其从供暖热站到供暖用户之间铺设的供暖循环水管道也较长，从换热器流出的供暖循环热水温度到达供暖用户时，因管道较长，热量损耗较大，其温度会降低很多，从换热器流出的供暖循环水温度与流进供暖用户的供暖循环水温度相差较大，影响末端采暖用户的供暖。供暖回水温度能很好表征出长距离供暖时其热量消耗情况，当供暖出水温度相同时，回水温度越低，说明在供暖过程中，热量消耗越高，且长管道供暖时，易受到外界环境干扰，热量消耗随机波动也较大，供暖回水温度稳定时，供暖用户舒适度高，要想保持供暖回水温度稳定，就需要不断调整变频换热风机吹出的冷风风速，从而改变供暖出水温度，来弥补长距离供暖时因外界环境干扰而消耗的热量，因此长距离供暖时，供暖系统采用供暖回水模式来进行供暖是合理的。

谷电固体蓄热供暖系统与传统燃煤锅炉供暖相同，也存在短距离供暖和长距离供暖两种不同的供暖情况，由以上分析可知，谷电固体蓄热供暖系统也有两种不同的供暖运行模式，即供暖出水运行模式和供暖回水运行模式。

4.11.3　蓄热供暖系统数据采集平台

1. 蓄热供暖云平台监控系统组成

蓄热供暖云平台监控系统如图 4.36 所示，利用互联网技术将本地数据上传至远程监控云平台上，在平台上由厂家统一进行数据监控及信息维护，可及时有效地了解设备具体运行状况，保证蓄热供暖的稳定性和可靠性。

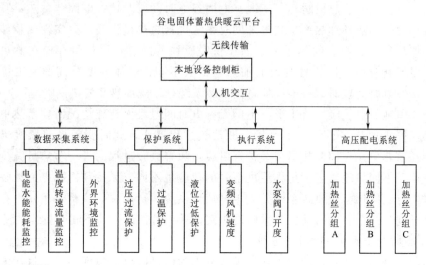

图 4.36　蓄热供暖云平台监控系统

本地设备上的数据采集系统、保护系统、控制系统以及高压配电系统的实时运行数据，通过人机交互系统传至本地设备控制柜，本地设备控制柜通过网络无线传输方式，将实时数据以及历史数据传输到谷电固体蓄热供暖云平台上进行存储，云平台对设备各个部分的运行状态进行实时监控，反之如果云平台对设备发出指令信号，则是按上述过程的反方向进行。

2. 设备运行监控

对谷电固体蓄热供暖系统进行实时监控时，在设备状态图中点击需要监控的谷电固体蓄热供暖系统，会进入相应的谷电固体蓄热供暖系统的运行监控界面，以供暖出水温度为控制目标，运行在供暖出水模式下固体蓄热供暖系统运行监控界面如图 4.37 所示，以供暖回水温度为控制目标，运行在供暖回水模式下固体蓄热供暖系统运行监控界面如图 4.38 所示。

在运行监控界面上，可以得到风机当前运行状态，当风机运行故障时，点击右上方菜单栏故障管理，会得到风机运行故障字，通过故障字可对风机故障进行诊断，此外还可以得到供暖出水温度、供暖回水温度、蓄热炉温度、风机频率、电功率、热功率等数据，要想批量导出系统运行实际数据，点击菜单栏统计管理，进行相关操作可以将数据导出进行分析处理。

4.11.4　双闭环蓄热释热温度控制策略

蓄热系统根据一天或几天的天气预报，确定相应的蓄热量用来供暖，当遇到电网调峰情况时，根据蓄热体现存储的热量，及天气预报预报的天气情况，以及停炉天数，确定蓄热体是否进入超长加热蓄热模式，以及加热时间，防止出现加热炉冷启动情况，这就需要对蓄热体的释热供暖进行控制。

图 4.37　供暖出水模式下固体蓄热供暖系统运行监控界面

图 4.38　供暖回水模式下固体蓄热供暖系统运行监控界面

1. 不同工况下蓄热供暖系统辨识

蓄热供暖系统有既加热又放热供暖，单纯释热供暖两种截然不同的工作状态，并且为保证系统安全可靠运行，蓄热机组温度控制在一定范围温度以内，并且只在弃风时间段或低谷时间段进行加热。当蓄热体温度达到 200℃ 以上时，由换热风机通过气、水换热器将管道内的冷水加热，通过控制换热风机的转速来控制进入到换热器的热风温度，最终达到换热器出水口温度恒定的目标。

令 G_1、G_2、T_{1i}、T_{2i}、T_{1o}、T_{2o}、C_1、C_2 分别为热流体和冷流体的质量流量、初始温度、末端温度、比热容。根据能量守恒定律，在忽略热损失的情况下，可以得

$$q = G_1 C_1 (T_{1i} - T_{1o}) = G_2 C_2 (T_{2o} - T_{2i}) \tag{4.39}$$

以空气进口温度 T_{1i} 为输入，热水出口温度 T_{2o} 为输出的传递函数为

$$G(s) = \frac{K}{(T_1 S + 1)(T_2 S + 1)} e^{-\tau s} \tag{4.40}$$

其中

$$T_1 = \frac{\dfrac{W_1}{G_1} + \dfrac{W_1}{G_1}}{2}, \quad T_2 = \frac{\dfrac{W_2}{G_2} + \dfrac{W_2}{G_2}}{8}$$

式中　　　　　　K——各通道的增益系数；

W_1、W_2、G_1、G_2——水和空气的容量和流量。

最小二乘法可用于动态系统的参数估计也可用于静态系统的参数估计，可以用于线性系统也可以用于非线性系统，可以用于离线估计，也可以用于在线估计。即使在随机的环境下，利用最小二乘法也不要求观测数据的概率统计特性，所获得的估计结果也具有较好的统计特性。

最小二乘法是通过极小化广义误差的平方和函数来确定模型的参数的一大类算法。最小二乘法理论最早是由 Gauss 在 1975 年为进行行星轨道预测的研究而提出的。现在最小二乘法理论已成为系统参数估计的主要方法之一。最小二乘法原理简单，易于理解和掌握，且最小二乘估计在一定条件下具有良好的一致性、无偏差性等，因而最小二乘法得到了广泛的应用。

设输入输出数学模型可写为

$$A(Z^{-1})y(k) = B(Z^{-1})u(k) + e(k) \tag{4.41}$$

其中

$$y(k) = \boldsymbol{\varphi}^{\mathrm{T}}(k)\boldsymbol{\theta} + e(k)$$

式中　$e(k)$——干扰噪声。

若已知 N 个输入输出观测值 $\{u(k), y(k)\}$，$k = 1, 2, \cdots, N+n$，可得到 N 个方程组成的方程组，写成矩阵形式为

$$\boldsymbol{Y} = \boldsymbol{\Phi}\boldsymbol{\theta} + \boldsymbol{e}$$

取准则函数为 $J(\boldsymbol{\theta}) = \sum_{i=1}^{N}(\boldsymbol{Y} - \boldsymbol{\Phi}\boldsymbol{\theta})^2$，为使 $J(\boldsymbol{\theta})$ 最小，$\dfrac{\partial J}{\partial \boldsymbol{\theta}} = 0$，由此可得正则化方程为

$$\boldsymbol{\Phi}^{\mathrm{T}}\boldsymbol{\Phi}\boldsymbol{\theta} = \boldsymbol{\Phi}^{\mathrm{T}}\boldsymbol{Y}$$

可得系统的最小二乘估计值为

$$\boldsymbol{\theta} = (\boldsymbol{\Phi}^{\mathrm{T}}\boldsymbol{\Phi})^{\mathrm{T}}\boldsymbol{\Phi}^{\mathrm{T}}\boldsymbol{Y} \tag{4.42}$$

当电网处于谷电状态时，蓄热体可以加热，当电网处于峰、平状态时系统如果检测到热量存储不够，不能满足供暖要求时，蓄热体也会启动加热。此时蓄热供暖系统处于既加热又放热供暖的工况。

通过最小二乘离线系统辨识，蓄热供暖系统为二阶系统，蓄热供暖系统的数学模型为

$$G(s) = 4.35 \frac{\mathrm{e}^{-96s}}{75s^s + 30s + 1} \tag{4.43}$$

当电网处于峰、平状态，蓄热量够供暖稳定使用时，蓄热体不加热只单纯释热，此时蓄热供暖系统处于单纯释热供暖的工况。

通过最小二乘离线系统辨识，蓄热供暖系统为二阶系统，蓄热供暖系统的数学模型为

$$G(s) = 2.27 \frac{\mathrm{e}^{-31s}}{28s^s + 115s + 1} \tag{4.44}$$

2. 自适应模糊 PID 双闭环供暖控制策略

蓄热供暖系统把电能转换成热能储存起来，储存起来的热量在需求时通过换热

器释放出来。电热储能系统中的换热器是一种用来进行热量交换的设备,其作用是通过热流体来加热冷流体。电热储能装置中,风机向蓄热体吹风,冷风被加热后变成热风进入换热器,同时水泵向换热器管道注入冷水,输出的即是所需温度的热水。出水温度的控制集中在风机控制上。

为实现出口水温度的自动调节,首先要用温度控制器测出出水口温度参数,然后将测得的数值转换成可发送的信号送到控制器和设定的温度值进行比较。若出水口温度比期望的温度值低,就要增大热风温度;若出水口温度比期望的温度值高,就要降低热风温度;若出水口温度正好等于期望的温度值,热风温度就可以保持不变。对于热风温度的控制,则采用通过控制变频风机的方法实现。控制系统采用双闭环设计,双闭环温控系统结构原理如图 4.39 所示。

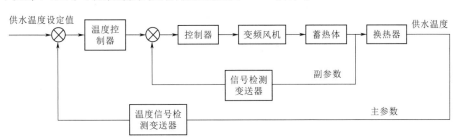

图 4.39　双闭环温度控制系统结构原理图

双闭环控制系统要考虑风机转速、出水温度对系统温度的控制,考虑的控制量比较全面。蓄热供暖系统使用双闭环控制实现对温度控制得更快、更准确调节。蓄热供暖系统主要是通过对上风道风温的控制来实现系统的温度控制,其中风温通过风温控制环控制。

双闭环控制系统中供水温度控制环为外环,风温控制环为内环。供水温度控制环根据供水温度当前值与给定值的差值,通过温度调节器给风温控制环提供给定风温。风温控制环通过控制器控制输出的风温,通过风温控制环的反馈调节最终实现对系统温度的控制,风温控制环采用变论域的自适应模糊 PID 控制策略。

模糊 PID 控制器可以根据 PID 参数整定经验或方法获得可行的控制效果,但整定过程具有一定盲目性;尽管初始论域、初始规则通过在线调整一般能保证系统的稳定性,但规则本身往往存在一定的粗糙性和冗余性,进而带来在线调整时间长等问题。

基于变论域的自适应模糊控制器的设计无需太多的领域专家知识,只需知道规则的大致趋势;论域的划分、隶属函数的选取,成为较为次要的因素,这也相对增强了模糊控制系统的容错能力。基于变论域的自适应模糊控制器可以根据供热系统的现运行工况变化论域,自适应系统的变化,根据系统的变化自调整控制量的输出,具有动态响应速度快、稳定性高、抗干扰能力强的特点。

变论域模糊控制是在模糊 PID 控制器设计的基础上,引入伸缩因子,实现对模糊论域的自适应调整。论域调节这一步骤是通过伸缩因子来实现的,变论域模糊控制器的论域实时可调性是它的独有特征。伸缩因子的选取与论域的调整紧密相关,直接关系到变论域模糊 PID 控制器控制性能的优劣,以下是被广泛接受的对伸缩因子的定义，伸缩因子 $\alpha:U\to[0,1]$，$x\to\alpha(x)$ 为论域 U 的一个伸缩因子，满足
$$\forall X\subset U,\text{有 }\alpha(x)=\alpha(-x)$$

$\lim\limits_{x\to+E}\alpha(x)=1+\delta$ 在论域 U 的正区间 $[0,E]$ 上为严格单调递 $\forall X\subset U,\alpha(x)$ 满足关系式 $x\,|\leqslant\alpha(x)+\delta$，其中，$\delta$ 为充分小的正参数。

变论域模糊 PID 控制器系统结构可划分为 3 层结构，伸缩因子调整单元、变论域模糊 PID 控制单元和基本 PID 控制单元，分工况自适应模糊 PID 控制系统结构如图 4.40 所示。

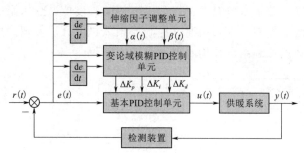

图 4.40　分工况自适应模糊 PID 控制系统结构

4.11.5　案例分析

1. 运行数据提取

以大连某宾馆供暖系统为例，大连某宾馆总建筑面积为 80000m^2。供暖系统为暖气片供暖。平均热耗值 $50\text{W}/\text{m}^2$，各房间温度 24h 保持在 18℃，估算热耗在 $120\text{kW}\cdot\text{h}/(\text{m}^2\cdot\text{季})$，负荷系数在 0.67 左右，供暖成本在 22 元/$(\text{m}^2\cdot\text{季})$。

采用一体化的数据采集、计量、控制系统，实现自动化监测与控制。

（1）计量分析。系统能够进行流量、热量的瞬时计算与累积计算，进行能源的管理与考核。

（2）实时控制。系统能够根据换热站或建筑物的用热特点进行自动化的控制，系统软件由多种控制策略组成，可以满足不同用热特性的控制要求，提高换热站及建筑物的供暖质量，降低能源消耗。

（3）数据通信系统。系统能够通过各种网络系统（宽带、GPRS 等），将大楼建筑的实时数据传输到供暖能效管理中心，供暖能效管理中心也可以通过网络系统将控制指令下达到现场控制器，执行控制调节指令。

（4）供暖能效调度中心管理系统。供暖能效调度中心可以实时接收现场采集系统传输上来的各种运行数据，系统将实时运行参数存储在中央数据库中，为后续的管理、分析、控制提供基础数据。调度中心管理系统可以实时对上传数据进行连续动态分析，并可以根据分析结果下达调节指令。

用于大连某宾馆的固体电蓄热装置调峰项目设备共由 2 台电蓄热装置组成，分别为 1 号电蓄热装置容量 5MW、2 号电蓄热装置容量 5MW，总容量共计 10MW。产品相关参数见表 4.3。

表 4.3	产 品 相 关 参 数
固体电蓄热装置最大加热总功率	10MW
固体电蓄热装置数量	5WM×2
固体电蓄热装置最大蓄热量	66500kW·h
固体蓄热装置加热电源电压	10kV
固体蓄热装置型式	加热与蓄热/放热为一体式
固体蓄热装置加热方式	电阻（电热合金）
固体蓄热装置最高蓄热温度/最低取热温度	500/200℃
固体蓄热装置额定工作压力	常压
固体蓄热装置供热类型	热水，60～130℃
风水换热器出厂测试压力	2.5MPa
设备总热水进/出口接口管径	Φ1220×16/Φ1220×16
固体蓄热装置配套风水换热器机组	36 组
取热风机电机用电电压	380V
取热风机转速调整方式	变频
固体电蓄热装置配套取热风机台数	108 台
单台取热风机电机功率	5.5kW
测温探头型式即数量	K 型热电偶 72 只
高压绝缘耐压	≥42kV
高压电气部分对地绝缘电阻	≥2MΩ
保温外罩壳表面温度	不大于环境温度 25℃
固体电蓄热装置本体设计热效率	＞95%
寿命期内蓄热体的散热损失	＜5%
固体电蓄热装置控制运行方式	自动/手动/远程
固体蓄热装置平均输出功率	2770.8kW

2. 控制策略验证

如图 4.41～图 4.46 所示，供暖控制系统采用 PID 控制时，系统超调量大，风机频率变化大，噪声大，影响变频热风机的使用寿命，且供暖出水口温度波动大，供暖稳定性差。变论域的自适应模糊 PID 可分工况设置不同的 PID 参数，并且可以根据实时跟踪系统参数变化，自适应调整 PID 参数。当采用变论域的自适应模糊 PID 控制策略时，风机频率平稳变化，噪声大大减小，提高了变频热风机的使用寿命，且供水温度波动范围非常小，大大提高了供暖稳定性。

本章首先对蓄热供暖系统的运行原理进行了介绍，分析了不同供暖模式不同工况下的固体蓄热供暖系统运行特性。最后利用互联网技术将蓄热供暖系统的数据上传至远程监控云平台上，在平台上由厂家统一进行数据监控及信息维护，可及时有效了解设备具体运行状况，保证蓄热供暖的稳定性和可靠性，最后对控制策略进行了介绍。

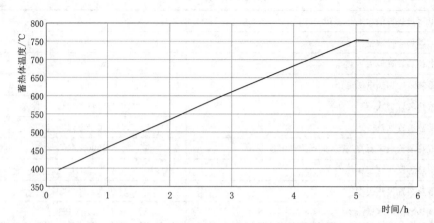

图 4.41 既加热又放热时蓄热体温度变化

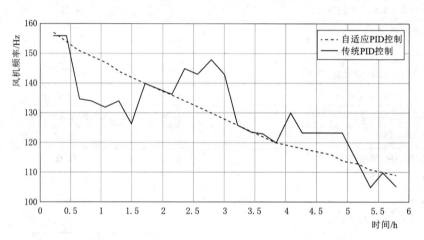

图 4.42 既加热又放热时变频风机运行情况

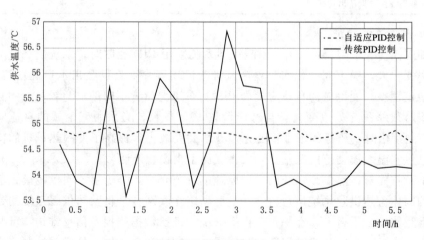

图 4.43 既加热又放热时供热出水口温度

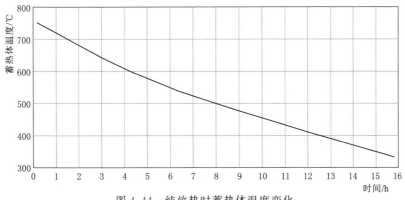

图 4.44　纯放热时蓄热体温度变化

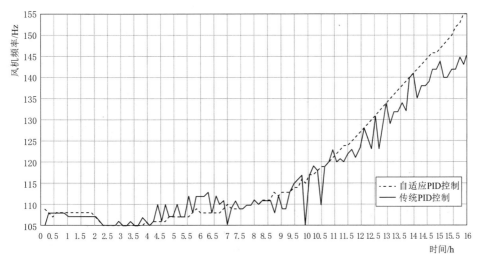

图 4.45　纯放热时变频风机运行情况

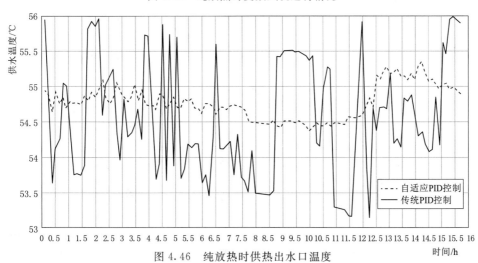

图 4.46　纯放热时供热出水口温度

思　考　题

1. 什么是蓄热技术?

2. 蓄热技术主要有哪些应用？

3. 蓄热技术有哪些优点？

4. 蓄热技术有哪些缺点？

5. 蓄热系统的基本组成是什么？

6. 蓄热技术有哪些分类？

7. 相变蓄热指什么？

8. 化学蓄热指什么？

9. 惰性气体蓄热指什么？

10. 蓄热技术在未来的发展前景如何？

参 考 文 献

［1］ 李永亮，金翼，黄云，等. 蓄热技术基础（Ⅰ）——蓄热的基本原理及研究新动向［J］. 储能科学与技术，2013，2（1）：69-72.

［2］ 李永亮，金翼，黄云，等. 蓄热技术基础（Ⅱ）——蓄热技术在电力系统中的应用［J］. 储能科学与技术，2013，2（2）：165-171.

［3］ 陈龙. 复合相变蓄热材料的性能研究［D］. 哈尔滨：哈尔滨工程大学，2018.

［4］ 程中林. 固体电蓄热系统提升风电消纳的可持续运行研究［D］. 杭州：浙江大学，2019.

［5］ 冷光辉，曹惠，彭浩，等. 蓄热材料研究现状及发展趋势［J］. 储能科学与技术，2017，6（5）：1058-1075.

［6］ 王志强，曹明礼，龚安华，等. 相变蓄热材料的种类、应用及展望［J］. 安徽化工，2005（2）：8-11.

［7］ 朱教群，张炳，周卫兵. 显热蓄热材料的制备及性能研究［J］. 节能，2007（4）：2，32-34.

［8］ 孙婧卓. 电蓄热参与调峰辅助市场容量优化及经济性研究［D］. 杭州：浙江大学，2021.

［9］ 汪德良，张纯，杨玉，等. 基于太阳能光热发电的热化学储能体系研究进展［J］. 热力发电，2019，48（7）：1-9.

［10］ 孙峰，彭浩，凌祥. 中高温热化学反应储能研究进展［J］. 储能科学与技术，2015，4（6）：577-584.

［11］ 邢作霞，项尚，徐健，等. 固体电制热蓄热能量转换系统设计与实验研究［J］. 实验技术与管理，2019，36（5）：89-93.

［12］ 董佳仪. 固体电蓄热装置内流动与传热耦合分析［D］. 沈阳：沈阳工业大学，2019.

［13］ 邸雅茹，陈威. 化学蓄热系统性能的数值研究［J］. 能源研究与利用，2017（3）：38-42.

［14］ 吴玉庭，任楠，马重芳. 熔融盐显热蓄热技术的研究与应用进展［J］. 储能科学与技术，2013，2（6）：586-592.

［15］ 邢作霞，赵海川，葛维春，等. 固态电热储能系统热力计算方法研究［J］. 太阳能学报，2019，40（2）：513-521.

［16］ 葛维春，邢作霞，朱建新. 固体电蓄热及新能源消纳技术［M］. 北京：中国水利水电出版社，2018.

［17］ 李伟锋. 高温高电压固体蓄热装置电磁场绝缘特性研究［D］. 沈阳：沈阳工业大学，2019.

［18］ 张晓伟，郭琳琳. 管壳式换热器与板式换热器选型参考［J］. 科技信息，2009（1）：443.

［19］ 陈鹏飞. 圆形开孔翅片管式换热器传热特性的数值模拟［D］. 昆明：昆明理工大学，2016.

［20］ 苏强. 基于 ANSYS Workbench 的输液波纹管道振动特性分析和振动控制的研究［D］. 石家庄：河北科技大学，2014.

第二篇　综合能源智慧服务

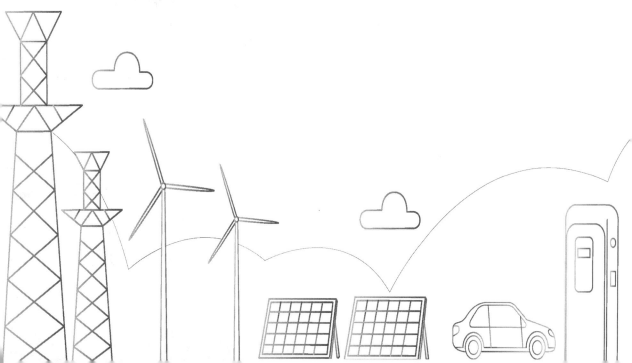

综合能源智慧服务概述

推进"双碳"是我国实现绿色发展的关键战略。党的二十大报告指出，立足我国能源资源禀赋，坚持先立后破，有计划分步骤实施碳达峰行动。在这一过程中能源转型尤为关键，电力行业发挥着核心作用。规划建设新型能源体系、加快构建新型电力系统，是推进能源绿色低碳转型的必然选择和重要载体，必须从电力供给侧、配置侧、需求侧协同发力，加快新能源发展，提升电力系统调节能力，抓好煤电灵活性改造、大型新能源基地建设，争做能源低碳转型的推动者、先行者、引领者。

近年来综合能源的发展，除了在供能环节的分布式新能源、氢能、储能技术的日益成熟，在用能环节，即能源服务场景也是不断扩展。"电能替代"和"智能控制"是用能服务技术进步的主要方向，本篇选择了电制冷蓄冷调节、电网与电动车互动、建筑用电智能化、区域微网等4个当前综合能源服务已步入商业化应用的方向，从概念原理、数学模型和应用场景不同角度进行了系统性总结。

电制冷蓄冷负荷技术是电网灵活性负荷调节的重要方式，尤其对缓解电网夏季用电尖峰、保障电网供应、提升新能源低谷时段消纳都有重要的作用。通过负荷计算，以及系统模型、电气模型的搭建，可以清晰对比采用蓄冷技术在能耗和经济性节费方面的价值和技术优势。

建筑用电智能化，以建筑楼宇场景的时间用能特性和空间资源为基础，运用能源物联网技术，提升现有用能的管理效率，降低用能成本。为了达到这一目标，本篇结合实际案例，介绍了如何整体运用传感、测量控制和自动化技术，搭建完整能源管理系统。

电动汽车、充电场站以及V2G技术的发展，让电动车充电负荷成为综合能源系统中增长速度最快的一种负荷类型，其对配电网稳定、变压器和线路容量管理、区域充电负荷承载能力提出了新的挑战。与此同时，电动车动力电池资源近似于移动储能特性，也具备未来通过V2G技术提供电网调节资源的能力，建立有序充电、集群调度和电网互动的充电体系具有广阔发展空间。

区域级微网和储能系统的协同，是大尺度的综合能源服务场景，形成配网区域内部的高比例自发自用和源荷互动调节，要匹配分布式电源和负荷的时序特性，储能是必备也是经济性最佳的调节方式，并通过配网的内部调度，实现微网控制目标。

第 1 章 蓄冷空调的智能调控技术

1.1 引　言

在能源紧缺和大气污染日益严重的双重压力下，实现能源结构合理调整与可持续利用，加大可再生能源的发展及有效利用已成为新常态。在众多可再生能源中，太阳能具有资源丰富，不污染环境和不破坏生态平衡等优点，成为当今世界各国新能源与可再生能源利用的重要内容之一。由于太阳能在时空变化与制冷需求匹配较好，目前采用太阳能驱动制冷已成为研究热点，可有效缓解电能供需矛盾。从能源高效利用和环境保护的角度看，太阳能驱动新型制冷是一种极具潜力的太阳能利用方式，对其深入研究并提高其运行性能成为迫切需要解决的课题。

目前正在研究的太阳能制冷系统形式多样，但就太阳能应用归纳起来主要有太阳能光热制冷与太阳能光伏制冷。太阳能光热制冷是收集太阳辐射能加热传热工质来驱动制冷系统，主要有吸附式制冷、吸收式制冷、喷射制冷和其他制冷方式。太阳能光伏制冷是利用光伏组件将太阳能转化为电能驱动制冷机组运行的制冷模式，制冷机组工作方式主要有蒸汽压缩式制冷、半导体制冷、热声式制冷和磁致式制冷等。还可利用太阳能集热器集热驱动热机发电带动制冷机组。

近年来，电力侧的高峰需求管理逐渐增多，主要包括：一方面通过合理调整用户侧的用电量，降低电力系统的峰谷差，从而降低电网的装机容量；另一方面是通过提高电网的负荷率，降低电网线损，从而可以节省电网的总发电量。由于人们对室内环境的要求较高，空调被广泛使用，直接导致高峰时段电源短缺。据估计，空调系统是建筑能源的最大消费者。储能作为一种移峰移谷填充的有效手段，已应用于各种领域。许多研究表明，具有良好管理策略的储能技术可以带来良好的社会效益和经济效益。当压缩机采用变频技术后，制冷系统可以摒弃蓄电池直接工作在光伏能源系统下，不仅减少系统投资运行成本，还保护了环境。但在光伏制冷系统中，蓄电池还具备储能功能，用于存储光伏组件驱动制冷系统后剩余电量。若不采用储能装置，则导致太阳能利用不完全，浪费资源。因此为确保太阳资源的充分利用，在光伏制冷系统，可采用其他能量存储的方式替代蓄电池储存太阳能。目前，冰蓄冷空调系统的设计和使用在实际工程中经常使用。分布式家用光伏与冰蓄冷空调的组合可用于白天的冷藏；在晚上，白天储存在水箱里的冰可以排出寒冷，以满足家庭的需求。当然，由于在非高峰时段的负荷转移过程中使用了更多的能量，所以电冷却系统总能量的使用量会有所增加。储冰系统的优化设计和运行策略可以最大限度地节约能源成本。

由于空调系统的运行时间和人员作息时间相近，因此在不牺牲室内人员舒适度的前提下，采用有效措施转移峰值电力负荷是缓解电网不平衡的关键。储冰系统具有初始投资高、运行成本低、收集周期短、经济显著的特点。实现峰值负荷转移通常有建筑热质性能优化、储能设备和相变材料的应用 3 种方法。在众多蓄能系统中，水、冰蓄冷技术因其成本低和水箱小的特点，使用最为广泛。主要优势包括：①成本低、效率高：大规模蓄冷技术以水为介质，成本低廉；靠近负荷中心，储能效率高，移峰 1kW·h 的电力负荷成本仅是电池技术的 10%～20%；蓄冷作为冷量缓存装置，放冷时可大幅提高主机运行效率，进而提高系统的综合能效比；②功率和能量调节范围很宽、适应性好：蓄冷系统的功率变换装置为制冷主机和换热器，调节范围从兆瓦至吉瓦，储能装置为保温水槽，根据需要可满足数小时、数天，甚至于跨季节的调节需求；系统寿命可达 20 年以上；③环保效益：蓄冷系统除了对电网产生移峰填谷效益外，能大幅度减少制冷机组的装机容量，从而减少氟利昂的使用，获取环保效益。蓄冷储能优势如图 1.1 所示。

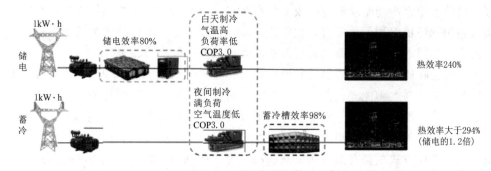

图 1.1 蓄冷储能优势

为推广冰蓄冷技术的应用，我国提出许多激励政策：2008 年 3 月，冰蓄冷技术被列为国家级重点支持高新技术，以鼓励冰蓄冷技术应用；2023 年 9 月，我国印发了《电力需求侧管理办法（2023 年版）》（发改运行规〔2023〕1283 号），提出多项电力需求侧的管理措施，包含"推动并完善峰谷电价制度，鼓励低谷蓄能"等内容。响应国家号召，我国冰蓄冷空调技术发展迅速，截至 2014 年年底已有约 900 多项工程实例。

近年来，越来越多的区域型集中供冷系统将冰蓄冷技术与空调系统相结合。区域型供冷系统由集中制冷站统一制备空调冷冻水，再通过循环管网向建筑群提供冷量。典型的区域型供冷系统包括冷水机组、水泵、输配管道、地下隧道和相关设施。区域型集中供能可以集成多种能源，提供稳定的能源供应。相比于独立于各建筑的分散式供冷系统，区域型供冷具有系统效率高、装机容量低、CO_2 排量少、节约建筑空间等优点，因此在面临能源需求急剧增长的巨大挑战时得到了越来越多的应用。此外，如果冷却装置的运行周期与环境温度较低的运行周期重叠，则可以降低整体电能能耗。这种节省对于风冷系统来说是相当可观的。由于区域型供冷系统装机容量大、管道长、投资巨大，故对大型集中空调系统实现全面评估、优化运行至关重要，如此方能最大化冰蓄冷技术经济效益和社会效益。

中国科学院广州能源研究所的研究成果显示，制冷是社会能源消耗的重要组成部分。制冷空调的能耗和温室气体排放是中国 30/60 双碳目标的重要组成部分。建筑约占中国总能耗的 19.5%，而空调的比例约为 40%。由于公共建筑类别复杂，负荷特点多样，建筑电力峰谷差异显著，导致发电设备容量调整困难，对电网的安全运行构成威胁。在夏季的高峰时段，空调的用电量大大增加了对电网的压力。大规模冰蓄冷是重要的储能调峰技术。以广州珠江新城为例，前 40 个中央空调的用电负荷就达到了 106MW，约占广州从化抽水蓄能电站（8 台 30 万 kW 机组）容量的 1/20。相关规划实施后，珠江新城集中供冷系统采用冰蓄冷（约 60MW 电力负荷调节能力），使得制冷机的装机容量减少一半，不仅大幅降低了峰谷差，而且减少了制冷剂的使用量，系统综合运行能效大幅提高。

在蓄冷领域，不管是从国际组织数据，还是国内自己的调研数据来看，在商业楼宇和区域供冷这两个应用领域中，以水和冰为储冷介质的蓄冷技术都是比较成熟的技术，也是主流的技术。国内在水蓄冷、冰蓄冷的细分领域中也培育了一批优秀的民族品牌。从整体来看，我国蓄冷技术与日美欧并跑，处于国际先进水平。

1.2　冰蓄冷空调系统介绍

冰蓄冷空调系统在夜间产生冰（即蓄冰装置充电），而在白天高峰时段供应冷却（即蓄冰装置排放），可降低空调在高峰时段的功耗，实现"峰值负荷转移"。目前，冰蓄冷系统和水蓄冷系统是蓄冷空调系统常用的两种形式，我国实际应用的工程中大多数是这两种蓄冷空调系统，因此，下文将主要介绍冰蓄冷空调系统的原理、分类及系统流程。

1.2.1　系统工作原理

冰蓄冷技术是一种潜热蓄热的方法，水在 0℃ 的温度下从液态凝固成固体冰，其释放一定的热量（即从外部获得一定量的冷量）而相变以凝固成固态冰；将固体冰融化成水的过程是释冷过程，必须从外部获取一定量的热量，并且在水温度保持不变的情况下相变融化成水。夜间蓄冷循环与白天释冷循环如图 1.2 所示，以盘管式冰蓄冷系统为例。蓄冷过程为：在夜间，乙二醇溶液通过冷机和蓄冷装置构成蓄冷循环，此时乙二醇溶液出冷机温度为 -6~-3℃，通过冰蓄冷盘管将冷量转移给蓄冷装置中的水，使得水变成冰，并且进冷机的乙二醇溶液温度为 0℃。释冷过程为：在白天，乙二醇溶液经蓄冷装置及并联的旁通，并且通过设置出水温度调节阀来控制蓄冷装置的流量与并联旁通流量的比率，以保证出口水温为恒定值；然后将冷量经热交换设备直接送入空调设备使用。

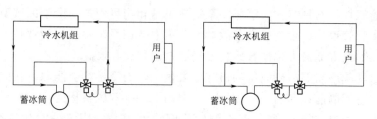

图 1.2　夜间蓄冷循环与白天释冷循环

（1）冰蓄冷空调系统的优点如下：

1）蓄冷密度大，蓄冷体体积小，便于储存。

2）充分利用峰谷分时电价，节省系统运行成本。

3）可实现低温送风，节省系统设备投资，降低空调系统输配能源消耗。

4）蓄冷装置可做成系列化、标准化的装置，便于施工安装。

（2）冰蓄冷空调系统的缺点如下：

1）冷机蒸发温度较低，性能系数 COP 降低。

2）空调系统管路和设备较为复杂，自控要求高等。

1.2.2　冰蓄冷系统分类

　　冰蓄冷系统的分类有很多种，按照蓄冷装置，它可以分为冰盘管（盘管式内融冰蓄冷、盘管式外融冰蓄冷），封装冰（冰球、冰板、芯心冰球）、冰晶式和冰片滑落式。而按照制冰的形态，它可分为静态制冰和动态制冰。静态制冰是指蓄冰装置和制冰部件一体化，冰的制备和融化在同一区域进行，静态制冰包括冰盘管型和封装冰；动态制冰是制备和储存冰的地方不在同一位置，制冰机与蓄冰槽相对独立，动态制冰可分为冰晶式和冰片滑落式。冰蓄冷空调系统分类如图 1.3 所示。

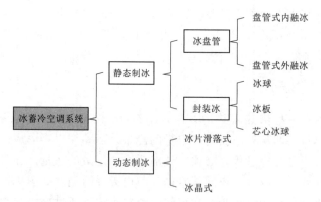

图 1.3　冰蓄冷系统分类

1. 盘管式冰蓄冷系统

　　盘管式冰蓄冷是空调系统中常用的蓄冰方法，即冰直接冻结在蒸发盘管上，并且盘管在结冰时延伸到蓄冷槽中以形成主管。按其融冰类型分为盘管式外融冰和盘管式内融冰两种，下面将分别对其介绍。

（1）盘管式外融冰。盘管通常为钢制蛇形盘管，蓄冰槽一般为矩形钢或混凝土结构。盘管外融冰结构示意图如图1.4所示。

盘管式外融冰是经过换热后的高温回水或载冷剂进入到结满冰的蓄冰槽内开始循环流动，使盘管外表面的冰层逐渐融化。由于空调回水可以直接接触冰块，因此冰融化速率快，释放冷水的温度为1～2℃，充冷温度为−9～−4℃。为了使盘管外结冰均匀，在蓄冰槽内增设了水流扰动装置，用压缩空气进行鼓泡，增强水流的扰动，使换热均匀。

（2）盘管式内融冰。盘管形状一般有蛇形管、圆筒形管和U形管，盘管材料通常为钢或塑料，蓄冰槽一般为钢、玻璃钢或钢筋混凝土结构。盘管内融冰结构示意图如图1.5所示。

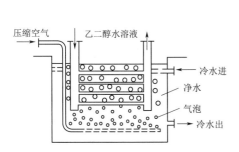

图1.4　盘管外融冰结构示意图

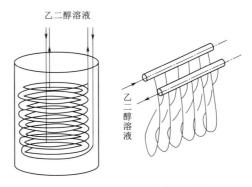

图1.5　盘管内融冰结构示意图

当融化冰时，从温度较高的载冷剂循环进入盘管内，通过管壁导热传给冰层，使盘管的冰层由内向外开始融化，将载冷剂冷却到需要的温度。在内融冰时，由于冰层与管壁表面之间的水层厚度越来越厚，这对融冰的传热速率有很大影响，为此，需要选择合适的管径和恰当的结冰厚度；该蓄冷方式的充冷温度一般为−6～−3℃，释冷温度为1～3℃。

2. 封装式冰蓄冷系统

封装冰蓄冷是将水封在一定形状的塑料容器内制成冰的过程；容器形状一般为球形、板形和表面有多处凹窝的椭球形；填充在容器中的是水或凝固热较高的溶液。图1.6为封装冰蓄冷结构示意图，容器淹没在充满乙二醇溶液的蓄冰槽内，容器内的水随着乙二醇溶液的温度变化而结冰或融冰，封装冰蓄冷的充冷温度为−6～−3℃，释冷温度为1～3℃，蓄冰槽通常为钢制成并具有封闭结构。

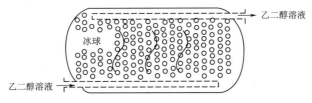

图1.6　封装冰蓄冷结构示意图

3. 冰片滑落式冰蓄冷系统

该系统由蓄冰槽和位于其上方的多个平行板状蒸发器组成,循环泵连续不断的将水从蒸发器上方喷洒,水在蒸发器表面上形成薄冰,待冰达到一定厚度后,切换制冷设备的四通换向阀,把原来的蒸发器变为冷凝器,压缩机中的高温制冷剂进入冷凝器中,使冰片脱落并滑入蓄冰槽内;该系统的充冷温度为−9～−4℃,释冷温度为1～2℃,该蓄冷方式可快速融冰;图1.7为冰片滑落式动态蓄冷系统。

4. 冰晶式冰蓄冷系统

该蓄冰方式为一种动态蓄冰方式,水泵从蓄冰槽底部将低浓度的乙二醇水溶液送至特制蒸发器,当乙二醇水溶液在管壁上产生冰晶时,搅拌机将冰晶刮下,与乙二醇水溶液混合形成冰泥,水泵将其送至蓄冰槽,将冰晶悬浮在蓄冰槽上部并与乙二醇水溶液分离;进行充冷时,蒸发温度为−3℃,蓄冰槽一般为钢制成,其蓄冷率约为50%;图1.8为冰晶式冰蓄冷系统。

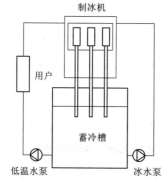

图1.7　冰片滑落式动态蓄冷系统

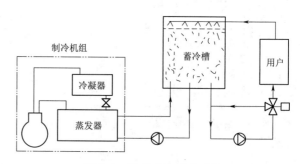

图1.8　冰晶式冰蓄冷系统

表1.1为冰蓄冷系统的特性比较。

表1.1　　　　　　　　　　　冰蓄冷系统的特性比较

系统参数	盘管式外融冰	盘管式内融冰	封装式	冰片滑落式	冰晶式
制冷方式	直接蒸发或载冷剂间接	载冷剂间接	载冷剂	直接蒸发	制冷剂直接蒸发冷却混合溶液
制冰方式	静态	静态	静态	动态	动态
结冰、融冰方向	单向结冰、异向融冰	单向结冰、同向融冰	双向结冰、双向融冰	单向结冰、全面融冰	
选用压缩机	往复式、螺杆式	往复式、螺杆式、离心式、涡旋式	往复式、螺杆式、离心式、涡旋式	往复式、螺杆式	往复式、螺杆式
制冰率（IPF）	20%～40%	50%～70%	50%～60%	40%～50%	45%
蓄冷空间/[m^3/(kW·h)]	2.8～5.4	1.5～2.1	1.8～2.3	2.1～2.7	3.4
蒸发温度/℃	−9～−4	−9～−7	−10～−8	−7～−4	−9.5
蓄冰槽出水温度/℃	2～4	1～5	1～5	1～2	1～3
释冷速率	中	慢	慢	快	极快

1.2.3 系统流程

冰蓄冷空调系统的流程有很多种，可按照不同的功能要求采用不同的工艺流程组合。根据冷机与蓄冰装置的相对位置不同，冰蓄冷系统流程主要分为并联连接和串联连接，在串联连接中又可以分为主机上游串联连接和主机下游串联连接。

1. 并联连接

图 1.9 为主机与蓄冰设备并联系统流程图，其优点是可以兼顾制冷主机和蓄冰设备的容量和效率，但这种连接方式使得冷媒水的出口温度和出水量的控制变得相当复杂，往往难以保证恒定，而且浪费能量。这是因为若将主机的初始温度调低，则主机能耗增加，若将主机的初始温度调高，主机产生较高温度的冷媒水与蓄冰设备产生的低温冷媒水汇合后冷媒水温度升高，则消耗了蓄冰的低温能量，同样也是浪费能量。

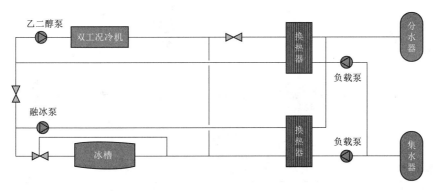

图 1.9 主机与蓄冰设备并联系统流程图

2. 主机在蓄冰设备上游串联连接

图 1.10 为串联主机上游系统流程图，蓄冷空调系统将约 3℃ 的冷媒水输配到空调箱或室内风机盘管设备后，将 12℃ 的部分回水先送到主机，冷却至 7℃ 后进入蓄冰装置再次降温，然后与另一部分回水混合，成为 3℃ 的冷媒水，再送到空调末端使用。其优点是冷机的蒸发温度较高，有利于提高冷机的容量和效率，但 7℃ 的冷媒水与蓄冰装置的温差较小，并且放冷速度慢，使蓄冰装置的可利用容量减小。空

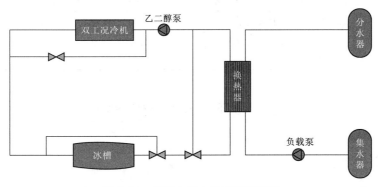

图 1.10 串联主机上游系统流程图

调回水首先流过冷机，使冷机在较高的蒸发温度下运行，提高了主机的容量和效率，降低了冷机能耗，蓄冰装置在较低温度下运行并且释冷速度较低。

3. 主机在蓄冰设备下游串联连接

图 1.11 为串联主机下游系统流程图，12℃的部分空调回水首先送到蓄冰装置，降温至 7℃左右，由乙二醇泵送至主机再次降温后与另一部分回水混合成为 3℃的冷媒水，再送到负荷末端使用。空调回水首先流经蓄冰装置，使蓄冰装置的放冷速度增加，但为了防止蓄冰量过快的消耗，需要控制蓄冰装置的出口温度，而主机在较低的蒸发温度下运行，能耗增加；这种方式只用于工艺制冷或低温空调系统。表 1.2 对冰蓄冷系统并联与串联两种连接方式进行了对比。

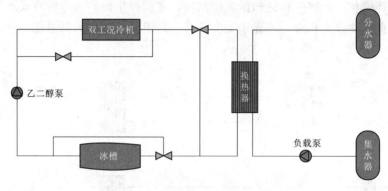

图 1.11　串联主机下游系统流程图

表 1.2　　　　　　　　冰蓄冷系统并联与串联两种连接方式对比

项 目	并 联 连 接	串 联 连 接
蓄冰设备	融冰温差大，融冰效率高	融冰传热温差小，融冰效率低
板式换热器	空调制冷和融冰供冷分为两个独立回路控制	空调制冷和融冰供冷形成一个循环，统一控制
水泵	水泵数量很多，单个泵的流量小	水泵数量很少，单个泵的流量大
	释冷泵扬程需要满足储冰装置和板式热交换器阻力之和	释冷泵不必专门配置
	乙二醇泵的扬程需满足冷机的蒸发器与储冰装置或板式换热器阻力之和的较大者	乙二醇泵的扬程需满足冷机的蒸发器、储冰装置和板式热交换器的阻力之和
	冷冻水负载泵所需扬程较小	冷冻水负载泵所需扬程较大
二次冷冻水	冷冻水供水温度与传统空调的供水温度一致（7℃）	冷冻水供水温度为 3℃，适用于低温送风系统

1.3　负荷计算与数学模型

1.3.1　负荷计算

空调是季节用电特性显著的一种柔性负荷，夏季普遍应用、春秋停用，冷负荷预测可以为低能耗建筑的发展提供可靠的数据支持。在数据量有限时，传统模型在不同负荷模式下难以实现稳定的预测精度。近年来，空调负荷已经成为影响夏季负荷增长的主要因素之一。空调用电负荷的增加使高峰时期负荷呈不断增长趋势，电力峰谷差进一步拉大，地区网供负荷率下降，给电网造成极大的压力。随着经济发展和人民生活水平的提高，可以预见我国空调负荷还将呈现高速增长态势。对电网经济运行、电力供需平衡的冲击也将越来越大。因此，有必要掌握地区的空调负荷总量、特性，了解空调负荷变化规律，制定有效的措施控制高峰时段空调负荷增长，改善电网负荷特性，提高电网运行的经济性。

空调负荷的计算方法包括最大负荷比较法与基准负荷比较法。

（1）最大负荷比较法的基本步骤如下：

1）选取电网最大空调负荷时段进行分析。空调负荷的用电量并不很大，但最大空调负荷对电网高峰负荷影响较大。因此测算对象主要是最大空调负荷。

2）区分工作日与非工作日。虽然居民、商场等用户的空调负荷在周休日、节假日较高，但由于类似于北京地区的写字楼、办公楼等的空调负荷更大，因此测算重点又限定于工作日的空调负荷。

3）确定比较的月份。月最大负荷明显在 7 月、8 月较大，这两个月也是空调负荷最大的月份；11 月至次年 3 月由于有供暖负荷，所以不能直接比较；4 月、5 月排灌负荷较大，为了减小误差，也不能作为比较的参照；9 月前期各日最大负荷波动较大，主要是因为天气仍偏热，有空调负荷的；而 10 月末相对来说日最大负荷已经略有上升，这是因为天气已经转冷，陆续出现少量的供暖负荷。因此，为了减小误差，对于北方地区应选取 9 月 15 日至 10 月 15 日之间的工作日的负荷与 7 月、8 月工作日的负荷相比较；对于南方地区，可选取 9 月 25 日至 10 月 25 日作为比较的参照时间。

4）确定比较的时段。由于电网负荷受多种因素影响，最大负荷的出现有一定的偶然性，为了尽可能排除干扰因素，需要对上述直接用最大负荷进行比较的方法进行修正。首先进行典型负荷曲线拟合。取各日最大负荷作为标准，计算日负荷曲线的标幺值，再计算此标幺值负荷曲线在同一时段上的全月平均值，其方法为

$$P_{d,max} = \max\{P_{d,h}\}, \quad p_{d,h} = \frac{P_{d,h}}{P_{d,max}}, \quad L_h = \frac{\left(\sum\limits_{d=1}^{W} p_{d,h}\right)}{W} \tag{1.1}$$

式中　$P_{d,h}$——电网第 d 天 h 小时的负荷；

　　　$P_{d,max}$——电网第 d 天最大负荷；

　　　$p_{d,h}$——第 d 天 h 小时负荷的标幺值；

　　　L_h——当月第 h 小时的平均标幺值负荷；

　　　W——当月的工作日天数。

近年来 7 月、8 月负荷曲线幅值基本一致，四季典型日负荷对比如图 1.12 所示，负荷曲线基本上分为两个部分，10 时到 21 时已接近一条直线，早晚高峰相差无几；9 月、10 月负荷曲线有一定差异，晚高峰在 19 时左右，而且明显高于早高

峰，这主要是由于照明时间提前，与其他负荷重叠所引起的。因此，尽管全年 18 时到 21 时是负荷高峰时段，但为了排除照明负荷的影响，要选取 10 时到 18 时的负荷进行比较，并认为 7 月、8 月该时段的最大负荷与 9 月、10 月该时段的最大负荷之差即是空调负荷。

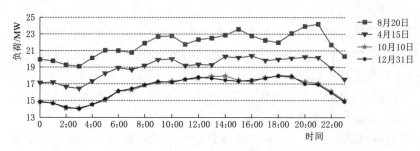

图 1.12　四季典型日负荷对比

5）考虑增量的影响。由于用电需求一直在增长，因而必须考虑 9 月、10 月新增用户的影响，故上述 9 月、10 月的负荷还应减去新增用户的负荷。一个简便的办法是：假定新增用户负荷引起的电网负荷增长速度等于 9 月、10 月的报装容量相对于 7 月报装容量的增长率，按这个增长率剔除新增用户的负荷增量即为可比较负荷。

此外，在供电紧张时期采取各种迎峰度夏措施也会削减一部分高峰负荷。因此，还应适当加上这部分削峰负荷。

（2）基准负荷比较法计算空调负荷的基本原理是用夏季大量空调上网的负荷曲线作为空调负荷曲线，以春秋季节无空调上网的负荷曲线为无空调负荷曲线，并以夏季负荷曲线与春秋负荷均值差值夏季工作日空调负荷。具体推算过程如下：

1）统计夏季出现尖峰的负荷曲线，通常在 8 月典型工作日中选取最低温度不低于 15℃，最高温度不超过 35℃ 的负荷曲线。

2）统计春、秋无尖峰负荷曲线，通常在 4 月、10 月典型工作日中选气温在 21℃ 至 25℃ 的负荷曲线。

3）以春秋平均负荷曲线为"无空调负荷特征曲线"，选取春秋两季的负荷均值可有效降低负荷自然增长率因素的影响；以夏季尖峰负荷为"空调负荷特征曲线"，空调负荷特征曲线与无空调负荷特征曲线之差即为空调负荷曲线。

以四月作为春季无空调负荷代表月，春季的平均负荷计算为

$$P_{春,h} = \frac{\sum_{d=1}^{W} P_{春d,h}}{W_{春}} \tag{1.2}$$

式中　$P_{春,h}$——春季电网平均负荷；

　　　$P_{春d,h}$——春季电网第 d 天第 h 小时负荷；

　　　$W_{春}$——春季工作日天数。

以 10 月作为秋季无空调负荷代表月，秋季平均负荷计算为

$$P_{春,h} = \frac{\sum_{d=1}^{W} P_{春d,h}}{W_{春}} \tag{1.3}$$

式中　$P_{秋,h}$——秋季电网平均负荷；

　　　$P_{秋d,h}$——秋季电网第 d 天第 h 小时负荷；

　　　$W_{秋}$——秋季工作日天数。

以夏季负荷曲线作为空调特征值，以春季和秋季负荷曲线的平均值作为基准值，计算空调负荷计算为

$$P_{空调d,h} = P_{夏d,h} - \frac{P_{春d,h} + P_{秋d,h}}{2} \tag{1.4}$$

四季典型日负荷对比如图 1.12 所示。夏季大量制冷空调上网导致负荷最高，冬季由于供暖负荷的上网而低于夏季，春秋气温适宜无供冷供热负荷，所以春秋季节负荷最低。

采用基准负荷比较法计算的空调负荷如图 1.13 所示。空调负荷与夏季负荷峰谷波动情况相同，空调负荷最大值为 6.3MW 是夏季典型日负荷尖峰的 1/4，所以空调负荷在夏季负荷尖峰中蕴藏着巨大的调峰潜力。空调负荷有 3 个峰值，而且尖峰前后均有局部负荷低谷为转移负荷尖峰提供可行条件。

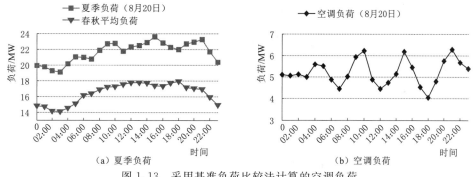

图 1.13　采用基准负荷比较法计算的空调负荷

根据近年来沈阳市抽样调查分析，第一产业的用电负荷基本在室外，而且用电量维持小范围变化，降温类空调负荷很少，但某些大型蔬菜水果暖棚等现代农业需要空调来维持恒定室温，该部分空调用电在第一产业占比很小但已成为基本负荷用电。第二产业中空调用电几乎可以忽略不计，除某些制造业、飞机等高精度高技术对生产有高精度高技术要求，其空调负荷用电占总负荷用电的 10%～15%，第二产业整体空调负荷占比很低。第三产业中公共饮食业、公共事业、商业、居民负荷业、社会团体和城乡居民中空调用电比例较大，在 20%～70% 之间，大部分是商业用户和居民用户。

对于第三产业比较发达的沈阳而言，空调负荷用电的比例在产业负荷总用电的比例很高，通过对沈阳于洪区商业用电进行调查，得出空调负荷用电占于洪区第三产业负荷用电的 33%～55%，商业典型行业空调负荷占用电负荷比例如图 1.14 所示。商业空调用电多为降温用电，所以写字楼、金融机构、综合楼均为空调开启时间为白天工作时间段，而餐饮娱乐空调用电集中于晚高峰、周末及节假日为全天开

启，宾馆工作日空调的开启时段多处于夜间，周末全天开启。

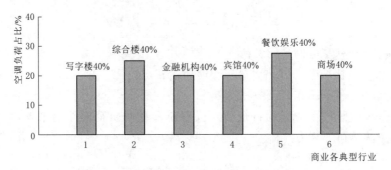

图 1.14　商业典型行业空调负荷占用电负荷比例

根据对沈阳地区非工业用户的抽样调查，得到非工业典型行业空调负荷占用电负荷的比例，如图 1.15 所示。非工业行业的空调的使用方式与商业用户很相似，大多数空调也同样集中在夏季 8—22 时开启，但图书馆、医院需要全天开启空调。

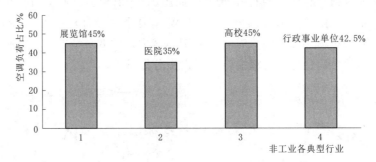

图 1.15　非工业典型行业空调负荷占用电负荷比例

1.3.2　系统模型

空调系统模型通常由房间模型、控制模型和空调本体的电气模型三部分构成。空调系统各部分耦合模型如图 1.16 所示，三者之间通过室内温度、转速和制冷量形成耦合关系。控制系统根据室内温度与设定温度的偏差对压缩机转速进行调节（对于定频空调，可认为压缩机处于运转状态时，转速为额定，处于停转状态时，转速为 0），作用于空调本体的电气模型，从而改变其制冷量及向系统取用的电功率，而制冷量的变化又将通过房间模型反映到室内温度上，室内温度的变化输入至控制系统模型又将影响压缩机转速，如此循环。

1. 房间模型

房间模型是描述室内外冷热源积累与室温变化关系的数学模型，可用房间的一阶等效热参数模型来描述其热力学过程，其一阶微分方程为

$$\frac{\mathrm{d}T_{\mathrm{in}}(t)}{\mathrm{d}t} = -\frac{1}{RC}T_{\mathrm{in}}(t) + \frac{T_{\mathrm{out}}(t)}{RC} + \frac{Q_{\mathrm{AC}}(t)}{C} \qquad (1.5)$$

式中　$T_{\mathrm{in}}(t)$——第 t 时刻室内温度，℃；

　　　　R——房间等效热阻，即系统的空气热损失倒数，℃/kW；

C——室内气体热容，J/℃；

$Q_{AC}(t)$——第 t 时刻空调制冷量，kW；

$T_{out}(t)$——第 t 时刻室外温度，℃。

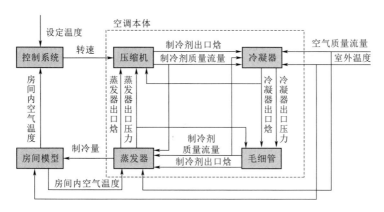

图 1.16 空调系统各部分耦合模型

本书研究基于室外温度在 $[t_k, t_{k+1}]$ 时间内保持不变即 $T_{out}(t_k)$ 不变，以 $T_{in}(t_k)$ 为初值求解式（1.5），可得 t_{k+1} 时刻的室内温度，即

$$T_{in}(t_{k+1}) = T_{out}(t_k) - Q_{AC}(t_k)R - [T_{out}(t_k) - Q_{AC}(t_k)R - T_{in}(t_k)]e^{-\Delta t/RC}$$

$$(1.6)$$

式中 Δt——控制时间间隔。

值得注意的是，房间模型描述室内外冷热源积累与室温之间关系的模型，适用于任何空调系统，只是针对不同空调系统向室内注入冷量方式 $Q_{AC}(t)$ 不同。

2. 控制模型

控制模型是通过控制空调的制冷功率，使室温达到设定温度值的数学模型。

（1）定频空调。定频空调正

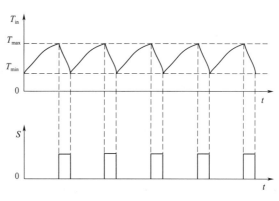

图 1.17 室温与定频空调启停特性的关系

常运行时，通过周期性启停空调以维持室温 T_{in} 在设定温度 T_{set} 上、下限值范围内波动，室温与定频空调启停特性的关系如图 1.17 所示。当空调启动时，向室内供冷并且室温开始降低，直至降至温度下限 T_{min}，空调停止；空调停止后由于室内外温差传热作用使室温又开始升高，直至升至温度上限 T_{max}，空调又启动，室温再次下降，如此循环。定频空调制冷期间的制冷功率保持恒定，室温上、下限值 T_{max}、T_{min} 分别为 $T_{set} \pm \delta/2$，其中 δ 为温度设定值控制偏差，表示空调实际室温与设定温度的偏差值，一般可取 $0.1 \sim 0.3$℃。

空调的启停状态 S 与室温之间的关系为

$$S(t_k) = \begin{cases} 1, T_{in}(t_k) \geqslant T_{max} \\ 0, T_{in}(t_k) \leqslant T_{min} \\ S(t_{k-1}), T_{min} < T_{in}(t_k) < T_{max} \end{cases} \tag{1.7}$$

（2）变频空调。变频空调的制冷功率是可变的，因此向室内提供的冷量也是可变的，这样空调在制冷期间，室温波动小，电能损耗小，舒适度较高。空调通常是以室温与设定温度之差 ΔT 来计算制冷功率，温度差与变频功率制冷功率的关系如图 1.18 所示。

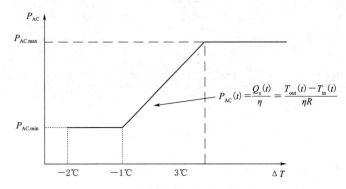

图 1.18　温度差与变频功率制冷功率的关系

1）$\Delta T > 3℃$，空调以最大制冷功率 P_{ACmax} 运行。

2）$-2℃ < \Delta T \leqslant -1℃$，空调以最小制冷功率 P_{ACmin} 运行。

3）$-1℃ < \Delta T \leqslant 3℃$，空调以目标制冷功率运行。

$$P_{AC}(t) = \frac{Q_S(t)}{\eta} = \frac{T_{out}(t) - T_{in}(t)}{\eta R} \tag{1.8}$$

式中　Q_S——室外向室内传热量；

η——空调能耗比。

4）$\Delta T \leqslant -2℃$，空调停机。

1.3.3　电气模型

空调电气模型描述了在一定的室外温度条件下，空调系统制冷量及电功率的关系。

1. 定频空调

空调工作时制冷功率恒定，工作模式以恒定功率向室内提供冷量，停止模式不向室内提供冷量，空调制冷量与额定功率之间关系为

$$Q_{AC.F}(t_k) = \eta P_{rated} S(t_k) \tag{1.9}$$

式中　$Q_{AC.F}$——定频空调制冷量；

P_{rated}——定频空调额定功率。

基于式（1.9）的空调制冷量，计算空调运行期间制冷功率与额定功率关系为

$$P_{AC.F}(t_k) = P_{rated} S(t_k) \tag{1.10}$$

式中　$P_{AC.F}$——定频空调制冷功率。

2. 变频空调

变频空调制冷期间制冷功率可变，稳态时，以式（1.11）计算，改变空调制冷功率，使空调的供冷量与室外传热量相同，保持室温维持设定温度。动态时，制冷功率的计算如式（1.12），当设定温度大于实际温度时，空调制冷功率为 0；设定温度小于实际室温时，空调制冷功率为额定功率。

$$P_{\text{ACIS}}(t) = \frac{Q_{\text{ACIV}}(t)}{\eta} - \frac{T_{\text{out}}(t) - T_{\text{in}}(t)}{\eta R} \tag{1.11}$$

$$P_{\text{AC. I. D}} = \begin{cases} 0, & T_{\text{set}}(t) > T_{\text{in}}(t) \\ P_{\text{rated}}, & T_{\text{set}}(t) < T_{\text{in}}(t) \end{cases} \tag{1.12}$$

3. 蓄冷空调

蓄冷空调是利用电网峰谷分时电价，在夜间负荷低谷时段，蓄冷空调以最大蓄冷功率提前制冰蓄冷，将制冷量以冰形式存于蓄冰柜中；在白天负荷高峰时段，蓄冷空调以比例功率融冰释冷，并将冷量传至空调系统中，降低空调系统中压缩机、风机等运行功率，蓄冷空调蓄冰融冰过程示意图如图 1.19 所示。

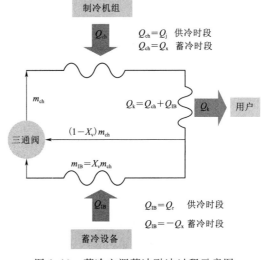

图 1.19　蓄冷空调蓄冰融冰过程示意图

蓄冷空调的蓄冷与释冷量均可变，所以其制冷与释冷功率也可变，蓄冷空调的总蓄冷量为 $W_{\text{总}}$。因此，为使蓄冷空调电气模型更好地反映蓄冷空调的运行特性，考虑动态蓄冰速率 $Q_{\text{x.}t}$ 和融冰速率 $Q_{\text{r.}t}$ 的空调蓄冰融冰过程为

蓄冷时段为

$$W_{t+1} = W_t - S_t \Delta t + Q_{\text{x.}t} \Delta t \tag{1.13}$$

供冷时段为

$$W_{t+1} = W_t - S_t \Delta t - Q_{\text{r.}t} \Delta t \tag{1.14}$$

式中　W_t——蓄冷空调的逐时冷量；

　　　S_t——蓄冷空调的逐时冷量损失。

由蓄冰速率和融冰速率推导蓄冷空调的蓄冷功率与释冷功率为

$$P_{\text{AC. x}}(t) = \frac{Q_{\text{x}}(t)}{\eta} \tag{1.15}$$

式中　$Q_{\text{x}}(t)$——第 t 时刻蓄冷空调蓄冷量。

$$P_{\text{AC. C}}(t) = \frac{Q_{\text{r}}(t)}{\eta} \tag{1.16}$$

式中　$Q_{\text{r}}(t)$——第 t 时刻蓄冷空调释冷量。

1.4　冰蓄冷空调系统运行费用及能耗对比分析

1.4.1　运行费用对比分析

1.4.1.1　蓄冰优先模式

采用部分负荷估算的方法，以 100％、80％、50％ 和 20％ 为典型负荷率，计算出基于峰谷电价下典型负荷率的全天运行费用，再结合统计的典型负荷天数，计算出本项目夏季供冷费用。蓄冰优先模式下系统运行原则为：①夜间用电低谷时段满负荷开启双工况主机制冰，开启热泵主机进行夜间用户侧供冷；②保证冰槽一天之内完成蓄冰、融冰的循环过程，并保证主机在较高效负荷率下运行；③用电高峰时段和尖峰时段优先以冰槽供冷，不足部分开启机组补充；④机组运行顺序为优先开启热泵主机，其次开启双工况主机制冷；⑤用电平段主要开启机组制冷，若满足高峰时段供冷外冰槽仍有余冰，则优先用冰槽进行用电平段制冷。

1. 运行策略分析

蓄冰优先运行模式下各负荷率运行策略如图 1.20 所示。

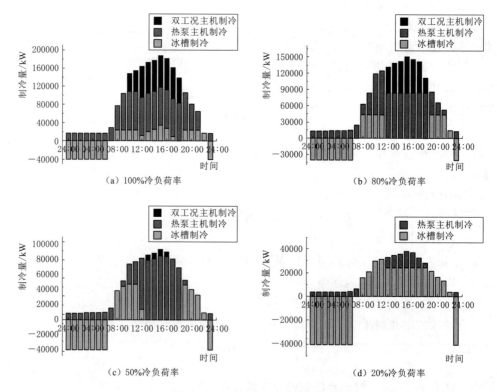

图 1.20　蓄冰优先运行模式下各负荷率运行策略

（1）100％ 冷负荷率下，在夜间用电低谷时段（23 时—次日 6 时）满负荷开启双工况主机制冰，由热泵主机承担夜间冷负荷；由于下午用电平段（12—18 时）满负荷开启热泵主机和双工况主机也不能满足用户侧制冷量，因此优先冰槽补足下午用电平段主机供冷不足部分，冰槽剩余冷量用于上午用电高峰时段（8—11时）及晚上用电高峰时段（19—22时）制冷。

（2）80%冷负荷率下，在夜间用电低谷时段（23时—次日6时）满负荷开启双工况主机制冰，由热泵主机承担夜间冷负荷；下午用电平段优先开启热泵机组制冷，不足部分由双工况主机提供；冰槽主要用于上午和晚上用电高峰时段制冷，不足部分由热泵机组提供。

（3）50%冷负荷率下，在夜间用电低谷时段（23时—次日6时）满负荷开启双工况主机制冰，由热泵主机承担夜间冷负荷；上午用电高峰时段冰槽以最大供冷能力制冷，不足部分由热泵主机提供，晚上用电高峰时段由冰槽承担所有冷负荷。

（4）20%冷负荷率下，在夜间用电低谷时段（23时—次日6时）满负荷开启双工况主机制冰，由热泵主机承担夜间冷负荷；冰槽冷量优先满足上午和晚上用电高峰时段制冷，剩余冷量用于满足下午用电平段大部分制冷，不足部分开启少量热泵机组补充。

2. 供冷季电耗

结合表1.3中冷负荷率汇总天数，计算出蓄冰优先模式供冷季耗电量，见表1.4。

表 1.3 冷 负 荷 率 汇 总 表

负荷率/%	5月天数/天	6月、9月天数/天	7月、8月天数/天	合计/天	各负荷率所占比例/%
90～100	0	0	4	4	2.88
70～90	2	11	25	38	27.34
30～70	9	27	16	52	37.41
0～30	6	22	17	45	32.37

表 1.4 蓄冰优先模式供冷季耗电量

		供冷季逐时电耗汇总							
		5月		6月、9月		7月、8月		总　计	
时段	时间	电耗/(kW·h)	电费/元	电耗/(kW·h)	电费/元	电耗/(kW·h)	电费/元	电耗/(kW·h)	电费/元
谷	23：00	225440.55	81181.14	790157.99	256082.30	834176.94	270348.40	1849775.48	607611.85
	0：00	225440.55	81181.14	790157.99	256082.30	834176.94	270348.40	1849775.48	607611.85
	1：00	225440.55	81181.14	790157.99	256082.30	834176.94	270348.40	1849775.48	607611.85
	2：00	225440.55	81181.14	790157.99	256082.30	834176.94	270348.40	1849775.48	607611.85
	3：00	226099.18	81418.32	792567.58	256863.23	837368.84	271382.87	1856035.60	609664.41
	4：00	226099.18	81418.32	792567.58	256863.23	837368.84	271382.87	1856035.60	609664.41
	5：00	226099.18	81418.32	792567.58	256863.23	837368.84	271382.87	1856035.60	609664.41
	6：00	228663.38	82341.68	801948.49	259903.49	849814.11	275416.26	1880425.98	617661.42

续表

		5月		6月、9月		7月、8月		总 计	
时段	时间	电耗 /(kW·h)	电费 /元	电耗 /(kW·h)	电费 /元	电耗 /(kW·h)	电费 /元	电耗 /(kW·h)	电费 /元
平	07：00	47806.34	34430.12	174855.00	113337.51	231927.31	150330.64	454588.65	298098.28
峰	08：00	34685.55	37470.80	137200.91	133396.33	245710.38	238896.83	417596.84	409763.96
	09：00	60501.20	65359.45	238197.68	231592.46	412318.54	400884.94	711017.42	697836.85
	10：00	117057.49	126457.21	448573.24	436134.31	724547.04	704455.35	1290177.78	1267046.87
	11：00	126707.50	136882.11	483730.91	470317.06	774048.57	752584.21	1384486.99	1359783.37
平	12：00	216446.12	155884.49	808480.24	524040.72	1174443.14	761250.55	2199369.50	1441175.77
	13：00	252402.41	181780.22	926166.89	600322.85	1278009.98	828380.51	2456579.28	1610483.58
	14：00	259020.46	186546.53	950616.90	616170.86	1308330.11	848033.41	2517967.47	1650750.81
	15：00	275568.50	198464.43	1011533.48	655655.77	1383266.30	896605.55	2670368.28	1750725.75
	16：00	265728.55	191377.70	975400.17	632234.88	1339066.91	867956.39	2580195.63	1691568.97
	17：00	232747.53	167624.77	854416.10	553815.43	1191438.18	772266.40	2278601.81	1493706.60
	18：00	196978.07	141863.61	722405.65	468248.90	1018611.60	660243.67	1937995.33	1270356.17
尖	19：00	60692.47	65566.08	240930.79	234249.78	423716.69	466895.96	725339.95	766711.82
	20：00	37073.70	40050.72	147752.20	143655.03	267298.81	294538.16	452124.71	478243.91
峰	21：00	27098.49	29274.50	103683.26	100808.13	177141.77	172229.63	307923.52	302312.25
	22：00	6588.86	7117.94	24098.71	23430.46	31949.47	31063.52	62637.04	61611.91
合计	—	—	—	—	—	—	—	37294604.88	21427278.93

供冷季逐时电耗汇总

经计算，在蓄冰优先运行模式下，本系统夏季运行费用为2142.73万元，区域总建筑面积244.38万m²，夏季耗电量3729.46万kW·h，因此，夏季运行费用指标为8.77元/m²，0.57元/(kW·h)。蓄冰优先模式下各负荷率电耗如图1.21所示。

（1）由图1.21可知，蓄冰优先运行模式下，在冷负荷率为100%和80%时，电耗量主要集中在昼间10—18时，电耗峰值处于15时，夜间用电低谷时段23时—次日6时相对较低，而用电高峰时段7—9时和19—22时耗电量最低。主要是因为夜间双工况机组满负荷开启制冰，导致夜间耗电量较大；冷负荷率较高时，冰槽冷量仅能提供部分用电高峰时段的冷负荷，故在用电平段需开启大量机组进行制冷，导致用电平段耗电量明显高于夜间和用电高峰时段。另外，运行费主要集中于昼间8—21时；夜间用电低谷时段23时—次日6时，逐时电费相对较低且平稳；电费高峰值处于11时，最低值在22时，这是由峰谷电价政策和冰蓄冷空调移峰填谷所致。

（2）在50%冷负荷率下，下午用电平段12—18时电耗量略高于夜间用电低谷时段23时—次日6时，上午用电高峰时段7—11时和晚上用电高峰时段19—22时耗电量最低，电耗量峰值处于15时，最低值处于22时。主要是因为夜间双工况机组满负荷开启制冰，导致夜间耗电量较大；冷负荷率较高时，冰槽冷量仅能提供部分用电高峰时段的冷负荷，故在用电平段需开启大量机组进行制冷，导致用电平段耗电量

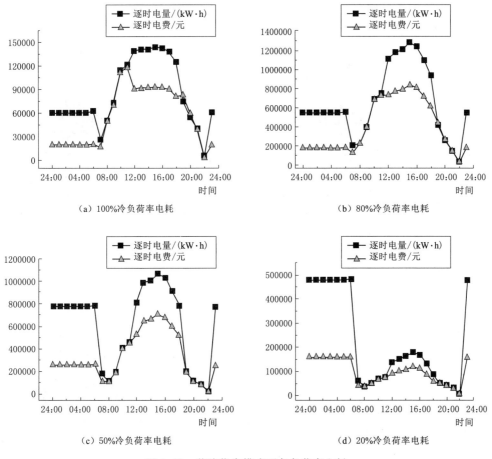

图 1.21　蓄冰优先模式下各负荷率电耗

较高。昼、夜间运行费差异明显，主要集中于昼间 10—18 时，夜间用电低谷时段 23 时—次日 6 时逐时电费相对较低且平稳，电费峰值处于 15 时，最低值处于 22 时。

（3）20％冷负荷率下，夜间用电低谷时期 23 时—次日 6 时，系统电耗远远高于其余时段，这是由于夜间满负荷开启双工况机组制冰所致，导致夜间机组耗电量增加；由于冷负荷率低，冰槽冷量可以提供上午和晚上用电高峰时段的全部冷量，并承担下午用电平段的大部分冷负荷，只需下午用电平段开启少量热泵机组补充制冷，因而下午用电平段略高于上午和晚上用电高峰时段。该冷负荷率下，系统夜间用电低谷时段逐时运行费显著高于其余时段，下午用电平段 12—17 时电费高于上午和晚上用电高峰时段，电费最低值处于 22 时。

1.4.1.2　机组优先模式

机组优先模式下系统运行原则为：①夜间用电低谷时段适当开启双工况主机制冰，开启热泵主机进行夜间用户侧供冷；②保证冰槽一天之内完成蓄冰、融冰的循环过程，并保证主机在较高效负荷率下运行；③各用电时段均优先开启主机供冷，不足部分由冰槽提供；④机组运行顺序为优先开启热泵主机，其次开启双工况主机制冷。

1. 运行策略分析

机组优先运行模式各负荷率运行策略如图1.22所示。

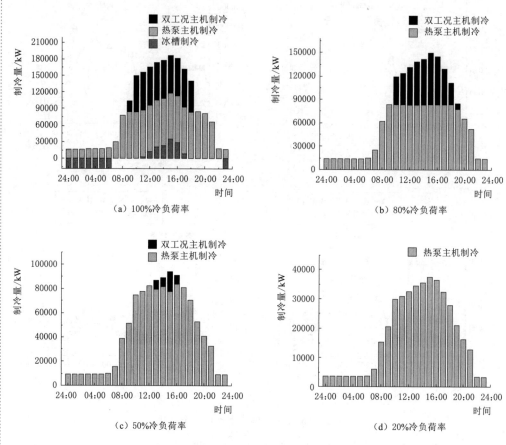

图1.22 机组优先模式各负荷率运行策略

各冷负荷率下，机组优先运行策略均为优先开启热泵主机供冷，其次开启双工况主机供冷，最后机组供冷不足部分由冰槽提供。由图1.22可知，80%、50%和20%负荷率下无需开启机组便可满足用户侧供冷。而在100%冷负荷率下需在用电平段（11—17时）少量开启冰槽供冷，故100%负荷率下需在夜间少量开启双工况主机进行蓄冰。

2. 供冷季电耗

结合表1.3中各负荷率汇总天数，计算出机组优先模式供冷季耗电量，见表1.5。

经计算，在机组优先运行模式下，本能源系统夏季运行费为2427.58万元，区域总建筑面积244.38万 m²，夏季耗电量为3216.84万 kW·h，因此，夏季运行费用指标为9.93元/m²，0.75元/(kW·h)。机组优先运行模式下各负荷率电量和电费如图1.23所示。

表 1.5   **机组优先模式供冷季耗电量**

供冷季逐时电耗汇总									
时段	时间	5 月		6 月、9 月		7 月、8 月		总 计	
		电耗 /(kW·h)	电费 /元	电耗 /(kW·h)	电费 /元	电耗 /(kW·h)	电费 /元	电耗 /(kW·h)	电费 /元
谷	23：00	26919.99	9693.89	98459.47	31909.73	150015.97	48618.68	275395.43	90222.29
	0：00	26919.99	9693.89	98459.47	31909.73	150015.97	48618.68	275395.43	90222.29
	1：00	26919.99	9693.89	98459.47	31909.73	150015.97	48618.68	275395.43	90222.29
	2：00	26919.99	9693.89	98459.47	31909.73	150015.97	48618.68	275395.43	90222.29
	3：00	27575.31	9929.87	100857.13	32686.79	153194.06	49648.66	281626.50	92265.32
	4：00	27575.31	9929.87	100857.13	32686.79	153194.06	49648.66	281626.50	92265.32
	5：00	27575.31	9929.87	100857.13	32686.79	153194.06	49648.66	281626.50	92265.32
	6：00	30129.79	10849.74	110202.54	35715.54	165593.25	53667.12	305925.58	100232.39
平	7：00	47807.14	34430.70	174857.78	113339.32	231929.33	150331.96	454594.25	298101.97
峰	8：00	122634.94	132482.53	448461.63	436025.79	594513.26	578027.41	1165609.84	1146535.73
	9：00	163188.76	176292.82	597108.88	580551.05	794168.08	772145.80	1554465.72	1528989.67
	10：00	235793.27	254727.46	865114.29	841124.67	1159761.62	1127601.43	2260669.18	2223453.57
	11：00	247015.84	266851.21	906442.32	881306.68	1213495.22	1179845.00	2366953.39	2328002.89
平	12：00	261765.97	188523.85	960932.20	622857.04	1281041.82	830345.69	2503740.00	1641726.58
	13：00	277177.61	199623.31	1016990.00	659192.58	1348092.95	873806.89	2642260.55	1732622.77
	14：00	283800.59	204393.19	1041457.71	675052.06	1378426.41	893468.43	2703684.71	1772913.68
	15：00	301636.80	217238.83	1106158.85	716990.04	1455292.43	943291.45	2863088.08	1877520.31
	16：00	290478.09	209202.32	1066065.26	691002.18	1408742.27	913118.56	2765285.61	1813323.06
	17：00	257482.44	185438.85	945111.12	612602.13	1261438.07	817638.93	2464031.63	1615679.91
	18：00	221559.61	159567.23	812537.91	526670.82	1088259.21	705387.86	2122356.74	1391625.91
尖	19：00	167442.66	180888.30	613042.77	596043.09	797470.67	878737.71	1577956.09	1655669.11
	20：00	128551.76	138874.47	470103.35	457067.38	623217.47	686727.07	1221872.58	1282668.92
峰	21：00	103790.86	112125.27	379466.04	368943.45	502724.70	488784.15	985981.61	969852.87
	22：00	27715.81	29941.39	101370.52	98559.51	134394.96	130668.19	263481.29	259169.09
合计	—	—	—	—	—	—	—	32168418.08	24275773.57

由图 1.23 知，机组优先供冷模式下，电耗量主要集中在昼间 8—21 时，且最大耗电量处于 15 时，其余时段电耗量均处于低值；运行费主要集中于昼间 8—21 时，峰值处于上午 11 时，下午用电平段 12—18 时运行费相对较低，夜间用电低谷时段 23 时—次日 7 时逐时运行费处于最低值。各负荷率供冷季电耗量由大到小为：80% 冷负荷率＞50% 冷负荷率＞20% 冷负荷率＞100% 冷负荷率。各时段运行费由大到小为：上午用电高峰时段 10—12 时＞下午用电平段 12—18 时＞晚上用电高峰时段 19—22 时及上午用电高峰时段 8—9 时＞夜间用电谷段 23 时—次日 6 时。可见，机

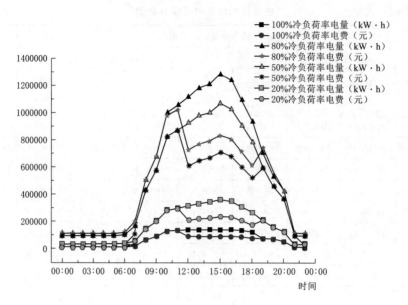

图 1.23　机组优先模式下各负荷率电量（kW·h）和电费（元）

组优先运行模式下，系统运行费主要受逐时冷负荷和峰谷电价政策的影响。

1.4.1.3　非蓄冰模式

　　夏季非蓄冰模式下系统运行策略与机组优先运行模式类似，仅需将 100% 负荷率下夏季机组优先运行模式中的冰槽供冷负荷改由热泵机组承担，得到非蓄冰模式供冷季电耗见表 1.6。在非蓄冰运行模式下，本能源系统供冷季运行费为 2428.55 万元，夏季耗电量为 3210.45 万 kW·h，因此，夏季运行费用指标为 9.94 元/m²，0.76 元/(kW·h)。

表 1.6　　　　　　　　　　　　　　非蓄冰模式供冷季耗电量

供冷季逐时电耗汇总									
时段	时间	5 月		6 月、9 月		7 月、8 月		总　　计	
		电耗/(kW·h)	电费/元	电耗/(kW·h)	电费/元	电耗/(kW·h)	电费/元	电耗/(kW·h)	电费/元
谷	23：00	26919.99	9693.89	98459.47	31909.73	130539.62	42306.59	255919.08	83910.20
	0：00	26919.99	9693.89	98459.47	31909.73	130539.62	42306.59	255919.08	83910.20
	1：00	26919.99	9693.89	98459.47	31909.73	130539.62	42306.59	255919.08	83910.20
	2：00	26919.99	9693.89	98459.47	31909.73	130539.62	42306.59	255919.08	83910.20
	3：00	27575.31	9929.87	100857.13	32686.79	133717.71	43336.57	262150.15	85953.23
	4：00	27575.31	9929.87	100857.13	32686.79	133717.71	43336.57	262150.15	85953.23
	5：00	27575.31	9929.87	100857.13	32686.79	133717.71	43336.57	262150.15	85953.23
	6：00	30129.79	10849.74	110202.54	35715.54	146116.90	47355.03	286449.23	93920.30
平	7：00	47807.14	34430.70	174857.78	113339.32	231929.33	150331.96	454594.25	298101.97

		供冷季逐时电耗汇总							
时段	时间	5 月		6 月、9 月		7 月、8 月		总 计	
		电耗/(kW·h)	电费/元	电耗/(kW·h)	电费/元	电耗/(kW·h)	电费/元	电耗/(kW·h)	电费/元
峰	8:00	122634.94	132482.53	448461.63	436025.79	594513.26	578027.41	1165609.84	1146535.73
	9:00	163188.76	176292.82	597108.88	580551.05	794168.08	772145.80	1554465.72	1528989.67
	10:00	235793.27	254727.46	865114.29	841124.67	1159761.62	1127601.43	2260669.18	2223453.57
	11:00	247015.84	266851.21	906442.32	881306.68	1215595.50	1181887.04	2369053.67	2330044.93
平	12:00	261765.97	188523.85	960932.20	622857.04	1289359.81	835737.24	2512057.99	1647118.13
	13:00	277177.61	199623.31	1016990.00	659192.58	1362374.14	883063.67	2656541.74	1741879.56
	14:00	283800.59	204393.19	1041457.71	675052.06	1395427.49	904488.19	2720685.79	1783933.43
	15:00	301636.80	217238.83	1106158.85	716990.04	1479147.09	958753.56	2886942.74	1892982.43
	16:00	290478.09	209202.32	1066065.26	691002.18	1428576.10	925974.45	2785119.44	1826178.95
	17:00	257482.44	185438.85	945111.12	612602.13	1267951.23	821860.63	2470544.79	1619901.61
	18:00	221559.61	159567.23	812537.91	526670.82	1088259.21	705387.86	2122356.74	1391625.91
尖	19:00	167442.66	180888.30	613042.77	596043.09	797470.67	878737.71	1577956.09	1655669.11
	20:00	128551.76	138874.47	470103.35	457067.38	623217.47	686727.07	1221872.58	1282668.92
峰	21:00	103790.86	112125.27	379466.04	368943.45	502724.70	488784.15	985981.61	969852.87
	22:00	27715.81	29941.39	101370.52	98559.51	134394.96	130668.19	263481.29	259169.09
合计	—	—	—	—	—	—	—	32104509.48	24285526.70

1.4.2 能耗对比

1. 电耗趋势分析

蓄冰优先运行、机组优先运行和非蓄冰运行模式下电耗对比与运行费对比如图 1.24 和图 1.25 所示。

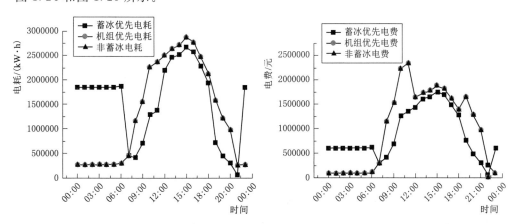

图 1.24 不同运行模式下电耗对比　　图 1.25 不同运行模式下运行费对比

由图 1.24 可见,电耗方面,机组优先运行和非蓄冰运行模式电耗基本一致,主要是因为两种模式仅体现在 100%负荷率下的区别,但 100%负荷率天数占比不到 3%，因此对电耗的影响甚微。

相比之下，蓄冰优先运行和机组优先运行模式下，昼间 8—20 时电耗均处于高峰值，这是由于该供冷区域 97% 建筑为办公和商场建筑，而酒店建筑仅为 3%，故冷负荷主要集中于昼间；8—22 时蓄冰优先运行电耗显著低于机组优先运行，这是由于昼间冰槽释冷只需运行水泵而节省了机组电耗；昼间上午用电高峰时段（8—11 时）和晚上用电高峰时段（19—22 时）二者电耗差显著大于下午用电平段（12—18 时），这是由于蓄冰优先运行模式下，冰槽首先用于转移用电高峰时段耗电量，在仍有剩余冷量时再满足用电平段；夜间蓄冰优先运行电耗明显高于机组优先运行，主要由于双工况主机利用夜间用电低谷期（23 时—次日 6 时）进行制冰蓄冷，导致夜间主机耗电量明显增大。

由图 1.25 可见，运行费与电耗分布趋势基本相同，其中，机组优先运行和非蓄冰运行模式运行费基本一致。供冷季运行费主要分布于昼间，是由于大多建筑为办公建筑所致；蓄冰优先运行模式下，夜间用电低谷期（23 时—次日 6 时）逐时运行费显著高于机组优先运行模式，这是由于蓄冰优先运行模式下夜间开启大量双工况机组制冰所致；昼间（7—22 时）蓄冰优先运行逐时运行费均低于机组优先运行模式，在上午（8—11 时）和晚上（19—22 时）用电高峰时段差异尤为显著，这是由于冰槽主要用于高峰时段供冷，且该时段电价相对较高。

2. 输配系统能耗分析

系统的能耗主要分为机组能耗和输配系统能耗，能源站机房内部系统输配系统仅为各水泵能耗，故选取水泵能耗占比代表系统能耗分布。由于机组优先运行和非蓄冰运行模式电耗基本一致，故此处不考虑非蓄冰运行模式。根据相应运行策略及电耗分布，得到蓄冰优先和机组优先运行模式下水泵电耗占比，夏季输配系统能耗占比如图 1.26 所示。

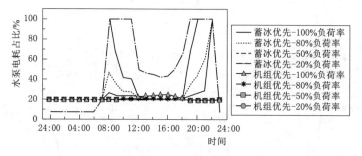

图 1.26　夏季输配系统能耗占比

由图 1.26 可知，夏季蓄冰优先运行模式下，24h 运行周期内水泵能耗占比变化较大。整体趋势为夜间水泵能耗占比最低，仅为 10%～20%；上午和晚上用电高峰时段水泵能耗占比最高，有时能达 100%，即不开启机组；下午用电平段水泵能耗占比为中间值。主要是因为蓄冰优先运行模式下，冰槽优先用来承担用电高峰时段的冷负荷，因此用电高峰时段机组开启较少，导致水泵能耗占比高。

另外，蓄冰优先运行模式下，在用电高峰时段，水泵能耗占比随着负荷率的升高而降低，夜间用电低谷时段随着负荷率的升高而升高。主要是因为负荷率越低，在用电高峰时段冷负荷越小，蓄冰优先运行模式下，冰槽承担冷负荷的相对比例越大，从而导致开启的机组数量越少。在下午用电平段，20％负荷率下水泵能耗占比显著高于其余负荷率，主要是因为在20％负荷率时，冰槽除了提供用电高峰时段冷负荷外，还能很大程度地承担用电平段的冷负荷；然而在其余负荷率下，冰槽仅能提供用电高峰时段的部分冷负荷，因此导致用电平段负荷率较高时的水泵能耗占比均处于较低值。

夏季机组优先运行模式下，24h 运行周期内水泵电耗占比变化平稳，各负荷率下水泵电耗占比均处于20％左右。夜间用电低谷时段，机组优先运行水泵电耗占比高于蓄冰优先运行模式；上午和晚上用电高峰时段，蓄冰优先运行水泵电耗占比远远高于机组优先运行模式；下午用电平段，蓄冰优先运行水泵电耗占比略高于机组优先运行模式，主要与机组 COP 的变化有关。

3. 移峰填谷能力分析

不同运行模式下供冷季运行费分布情况见表 1.7。

表 1.7   不同运行模式下供冷季运行费分布情况

运行模式		总用电量 /(kW·h)	峰段 /(kW·h)	谷段 /(kW·h)	移峰电量率/%	谷电利用率/%
蓄冰优先	100％冷负荷	2016438.66	533220.78	483299.76	53.05	39.81
	80％冷负荷	15538129.83	2902839.59	4360953.66		
	50％冷负荷	14493537.44	1566501.16	6174960.11		
	20％冷负荷	5246498.95	348742.71	3828421.18		
	总　计	37294604.88	5351304.24	14847634.71		
机组优先	100％冷负荷	1922834.91	646767.10	276647.14	0.02	7.00
	80％冷负荷	14223501.55	5032097.98	918379.71		
	50％冷负荷	11913743.54	4248987.72	785499.57		
	20％冷负荷	4108338.07	1469136.89	271860.37		
	总　计	32168418.08	11396989.70	2252386.80		
非蓄冰	100％冷负荷	1858926.31	648867.38	120836.36	—	—
	80％冷负荷	14223501.55	5032097.98	918379.71		
	50％冷负荷	11913743.54	4248987.72	785499.57		
	20％冷负荷	4108338.07	1469136.89	271860.37		
	总　计	32104509.48	11399089.98	2096576.02		

影响冰蓄冷空调系统的主要因素为经济和能耗，本书采用年运行电耗和年运行费以及单位电耗费用进行评价。此外，冰蓄冷空调系统的优势是"削峰填谷"，以移峰电量率与谷电利用率作为评价指标。

移峰电量率 δ 用于衡量冰蓄冷空调系统的削峰能力，计算为

$$\delta = \frac{1 - P_{ih}}{P_{ch}} \tag{1.17}$$

式中 P_{ih}——蓄冰优先运行模式高峰时段耗电量，$kW \cdot h$；

P_{ch}——机组优先运行模式高峰时段耗电量，$kW \cdot h$。

低谷电量利用率 σ 用于衡量冰蓄冷空调系统的填谷能力，计算为

$$\sigma = \frac{P_{id}}{P} \tag{1.18}$$

式中 P_{id}——系统用电低谷时段耗电量，$kW \cdot h$；

P——总耗电量，$kW \cdot h$。

以非蓄冰运行模式为比较基础，将数据代入式（1.17）和式（1.18）中，得到蓄冰优先运行模式下系统供冷季移峰电量率为 53.05%，谷电利用率为 39.81%；机组优先运行模式下供冷季移峰电量率为 0.02%，谷电利用率为 7%。故本冰蓄冷空调系统蓄冰优先运行模式能够起到很好的移峰填谷作用，为电网降低供电压力。汇总不同运行模式下主要节能参数对比见表 1.8。

表 1.8　　主要节能参数对比表

指　标	非蓄冰	蓄　冰　优　先			机　组　优　先		
		蓄冰优先	节省值	节省率/%	机组优先	节省值	节省率/%
耗电量/(kW·h)	32104509.48	37294604.88	−5190095.40	−16.17	32168418.08	−63908.59	−0.20
单位面积耗电量 /(kW·h/m²)	13.14	15.26	−2.12	−16.17	13.16	−0.03	−0.20
运行费用/万元	2428.55	2142.73	285.82	11.77	2427.58	0.98	0.04
单位面积运行费 /(元/m²)	9.94	8.77	1.17	11.77	9.93	0.004	0.04
单位电耗费用 /[元/(kW·h)]	0.76	0.57	0.18	24.05	0.75	0.002	0.24

由表 1.8 可知，以非蓄冰运行为比较基础，电耗方面，蓄冰优先运行模式供冷季耗电量增加 519 万 kW·h，电耗增量占比 16.17%；机组优先运行模式供冷季耗电量增加 6.39 万 kW·h，电耗增量占比 0.2%。运行费方面，相比于非蓄冰运行，蓄冰优先运行模式供冷季节省运行费 285.82 万元，节约运行费占比 11.77%，单位电耗费用降低 0.18 元/(kW·h)，即 24.05%；机组优先运行模式供冷季节省运行费 0.98 万元，节省费用占比 0.04%，单位电耗费用降低 0.002 元/(kW·h)，即 0.24%。可见，夏季机组优先运行与非蓄冰运行模式能耗差别甚微。合理运用冰蓄冷技术，能够显著降低系统运行费用，为用户带来良好的经济效益，但同时会增加系统能耗，无节能效益。

1.5　蓄冷空调新应用

蓄冷技术在降低系统运行成本和制冷机容量方面起着非常重要的作用，因为它可以提高可再生能源的效率。蓄冷技术作为一种移峰填谷调节能量供需、节约运行费用、实现能量的高效合理利用的手段已经引起了人们的高度重视，许多国家的研

究机构都在积极进行研究开发，其目标集中在如下几个方面：

（1）区域性蓄冷空调供冷站。已经证明，区域性供冷或供热系统对节能较为有利，可以节约大量初期投资和运行费用，而且减少了电力消耗及环境污染，建立区域性蓄冷空调供冷站已成为各国热点。这种供冷站可根据区域空调负荷的大小分类自动控制系统，用户取用低温冷水进行空调就像取用自来水、煤气一样方便。

（2）冰蓄冷低温送风空调系统。伴随着冰蓄冷技术的发展，深入研究冰蓄冷低温送风空调技术已经成为业界的焦点课题。蓄冷与低温送风系统相结合是蓄冷技术在建筑物空调中应用的一种趋势，是暖通空调工程中继变风量系统之后最重大的变革。这种系统能够充分利用冰蓄冷系统所产生的低温冷水，一定程度上弥补了因设置蓄冷系统而增加的初投资，进而提高了蓄冷空调系统的整体竞争力，在建筑空调系统建设和工程改造中具有优越的应用前景。在 21 世纪将得到广泛的应用。

（3）开发新型的蓄冷空调机组。对于分散的暂时还不具备建造集中式供冷站条件的建筑，可以采用中小型蓄冷空调机组。

（4）开发新型蓄冷蓄热介质。蓄冷技术的发展和推广要求人们去研究开发适用于空调机组，且固液相变潜热大，经久耐用的新型蓄冷材料。

（5）发展和完善蓄冷技术理论和工程设计方法。蓄冷技术的进一步发展要求加强对现有蓄冷设备性能的试验研究，建立数值分析模型，预测蓄冷设备的性能，从而对蓄冷空调系统进行优化设计。

（6）建立科学的蓄冷空调经济性分析和评估方法。在进行蓄冷空调系统可行性研究时，如何综合评价蓄冷空调系统转移用电负荷能力、能耗水平和用户效益，如何比较常规空调和蓄冷空调系统，是人们一直关心的一个问题。蓄冷空调系统并非适用于所有场合，必须通过认真分析评估，确保能够降低运行费用、减少设备初投资、缩短投资回收期，才能确定是否采用。

经国内外学者多年持续研究，太阳能光伏制冷在产品结构、系统运行效率和制冷性能方面不断获得改进和发展，且光伏制冷研究已取得较好的成果并走上了产业化的发展道路。但太阳能间歇性这个核心问题仍然困扰着光伏制冷的研究与应用。为克服这个难题，现阶段主要采取并网发电和蓄电池辅助这两种办法来确保光伏组件输出电能的稳定性。但是采取的并网发电和蓄电池辅助的办法都有局限性，主要体现在以下两个方面。

（1）"光伏＋并网"模式驱动制冷系统是依靠电网容量来消除太阳能的波动与间歇性对光伏阵列输出电能的影响。目前并网技术已十分成熟，在电网大容量的包容下，制冷系统能稳定可靠运行。但由于光伏阵列输出的电能具有很大的波动性，接入电网后对电网的电能势必造成一定的冲击，因此从电力安全角度考虑，电网是不允许较多的小型分布式光伏电站接入电网。因此采用并网蓄能驱动制冷系统的模式受限于电网接纳程度。

（2）"光伏＋蓄电池"模式驱动制冷系统是利用蓄电池维持光伏阵列输出电能的稳定性并存储光伏阵列产生的剩余电能。目前光伏发电、蓄电池储能及蒸汽压缩机制冷均属于十分成熟的技术，市面上大部分的光伏空调均采用此种模式。配备蓄电池后，增加了系统设计制造的复杂性及投资和维护成本，在经济性方面无法与市电驱动的空调相比，适用于无电网且在炎热的沙漠、孤岛和河谷等对制冷需求大于经济性能的特殊地方及领域。蓄电池成本过高，生命周期短及污染环境等问题也制约了光伏空调的发展。

在全球能源紧缺及环境保护的主旨下，光伏发电势必会在未来世界能源结构中占有重要地位，因此光伏制冷也将是制冷领域的重要组成部分。解决目前的光伏制冷储能难这一技术难题将成为光伏制冷研究工作的首要任务。

结合以上分析可得，在光伏制冷系统中，若采用某种技术成熟且价格低廉的产品代替蓄电池存储能量并能同时解决太阳的波动性与间歇性对制冷系统的影响，那么太阳能光伏空调将会具有广阔的应用前景。众所周知，冰蓄冷空调系统具有技术成熟、蓄冷能力强且价格低廉等优点。若能充分利用白天太阳能资源实现高效光伏直驱制冰蓄冷，而夜间利用白天存储的冷量供冷，实现蓄冰代替蓄电，不仅节省蓄电池的投资运行成本，还能有效减少光—电—冷之间的能量转换存储损失，克服太阳辐照间歇性对光伏制冷系统工作稳定性与持久性的影响，有效提高光伏制冷效率。

随着光伏光电转换效率的提高及光伏成本的下降，分布式光伏能源系统的利用将逐步增加，且在国家与电网鼓励分布式光伏能源产生的电能就地消纳的环境下，未来分布式光伏能源在光伏能源结构中占比较大。因此，采用分布式光伏能源驱动的价格低廉技术成熟的冰蓄冷替代蓄电池储能的空调系统在经济性与便利性方面，与市电驱动的空调系统相比具有一定的竞争优势。此外，分布式光伏能源驱动冰蓄冷空调系统在供冷需求量较大、人烟稀少且无电网的热带偏远地区具有非常好的利用价值。例如，在太阳能辐射资料丰富的诸多岛屿上，日照时间长，气温炎热，全年约 300 天有制冷需求。因此，采用分布式光伏能源驱动制冷机组供冷具有较好的应用，且制冷系统中采用冰蓄冷替代蓄电池储能可带来较好的经济效益。

蓄冷技术具有广阔的发展前景，要抓住机遇，继续加强和扩大与国外蓄冷设备厂的合作，在吸收众多技术优点的基础上，向低成本、高效率全自动化方向发展。另外，政府部门应大力提倡、宣传蓄冷空调的社会效益和经济效益，制定合理的分时电价政策，鼓励广大用户采用蓄冷空调系统。要积极开办蓄冷空调系统的设计、施工、调试、运行的培训，使广大工程技术人员和施工安装人员深入了解蓄冷空调系统，使我国的蓄冷空调事业步入迅速发展的良性轨道。

思　考　题

1. 为什么湿工况下的空气冷却器比干工况下有更大的热交换能力？
2. 为什么说在空调设计中，正确决定送风温差是一个相当重要的问题？
3. 置换通风系统的主要特点是什么？
4. 空调区气流性能的评价方法主要有哪些？
5. 简述制冷系统的工作原理（写出四大部件、各个部件工作过程）。
6. 湿空气与完全干燥空气相比哪个轻？为什么？

7. 确定新风量的新观念是什么？空调系统所需的新风主要有哪两个用途？

8. 空气的加湿方法主要有哪两大类？分别有哪些空气加湿器形式？

参 考 文 献

［1］ 徐永锋. 分布式光伏冰蓄冷空调能量转换传递机理及制冷特性研究 ［D］. 昆明：云南师范大学，2019.

［2］ 罗志高，卓献荣，陈秋丽，等. 浅析太阳能光伏驱动冰蓄冷田头冷库的应用与发展 ［J］. 制冷，2019，38（3）：57 - 61.

［3］ 李好姝. 区域型冰蓄冷空调系统运行策略优化分析 ［D］. 重庆：重庆大学，2020.

［4］ 赵乔乔. 空调工况相变蓄冷介质的改性及应用研究 ［D］. 哈尔滨：哈尔滨商业大学，2017.

［5］ 汪道先. 蓄冷空调系统评价方法研究及某冷站的运行测试分析 ［D］. 西安：西安工程大学，2020.

［6］ 魏曙光. 冰片滑落式冰蓄冷系统基于周蓄冰策略下的优化运行 ［D］. 上海：东华大学，2008.

［7］ 张凯，陈辉华，姚建刚，等. 基于气象要素的省地一体化负荷预测与管理平台 ［J］. 电力需求侧管理，2008（1）：22 - 25.

［8］ 温权，李敬如，赵静. 空调负荷计算方法及应用 ［J］. 电力需求侧管理，2005（4）：16 - 18.

［9］ 孟凯. 空调负荷的需求响应机制研究 ［D］. 郑州：郑州大学，2019.

［10］ 崔宏海. 空调特性对动态电压稳定的影响 ［D］. 北京：华北电力大学，2009.

［11］ 权轶. 电网负荷与温度关系研究 ［D］. 武汉：华中科技大学，2008.

［12］ 耿博文. 储电与空调负荷联合削峰填谷优化方法研究 ［D］. 沈阳：沈阳工业大学，2019.

［13］ 陆婷婷. 空调负荷的储能建模和控制策略研究 ［D］. 南京：东南大学，2016.

［14］ 胡睿，卢军，李好姝. 区域型冰蓄冷夏季空调系统运行策略优化分析 ［J］. 制冷与空调（四川），2020，34（1）：77 - 80.

［15］ 郑坤，徐俊杰，郭然，等. 冰球式蓄冰系统设计分析 ［J］. 建筑科学，2013，29（12）：120 - 123.

［16］ 谢银龙. 重庆市居住建筑热致变色屋面顶层房间节能实效研究 ［D］. 重庆：重庆大学，2022.

［17］ 李金平，王如竹，郭开华，等. 蓄冷空调技术及其发展方向探讨 ［J］. 能源技术，2003（3）：119 - 121.

［18］ 程瑞端，龚彦，李时东，等. 城市空调系统现状及其节能措施 ［J］. 制冷，2005（S1）：72 - 78.

［19］ 李兴仁. 低温相变蓄冷材料及其蓄冷特性的实验研究 ［D］. 重庆：重庆大学，2005.

［20］ 方贵银，邢琳，杨帆. 蓄冷空调技术的现状及发展趋势 ［J］. 制冷与空调，2006（1）：1 - 5.

第2章 智能电网环境下微电网能源管理策略

2.1 引　言

　　近年来，世界各国越来越重视全球能源短缺和环境恶化等问题。但在传统集中式供电过程中，化石燃料等非可再生能源的燃烧直接造成了能源利用率低以及环境污染问题。此外，单向能量流动模式下的传统电力网络还表现出高成本、低效率以及固化的运行方式等种种弊端，难以给用户提供个性化、多样化以及灵活化的高质量用电服务。

　　为了应对传统电力网络表现出的种种弊端，分布式电源（distributed generation，DG）及其经济效益成为了关注点。分布式电源是指分布在需求侧的一些小型发电单元，如燃油发电单元、微型燃气轮机发电单元、光伏电板发电单元和风力发电单元等。利用分布式电源在地理分布上的优势，为其附近的电力用户提供电能服务，可避免由于电力传输而导致的电力损耗。有利于减少传统发电厂的扩建需求，节省一定的建设成本。此外，分布式电源，尤其是分布式可再生电源的应用，可有效地降低环境污染排放，在改善和保护环境等方面展现出巨大的价值。

2.2 微 电 网 系 统

　　随着智能电网（smart grid）的快速发展，为了有效地发挥出分布式电源发电的优势，并减少其对现有电力网络的不利影响，微电网（microgrid，MG）的概念被提了出来。智能电网的演化过程如图 2.1 所示。微电网是由分布式发电单元、储能单元、需求侧电力负荷、通信装置、保护装置和监控装置所组成的微型发配电系统。微电网的提出对大电网和需求侧用户都具有重要的意义。对大电网而言，微电网的意义在于可降低输电压力，减缓大电网的扩建与改造，降低了发电成本同时提高了能源利用率。微电网与外部大电网的电力交互，可有效提高电力网络的供能效率以及稳定性。对需求侧用户而言，微电网通过部署地理分布的分布式电源，合理的安排电力输出，可降低用电成本。此外，还可为用户提供个性化、多样化以及灵活化的高质量用电服务。

　　微电网靠近用户侧，有时不仅可以向用户提供所需的电能，同时还可以向用户

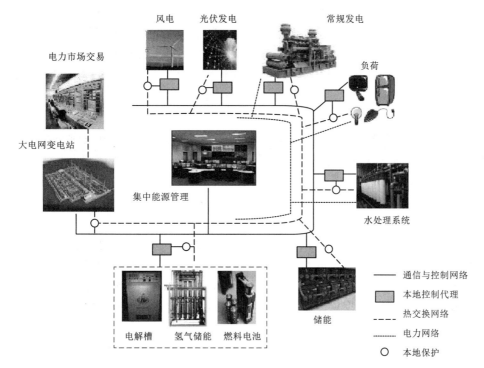

图 2.1　智能电网的演化过程

提供热能，满足用户供热和制冷的需要，此时的微电网实际上是一个综合能源系统。微电网一般具有能源利用效率高、供能可靠性高、污染物排放少、运行经济性好等优点。

　　随着需求侧用电设备的逐渐多样化，电力负荷呈现出种类繁多并且分布不均匀等特点，在大电网环境下难以提供统一且高效的管理策略。微电网作为微型发配电系统，可高效的促进供需两侧电力资源的整合管理，具备自治管理和多微电网互补等特点。其也因此成为未来电力网络的发展趋势。此外，随着分布式电源大规模的接入，单微电网也逐步过渡到多微电网互联互补模式。多微电网能源互动管理系统可实现中低压电力网络中多分布式电源的协调运行管理。微电网的能源管理策略研究对于未来电力网络的发展具有重要意义，但同时存在一些科学问题亟须解决。其一，分布式可再生电源供能的间歇性以及用户需求的不确定性，均不利于微电网系统的稳定运行。其二，由于微电网、大电网以及需求侧用户之间的利益交互，其能源管理是一个高维度、多变量和多约束的复杂组合能源优化调度问题。其三，能源互联网背景下，着重强调微电网系统内各主体应具备自主自治以及自律的特性，但缺乏有效的管理策略来支撑。

　　我国微电网正处于从示范试点向商业化、规模化应用过渡的关键时期，伴随着技术进步、政策支持和市场需求的增长，微电网有望在未来实现更广泛的应用和更快的发展。2022 年 1 月，国家发展改革委与国家能源局印发《"十四五"现代能源体系规划》（发改能源〔2022〕210 号），明确指出要积极发展以消纳新能源为主的智能微电网，实现与大电网的兼容互补。微电网的发展将不再局限于自身的收支平衡，而是成为电网结构中的重要组成部分，有助于促进分布式电源与可再生能源的消纳，实现对负荷的多样供给。在资源节约型以及环境友好型的社会背景下，微电网的重要性在整个电力网络中也愈发突出。微电网的接入可作为智能电网初步实现与应用的一个重要标志，能有效的加快配电网的智能化发展，进而推动智能电网的发展进程。

美国的微电网建设试点项目是全球最多的，在全球的微电网建设项目中占比较大，约达 50%。美国的微电网建设项目在地理位置上分布广、投资多元化、结构多样化以及应用场景较为丰富，主要侧重于大规模接入可再生分布式能源同时提高供电服务过程的可靠性和可控性。

日本是亚洲最先开始研究微电网建设项目的国家。2009 年，日本经济产业省资源能源厅开展了基于新能源的海岛独立微电网的实证研究项目，通过投入政府的财政补贴，联合九州电网公司以及冲绳电网公司在鹿儿岛县和冲绳县两地的 10 多个海岛上开展了微电网建设项目的研究。由于地震、台风以及海啸等自然灾害的影响，日本着重研究自然灾害下微电网系统电力供应的可靠性以及稳定性。

2.3　需求响应参与微电网能源管理

2.3.1　需求响应的定义及类型

不同于传统电力网络的管理模式，智能电网环境下的微电网系统中，需求侧用户不再是被动的参与者或价格接收者（pricing taker，PT），而是能够主动参与到微电网系统能源管理和电力市场。1984 年，需求侧管理（demand side management，DSM）项目的开展主要是用来应对当前的能源危机，该概念率先由美国电力科学院所定义。因此，需求侧资源与新能源的协同调度管理成为了电力领域的研究重点，也得到了大量研究学者的关注。近年来，需求响应（demand response）作为需求侧管理的重要研究内容，通过制定有效的激励策略，可引导需求侧用户优化自身用电行为同时提高自身的用电效率。在不影响需求侧用户正常用电情况下，用户转移或削减部分电力负荷，可实现节约用电以及保护环境的目的。需求响应强调的是需求侧用户主动调整自身的用电策略来回应系统的能源价格或激励信号，同时提高自身的收益。

需求响应项目主要可以分为两种类型。

（1）基于价格的需求响应（price - based demand response）。利用定价策略来引导需求侧用户削减或转移电力负荷，用户可以通过响应该价格策略来获益。常见的基于价格的需求响应策略有分时电价策略（time of use pricing scheme）、尖峰电价策略（critical peak pricing scheme）和实时电价策略（real time pricing scheme）3 种。

1）分时电价策略：固定不变的电价用来描述平均电力供应成本，该电价策略可能会执行多年而保持不变。但在该电价策略下，用户很难意识到自身的消费成本变化从而主动改变电力负荷需求，因此该策略并不利于需求响应项目的实施。为了弥补固定不变电价策略的缺点，分时电价策略被提了出来，该机制能够更好的描述电力成本的时间变化情况。目前，电力公司对分时电价划分主要包括峰时区、平时区和谷时区 3 个时间段。分时电价机制可以较好地反映电力价格与整体电力消耗之间的关系，但难以体现出电力供应成本的日常波动。

2）尖峰电价策略：为了保障电力系统在某些极端情况下的稳定性，如电能储备不可用、极端环境因素导致的电力负荷剧烈波动等，尖峰电价机制在分时电价的基础上应运而生。在尖峰时段制定较高的电价可避免极端电力负荷对系统的影响。尖峰电价机制的具体形式有两种：① 极端的日电价（extreme daily pricing scheme），该机制一旦实施，将在整个极端日内都实施高电价策略；② 极端的日尖峰电价（extreme daily critical peak pricing scheme），该机制只在极端日的尖峰时段实施高电价策略，在其他时间段里依然实施固定的电价策略。

3）实时电价策略：在非常短的时间内对电力价格进行更新，一般为小时更新。在该电价机制下，用户能够直接获得电力边际价格的变化情况。目前，美国有两个发展较为成熟的实时电价机制应用项目，PJM 电力市场和 Midcontinent ISO 电力市场❶。

（2）基于激励的需求响应（incentive - based demand response）。需求侧与供应侧一般以合同形式来约定好相应的条款。为了避免电力网络出现紧急状况，电力部门或电网运营商可在用电峰时对用户的电力负荷进行直接或者间接控制，从而降低该时段的电力负荷需求，需求侧用户会因此获得一定的经济补偿。常见的基于激烈的需求响应策略有直接负荷控制策略、切负荷策略和需求侧竞价策略 3 种。

1）直接负荷控制策略（load control scheme）：该控制策略一般是针对小型的用户，如住宅用户。在该机制下，电力公司或需求响应的聚合者（aggregator）可直接调控管理待控资源，如电动汽车、洗衣机、热水器和空调等设备。在该项目的具体实施中，需要严格控制中断次数以及约束时间来保障用户的舒适度。需求响应参与者同样会获得一定的经济补偿作为回馈，常见形式有电费折扣或者一定数量的经济补偿等。值得注意的是，该调控管理的实施者主要集中在电力公司或者需求响应聚合者，参与需求响应的用户可能事先并不了解具体实施方案，会给参与需求响应的用户带来一定的不适感和风险，如在某个时段，用户违背方案使用了本该在该时段关停的设备，将面临着约定的处罚。

2）切负荷策略（load shedding scheme）：该策略一般是针对中型和大型用户。在该机制下，应电力公司或需求响应聚合者的要求，用户需要直接削减或者完全中断某些特定电力负荷的使用。在该项目的具体实施中，同样需要控制中断次数以及约束时间来保障用户的舒适度。

3）需求侧竞价策略（demand side bidding scheme）：该策略给用户提供了直接

---

❶　Pennsylvania - New Jersey - Maryland：宾夕法尼亚-新泽西-马里兰联合系统运营商；Midcontinent ISO：美国中部电力系统运营商。

参与电力市场竞争的机会。用户可通过竞价或者合同的形式参与到该需求响应项目中，投标时需提供电力价格以及削减的电负荷量，电力公司根据所有的投标来决定中标者。若中标者未按照要求完成相应的电负荷削减量，将面临着约定的处罚。

2.3.2　需求响应的工程实践应用

目前，需求响应在一些实际的示范工程项目中得到了应用。美国在需求响应理论以及实际工程应用上的研究最为成熟，如纽约的独立系统运营商（New York independent system operator，NYISO）针对需求响应项目，提出了紧急需求响应、特殊情况资源、日前需求响应、需求侧辅助服务 4 种不同的项目。前两个项目是针对工业以及商业用户，通过制定激励策略，来促使用户削减关键时期的电力负荷。第三个项目允许用户在日前电力市场中对计划削减的负荷量进行投标，NYISO 因此可确定更为经济的市场电力出清价格。第四个项目允许了零散的用户对负荷缩减进行投标。

佛罗里达州的 Tampa 电气公司为了有效地调控管理需求侧用户在参与需求响应项目时所报备的设备，如洗碗机、空调和洗衣机等家用电器设备，提供了可远程监测以及调控管理的负荷控制器以及安装了相应的管理软件。该公司与 Progress 能源公司联合开展了两个需求响应项目的研究工作：Standby Generator Program 和 Backup Generator Program，主要目的是通过调控需求侧备用发电机的功率输出来满足部分需求侧用户的电力负荷需求，从而缓解峰时电网的负荷压力。

在加拿大，安大略省（Ontario）的独立电力网络运营商准许聚合者用价格等方式对需求侧进行管理，来维持电力网络供需平衡。聚合者提前发布通知关于所管区域设施的负荷削减量，从而实现关键时期独立系统运营商所计划需削减的总负荷量。其中，ENBALA Power Networks 公司是一个比较权威的聚合者，通过 GOFlex 平台管理了包含冷库、污水处理中心、医院和学校等区域的一些设备。该公司同时实施了很多需求响应项目，比较典型的是通过 GOFlex 平台在 Ontario 的 McMaster 大学开展了校园需求响应聚合项目。

我国主要通过政策的实施来引导能源行业的改革。需求响应在高效整合利用供需两侧资源以及消纳分布式可再生电源等方面发挥着重要的作用，因此成为发展未来电力网络的重要管理策略之一。目前，相关的电力主管部门提出了"放开两头，管住中间"的未来能源发展规划，允许供需两侧直接参与到电力交易市场，提高了电力价格灵活性以及需求弹性，从而构建一个良性活跃的电力交易环境。近些年，我国出台了相关的政策以及开展一些需求响应试点项目，来高效整合需求侧资源同时提高其响应能力。2014 年，自然资源保护协会（NRDC）、南瑞集团有限公司、国家电网有限公司以及 Honeywell 公司于上海联合推出了需求响应试点项目，这也是我国第一个官方的需求响应示范项目。该试点项目包含了 33 个商业大楼公共建筑、31 个钢铁公司、化学公司和汽车工业厂房等不同类型的电力用户，其总容量约达 100MW。该项目通过在经济以及技术两个方面对不同类型用户的电力负荷进行调控管理。2015 年，在《关于进一步深化电力体制改革的若干意见》（中发〔2015〕9 号）文件中，强调新的一轮电力改革需要通过需求响应来平衡供需两侧的电力。

2017 年，在《关于深入推进供给侧结构性改革做好新形势下电力需求侧管理工作的通知》文件中，强调通过需求响应来引导有序的用电，从而降低峰时电力供应压力。2018 年，在《清洁能源消纳行动计划（2018—2020 年）》（发改能源规〔2018〕1575 号）文件中，强调放开需求侧资源进入到电力交易市场中。2019 年，在《关于深化电力现货市场建设试点工作的意见》文件中，强调在电力现货市场建设方案设计、衔接及运营机制等方面的规范化。2020 年，在《关于做好 2021 年电力中长期合同签订工作的通知》（发改运行〔2020〕1784 号）文件中，鼓励需求侧资源参与到中长期市场，发挥出价格型需求响应调节作用。

2.4 考虑不确定性环境下微电网能源管理策略

2.4.1 模型预测控制

无论是日常生活，还是工业生产，稳定且可靠的电力供应不可忽视，而系统频率作为衡量现代电力网络稳定性的基本指标之一，时有多种外部因素引起的频率波动而导致了相应事故的发生。因此，有效且可靠的频率调控管理策略研究对抑制电力系统的频率波动是非常有意义的。传统上，比例积分（proportional – integral，PI）调控管理策略是常用的频率调控方法，其结构简单。但针对多变量、非线性以及约束控制系统，PI 控制器难以提供满意的性能。此外，其固定调谐参数也可能会影响到系统频率调控管理效果。

模型预测控制是一种时域空间上的在线滚动调控管理策略，即针对未来有限时域的开环最优化问题，求解出最优的调控序列，并将调控序列的第一个元素作用于调控管理系统。在下一个时刻，重复上述过程。考虑到传统调控管理策略的不足，模型预测控制（model predicted control，MPC）因其具有快速响应以及能够有效处理外部扰动、参数不确定性、非线性和约束系统等特点而成为研究热点。MPC 原理如图 2.2 所示，其中 y_r 是根据设定值 y_{sp} 和当前输出 y 求解的参考轨迹；y_m 是预测模型的输出；y_c 是经过反馈校正后得到的预测输出；e 是预测输出与当前输出的偏差。

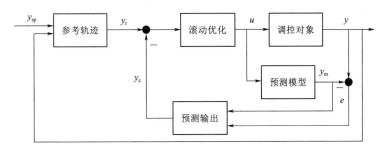

图 2.2　MPC 原理图

根据 MPC 的原理，其主要具备以下 3 个基本要素。

（1）预测模型。无论调控管理系统采取何种表达方式，若其可根据过去信息以及未来输入信息来预测未来的行为,则可作为预测模型。此外,调控管理系统的动态特性可通过预测模型来有效拟合。值得注意的是,此优化过程完全是基于调控管理系统的预测行为,预测模型的精度会直接影响到调控管理系统的性能。

(2) 滚动优化。在每个采样周期内,根据调控管理系统的当前状态信息以及相应的预测模型,可按照给定的有限时域优化目标函数来求解出最优调控管理序列,只需将最优序列的第一个元素作用于调控管理系统。在下一个采样周期,重复上述操作即可,直到管理系统趋于稳定。虽在每个采样周期内,采用了相对统一的目标函数,但在每个采样周期内所设置的绝对时间区域可能是不同的。整个调控管理过程是向前滚动优化的。

(3) 反馈校正。预测误差以及外部其他扰动会给调控管理系统带来一定的不确定性,反馈校正可以在一定程度上补偿这些不确定性。

从大多数已有文献工作中可知,调控管理模型一般采用了状态空间模型,为多输入多输出问题提供了更为简单的设计。MPC 策略同时能有效地描述带干扰输入的离散状态空间模型,其有限时域调控优化问题形式为

$$\min_{u(0)\cdots u(n-1)} \sum_{k=1}^{m}\big[\boldsymbol{y}(k)-\boldsymbol{y}_{\mathrm{sp}}(k)\big]^{\mathrm{T}}\boldsymbol{\Pi}\big[\boldsymbol{y}(k)-\boldsymbol{y}_{\mathrm{sp}}(k)\big]+\sum_{k=1}^{n}\big[\Delta\boldsymbol{u}(k-1)\big]^{\mathrm{T}}\boldsymbol{\Xi}\big[\Delta\boldsymbol{u}(k-1)\big]$$

$$(2.1)$$

满足

$$\boldsymbol{x}(k+1)=\boldsymbol{A}\boldsymbol{x}(k)+\boldsymbol{B}\boldsymbol{u}(k)+\boldsymbol{D}\boldsymbol{\omega}(k)$$

$$\boldsymbol{y}(k)=\boldsymbol{C}\boldsymbol{x}(k) \qquad (2.2)$$

相应的状态约束以及变化率约束形式可表示为

$$\boldsymbol{u}^{\min}\leqslant\boldsymbol{u}(k)\leqslant\boldsymbol{u}^{\max}$$

$$\Delta\boldsymbol{u}^{\min}\leqslant\Delta\boldsymbol{u}(k)\leqslant\Delta\boldsymbol{u}^{\max}$$

$$\boldsymbol{y}^{\min}\leqslant\boldsymbol{y}(k)\leqslant\boldsymbol{y}^{\max} \qquad (2.3)$$

其中

$$\Delta\boldsymbol{u}(k)=\boldsymbol{u}(k)-\boldsymbol{u}(k-1)$$

式中　$\boldsymbol{x}(k)$、$\boldsymbol{y}(k)$——调控管理系统在 k 采样时刻的系统状态和系统输出变量;

$\boldsymbol{u}(k)$——k 采样时刻的系统输入;

$\Delta\boldsymbol{u}(k)$——k 采样时刻的系统输入增量;

$\boldsymbol{\omega}(k)$——k 采样时刻的系统外部干扰;

$\boldsymbol{A}$、$\boldsymbol{B}$、$\boldsymbol{C}$、$\boldsymbol{D}$——相应的系数矩阵;

$\boldsymbol{\Pi}$、$\boldsymbol{\Xi}$——输出偏差矩阵和增量输入矩阵;

m、n——预测时域和控制时域,且有 $n\leqslant m$。

优化目标公式 (2.1) 的第一项为系统输出偏差成本项,第二项为系统输入成本项。在 MPC 问题的描述中,目标函数式 (2.1) 的形式与实际问题紧密相关,并不唯一。

2.4.2　微电网的运行模式

微电网的运行管理模式主要包含两种:孤岛模式和并网模式。当外部大电网存在故障时或微电网主动单独运行时,只需断开公共连接点 (point of common coupling，PCC）处的静态开关，微电网便启动孤岛运行模式。此时，微电网的主控器需采取合适的调控管理策略来保障孤岛模式下的微电网系统正常运行所需电压以及频率。同理，闭合公共连接点处的静态开关，微电网则启动并网运行模式，从而与外部大电网相连。外部大电网的接入可有效保障微电网系统内的功率平衡同时丰富了调控管理策略。集中控制方案如图 2.3 所示。

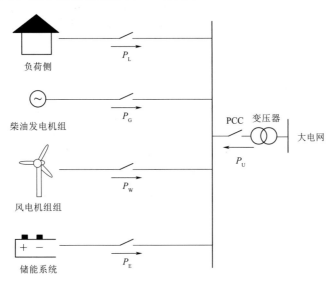

图 2.3　集中控制方案

微电网的提出对大电网和需求侧用户都具有重要的意义。对大电网而言，微电网的意义在于可降低输电压力，减缓大电网的扩建与改造，降低发电成本以及提高能源利用率。微电网系统与外部大电网的电力交互，可进一步提高电力网络的供能效率以及稳定性。对需求侧用户而言，微电网系统可有效部署地理分布的分布式电源，合理的安排电力输出，降低了用电成本，并可为用户提供个性化、多样化以及灵活化的高质量用电服务。

2.4.3　模型构建

1. 动态能量交互策略

以风电渗透的并网微电网系统为研究对象，充分考虑了风电的功率输入以及电力负荷需求的不确定性，负荷侧的功率需求偏差和风电功率输出是本章所述系统不确定性的主要来源。当外部扰动处于低强度时，孤岛运行模式下的微电网系统可以通过MPC 策略来有效调控系统频率。然而，当外部扰动过于激烈时，MPC 策略虽然可以降低系统的频率波动，但系统依然处于不稳定状态，不利于系统的安全可靠运行。

根据微电网的两种运行模式，本章研究内容充分挖掘微电网系统能源得可调度性，提出了如下的动态能量交互策略，其连续时间模型为

当 $\Delta P(t) > \Delta P^{\max}(t)$ 时，有

$$\dot{P}_{U}(t) = \delta_1 [\Delta P^{\max}(t) - \Delta P(t)] + \delta_1 \mathrm{sgn}[\Delta P^{\max}(t) - \Delta P(t)] \tag{2.4}$$

当 $\Delta P(t) < \Delta P^{\min}(t)$ 时，有

$$\dot{P}_{\mathrm{U}}(t) = \delta_2 [\Delta P^{\min}(t) - \Delta P(t)] + \delta_2 \operatorname{sgn}[\Delta P^{\min}(t) - \Delta P(t)] \tag{2.5}$$

当 $\Delta P^{\min}(t) \leqslant \Delta P(t) \leqslant \Delta P^{\max}(t)$ 时，有

$$\dot{P}_{\mathrm{U}}(t) = 0 \tag{2.6}$$

式中　$\Delta P^{\min}(t)$、$\Delta P^{\max}(t)$——最小和最大临界常数，该阈值用来激活微电网与外部大电网进行功率交易，从而缓解外部扰动强度；

$P_{\mathrm{U}}(t)$——相应的功率交易量；

δ_1、δ_2——正参数，决定着功率交易率；

$\operatorname{sgn}(\cdot)$——符号函数。

在式（2.4）、式（2.5）中，当 $\Delta P(t) > \Delta P^{\max}(t) > 0$ 或 $\Delta P(t) < \Delta P^{\min}(t) < 0$ 时，微电网系统会通过与外部大电网进行电力交易来平衡微电网系统内部多余或者不足的电能，从而缓解系统的功率波动。当 $\Delta P^{\min}(t) \leqslant \Delta P(t) \leqslant \Delta P^{\max}(t)$，微电网处于孤岛运行模式。

考虑到 MPC 描述的是离散状态空间模型，因此，这里提出的动态能量交互策略的离散形式表示为

当 $\Delta P(t) > \Delta P^{\max}(t)$ 时，有

$$P_{\mathrm{U}}(t) = P_{\mathrm{U}}(t-\tau) + \delta_1 [\Delta P^{\max}(t) - \Delta P(t)]\tau + \delta_1 \operatorname{sgn}[\Delta P^{\max}(t) - \Delta P(t)]\tau \tag{2.7}$$

当 $\Delta P(t) < \Delta P^{\min}(t)$ 时，有

$$P_{\mathrm{U}}(t) = P_{\mathrm{U}}(t-\tau) + \delta_2 [\Delta P^{\min}(t) - \Delta P(t)]\tau + \delta_2 \operatorname{sgn}[\Delta P^{\min}(t) - \Delta P(t)]\tau \tag{2.8}$$

当 $\Delta P^{\min}(t) \leqslant \Delta P(t) \leqslant \Delta P^{\max}(t)$ 时，有

$$P_{\mathrm{U}}(t) = P_{\mathrm{U}}(t-\tau) \tag{2.9}$$

其中，$\tau > 0$ 为采样时刻。

2. 最小性能指标优化模型

本章研究主要针对柴油发电机进行一次频率调控，对储能系统进行基于 MPC 的二次频率调控。系统的频率调控模型如图 2.4 所示。

系统的连续时间状态模型可表示为

$$\begin{cases} \Delta \dot{P}_{\mathrm{G}}(t) = -\dfrac{1}{T_{\mathrm{G}}}\Delta P_{\mathrm{G}}(t) - \dfrac{1}{aT_{\mathrm{G}}}\Delta f(t) \\[2mm] \Delta \dot{P}_{\mathrm{M}}(t) = -\dfrac{1}{T_{\mathrm{T}}}\Delta P_{\mathrm{M}}(t) + \dfrac{1}{T_{\mathrm{T}}}\Delta P_{\mathrm{G}}(t) \\[2mm] \Delta \dot{P}_{\mathrm{E}}(t) = -\dfrac{1}{T_{\mathrm{E}}}\Delta P_{\mathrm{E}}(t) + \dfrac{1}{T_{\mathrm{E}}}[\Delta u(t) - \Delta f(t)] \\[2mm] \Delta \dot{f} = -\dfrac{D}{H_1}\Delta f(t) + \dfrac{1}{H_1}[\Delta P_{\mathrm{M}}(t) + \Delta P_{\mathrm{E}}(t) + \Delta P(t)] \end{cases} \tag{2.10}$$

式中　ΔP_{G}、ΔP_{M}、ΔP_{E}——调速器、汽轮机和储能系统的功率偏差；

Δf——系统的频率偏差；

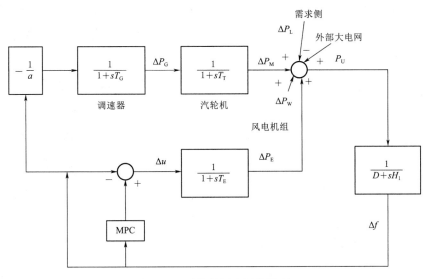

图 2.4　系统的频率调控模型

Δu——系统的调控信号变化；

T_G、T_T、T_E——调速器，汽轮机以及储能系统的时间常数；

a、D、H——下垂调控系数，负荷调控系数和惯性常数，且有 $H_1 = 2H$。

令 $\boldsymbol{X} = \begin{bmatrix} \Delta P_G & \Delta P_M & \Delta P_E & \Delta f \end{bmatrix}^T$，$\boldsymbol{U} = \Delta u$，$\boldsymbol{W} = \begin{bmatrix} P_W & \Delta P_L \end{bmatrix}^T$ 和 $\boldsymbol{Y} = (\Delta f)$，则连续时间状态模型（2.10）可转化为连续时间下的状态空间模型，即

$$\dot{\boldsymbol{X}}(t) = \boldsymbol{K}\boldsymbol{X}(t) + \boldsymbol{\Lambda}\boldsymbol{U}(t) + \boldsymbol{M}\boldsymbol{W}(t)$$
$$\boldsymbol{Y}(t) = \boldsymbol{N}\boldsymbol{X}(t) \tag{2.11}$$

其中，系数矩阵为

$$\boldsymbol{K} = \begin{bmatrix} -\dfrac{1}{T_G} & 0 & 0 & -\dfrac{1}{aT_G} \\[2mm] \dfrac{1}{T_T} & -\dfrac{1}{T_T} & 0 & 0 \\[2mm] 0 & 0 & -\dfrac{1}{T_E} & -\dfrac{1}{T_E} \\[2mm] 0 & \dfrac{1}{H_1} & \dfrac{1}{H_1} & -\dfrac{D}{H_1} \end{bmatrix}$$

$$\boldsymbol{\Lambda} = \begin{bmatrix} 0 & 0 & \dfrac{1}{T_E} & 0 \end{bmatrix}^T$$

$$\boldsymbol{M} = \begin{bmatrix} 0 & 0 & 0 & \dfrac{1}{H_1} \\[2mm] 0 & 0 & 0 & -\dfrac{1}{H_1} \end{bmatrix}^T$$

$$\boldsymbol{N} = (0 \quad 0 \quad 0 \quad 1)$$

对连续时间模型式（2.11）以采样时间 τ 离散化，可以转化为 MPC 问题中的离散状态空间模型式（2.2）。因此，针对本章研究所提出的问题，可构造如下的最小性能指标函数，即

$$J = \arg \min_{U(0)\cdots U(n-1)} \sum_{k=1}^{m} \left[Y(k) - R(k) \right]^{\mathrm{T}} \boldsymbol{\Pi} \left[Y(k) - R(k) \right] + \sum_{k=1}^{n} \Delta U(k-1)^{\mathrm{T}} \boldsymbol{\Xi} \Delta U(k-1)$$

(2.12)

满足式（2.2）且需服从相应的状态约束以及变化率约束式（2.3）。其中，$\boldsymbol{K} = e^{\boldsymbol{K}\tau}$，$\boldsymbol{\Lambda} = \int_0^{\tau} e^{\boldsymbol{K}t} \boldsymbol{\Lambda} \, \mathrm{d}t$，$\boldsymbol{M} = \int_0^{\tau} e^{\boldsymbol{K}t} \boldsymbol{M} \, \mathrm{d}t$。表示在 k 采样时刻的参考轨迹。输出偏差矩阵和增量输入矩阵分别满足 $\boldsymbol{\Pi} > 0$ 和 $\boldsymbol{\Xi} \geqslant 0$。考虑到 $n \leqslant m$，则当 $n < m$ 时，有 $U(k) = U(m-1)$，$\forall k > m-1$。

2.4.4　协同频率调控管理策略

详细的调控管理策略实施步骤如下：

（1）初始化 $t = t_0$，$X(0) = X(t_0)$，$\boldsymbol{\Pi} = \mathbf{I}$，$\boldsymbol{\Xi} = \theta \mathbf{I}$，$\tau$，$m$ 和 n。

（2）将离散时间 τ 代入连续时间模型式（2.11）得到离散模型式（2.2）。

（3）在 m 时间区间上得到系统内部扰动序列 $\Delta \hat{P} = \{ \Delta P(0), \cdots, \Delta P(m-1) \}$，同时，基于动态能量交互策略，即式（2.7）～式（2.9），来获得功率交易序列 $\hat{P}_{\mathrm{U}} = \{ P_{\mathrm{U}}(0), \cdots, P_{\mathrm{U}}(m-1) \}$。

（4）整合 $\Delta \hat{P}$ 和 $\hat{P}_{\mathrm{U}}$ 到离散模型式（2.2）中。

（5）通过式（2.12）来求解最小的性能指标 J，从而计算出最优的调控输入序列 $U^* = \{ U(0), \cdots, U(n-1) \}$。

（6）将 $U(0)$ 代入到当前系统，并计算系统输出 $Y(t+1)$ 基于式（2.11）。

（7）在下一采样时刻，令 $t_0 = t+1$，并重复步骤（1）～（7）。当 $t \to \infty$，系统的输出序列 Y 将都被计算出来。

当给定预测时域 m、控制时域 n 和参考轨迹 R，通过求解二次规划问题，可以得到有限时域下最优调控输入序列 U^*，该二次规划问题可以用梯度下降法求解。因此，在 t 时刻，系统输出 $Y(t+1)$ 可通过式（2.11）来计算。当 $t \to \infty$ 时，系统的输出序列 Y 将都被计算出来。MPC 策略的基本原理是在有限的时域 m 上求解在线开环控制优化问题式（2.1）并满足相应的约束式（2.2）和式（2.3），得到最优控制输入序列 U^*。每一次的决策都是基于当前信息和过去的信息。由于外部干扰可能导致预测误差，使得之前求解出的最优行为在未来并不是最优行为。因此，只将最优序列的第一个元素 $U(0)$ 作用于当前系统，实施滚动优化。

2.4.5　数值实验分析

这里研究将模拟不同的不确定性条件下的微电网能源管理，来说明提出的协同调控策略的有效性。首先，设置每一台设备的功率变量以标准功率 $P_{\mathrm{s}} = 1000\mathrm{MVA}$

为基准，以及相应的参数设置，见表 2.1。

表 2.1　　　　　　　　　　参　数　设　置

参　数	取　值	参　数	取　值
m	9	T_G/s	0.08
n	4	T_T/s	0.4
τ/s	0.01	T_E/s	0.1
$a/(Hz/pu)$	3	$\Delta P^{min/max}/pu$	±0.015
θ	0.1	$U^{min/max}/pu$	0/0.1
$N/(pu/Hz)$	0.011	$\Delta U^{min/max}$	±0.01
$H_1/(pu \cdot s)$	0.1667	$Y^{min/max}/Hz$	±0.2

1. 场景 1：不确定性来源于需求侧的电力负荷

在场景 1 中，考虑的不确定性来源于需求侧的电力负荷。此外，为了不失一般性，对系统施加外部扰动条件，即分段常数电力负荷侧扰动，如图 2.5 所示。通过构建的 Matlab/Simulink 场景来同时测试研究提出的基于 MPC 调控策略和动态能量交互策略协同频率调控方法。此外，在相同外部扰动条件下，与传统的 PI 调控策略进行全面的比较，场景 1 系统频率调控结果图如图 2.6 所示。

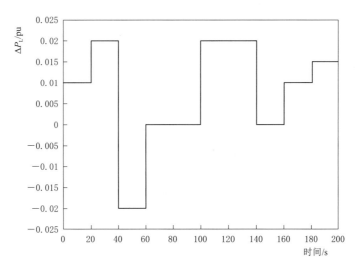

图 2.5　分段常数电力负荷侧扰动

MPC 调控策略对负荷侧有预测行为，所以能够提前做出调控动作，从系统频率调控结果图 2.6 (a)、图 2.6 (c) 可以看出，MPC 调控策略相对于传统的 PI 调控策略有更快的频率调控效果，即有更好的鲁棒性当面对外部的分段常数负荷侧扰动。从调控结果图 2.6 (b)、图 2.6 (d) 中可以看到，当 MPC 以及 PI 调控策略都采用 DEIS 时，相较于不采用 DEIS，有更好的调控效果，即系统频率偏差 Δf 收敛速度更快。此外，图 2.7 给出了 MPC 和 PI 调控策略都采用 DEIS 时，外部大电网与微电网系统的电力交易量。微电网系统通过与外部大电网进行电力交互，从而来缓解系统的外部扰动，有利于微电网能源管理系统的稳定运行。

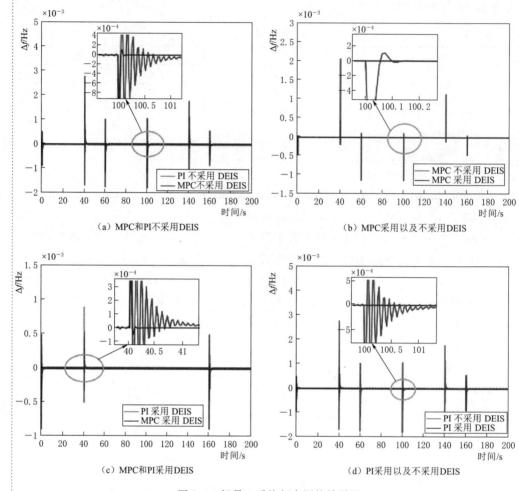

图 2.6 场景 1 系统频率调控结果图

2. 场景 2：不确定性来源于负荷侧和风电功率输入

在场景 2 中，考虑的不确定性来源于负荷侧和风电输入，即分段常数负荷扰动和随机动态的预测风电输入。这里同样引入高斯白噪声，即利用 wgn(·) 函数来模拟预测风电输出的随机部分。预测风电功率输出如图 2.8 所示。场景 2 系统频率调控结果图结果如图 2.9 所示，从图 2.9（a）和图 2.9（c）可以看到，无论采用或者不采用 DEIS，基于 MPC 的调控策略的频率调控效果都比传统的 PI 调控策略要好。同样，从图 2.9（b）和图 2.9（d）可以看到，采用 DEIS 相较于不采用 DEIS，无论是 MPC 还是 PI 调控策略都能获得一个较好的调控效果。然而从图 2.9 可以看出，系统频率偏差 Δf 并没有收敛，系统依然处于不稳定状态。这是由于预测风电输入的随机波动过于强烈，不易获得相应的最优调控输入序列 U^*。此外，图 2.10 给出了外部大电网与微电网系统的电力交易量，受限于物理设备的计算以及转换能力，这种随机波动的电力交互也基本无法实现。

从场景 1 和场景 2 可以看到，提出的协同频率调控策略对抑制扰动有一定的效

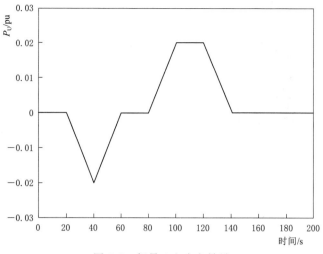

图 2.7　场景 1 电力交易量

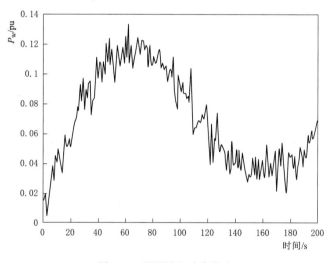

图 2.8　预测风电功率输出

果，但当外部扰动过于剧烈时，如加入了随机的预测风电输入，系统频率偏差 Δf 就难以收敛，微电网系统也将处于不稳定状态。从场景 1 中可以得到，基于 MPC 的频率调控策略对于分段常数负荷侧扰动调控效果很好。本章研究对预测风电输入进行分段常数化处理，如图 2.11 所示。为了简便，分段常数约束风电出力曲线的采样周期设置为 20s，与负荷侧扰动相一致。此外，通过在 Matlab 脚本中去掉 wgn(·) 函数，使预测的风电功率输出曲线在每个采样周期内为恒值输出。可能会存在一些更好的方法使约束后的风电出力曲线更加接近预测的风电出力曲线，这将是我们今后的研究工作。

　　针对分段常数负荷扰动和分段常数约束的预测风电输出，仿真结果如图 2.12 所示，采用或不采用 DEIS、MPC 和 PI 调控后的系统频率偏差 Δf 都能再次收敛。此外，相应的电力交互，如图 2.13 所示，也接近于分段常数，易于实现。

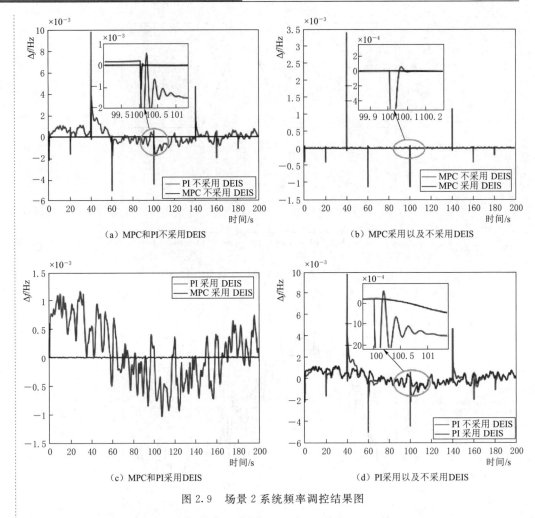

（a）MPC和PI不采用DEIS

（b）MPC采用以及不采用DEIS

（c）MPC和PI采用DEIS

（d）PI采用以及不采用DEIS

图 2.9　场景 2 系统频率调控结果图

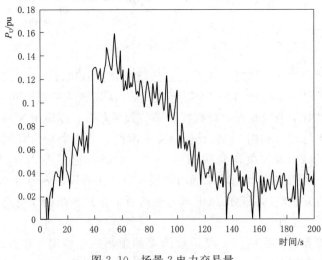

图 2.10　场景 2 电力交易量

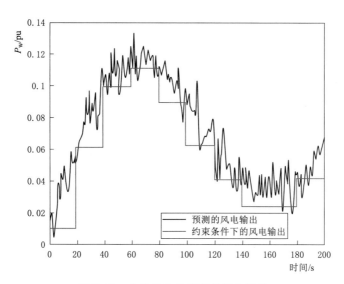

图 2.11　分段常数约束下的风电输出

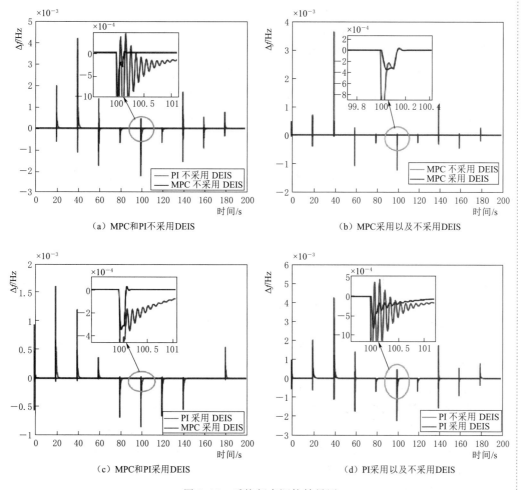

图 2.12　系统频率调控结果图

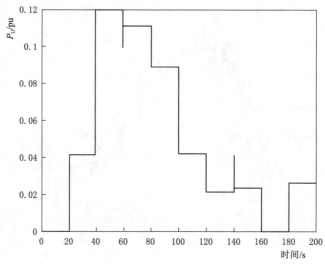

图 2.13　电力交易量

根据仿真结果可得，现有电力网络可充分利用能源的可调度性，通过多方电力供需网络协同互补来提高能源利用率以及减缓系统电力波动，为各种分布式可再生电源提供适宜的并网接入平台。确保实际生活中的光伏、风能、太阳能以及余热发电等新型能源能够根据自身的实际情况来选择是自我消化相应的发电容量还是在电力需求的高峰期上网相应的发电量，从而起到调峰作用、提高能源利用率、平衡电力负荷需求、减少传统的火力发电机组的输出以及相应的燃料的消耗与焚烧，最终实现一个资源节约型和环境友好型的社会。

2.5　考虑需求侧楼宇用户交互的微电网能源管理策略

2.5.1　需求响应的实施对象

近年来，需求响应机制已经成为需求侧能源管理的一种有效管理策略。通过参与需求响应，需求侧用户可转变为一个更主动的角色，积极地调整自身电力负荷需求，来响应变化的电力价格或利润激励。关于需求响应策略的研究结构大致可以分为两类：主从（leader - follower，LF）结构和点对点（peer - to - peer，P2P）结构。在 LF 结构中，用户作为电价接受者，调整其电力负荷需求策略，作为对领导电价策略的响应。

一般而言，领导者为了最大化其利益而制定价格方案或协调系统的能源共享，并不利于系统的可靠性。此外，跟随者们的信息以及交易情况由单领导者来管理。该种主从结构的管理模式可能会导致一系列的信任以及安全问题，如单点故障、缺乏隐私保护和匿名等问题。因此，国内外的研究学者对 P2P 结构展开了深入的研究，该结构融合了多智能体理论和双向通信模型。在电力市场中，每一个交易主体均为等权以及等重的参与者。因此，传统的需求侧用户正从价格接受者转变为向价格参与者。微电网系统内的电价策略将由所有预期用户共同决定。此外，每个用户不需要向中心提交隐私信息，如个人的电力负荷信息。然而，当个体差异化的交易实体涌入电力市场时，会存在信任和匿名问题。因此，上述研究工作并不能保障微电网需求侧能源管理的安全性和可靠性。

近年来，区块链技术以其去中心化、透明性、匿名性等特点，成为构建可靠、安全的能源管理系统的替代选择。可避免密集数据处理的漏洞，同时保障了 P2P 能源共享的信任。区块链技术应用在微电网能源管理中，可构建一个安全、高效和公平的管理环境。微电网系统内的供需两侧可平等的进行能源交易，降低了系统的运行成本以及打破市场垄断机制。去中心化的交易模式完成了传统模式无法胜任的任务，将对电力市场产生深远的影响。

随着能源互联网的发展，微电网系统内冷、热、电等多种能源的交互成为了可能。智能楼宇用户可被视为家庭用户、工业用户或者商业用户中的一类，其冷、热、电等能源需求可通过热电联产系统来提供。该系统具备灵活的调控管理方式、占地面积小以及能源供应稳定等优势，对于发展智能化微电网有着重要的意义。本章研究工作将综合考虑需求响应、需求侧能源交互管理、非合作博弈以及区块链技术，以楼宇用户为研究对象，提出了一种基于区块链技术增强的价格博弈需求响应管理机制，从而构建出最优能源调度、可靠的和安全的微电网需求侧能源管理。

2.5.2 非合作博弈

非合作博弈理论指的是在博弈过程中各参与者之间不存在具有约束力的协议，并且在相互作用关系下，各博弈参与者都存在私心使得自身的利益最大化。非合作博弈决策模型是由 3 个最基本的要素组成的，即博弈的参与者 $i \in \{1, 2, \cdots, N\}$（各博弈方，也有命名为博弈决策者或博弈局中人）、各参与者的行动策略集合 S_i 以及参与者的效用函数 u_i（也有命名为支付函数）。在博弈过程中，每个参与者都会选定一个行动策略 s_i，所有的参与者的行动策略选择就组成了一个策

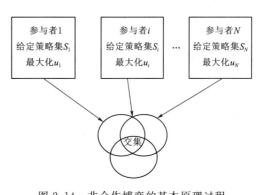

图 2.14 非合作博弈的基本原理过程

略集合 $s = \{s_1, s_2, \cdots, s_N\}$。在该策略组合集合下，就一一对应着每个参与者的效用函数 $u_i(s)$。此外，参与者所选择的行动策略在一定程度上都会与其他参与者的行动策略选择有着紧密的联系。非合作博弈的基本原理过程如图 2.14 所示。非合作博弈的标准决策模型可以表示为：$G = \{N_i; s_i; u_i\}$，$i \in \{1, 2, \cdots, N\}$。

如果对于所有的 $i \in \{1, 2, \cdots, N\}$ 以及相对应的策略集 $s_i \in s$，都有 $u_i(s_i^*, s_{-i}^*) \geqslant u_i(s_i, s_{-i}^*)$，其中 $-i$ 表示除了参与者 i 以外的其他所有参与者。则向量 $s^* = \{s_1^*, s_2^*, \cdots, s_N^*\}$ 可以称为博弈 G 的一个纯策略纳什均衡。

纯策略的纳什均衡是博弈模型的一个最佳解。非合作博弈下的纳什均衡是一个与所有博弈参与者都相关的策略组合，是博弈过程中所有参与者根据个人的策略集来最大化自身利益而最终形成的一种均衡状态。在该状态下，博弈中的每一个参与者所选择的行动策略对于其他参与者来说是最佳的策略选择。任何一个博弈参与者都不会单独改变自己的策略选择，否则会损害自身的利益。因此，纳什均衡点具有一定的自我强制性，即不需要施加外部的其他力量进行约束限制，其本身就拥有可以保障实现的能力。

2.5.3　需求响应的实施对象

目前，在微电网能源管理系统中，参与需求响应的主要用户类型有家庭用户、工业用户、商业用户、电动汽车和数据中心等。本章将以楼宇用户作为研究对象，根据不同的能源需求量以及特点，该用户可被视为家庭用户、工业用户或者商业用户等。

（1）家庭用户（resident user）。家庭用户属于小型的电力用户，比较适合于直接负荷控制以及价格信号的需求响应项目。除了可以通过人工控制家用电器设备的启停来回应价格信号，此外还可以通过安装一些自动化的管理设备来调控各设备的电力负荷消耗。家庭用户常见的可受调控的设备有洗衣机、洗碗机、空调、热水器和烘干机等。

（2）工业用户（industrial user）。工业用户属于大型的电力用户，其电能消耗占世界产能的大部分。据报道，2%～10%工业用户的电能消耗约占电能总产量的80%。因此，针对工业用户实施需求响应项目，对节能环保具有重大意义。一般情况下，工业用户都配备有自动化管理系统来有效的考虑响应过程中的技术限制并合理安排本地替代能源的运行策略，从而提高参与需求响应项目的效率。

（3）商业用户（business user）。商业用户的大型通风系统、空调系统是一类值得关注以及有潜力参与需求响应的可调控资源，对其合理的负荷削减有助于降低电力成本、改善电力负荷的特性和提高微电网系统的稳定性。目前，智慧绿色能源建筑的关注度，正好体现了商业建筑主动负荷的削减策略与新能源技术协同发展的重要性。

（4）电动汽车（electric vehicle）。随着交通领域电气自动化技术的发展，电动汽车的研究以及普及得到了重大的突破。大量的电动汽车接入现有电力网络，对整个系统的影响也越来越明显。目前，关于电动汽车的关键发展技术以及标准运行的规范，欧美和日本等发达国家已经拥有了相对成熟的研究经验。电动汽车作为我国能源发展战略一项重要研究内容，目前也取得了一个快速的发展。电动汽车集群参与到需求响应项目，主要有两种类型：单向充电和双向充放电，即电动汽车集群与主电网互联（vehicle to grid，V2G）。电动汽车作为一类特殊的负荷，其参与需求响应项目，可以为电力系统提供削峰填谷峰和调频等服务，从而提高整个系统的经济性、稳定性、可靠性和电能质量。此外，还可以提高需求侧的价格弹性，并有助于微电网系统的供需平衡，从而提升不可控资源的本地消纳能力。

（5）数据中心（data center）。随着计算机通信技术的飞速发展，数据中心的规模以及电能消耗增长显著。作为一类新的电力用户，美国环保局曾在报告中指出，数据中心参与到需求响应项目中可大大缓解电力系统的压力。数据中心已经具备参与到需求响应项目中的条件，并可以通过价格信号对数据中心的能耗进行调整，从而为系统提供辅助服务。此外，将数据中心中某些活动的服务器切换到休眠状态，还能够为系统提供短期电能储备和紧急的需求响应服务。

2.5.4 模型构建

智能电网环境下的微电网容纳了大量的分布式电能主体，这些电能主体包含了电能供应商以及电力负荷需求侧的用户，这也促使了海量的分布式电能节点接入到能源互联网中。这些海量节点都具备着自主、自治以及自律的特性，其能源交互也呈现出大规模以及任务小的特点，传统的集中式管理模式已经无法有效的应对该种情形。此外，微电网中的节点间的信任构建也成为了一个不可忽略的问题。

从前文内容中可知，需求侧个体化差异导致的负荷需求不确定性对微电网系统的稳定运行提出了巨大挑战。因此，本章研究工作针对需求侧的能源交互管理策略展开研究，以智能楼宇用户为研究对象，提出了微电网需求侧的楼宇用户交互网络，如图2.15所示，即一个由 n 个楼宇用户组成的电力负荷和热负荷交互网络。每个用户都部署了一个能源管理控制器（energy management controller，EMC）和一个高级计量基础设施（advanced metering infrastructure，AMI），分别用于管理能源使用和实现楼宇用户之间的双向通信。

1. 楼宇用户的负荷模型

在需求响应中，楼宇用户的用电负荷主要包含两部分：固定电力负荷和可转移电力负荷。令表示为楼宇用户在时间的电力负荷，其数学模型可表示为

$$e_i^t = fe_i^t + se_i^t \tag{2.13}$$

式中 fe_i^t、se_i^t——固定和可转移电力负荷。

可转移电力负荷是我们日常生活中不可缺少的部分，例如洗衣机、电动汽车以及洗碗机等。在不影响日常生活的前提下（总的电力需求不变），用户可以通过将可转移电力负荷迁移到谷时，来降低其购电成本。可转移电力负荷相应的约束条件可表示为

$$se_i^{min} \leqslant se_i^t \leqslant se_i^{max} \tag{2.14}$$

$$\sum_{t=1}^{H} se_i^t = 0, i \in \{1, 2, \cdots, n\} \tag{2.15}$$

式中 se_i^{min}、se_i^{max}——最小和最大的可转移电力负荷量。

式（2.15）表示每位用户的日总电力负荷保持不变，从而保障相应生活电力需求。本章研究工作考虑一天的电力调度管理，即 $H = 24h$。

一般情况下，热负荷包括热水负荷、冷负荷和供暖负荷等。热负荷是为楼宇用户提供舒适环境所必需的负荷。热负荷需求 h_i^t 可表示为

$$h_i^t = oh_i^t - ch_i^t \tag{2.16}$$

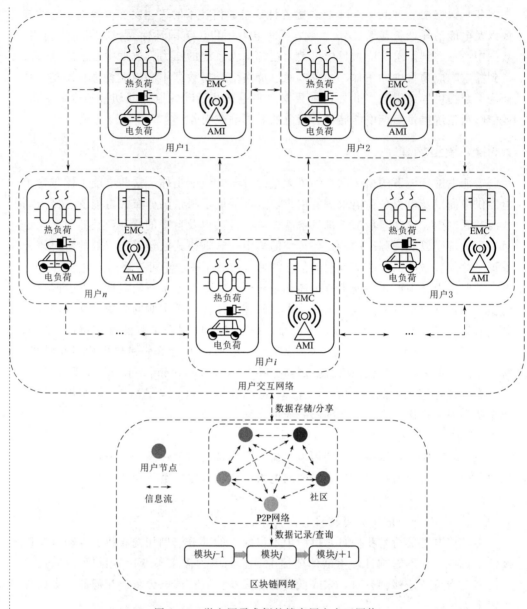

图 2.15 微电网需求侧的楼宇用户交互网络

式中 oh_i^t、ch_i^t——原计划消耗的热负荷和可削减的热负荷。

考虑到不同楼宇用户的室内满意温度存在个体差异，用户参与的热负荷削减也因此存在一定的差异。则用户的可削减的热负荷需满足

$$0 \leqslant ch_i^t \leqslant ch_i^{\max} \tag{2.17}$$

式中 $ch_i^{\max}$——最大热负荷可削减量。

2. 楼宇用户的利润函数

考虑到微电网需求侧存在大量的用户，无规则的负荷需求行为将不利于系统的可靠性和安全性。本章研究引入价格激励的需求响应来引导楼宇用户将可转移电负

荷迁移到谷时并减去可削减的热负荷。购电和购热的价格机制可分别量化为式（2.18）和式（2.19）。

$$p_{\mathrm{e}}^t = \kappa_1 \sum_{i=1}^n e_i^t + \kappa_2 \tag{2.18}$$

$$p_{\mathrm{h},t}^{\min} \leqslant p_{\mathrm{h}}^t \leqslant p_{\mathrm{h},t}^{\max} \tag{2.19}$$

式中　p_{e}^t——电负荷价格，定义为总电负荷的函数；

　　κ_1、κ_2——相应的价格系数；

　　p_{h}^t——热负荷价格，由所有用户共同决定的，并满足下限价格 $p_{\mathrm{h},t}^{\min}$ 和上限价格 $p_{\mathrm{h},t}^{\max}$ 范围内。

从式（2.18）可知，大量的电负荷集中在某个时段，必然会导致当前时段的电力负荷价格上涨，相应的用电成本也会上涨。

因此，各楼宇用户的利润函数为

$$F_i^t = a_i \ln(1 + e_i^t) - p_{\mathrm{e}}^t e_i^t - p_{\mathrm{h}}^t h_i^t - b_i (ch_i^t)^2 \tag{2.20}$$

式中　$a_i \ln(1 + e_i^t)$——楼宇用户用电所获得的效用；

　　a_i——相应的偏好系数，a_i 取值越大，表明该用户通过用电所获得的效用越大，随着用户用电量的增长，用户的效用会先达到一个峰值，随后慢慢减少，有利于引导用户进行合理的用电；

　　$p_{\mathrm{e}}^t e_i^t$、$p_{\mathrm{h}}^t h_i^t$——购电成本和购热成本；

　　$b_i (ch_i^t)^2$——舒适度成本；

　　b_i——相应的舒适度系数。

一般情况下，用户都不愿意削减自己的热负荷需求，比如在寒冷的冬天将空调的温度往下调节一度或者两度。因此，楼宇用户参与热负荷需求响应，其舒适度必然会降低。但从经济学角度来看，这种不舒适成本可被相应的削减热负荷成本进行抵消，用户也会积极地参与到需求响应中，并积极的减去可削减的热负荷。本章研究有利于引导需求侧用户树立节能减排的意识以及高效的整合需求侧资源，该行为符合绿色环保、能源高效以及可持续发展的准则。

3. 楼宇用户能源交互博弈模型

实际生活中，每个楼宇用户都只关心自己的盈利情况，但自身的能源购买策略与其他用户的策略是相关联。因此，本章研究将各用户追求利益最大化的问题设计为非合作的博弈问题。楼宇用户交互的标准博弈模型形式可表示为

$$\zeta = \{ \boldsymbol{N}, \{ \boldsymbol{\Omega}_i^t \}_{i=1}^n, \{ \boldsymbol{F}_t^i \}_{i=1}^n \} \tag{2.21}$$

式中　$\boldsymbol{N}$——楼宇用户的集合，取 $\{1, 2, \cdots, n\}$；

　　$\boldsymbol{\Omega}_i^t$——楼宇用户 i 的策略集合；

　　$\boldsymbol{F}_t^i$——楼宇用户 i 的利润函数。

策略是纳什均衡点，当且仅当条件满足

$$F_t^i(\boldsymbol{V}_t^*) = \max_{\boldsymbol{V}_{i,t}} \{ \boldsymbol{F}_t^i(\boldsymbol{V}_{i,t}, \boldsymbol{V}_{-i,t}^*) \mid \boldsymbol{V}_{i,t} \in \boldsymbol{\Omega}_i^t \} \tag{2.22}$$

其中 $\boldsymbol{V}_t = [V_{1,t}, V_{2,t} \cdots V_{n,t}]^{\mathrm{T}}$，$\boldsymbol{V}_{-i,t} = [V_{1,t} \cdots V_{i-1,t}, V_{i+1,t} \cdots V_{n,t}]^{\mathrm{T}}$，$\boldsymbol{V}_{i,t} = [se_i^t \quad ch_i^t]^{\mathrm{T}}$。在纳什均衡点上，楼宇用户不会私自改变能源购买策略，因为无法通过改变自身策略来获得更多的利润。

博弈 $\boldsymbol{\zeta}$ 是势博弈（potential game），当且仅当函数 F^t 满足

$$\frac{\partial \boldsymbol{F}_t^i}{\partial \boldsymbol{V}_{i,t}} = \frac{\partial \boldsymbol{F}^t(\boldsymbol{V}_{i,t}, \boldsymbol{V}_{-i,t})}{\partial \boldsymbol{V}_{i,t}} \tag{2.23}$$

博弈 $\boldsymbol{\zeta}$ 是势博弈，则定义函数 F^t 为

$$\boldsymbol{F}^t(\boldsymbol{V}_t) = \sum_{i=1}^n [a_i \ln(1 + fe_i^t + se_i^t) - \kappa_1 (fe_i^t + se_i^t)^2] -$$

$$\sum_{i=1}^n \left\{ \left[\kappa_1 \cdot \sum_{j=1, j\neq i}^n (fe_j^t + se_j^t) + \kappa_2 \right] (fe_i^t + se_i^t) \right\} - \sum_{i=1}^n [b_i(ch_i^t)^2 - p_h^t ch_i^t + p_h^t oh_i^t] \tag{2.24}$$

很明显，对任意一个楼宇用户 $i \in N$，这里有

$$\frac{\partial \boldsymbol{F}^t(\boldsymbol{V}_t)}{\partial \boldsymbol{V}_{i,t}} = \frac{\partial \boldsymbol{F}_t^i(\boldsymbol{V}_t)}{\partial \boldsymbol{V}_{i,t}} = \begin{bmatrix} \dfrac{a_i}{1 + fe_i^t + se_i^t} - 2\kappa_1 \cdot (fe_i^t + se_i^t) - \kappa_1 \cdot \sum_{j=1, j\neq i}^n (fe_j^t + se_j^t) - \kappa_2 \\ -2b_i \cdot ch_i^t + p_h^t \end{bmatrix} \tag{2.25}$$

符合对势博弈以及势函数的定义，因此，可以通过解决式（2.26）来获得纳什均衡点，即

$$\max_{\boldsymbol{V}_t} \boldsymbol{F}^t(\boldsymbol{V}_t)$$

$$\text{s. t. } \boldsymbol{V}_{i,t} \in \boldsymbol{\Omega}_i^t, i \in \boldsymbol{N} \tag{2.26}$$

（1）对于所提出的博弈 $\boldsymbol{\zeta}$，当满足以下条件时，则存在唯一的纳什均衡点：

1）每个楼宇用户的策略集都是非空的、有界的以及闭合的凸集。

2）只有唯一的最优策略集 $\boldsymbol{V}_t^*$ 来获得最大的利润函数 F^t。

（2）证明如下：

1）在博弈 $\boldsymbol{\zeta}$ 中，每个楼宇用户 i 定义在 $\boldsymbol{\Omega}_i^t$［式（2.13）～式（2.17）］中的策略集是有界的闭区间或者是线性函数。因此，每个楼宇用户的策略集都是非空的、有界的以及闭合的凸集，故条件 1）证毕。

2）函数 F^t 关于 $V_{i,t}$ 的一阶导数和二阶导数分别表示为

$$\frac{\partial \boldsymbol{F}^t(\boldsymbol{V}_t)}{\partial \boldsymbol{V}_{i,t}} = \begin{bmatrix} \dfrac{a_i}{1 + fe_i^t + se_i^t} - 2\kappa_1 \cdot (fe_i^t + se_i^t) - \kappa_1 \cdot \sum_{j=1, j\neq i}^n (fe_j^t + se_j^t) - \kappa_2 \\ -2b_i \cdot ch_i^t + p_h^t \end{bmatrix} \tag{2.27}$$

$$\frac{\partial^2 \boldsymbol{F}^t(\boldsymbol{V}_t)}{\partial (\boldsymbol{V}_{i,t})^2} = \begin{bmatrix} -\dfrac{a_i}{(1 + fe_i^t + se_i^t)^2} - 2\kappa_1 & 0 \\ 0 & -2b_i \end{bmatrix}, i \in \boldsymbol{N} \tag{2.28}$$

此外，这里有

$$\frac{\partial^2 \boldsymbol{F}^t(\boldsymbol{V}_t)}{\partial(\boldsymbol{V}_{i,t})\partial(\boldsymbol{V}_{i+1,t})} = \begin{bmatrix} -\kappa_1 & 0 \\ 0 & 0 \end{bmatrix} \tag{2.29}$$

因此，求得的黑塞矩阵（Hessian matrix）为

$$\boldsymbol{H} = \frac{\partial^2 \boldsymbol{F}^t(\boldsymbol{V}_t)}{\partial(\boldsymbol{V}_t)^2} = \begin{bmatrix} \dfrac{\partial^2 \boldsymbol{F}^t(\boldsymbol{V}_t)}{\partial(V_{1,t})^2} & \dfrac{\partial^2 \boldsymbol{F}^t(\boldsymbol{V}_t)}{\partial(V_{1,t})\partial(V_{2,t})} & \cdots & \dfrac{\partial^2 \boldsymbol{F}^t(\boldsymbol{V}_t)}{\partial(V_{1,t})\partial(V_{n,t})} \\ \dfrac{\partial^2 \boldsymbol{F}^t(\boldsymbol{V}_t)}{\partial(V_{2,t})\partial(V_{1,t})} & \dfrac{\partial^2 \boldsymbol{F}^t(\boldsymbol{V}_t)}{\partial(V_{2,t})^2} & \cdots & \dfrac{\partial^2 \boldsymbol{F}^t(\boldsymbol{V}_t)}{\partial(V_{2,t})\partial(V_{n,t})} \\ \vdots & \vdots & \ddots & \vdots \\ \dfrac{\partial^2 \boldsymbol{F}^t(\boldsymbol{V}_t)}{\partial(V_{n,t})\partial(V_{1,t})} & \dfrac{\partial^2 \boldsymbol{F}^t(\boldsymbol{V}_t)}{\partial(V_{n,t})\partial(V_{2,t})} & \cdots & \dfrac{\partial^2 \boldsymbol{F}^t(\boldsymbol{V}_t)}{\partial(V_{n,t})^2} \end{bmatrix}$$

$$= \begin{bmatrix} A_1 & \cdots & K & \cdots & K \\ \vdots & \ddots & \vdots & \vdots & \vdots \\ K & \cdots & A_i & \cdots & K \\ \vdots & \vdots & \vdots & \ddots & \vdots \\ K & \cdots & K & \cdots & A_n \end{bmatrix} \tag{2.30}$$

其中

$$\boldsymbol{A}_i = \begin{bmatrix} -\dfrac{a_1}{(1+fe_i^t+se_i^t)^2} - 2\kappa_1 & 0 \\ 0 & -2b_i \end{bmatrix}, \quad \boldsymbol{K} = \begin{bmatrix} -\kappa_1 & 0 \\ 0 & 0 \end{bmatrix}$$

从式（2.30）可以看到，黑塞矩阵 $\boldsymbol{H}$ 的所有奇数阶主子式都为负，偶数阶主子式都为正。因此，黑塞矩阵 $\boldsymbol{H}$ 为负定的。假设除了用户 i 之外，其他所有用户均获得了最优策略，即 $V_{-1,t}^*$。令式（2.27）等于零，有

$$se_{i_0}^t = \frac{\sqrt{(M-2\kappa_1)^2 + 8\kappa_1 a_i} - M - 2\kappa_1}{4\kappa_1} - fe_i^t, \quad ch_{i_0}^t = \frac{p_h^t}{2b_i}, i \in N \tag{2.31}$$

其中

$$M = \kappa_1 \sum_{j=1, j\neq i}^{n} e_{j,t}^* + \kappa_2$$

式中 $e_{j,t}^*$——用户 j 的最优购电策略。

考虑到 fe_i^t、oh_i^t、κ_1、κ_2、a_i、b_i、p_h^t 等取值的影响，这里存在几种情形，用户最大化利润函数 $\boldsymbol{F}^t$。

a. 当 $se_{i_0}^t \in (se_i^{min}, se_i^{max})$ 和 $ch_{i_0}^t \in (0, ch_i^{max})$ 时，$(se_{i_0}^t, ch_{i_0}^t)$ 是函数 $\boldsymbol{F}^t$ 取得最大值的点；当 $ch_{i_0}^t < 0$ 或者 $ch_{i_0}^t > ch_i^{max}$ 时，函数 $\boldsymbol{F}^t$ 唯一的最大值将在 $(se_{i_0}^t, 0)$ 或者 $(se_{i_0}^t, ch_i^{max})$ 分别取得；

b. 当 $se_{i_0}^t < se_i^{min}$ 和 $ch_{i_0}^t \in (0, ch_i^{max})$ 时，$(se_i^{min}, ch_{i_0}^t)$ 是函数 $\boldsymbol{F}^t$ 取得最大值的点；当 $ch_{i_0}^t < 0$ 或者 $ch_{i_0}^t > ch_i^{max}$ 时，函数 $\boldsymbol{F}^t$ 唯一的最大值将在 $(se_i^{min}, 0)$ 或者 (se_i^{min}, ch_i^{max}) 分别取得；

c. 当 $se_{i_0}^t > se_i^{max}$ 和 $ch_{i_0}^t \in (0, ch_i^{max})$ 时，$(se_i^{max}, ch_{i_0}^t)$ 是函数 $\boldsymbol{F}^t$ 取得最大值的点；当 $ch_{i_0}^t < 0$ 或者 $ch_{i_0}^t > ch_i^{max}$ 时，函数 $\boldsymbol{F}^t$ 唯一的最大值将在 $(se_i^{max}, 0)$ 或者 (se_i^{max}, ch_i^{max}) 分别取得。

综上所述，无论何种情形，用户都只有唯一的最优策略，且该策略与 fe_i^t、oh_i^t、κ_1、κ_2、a_i、b_i、p_h^t 取值相关联，故条件 2）满足，证毕。

2.5.5　数值实验分析

本章选取了 6 个楼宇用户作为数值实验研究对象，其日前电负荷以及热负荷分别如图 2.16 和图 2.17 所示。此外，最大可转移电力负荷和最大可削减热负荷的最大比例均设置为 30%。考虑到楼宇用户的个体差异化，6 用户的用电偏好以及热舒适度也不尽相同，a_i 分别设置为 80、100、90、100、120、85，分别设为 0.035、0.040、0.045、0.050、0.055、0.060。

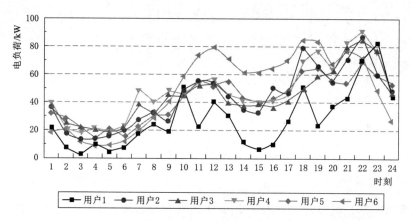

图 2.16　日电负荷曲线

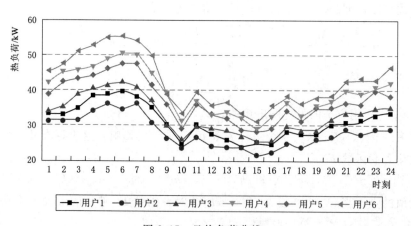

图 2.17　日热负荷曲线

基于 MATLAB 程序模拟了微电网系统内楼宇用户的能源调度管理问题，相应的结果如图 2.18～图 2.21 所示。

其中，图 2.18 表示总收益 F^t 的优化迭代过程，随着迭代的增加，总收益不断增加，大概迭代 40 次后达到收敛。从上文可知，当总收益 F^t 达到最大时，纳什均衡点也随之求解到。图 2.19 给出了相应的价格策略信息，可以看到优化后的一致热负荷价格明显低于分时价格机制。在微电网需求侧引入价格激励的需求响应机制

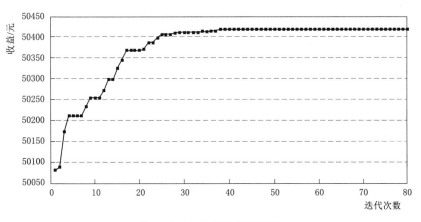

图 2.18 总收益迭代示意图

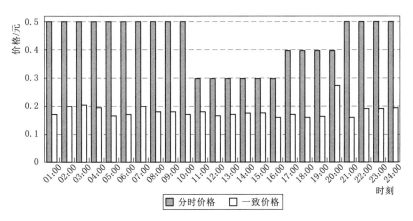

图 2.19 各时段热价格策略

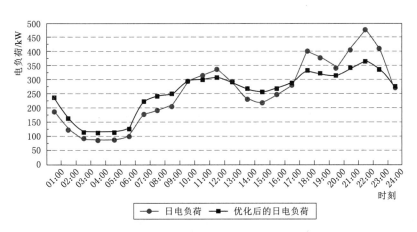

图 2.20 需求响应前后总的日电负荷曲线

后，各楼宇用户会根据动态的价格信息，积极调整负荷需求，从而根据个人负荷策略来增加自己的收益。表 2.2 给出了使用一致价格以及分时价格的收益比较，通过参与需求响应，用户的收益都有不同程度的增长，1.73%～3.40%。同时，用户总

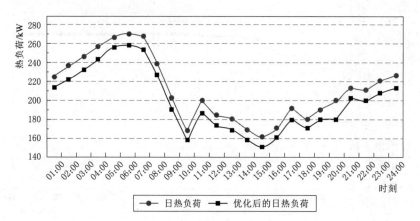

图 2.21　需求响应前后总的日热负荷曲线

收益也是增长 2.42%。因此，价格激励的需求响应策略提高了用户的收益，用户从而乐意参与进来，实现削峰填谷，有利于微电网充分整合供需两侧资源，提高能源利用率。

表 2.2　　　　　　　　　　　一致价格与分时价格的收益对比

参与者	一致价格收益/元	分时价格收益/元	百分比差值/%
用户 1	6013.2	5847.2	2.84
用户 2	8906.2	8755.0	1.73
用户 3	8091.6	7907.8	2.32
用户 4	9135.0	8907.9	2.55
用户 5	10652.5	10438.7	2.05
用户 6	7627.1	7376.5	3.40
总收益	50425.6	49233.1	2.42

　　通过优化本章研究所提出的模型，优化后用户总的日电力负荷以及热负荷如图 2.20 和图 2.21 所示。考虑到电力负荷价格是总电力负荷需求的函数，用户很乐意根据电价信息来调整自己的购电策略。从图 2.20 可以看到，用户将 11—12 时和 16—23 时两个时段的负荷转移到了 1—9 时和 14—16 时两个时段，用户总的需求也相对平缓些，由前文可知，需求侧的负荷波动，不利于微电网系统的稳定可靠运行。此外，微电网系统内能源的可调度性有利于调控管理系统的频率波动。由式（2.15）中可知，用户虽然转移了电力负荷，但用电总量保持不变，并不影响用户的生活质量。因此，采用需求响应后，有较明显的削峰填谷效果。从图 2.21 可以看到，用户的热负荷需求都有一定程度的削减从而降低购热成本。从式（2.20）可知，用户参与热负荷需求响应，其舒适度会降低，但不舒适成本可被相应削减掉的购热成本进行抵消，见表 2.2。通过参与需求响应，用户的收益都有不同程度的增长。

　　从仿真结果可得，激励电价策略可有效地促进资源配置以及引导海量的需求侧用户树立节能减排的意识和高效整合需求侧资源。需求侧的用户包括家庭用户、工业用户、商业用户、电动汽车和数据中心等更加多元化以及个体化的类型，这增加了微电网需求侧能源管理的难度。但可针对不同的区域以及不同的需求侧用户类型，制定适宜的电价激励策略。充分考虑区域的资源以及气候特点、用户的可支配收入水平以及电价变化所引起的用电量的变化。基于当前的电价政策理论，当地电力相关企业供电的成本、需求侧用户的电力负荷预测等因素，对不同的区域以及不同的电力用户类型制定出适宜的电价策略，从而实现供需两侧资源的最大化利用。

思 考 题

1. 简述建筑设备监控系统物联网形态。
2. 什么是智联家居和物联网技术？
3. 简述智能家居和物联网技术的应用。
4. 简述智能家居和物联网技术的应用市场前景未来趋势。

参 考 文 献

[1] Perković L, Mikulčić H, Pavlinek L, Wang X, Vujanović M, Tan H, Baleta J, Duić N. Coupling of cleaner production with a day – ahead electricity market: A hypothetical case study [J]. Journal of Cleaner Production, 2017, 143: 1011 – 1020.

[2] Kakran S, Chanana S. Smart operations of smart grids integrated with distributed generation: A review [J]. Renewable and Sustainable Energy Reviews, 2018, 81: 524 – 535.

[3] Dolatabadi A, Ebadi R, Mohammadi – Ivatloo B. A two – stage stochastic programming model for the optimal sizing of PV/diesel/battery in hybrid electric ship system [J]. Journal of Operation and Automation in Power Engineering, 2019, 7 (1): 16 – 26.

[4] Zia M F, Benbouzid M, Elbouchikhi E, Muyeen S, Techato K, Guerrero J M. Microgrid transactive energy: Review, architectures, distributed ledger technologies, and market analysis [J]. IEEE Access, 2020, 8: 19410 – 19432.

[5] Li Z, Xu Y, Feng X, Wu Q. Optimal stochastic deployment of heterogeneous energy storage in a residential multienergy microgrid with demand – side management [J]. IEEE Transactions on Industrial Informatics, 2020, 17 (2): 991 – 1004.

[6] 马效国. 分布式发电、微网与智能配电网的发展与挑战 [J]. 通信电源技术, 2018, 35 (8): 271 – 272.

[7] 刘威. 智能电网技术和分布式发电技术协同发展探讨 [J]. 中国设备工程, 2020, 439 (3): 244 – 245.

[8] 周明, 李庚银, 倪以信. 电力市场下电力需求侧管理实施机制初探 [J]. 电网技术, 2005, 29 (5): 6 – 11.

[9] 杨晓东, 张有兵, 赵波, 周文委, 翁国庆, 程时杰. 供需两侧协同优化的电动汽车充放电自动需求响应方法 [J]. 中国电机工程学报, 2017 (1): 120 – 130.

[10] Paterakis N G, Erdinç O, Catalão J P. An overview of demand response: key – elements and international experience [J]. Renewable and Sustainable Energy Reviews, 2017, 69: 871 – 891.

[11] Albadi M H, El – Saadany E F. A summary of demand response in electricity markets [J]. Electric Power Systems Research, 2008, 78 (11): 1989 – 1996.

[12] Maqbool S D, Ahamed T I, Al – Ammar E, Malik N. Demand response in saudi arabia

［C］// 2011 2nd International Conference on Electric Power and Energy Conversion Systems
　　　　　（EPECS），2011：1-6.

［13］　Nazar A，Anwer N. The economic viability of battery storage：Revenue from arbitrage op-
　　　　　portunity in Indian electricity exchange（IEX）and NYISO［C］// Machine Learning，Ad-
　　　　　vances in Computing，Renewable Energy and Communication. Springer，2022：305-314.

［14］　Zhang S，Jiao Y，Chen W. Demand-side management（DSM）in the context of China's on-go-
　　　　　ing power sector reform［J］. Energy Policy，2017，100：1-8.

［15］　Akbarimajd A，Olyaee M，Sobhani B，Shayeghi H. Nonlinear multi-agent optimal load
　　　　　frequency control based on feedback linearization of wind turbines［J］. IEEE Transactions on
　　　　　Sustainable Energy，2018，10（1）：66-74.

［16］　时欣利. 智能电网预测发电和柔性负荷控制策略研究［D］. 南京：东南大学，2016.

［17］　Li Y，Li L Y，Peng C，Zou J X. An MPC based optimized control approach for EV-based
　　　　　voltage regulation in distribution grid［J］. Electric Power Systems Research，2019，172：
　　　　　152-160.

［18］　Ye M J，Hu G Q. Game design and analysis for price-based demand response：An aggre-
　　　　　gate game approach［J］. IEEE Transactions on Cybernetics，2017，47（3）：720-730.

［19］　Liang G，Weller S R，Luo F，Zhao J，Dong Z Y. Distributed blockchain-based data pro-
　　　　　tection framework for modern power systems against cyber attacks［J］. IEEE Transactions
　　　　　on Smart Grid，2018，10（3）：3162-3173.

［20］　孙茜. 考虑不确定性的综合能源系统非合作博弈优化调度研究［D］. 西安：西安理工大
　　　　　学，2020.

［21］　Goddard G，Klose J，Backhaus S. Model development and identification for fast demand re-
　　　　　sponse in commercial HVAC systems［J］. IEEE Transactions on Smart Grid，2014，5
　　　　　（4）：2084-2092.

［22］　Babrowski S，Heinrichs H，Jochem P，Fichtner W. Load shift potential of electric vehicles
　　　　　in Europe［J］. Journal of Power Sources，2014，255：283-293.

［23］　Brown R，Masanet E，Nordman B，Tschudi B，Shehabi A，Stanley J，Koomey J，Sartor
　　　　　D，Chan P. Report to congress on server and data center energy efficiency：Public law 109-
　　　　　431［M］. Berkeley：Lawrence Berkeley National Lab.（LBNL），2007.

［24］　Yao Y，He X，Huang T，Li C，Xia D. A projection neural network for optimal demand re-
　　　　　sponse in smart grid environment［J］. Neural Computing and Applications，2018，29（6）：
　　　　　259-267.

第3章　电动汽车支撑智能电网的灵活调控技术

3.1　引　　言

在当今世界，随着化石燃料的日益枯竭和环境污染问题的日益严峻，电动汽车作为一种清洁、高效的交通工具，正逐渐成为人们出行的首选。与此同时，智能电网作为电力系统与信息技术融合的产物，为电力系统的优化管理提供了强大的支持。电动汽车与智能电网的结合，不仅能够提升能源利用效率，还能为电网的稳定运行和能源的可持续发展做出重要贡献。

3.2　电　动　汽　车　概　述

电动汽车是指以车载可充电蓄电池为动力，用电机驱动车轮行驶的车辆。电动汽车的运行是依靠动力电池输出电能，通过电机控制器驱动电机运转产生动力，再通过减速机构，将动力传给驱动车轮，使电动汽车行驶。典型的纯电动汽车主要包括电源系统、驱动电机系统、整车控制器和辅助系统。电动汽车是涉及机械、电子、电力、微机控制等多学科的高科技技术产品，是与燃油汽车相对应的。电动汽车在20世纪20年代达到鼎盛时期，然而在燃油汽车出现后，电动汽车无论在整车质量、动力性能、行驶里程、机动性和灵活性方面越来越落后于燃油汽车。但在全球温室效应与能源问题逐渐受到各国政府的重视下，主要国家的污染法规渐趋严格，因此对低污染车辆的需求势必增加。随着各种高性能蓄电池和高效率电动机的不断出现，人们又把目光转向了零污染或超低污染排放的电动汽车。从20世纪70年代起，新一代电动汽车脱颖而出，涌现出各种高性能的电动汽车。

3.2.1　电动汽车发展

（1）1859年，法国物理学家加斯东·普兰特发明了铅酸蓄电池。

（2）1867年，巴黎世界博览会上奥地利发明家弗朗茨·克拉沃格尔向人们展示了一辆两轮电动车，但当时那不被承认是一辆车，因为它不能开上路。

（3）1881年，法国科学家卡米尔·阿方斯·富尔改进了电池的设计。同年4月法国发明家居斯塔夫·特鲁维制造并测试了一辆带有三个轮子的汽车，电动车的雏形诞生。

（4）1884 年，英国发明家托马斯·帕克改进并重新设计了电池，这次电池容量更大，还可以再充电。随后他在伦敦制造了第一辆可规模化生产的电动汽车。

（5）1888 年，欧洲开始重视环境及能源问题，尤其英国和法国更是广泛支持电动汽车的发展，工程师安德烈制造了德国的第一辆电动汽车。

（6）1891 年，第一辆电动汽车在美国制造。

（7）19 世纪 90 年代末和 20 世纪初，人们对于电动汽车的热爱到了顶峰，电动出租车也在 19 世纪末问世。

（8）20 世纪 20 年代，燃油车的改进使燃油汽车在各方面都超越了电动汽车，电动汽车逐渐开始失去其在汽车市场的地位，也慢慢地退到历史幕后很长一段时间。

（9）20 世纪 70 年代和 80 年代能源危机爆发，让人们将更多的注意力放到了电动汽车身上，发达国家又开始了对电动汽车的研究与改革。

（10）1976 年 7 月，美国国会以立法、政府资助和财政补贴等手段推动发展电动汽车。

（11）1995 年年底开始，欧洲第一批电动汽车批量生产。

（12）1997 年，日产汽车推出了 PrairieJoy 电动汽车，这是全球第一辆装备了锂离子电池的电动车。

（13）2001 年，中华人民共和国科学技术部发布了新能源汽车的战略规划，在"十五"期间的国家"863"计划中，特别设立了电动汽车重大专项。

（14）2004 年，我国电动汽车专项建立了"三纵三横"总的研发布局，以燃料电池汽车、混合动力电动汽车、纯电动汽车为"三纵"，多能源动力总成控制、驱动电机、动力蓄电池为"三横"，按照汽车产品开发规律，全面构筑中国电动汽车自主开发的技术平台。

（15）2008 年，特斯拉跑车首次交付给客户。这是第一辆合法生产的使用锂离子电池的全电动汽车，也是全球首辆一次充满电行驶 320km（200 英里）以上的全电动汽车。特斯拉电动汽车的问世，是里程碑，也标志电动汽车驶入新纪元。

（16）2010 年以来，全球电动汽车市场规模日益扩大，电动汽车产销量均有明显提升。国际能源署 IEA 预测 2020 年开始，传统汽柴油汽车的市场份额开始出现下降趋势，电动汽车在未来市场份额呈持续扩大的趋势。

3.2.2 电动汽车电池类型

动力电池作为纯电动汽车的心脏，电动汽车的开发关键在于动力电池的竞争。但由于目前动力电池的比能量不够高、充电时间长、一次充电行程短、安全性差、电池成本高等原因，尚不能得到大范围推广，所以电动车用动力电池的发展成了电动车发展的瓶颈。

一般将动力电池分为铅酸电池、镍氢电池、镍金属电池、锂离子蓄电池、锂聚合物电池、高温钠电池、锌空气电池、超级电容和三元锂电池 9 种电池类型。

1. 铅酸电池

铅酸电池是采用金属铅作为负极，二氧化铅作为正极，用硫酸作为电解液，放电时，铅和二氧化铅都与电解液反应生成硫酸铅。充电时反应过程正好相反。现在比较广泛采用免维护的阀控式铅酸电池（VRLA）。

总体上说，铅酸电池具有可靠性好、原材料易得、价格便宜等优点，比功率也基本上能满足电动汽车的动力性要求。但它有两大缺点；一是比能量低，所占的质量和体积太大，且一次充电行驶里程较短；另一个是使用寿命短，使用成本过高。由于铅酸电池的技术比较成熟，经过进一步改进后的铅酸电池仍将是近期电动汽车的主要电源。

2. 镍氢电池

镍氢电池由氢氧化镍的阳极和由钒、锰、镍等金属形成的多成分合金阴极组成。相对铅酸电池，镍氢电池在能量体积密度方面提高了 3 倍，在比功率方面提高了 10 倍。这项技术独特的优势包括：更高的运行电压、比能量和比功率，较好的过度充放电耐受性和热性能。镍氢电池广泛应用受限的原因是其在低温时容量减小和高温时充电耐受性的限制；此外，价格也是制约镍氢电池发展的主要因素，原材料如金属镍非常昂贵。

3. 镍金属电池

镍氢蓄电池正极活性物质采用氢氧化镍，负极活性物质为储氢合金，电解液为氢氧化钾溶液，电池充电时，正极的氢进入负极储氢合金中，放电时过程正好相反。在此过程中，正、负极的活性物质都伴随着结构、成分、体积的变化，电解液也发生变化。相对于其他电池，镍氢蓄电池的优异特性表现在：高比能量（衡量电动车一次充电行驶里程）已与锂离子电池水平相当；高比功率（赋予电动车良好的启动、加速、爬坡性能）其性能已高于锂离子电池；长寿命特性（赋予电池良好的经济性）平均寿命 300～600 次；安全性能高，无污染物，被誉为绿色电源。但是目前阻碍其应用的一个重要问题是初始成本太高，而且还有记忆效应和充电发热等问题，充电发热会引发安全问题。

4. 锂离子蓄电池

锂离子电池使用锂碳化合物作负极，锂化过渡金属氧化物作正极，液体有机溶液或固体聚合物作为电解液。在充放电过程中，锂离子在电池正极和负极之间往返流动。放电时，锂离子由电池负极通过电解液流向正极并被吸收，充电时，过程正好相反。锂离子电池基本上解决了蓄电池的 2 个技术难题，即安全性差和充放电寿命短的问题。同时锂离子电池具有高电池单体电压、高比能量和能量密度，可以说是当前比能量最高的电池，工作稳定。缺点是自放电率高，初始成本较高。

5. 锂聚合物电池

锂聚合物电池又称高分子锂电池，它也是锂离子电池的一种，但是与液锂电池相比具有能量密度高、更小型化、超薄化、轻量化以及高安全性和低成本等多种明显优势。在形状上，锂聚合物电池具有超薄化特征，可以配合各种产品的需要，制作成任何形状与容量的电池。聚合物锂离子电池所用的正负极材料与液态锂离子都是相同的，电池的工作原理也基本一致。它们的主要区别在于电解质的不同，锂离子电池使用的是液体电解质，而聚合物锂离子电池则以固体聚合物电解质来代替，这种聚合物可以是干态的，也可以是胶态的，目前大部分采用聚合物胶体电解质。聚合物锂离子电池可以采用高分子作正极材料，其质量比能量将会比目前的液态锂离子电池提高 50％以上。此外，聚合物锂离子电池在工作电压、充放电循环寿命等方面都比锂离子电池有所提高。基于以上优点，聚合物锂离子电池被誉为下一代锂离子电池。

6. 高温钠电池

高温钠电池主要包括钠氯化镍电池（$NaNiC_{12}$）和钠硫蓄电池 2 种。钠氯化镍电池正极是固态 NiC_{12}，负极为液态 Na，电解质为固态 $\beta - Al_2O_2$ 陶瓷，充放电时钠离子通过陶瓷电解质在正负电极之间漂移。钠氯化镍电池是一种新型高能电池，具有比能量高（超过 $100W \cdot h/kg$）、无自放电效应、耐过充、过放电、可快速充电、安全可靠等优点，但是其工作温度高（$250 \sim 350℃$），而且内阻与工作温度、电流和充电状态有关，因此需要有加热和冷却管理系统。钠硫蓄电池具有高的比能量和功率，但成本高，安全性差，其工作温度接近 $300℃$，熔融的钠和硫有潜在的危险性，并且腐蚀也限制了电池的可靠性和寿命。

7. 锌空气电池

锌空气电池是一种机械更换离车充电方式的高能电池，正极为 Zn，负极为 C（吸收空气中的氧气），电解液为 KOH。锌空气电池的电压为 1.4V 左右，放电电流受活性炭电极吸附氧及扩散速度的制约。每一型号的电池有其最佳使用电流值，超过极限值时活性炭电极会迅速劣化。电池的荷电量一般比同体积的锌锰电池大 3 倍以上。锌空气电池具有高比能量，免维护、耐恶劣工作环境，清洁安全可靠等优点，但其比功率较小，不能存储再生制动的能量，寿命较短，不能输出大电流及难以充电等缺点。一般为了弥补它的不足，使用锌空气电池的电动汽车还会装有其他电池（如镍镉蓄电池）以帮助起动和加速。

8. 超级电容

超级电容器，又称为双电层电容器、电化学电容器、黄金电容、法拉电容，通过极化电解质来储能。它是一种电化学电容，兼具电池和传统物理电容的优点。其特点是寿命长、效率高、比能量低、放电时间短。超级电容往往和其他蓄电池联合应用作为电动汽车的动力电源，可以满足电动汽车对功率的要求而不降低蓄电池的性能。超级电容的使用将减少车对蓄电池大电流放电的要求，达到减少蓄电池体积和延长蓄电池寿命的目的。根据电极材料的不同，超级电容可分为碳类超级电容（双电层电化学电容）和金属氧化物超级电容两类。

9. 三元锂电池

三元锂电池因其正极材料含有镍钴锰（Ni、Co、Mn）3 种元素而得名，这 3 种金属元素的不同配比对电池的性能产生重要的影响，其中 Ni 元素，可以提高材料的活性，提高能量密度；Co 元素，可以稳定材料的分布结构，利于材料的深度放电，提高材料的放电容量；Mn 元素，在材料结构中起支撑作用，从而提高电池充放电过程中的稳定性。由于三元锂电池具有高能量密度、长续航里程、单体电池电压平台高等特点，所以受到电动汽车整车厂的关注，但是安全性能差，又限制其大规模配组应用，特别是大容量（单体电池容量达到 50Ah）三元锂电池很难通过针刺和过充等安全性能试验。表 3.1 为各类电池性能对比。

表 3.1 各类电池性能对比

性　　能	铅酸电池	镍氢电池	锂离子电池	燃料电池	超级电容
安全性	好	好	差	好	一般
循环寿命	短	一般	较长	较长	长
再循环能力	好	一般	差	较好	较好
单位功率价格	低	较高	一般	高	低
单位能量价格	低	较高	一般	高	高
工作温度/℃	较低	一般	较高	一般	高
比能量/(W·h/kg)	较低	一般	较高	较高	低
比功率/(W·h/kg)	低	一般	较高	较高	高

3.3　V2G　技　术

大部分电动汽车一天之内 95％时间处于闲置状态，90％以上的电动汽车每天行驶时间约 1h。因此可以把闲置的电动汽车的蓄电池看成是一个储能单元，在电网负荷处于高峰期的时候，电动汽车的蓄电池通过放电给电网补充电能，在电网负荷处于低谷期的时候，电动汽车开始并入电网进行充电。同时可以合理设置峰谷电价、实时电价等政策，引导用户积极参与响应。

电动汽车的电池作为储能设备可以提供快速响应的高价值电力服务，可以根据电网的负荷需求及时做出响应，为电网提供辅助服务，降低电网负荷、降低电力系统发电成本和运营成本、降低电网的峰谷差率，对电网的稳定起到一定的支持作用等；还可以给参与 V2G 的用户带来收益，降低用户充电成本；同时电动汽车还可以与微网连接，协同风电、光电等新能源发电，减少弃风弃光等现象。

V2G 技术的实现方式与电动汽车种类、数量和充电方式等有关，可以将 V2G 的实现方式分为以下几种：

（1）集中式 V2G。集中式 V2G 是指某一区域的所有电动汽车集中式管理，通过制定特定的调度策略，利用智能算法对每一台电动汽车进行最优充放电策略的计算，可以在电网负荷不足时自动地对电动汽车储存的能量进行统一的调度，实现平抑电网负荷曲线等目标，此方式一般用于小区停车场或大型充电站。

（2）自治式 V2G。单辆电动汽车一般通过车载式智能充电器自动与电网连接，充放电不受时间地点的限制，可以根据电网发布信息命令，或者电网输出接口的电气特征等信号，再结合自身的电量等状态和相关的电价激励措施引导电动汽车进行充放电。自治式 V2G 需要装载更高灵敏度的通信设备和车载式智能充电器将会增加电动汽车成本，由于电动汽车不受统一的调度，充放电方式灵活便捷，因此实现 V2G 具有很大的随机性，有可能出现反峰现象，不一定能够实现整体的 V2G。

（3）基于微网式 V2G。微网式 V2G 的服务对象是微电网，主要包括风能、太阳能等分布式发电，所以受地区限制。电动汽车受微电网的调度，当微电网电力不足时电动汽车开始为相关负载放电，在微电网的电力过剩时，电动汽车充电。微网式 V2G 还可以与外部大电网连接和通信，从而为用户供电。

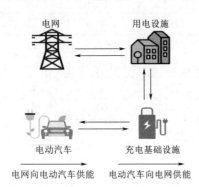

图 3.1　V2G 模式下能量流动图

（4）更换电池组式 V2G。电池换电站的内部存储了大量的备用电池，一部分电池保持满电状态，可以满足电动汽车用户出行时电池快速更换的需求；另一部分电池可以参与电网互动，实现电池组作为储能单元和电网互动，达到削峰填谷的目的。更换电池组式 V2G 的实现需要电动汽车的电池型号和充电接口的标准统一，在不影响电动汽车车主出行的前提下具有很大的发展前景。

图 3.1 为 V2G 模式下能量流动图。

3.4　电动汽车充电需求时空分布预测

随着电动汽车保有量的增加，未来大规模电动汽车接入电网，其充电、放电行为都将对电网产生不可忽视的影响。相关部门及人员应关注电动汽车接入电网带来的不利影响以便提前采取应对措施，同时解决如何充分利用电动汽车充电需求的灵活性和向电网放电的潜力，使其接入电网后与电网产生友好互动，为电网、用户、社会带来利益。其中，电动汽车充放电负荷预测是开展电动汽车接入对电网的影响分析、配电网规划与控制运行、电动汽车与电网双向互动及电动汽车与其他能源、交通等系统协调研究的基础。

3.4.1　电动汽车类型

电动汽车主要有三大类。

（1）蓄电池型电动汽车（EV）。蓄电池型电动汽车仅依靠电力运行，因此不会直接导致任何碳排放。蓄电池型电动汽车产生二氧化碳排放的间接原因完全取决于使用何种发电方式来产生用于给车辆充电。

（2）燃料电池电动汽车（FCEV）。采用燃料电池作电源的电动汽车称为燃料电池电动汽车，其动力源是用燃料电池发动机-电动机系统。燃料电池驱动系统是 FCEV 的核心部分，不同燃料作为动力源，发电机系统组成是有差别的。目前，多以压缩氢气或液化氢气及作为基本燃料。

（3）混合电动汽车（HEV）。从世界范围内电动汽车的发展过程看，电动汽车的研究是从单独依靠蓄电池供电的纯电动汽车开始的。但由于纯电动汽车是从单独依靠蓄电池供电的，而目前动力电池的性能和价格还没有取得重大突破，因此纯电动汽车的发展没有达到预期的目的。目前燃料电池研究还没有取得重大突破，燃料电池电动汽车的发展也受到了限制。在此情况下，混合动力汽车成为电动汽车开发过程中最有可能市场化的一种新车型，它将现有内燃机与一定容量的储能器件通过先进控制系统相组合，可以大幅度降低油耗减少污染物排放。国外普遍认为它是投资少、选择余地大、易于满足未来排放标准和节能目标、市场接受度高的主流清洁车型，从而引起各大汽车公司的关注。图 3.2 为混合动力客车示例图。

图 3.2　混合动力客车示例图

按照用途不同分类，电动汽车可分为电动轿车、电动货车和电动客车 3 种。

（1）电动轿车是目前最常见的电动汽车。除了一些概念车，电动轿车已经有了小批量生产，并已进入汽车市场。

（2）电动货车用作功率运输的电动货车比较少，而在矿山、工地及一些特殊场地，则早已出现了一些大吨位的电动载货汽车。

（3）电动客车，电动小客车也较少见；电动大客车用作公共汽车，在一些城市的公交线路以及世博会、世界性的运动会上，已经有了良好的表现。

3.4.2　电动汽车负荷影响因素

电动汽车充电涉及的因素相当复杂，充电行为又具有时间和空间上的随机性，不同的考虑将形成不同的充电负荷预测模型和预测结果。影响电动汽车充电负荷的因素有电动汽车性能因素、用户使用习惯、充电因素、电动汽车使用环境等。

（1）电动汽车性能因素主要包括了电动汽车单位行驶距离耗电量、电动汽车的类型、电动汽车电池老化情况、电动汽车电池容量大小等。

1）电动汽车单位行驶距离耗电量。电动汽车的单位行驶距离耗电量大小是一个重要的指标，它的大小和电动汽车行驶距离与电动汽车行驶时间将一起决定电动汽车耗电量的多少，从而决定电动汽车充电电量的大小。但目前中华人民共和国工业和信息化部给出的这个指标是在一个较为理想环境下测出来的，这个耗电量往往比实际耗电量要低，因为车辆行驶不可能在理想状态下完成，电动汽车会受到其他因素的影响导致实际的单位耗电量比理想耗电量偏高。

2）电动汽车的类型。不同的电动汽车其主要功能不尽相同，电动汽车的类型主要是按照电动汽车的功能和用途的特性来进行分类的，和传统石油汽车的分类类似。从充电电量上来看，公共交通的电动汽车由于承担公共交通运输的任务，因此其会长时间行驶，对电量的消耗相应较多同时相对稳定。而电动私家车主要是承担个体的通勤任务等，其行驶距离相对于公共交通任务而言较小，同时行驶时间和行驶路程受到用户个体习惯和当前需求的影响，其对电量的消耗相对较小且随机性较强。从充电时间上来看，公共交通的充电时间一般较为固定统一，而个人交通用途的电动汽车的充电则较为分散和随意。

3）电动汽车电池老化情况。目前主流的电动汽车动力电池为动力锂电池，而磷酸铁锂电池是目前电动汽车中应用最广的电池之一，虽然磷酸铁锂电池有着非常不错的性能，但是随着电池的反复充放电，电池寿命会随着时间的增加而减少，电池的容量也会有相应的损耗，电池的内阻同样会随着充放电次数的增加而增加，进而增加电动汽车在行驶过程中的电能消耗。同时由于电池内阻的变化，电动汽车充电效率会受到电池内阻增加的影响而降低。

（2）用户使用习惯主要涉及电动汽车日行驶距离、电动汽车行驶路况、电动汽车用户的充电习惯、电动汽车用户的驾驶习惯。

1）电动汽车日行驶距离。电动汽车行驶距离会直接影响到电动汽车的充电电量的大小。一般情况下，电动汽车的行驶距离越长，电动汽车的耗电量也就越大，所需充电的电量也就越大。电动汽车的行驶距离主要受到用户使用需求的影响。就私家车而言，电动汽车主要用途在于电动汽车用户上下班的通勤需求、个体购物需求、娱乐通情需求等。其中上下班的通勤需求为用户主要需求，同时也是电动汽车行驶路程的主要部分。

2）电动汽车行驶路况。车辆行驶在路上会受到不同行驶情况的影响，如拥堵、低速的交通路况等，往往会消耗比理想情况下更多的能量。一个较为拥堵的行驶路况由于车辆启停次数的较多，而每次车辆的启停会附带无意义的能量消耗，在行驶相同距离的情况下，电动汽车启停的次数越多能量的浪费也就越多。同时拥堵的路况会增加电动汽车的行车时间，从而使得电动汽车电子设备所消耗的电能增加，进而增加电动汽车的能量消耗。

3）电动汽车用户的充电习惯。电动汽车用户不同往往会有不同的充电习惯，部分用户习惯在能进行充电的时候便对电动汽车进行充电，而有的用户则会选择在电动汽车电量消耗到一定情况之后再进行充电等。对于电动汽车充电负荷而言，如果电动汽车用户选择在能进行充电时便对电动汽车进行充电，则电动汽车的单次充电电量会相对较小但充电电量值可能波动则会较大；如果电动汽车用户习惯在电量消耗到一定值以下进行充电的话则单次充电电量就会较大，充电电量则会较为稳定。

4）电动汽车用户的驾驶习惯。电动汽车用户的驾驶习惯不同也会影响到电动汽车耗电量的大小，在驾驶习惯影响车辆能量消耗方面，电动汽车和传统能源汽车的情况是一致的。用户在驾驶车辆时，部分用户习惯使用在驾驶的时候会尽可能获取较高的汽车加速度，而在电动汽车启动和停止阶段大力地使用油门和刹车，造成电动汽车能量消耗的增加；部分用户行车时频繁并线超车并频繁地使用刹车；部分用户超速行驶等，这些驾驶习惯会造成车辆耗能的增加。

（3）充电因素主要涉及电动汽车充电方式、电动汽车充电标准、充电桩数量、充电桩分布情况、电动汽车充电效率。

1）目前电动汽车充电方式主要有 3 种，其分别是交流充电方式、直流快速充电方式和换电方式。交流充电方式又被称为做慢速充电方式，顾名思义该充电方式的充电速度较慢，目前，一般都是采用 250V 市电电压或者 440V 电压进行充电，其充电功率一般是在 2.5～25kW 不等，而充电时间一般都在 5～8h 不等。常规充电对于充电设备的要求较低，充电设备购置和使用成本较低，能较好地进行普及。这种充电方式由于其充电电压与充电电流都相对较低，其对电网的冲击性影响也较小。这种充电方式往往功率不大，充电时间都较长，一般这种充电方式常常出现在用户下班后或到达工作地点之后进行的充电。快速充电方式是使用一套特殊的充电设备对电动汽车进行充电。顾名思义，快速充电方式的充电速度较快，能够在短时间内完成充电，满足电动汽车的短时使用需求。该方式通常采用 750V 或 1000V 及其以上的直流电压进行充电，充电电流往往在 80～250A 之间。而充电时间可以从 10min～2h 不等。快速充电方式由于其较高的电压与较大的电流，往往在一定数量的电动汽车同时充电时会大大增加电网的负荷率，对电网产生明显的影响。这种充电方式往往应用在电动汽车急需充电的情况下，如需要出远门或者在高速公路上所需的充电方式。更换电池方式简称换电方式，就是在电动汽车在电池快用尽的时候通过特殊的设备将电池从车体中取出然后放入新电池继续使用。这种方式能够极快完成电动汽车能源的补给，从而使得电动汽车的使用方便性能和石油燃料汽车一样。这种能源补给方式由于电池是由充电站进行管理的，因此可以较好地对电池充电时间进行分配，从而最大程度减少对电网负荷率的影响。这种充电方式是一种理想的充电方式，但由于涉及到电动汽车电池接口的统一标准、换电设备的成本、电池租赁等一系列问题，目前还很难实施。

2）电动汽车充电标准。虽然之前提到了电动汽车充电模式因素的影响，但就算在相同充电模型下，由于充电桩充电标准的改变，不同企业之间充电设备标准的不同，充电功率仍然是个变数。充电功率大小的不同将直接影响电动汽车充电功率与充电时长。我国早在 2015 年 12 月就颁布了新版电动汽车充电接口及通信协议国家标准。但该标准并没有针对电动汽车充电时的电压、电流、功率等做出要求。虽然国家早在 2006 年就发布了《电动汽车传导充电用插头、插座、车辆耦合器和车辆插孔通用要求》（GB/T 20234—2006）的标准，并规定了充电电压和电流的大小，但该标准作为推荐性国标并在刚出台并未受到电动汽车生产企业的高度重视，导致目前的充电标准较为混乱。目前国家针对性出台了电动汽车充电接口及通信协议 5 项国家标准对将来我国的电动汽车充电标准进行了进一步的规范。今后电动汽车的充电标准必将向国家标准靠拢。

3）设备充电效率。电动汽车的充电设备并不是理想设备，因此电动汽车在充电时往往有一部分能量流失了，而不同的充电设备的充电效率也不同。目前主流的电动汽车往往为用户同时提供了快速充电和常规充电的选择,用户可以选择常规充电,这时用户可以将交流电源插口接入到车载充电设备上进行常规充电,交流电源通过车载充电机然后再进入到电池当中;用户也可以选择进行快速充电,用户将直流充电插口接入到特定的插口进行快速充电,这时直流电源将直接给电池充电。根据国家电动汽车充电系统技术规范,其中要求非车载充电机效率必须要大于90%,而车载充电机在50%～100%负载条件下充电效率必须要大于85%。如果假设电动汽车实际充电功率不变,则充电桩充电效率越高,对于电网而言充电桩负载就越接近电动汽车的实际充电功率;而充电桩效率越低,充电桩负载就越高。

4) 电池充电效率。除了电动汽车充电效率之外,电动汽车所使用的锂电池同样存在着一个充电效率,因为从电动汽车充电装置传输给锂电池的能量并不能全部转化为化学能,部分能量会因为充电时电池内阻而变成热能,部分能量会储存在电化学反应中,在放电时这部分能量会以热能的形式流失掉,不能为用电设备提供能量。

(4) 电动汽车使用环境涉及环境温度、天气情况、消费者使用习惯等会对电动汽车充电负荷造成影响。

1) 环境温度因素。由于电动汽车动力电池性能受到环境温度的影响,当环境温度降低时电动汽车动力电池容量和开路电压都会有所降低,同时动力电池的内阻会增加。其中特别是电池内阻将会对电动汽车的能量消耗造成影响,由于电动汽车电池内阻的增加,电动汽车在行驶中的能耗会随之增加。而在充电时,由于动力电池内阻的增加,电动汽车的充电效率则会随之降低,进而造成充电电量的增加。同时由于环境温度的不同,电动汽车内电气使用的情况也会发生变化,在温度较高时,电动汽车用户会倾向于开启车内的空调进行制冷,从而降低车内的温度;而当温度较低时,电动汽车用户会倾向于开启车内的空调进行制热,从而提高车内的温度。由于电动汽车的空调系统在制热时不能像传统能源汽车那样通过发动机冷却水的热量来进行制热,因此只要启用了车内的空调系统,都会大大增加电动汽车的能耗。对于电动汽车充电负荷而言,较低或者较高的温度往往会增加电动汽车的充电电量。

2) 天气情况。天气情况主要影响到电动汽车的行驶阻力,在诸如雨天和雪天,由于地面情况的变化,往往会加大车辆的行车阻力,从而增加车辆的能量消耗,进而增加电动汽车的充电电量。

3) 消费者使用习惯。作为电动汽车的使用者,消费者的使用习惯直接决定了电动汽车的充电时段和充电电量的大小。目前,从传统能源汽车的使用情况来看,私家汽车主要用于家庭上下班的通勤交通工具。不同消费者由于其不同的使用习惯和周边环境会选择不同的充电时间和不同的充电方式。

3.4.3　考虑时空分布的电动汽车充电负荷预测

电动汽车近年来成为热点后,研究人员开展了大量的充电负荷预测研究工作,从已发表文献来看，针对私家车等多种类型车辆的充电负荷预测研究较多。也有利用排队论等方法对充电站负荷展开预测，还有少部分是针对电动公交车充电负荷开展分析。整体上，前期研究阶段主要集中在对电动汽车充电负荷的时间分布特性进行整体预测，采用随机数学方法为主；随着研究的深入，充电负荷的空间分布特性逐渐得到重视，研究手段也逐渐丰富，智能体多代理技术等被应用；近年来随着信息等技术的快速发展，研究人员开始探索将云计算、大数据、人工智能等技术应用于充电负荷预测当中。本书只简单介绍基于时空分布的电动汽车充电负荷的预测。

首先，预测待预测地区未来电动汽车的总保有量，将该地区分成不同的区域，依据各区域不同类型用地使用情况及其停车特性，采用改进停车生成率模型计算各区域的停车需求，得到预测地区停车需求的时空分布。其次，根据待预测地区电动汽车驾驶特性，建立其充电需求模型，使用蒙特卡罗方法模拟各区域电动汽车的驾驶、停放、充电等行为，得到各区域电动汽车充电负荷的时间分布。图 3.3 为蒙特卡罗模拟电动汽车充电负荷预测流程图。

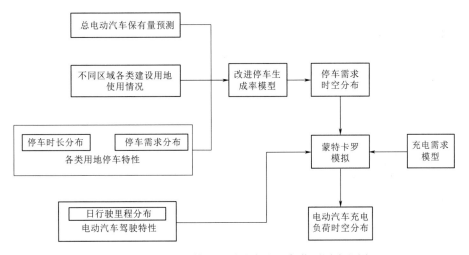

图 3.3　蒙特卡罗模拟电动汽车充电负荷预测流程图

图 3.3 表明，预测的前提是准确评估电动汽车充电负荷的空间分布充电需求，其中，各区域电动汽车充电负荷的时间分布的集合为待预测地区总的电动汽车充电负荷的时空分布。

1. 考虑时空分布的改进停车生成率模型

电动汽车充电需要考虑所有电动汽车停车的概率，传统的停车生成率模型只考虑高峰时段的停车需求，不能反映汽车停放的时间分布特性，难以应用于电动汽车负荷预测。一方面，停车生成率模型调研得到的结果可能与当地未来实际机动车预测数据等有一定的差异；另一方面，如果目前尚未掌握详细的停车生成率调研数据，则可以使用当地建设用地泊位配建标准进行估计，而通常泊位建设标准与实际停车需求可能会存在偏差。因此，为提高预测的准确性，需要对停车生成率模型计算的停车需求进行必要的修正。

本章对停车需求进行了两步修正。

（1）居民区、工商业区停车相对数量修正。行政办公、商业金融、工业、仓储、医疗卫生、教育科研、文体等用地可归类为工商业区。若以私家车为研究对象，则以居民区停车需求为基准，对工商业区停车需求进行修正。居民区停车需求峰谷差应略高于工商业区停车需求峰谷差。

工商业区停车需求为

$$P'_{j \neq 1}(t_2) = \sum_{i=1}^{m} P'_{i,j \neq 1}(t_2) = \sum_{i=1}^{m} \sum_{j=2}^{n} A_1 f_{ij} P^*_{ij}(t_2) R_{ij} L_{ij} \tag{3.1}$$

总停车需求为

$$P'(t) = P_{j=1}(t) + P'_{j=1}(t) \tag{3.2}$$

式中　　R_{ij}——第 i 区第 j 类用地的停车需求生成率；

　　　　L_{ij}——第 i 区第 j 类用地使用量（建筑面积）；

　　　　t_2——其他类型用地停车高峰时间；

　　　　f_{ij}——不同地区与土地所属城市区位、经济状况、人口密度等有关的停车生成率修正系数。

（2）预测停车需求与预测机动车保有量修正。以未来汽车保有量的预测值 K 为基准，对总停车需求 $P'(t)$ 进行修正。总停车需求的最大值应低于汽车保有量。

修正系数为

$$A_2 = \eta_2 \frac{K}{P'_{\max}(t)} \tag{3.3}$$

式中　　η_2——考虑在途车辆的修正系数；

　　$P'_{\max}(t)$——总停车需求最大值。

经过修正，各区域及总停车需求分别为

$$P''_i(t) = A_2 P^*_{i1}(t) f_{i1} R_{i1} L_{i1} + \sum_{j=2}^{n} A_1 A_2 P^*_{ij}(t) f_{ij} R_{ij} L_{ij} \tag{3.4}$$

$$P''(t) = \sum_{i=1}^{m} P_i(t) = \sum_{i=1}^{m} \left[A_2 P^*_{i1}(t) f_{i1} R_{i1} L_{i1} + \sum_{j=2}^{n} A_1 A_2 P^*_{ij}(t) f_{ij} R_{ij} L_{ij} \right]$$

$$\tag{3.5}$$

2. 电动汽车驾驶与停车特性

需要事先掌握电动汽车充电的停车需求，在停车需求里能进一步挖掘充电需求，因此，需要理清电动汽车的日行驶里程、典型居民区工作日停车需求和典型工商业区工作日停车需求。

（1）日行驶里程。由电动汽车日行驶里程及每 100km 电耗数据，可以得到电动汽车运行一天结束时的 SOC 分布。

考虑到目前电动汽车发展规模不大，相关数据较为缺乏，一般从传统燃油车入手分析电动汽车的驾驶特性。汽车日行驶里程一般采用全球定位系统（GPS）定位或出行调查获取。GPS 定位受成本限制，获取样本的数据一般较少，代表性差；而国内外汽车出行调查统计数据经过多年的调查与积累已经较为完善，其中最具代表性的数据来自美国家庭旅行调查（HNTS）。

分析 HNTS 数据，得到汽车日行驶里程 d 满足对数正态分布，其概率密度函数为

$$f_D(d)=\frac{1}{d\sigma_D\sqrt{2\pi}}\exp\left[-\frac{(\ln d-\mu_D)^2}{2\sigma_D^2}\right] \tag{3.6}$$

式中 $\mu_D=3.7$，$\sigma_D=0.9$，d 的单位是 km。

（2）典型居民区工作日停车需求。居民区汽车一般在上午外出时离开居民区，迎来居民区汽车的驶离高峰；在下午或夜晚返回，迎来停车高峰。

下式是统计得到的一个典型居民区工作日停车需求函数拟合结果，可见居民区白天一次停车时间在 2h 左右。

$$P_{res}^*(t)=1-0.54\exp\left[-\left(\frac{t-15.07}{5.84}\right)^2\right]-0.24\exp\left[-\left(\frac{t-9.68}{2.46}\right)^2\right] \tag{3.7}$$

（3）典型工商业区工作日停车需求。白天随着工厂上班、商场、办公场所等开始营业，大量汽车驶入该类区域，工商业区迎来停车高峰；傍晚，随着工厂下班、商场、办公场所等关门，工人或消费者等驾车离开工商业区，迎来驶离高峰。

调研得到的一个典型工商业区工作日停车需求拟合结果为

$$P_{com}^*(t)=0.30+0.72\exp\left[-\left(\frac{t-13.52}{5.09}\right)^2\right] \tag{3.8}$$

工商业区的停放行为按停车目的可以分为通勤车和非通勤车。通勤车白天一次停放时间一般为 3~8h，其停车的高峰时间为 7—10 时，12—14 时；非通勤车白天一次停车时间在 1.5h 左右，白天没有明显的停放高峰。

3. 电动汽车充电需求模型

在不考虑充电的情况下，电动汽车从一天出行开始至出行结束，SOC 以速率 $v_{SOC}(t)$ 下降。则在 t 时刻第 k 辆电动汽车的 SOC 可以表示为

$$S_k(t)=S_{k.max}+\Delta S_{k,t}-\int_{t_{min}}^t v_{SOC,k}(t)dt \tag{3.9}$$

式中 t_{min}——一天中 SOC 开始下降的时刻；

$S_{k.max}$——t_{min} 时刻的 SOC；

$\Delta S_{k,t}$——t 时刻之前因充电所导致的 SOC 增加值。

由于 SOC 的下降与汽车的行驶直接相关，假设研究区域所有汽车行驶的平均速度为 $\overline{v}$，则第 k 辆汽车 SOC 平均下降速度 $\overline{v}_{SOC,k}$ 可由下式计算得到

$$\overline{v}_{SOC,k}=(1-P_{sig})\overline{v}\frac{W_{100,k}}{100Q_k}=(1-P_{sig})\frac{\sum\limits_{k=1}^K d_k}{\sum\limits_{k=1}^K(24-t_k)}\frac{W_{100,k}}{100Q_k} \tag{3.10}$$

式中 P_{sig}——停车标志，停车时其值为 1，驾驶时其值为 0；

d_k、t_k——第 k 辆汽车的日行驶里程和日停放时间；

$W_{100,k}$、Q_k——第 k 辆汽车的每 100km 电耗和电池容量。

随着 SOC 的下降，电动汽车在以下 3 种情况下会产生充电需求。

（1）电动汽车到达目的地停车，并且 SOC 下降到一定的阈值，电动汽车会选

择在停车目的地充电。

（2）电动汽车在行驶过程中，但是 SOC 下降到警戒值以下，电动汽车会选择到充电站补电。

（3）电动汽车在一天最后一次停车之后选择充电。

4. 基于蒙特卡罗模拟的电动汽车负荷预测

根据电动汽车日行驶里程分布、各区域土地使用情况、停车生成率、停车分布特性等数据，采用蒙特卡罗模拟抽取不同地区不同建设用地汽车的日行驶里程、型号、停放与驾驶行为、停放汽车的停放时间等来预测电动汽车负荷时空分布。

以总停车需求最高时刻 t_0 作为仿真的起始时间，抽取所有汽车的日行驶里程、电池容量、每 100km 电耗等数据；根据电动汽车第一次出行的时间分布情况，抽取各类停车场所停放车辆的停车时间。

此后，每隔 15min 更新每辆汽车的停放、充电状态，若汽车到达停放结束时间则驶离停车场，到达充电结束时间则结束充电，产生充电需求则根据需求类型进行充电。

计算各类停车场当前实际停放车辆数与由停车生成率模型所计算得到的停车需求的差值 P_{new}。若 $P_{new} > 0$，则随机抽取在途车辆停放到该停车场，并根据停放地点、停放目的、当前时刻抽取停放时间；若 $P_{new} < 0$，则随机抽取目前停放在该停车场的汽车驶离。

电动汽车日行驶里程越长，相应的日停车时间越短。抽样程序根据不同类型停车场所、停车目的的停车时间分布抽样得到停车时间，再根据该辆车的日行驶里程进行修正。假设抽样得到的第 k 辆汽车在某时刻 t 停车，停车时长是 $T_{park,k}(t)$，则修正后的停车时间为

$$T'_{park,k}(t) = T_{park,k}(t) \frac{24 - \dfrac{d_k}{\overline{v}}}{24 - \dfrac{d_{mean}}{\overline{v}}} \qquad (3.11)$$

式中　d_{mean}——所有汽车平均行驶里程。

驾驶中的电动汽车 SOC 以速率 v_{SOC} 下降，充电中的电动汽车 SOC 以充电速率上升，停放但未充电的电动汽车 SOC 保持不变。

最后，电动汽车的大规模普及将给人们的生活带来又一次新的改变，也是我国乃至世界走向新能源绿色生活方式的一个重要变化，但是对于电网而言，大量电动汽车接入电网将对电网造成一定的冲击，给电网运行的安全性、稳定性和经济性造成一定的影响。随着充电设施的逐步建设和电动汽车使用力度加大，充电需求增长将会更快，而电力市场改革不断深化，未来电动汽车参与需求响应也将变为现实，有效的电动汽车充电负荷预测和参与需求响应潜力评估是开展充放电设施规划、控制运行及车与网互动的基础。但是电动汽车作为一种特殊的负荷和储能资源，它的可移动性使其充放电功率具有时间和空间的随机性和动态性，受车辆出行后的道路结构、交通路况、行驶路径及出行目的地等因素影响，需密切关注空间的分布特性、不同类型用户出行规律及各个因素间的耦合作用，从而开展考虑电力系统、交

通路网系统与电动汽车在时间—空间—行为三维不确定性约束下的协同预测与分析。未来的研究工作中可探讨云计算、大数据、人工智能三者协作的进一步结合和应用。

3.5 充电站的电动汽车有序调控

电动汽车作为新型负荷，其时空分布具有较强的随机性和不确定性。随着电动汽车产业的快速发展和充电桩的大力建设，大规模电动汽车无序接入电网，其充电负荷与原有电网负荷的峰值时间重叠将导致配网的峰值负荷增大，增大系统峰谷差，势必对配电网造成不利的影响。如何在满足电动汽车用户充电需求的同时有效规避大规模充电对电网造成的负面影响以实施有效的有序充电策略仍是一个亟待解决的问题。

电动汽车大规模涌入市场后，充电站作为能够为大量电动汽车提供集中充电的场所，其数目也会随之增加。充电站的主要收益来自其售电利润和电网的经济激励，而电动汽车车主的充电费用与其他车主参与充电有着很大关系，因此充电站与电动汽车车主之间存在利益博弈关系，如何定制合理的电价机制，主动充电路径规划有序引导充电行为，建立有效排队机制、减少充电排队等待时间，引导电动汽车转移到其他负载较低的充电站进行充电，或者调整电动汽车的起始充电时间，控制在负荷较低的时段进行充电，是充电站作为电动汽车参与配电网需求侧响应中间环节应当深入研究的内容。图 3.4 为电动汽车有序充电架构。

3.5.1 通过动态电价机制刺激电动汽车参与调控

电动汽车充电电价的制定是国内外学者普遍关注的问题，同时也是充电设施健康可持续发展的关键之一。通常来说，一方面合理的充电电价是基于满足运营商一定的收益率的基础上制定的；另一方面，合理的充电电价还可以鼓励电动汽车用户通过电价调整充电行为，起到削峰填谷的作用。

（1）充电服务费制定方面。2014 年 8 月，国家发展改革委发布《关于电动汽车用电价格政策有关问题的通知》（发改价格〔2014〕1668 号），该通知明确指出充换电设施经营企业可以向电动汽车用户收取电费和一定的充电服务费，以弥补成本投入。我国公共充电基础设施充电电价由两部分组成，即基本电费和充电服务费。其中，基本电费执行国家规定的电价政策，充电服务费标准由省级人民政府价格主管部门或其授权的单位制定上限，避免运营商盲目高收费。运营商可以根据自身情况，在充电服务费限价基础上下浮一定的比例，用于弥补充电设施运营成本。充电市场涉及利益相关者主要包括电动汽车用户、充电设施运营商和政府等多方主体。

（2）电价引导用户充电行为方面。电动汽车的定价策略分为三类：以电网与充（换）电站利益优先、以用户利益优先、双方共赢；充电站放电电价分为分时电价、动态电价、节制放电三种电价方式。充电站的主要收益来自其售电利润和电网的经济激励，而电动汽车车主的充电费用与其他车主参与充电有着很大关系。因此，需

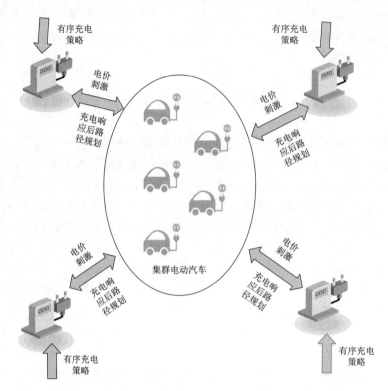

图 3.4　电动汽车有序充电架构

要考虑充电站/园区与电动汽车用户之间的利益博弈。可以看到，设计电价刺激电动汽车用户进行充电时，需要设立受益最大对象，同时考虑充电站与多个主体之间的利益博弈关系，提高充电站的运营效率。

3.5.2　通过主动规划路径引导有效参与调控

电动汽车在出行途中会出现电量不足的情况，因而产生了充电路径选择的问题，该问题属于电气领域和交通领域的交叉学科问题。大数据能够实时反映当前区域内的实时车流量、道路通行能力等信息，电动汽车渗透率不断提高情况下，如何通过主动充电路径规划为用户提供最优的、最便捷的驾车路线，避免拥挤、堵车情况，提高道路的使用效率，选择当前最优充电站，减少排队时间已经成为当下研究重点之一。

针对充电路径规划策略的研究，一方面，多数学者从用户利益的角度出发；另一方面，针对电动汽车与交通网交互的充电引导策略，现有研究主要着眼于利用交通路网信息和充电站信息对电动汽车进行充电导航和路径诱导，较少从交通、电网运行等方面综合考虑充电问题。

3.5.3　建立车辆有序充电机制

电动汽车有序充电指解决大规模电动汽车接入电网带来的一系列问题，必须对电动汽车进行合理的控制,在满足用户充电需求的前提下,引导电动汽车转移到其他负载较低的充电站进行充电,或者调整电动汽车的起始充电时间,控制在负荷较低的时段进行充电。电动汽车经过有序充电策略引导后,可以有效规避大规模充电对电网造成的负面影响,减小配网负荷曲线峰谷差,有利于配电网安全稳定地运行。目前,电动汽车有序充电策略在世界范围内得到广泛关注,诸多学者针对电动汽车有序充电策略展开研究,并取得了诸多积极的结论,可归纳为基于电价引导的有序充电和基于V2G的有序充电。

(1)基于配电网优化运行的有序充电。为减少配电网因电动汽车无序充电造成的线路损耗,建立以线路损耗最少为最优目标的电动汽车有序充电模型,为了提高配电网电压水平,通常将电压幅值作为约束条件。容易忽视用户的主动性和利益,很难得到积极的回应。

(2)基于电价引导的有序充电。电网分时电价是指根据日负荷曲线的波动将一天24h划分为峰、谷和平三个时段,并且分别制定对应三种时段的电价,峰时段的电价较高,谷时段的电价则相对低些,从而激励用户调整充电时间,避开负荷高峰,转移到负荷低谷时段充电,达到"削峰填谷"的效果,有利于降低负荷峰谷差。

(3)基于V2G的有序充电。当电动汽车充电时,电能从电网流向电动汽车,当电动汽车闲置时,车载电池作为储能装置将电能反馈给电网系统。这就是基于V2G的有序充电策略。采用V2G策略来控制电动汽车充电时间,使电动汽车转移到夜间负荷低谷时段充电,避开用电负荷高峰。当电价较高时,电动汽车成为储能装置,电能由电动汽车流向配电网,当电价较低时,配电网将电能转移到电动汽车上。

通过研究可以发现,大量有关电动汽车有序充电策略的仍存在以下弊端:

(1)大多数文献中涉及的电动汽车负荷模型均采用蒙特卡罗模拟的方法,这种基于概率统计的模拟方法存在随机性和不确定性。

(2)仅考虑了电动汽车与电网的关系,没有细化单个电动汽车负荷的空间调度问题,更没有从网络拓扑决定网络功能的本质出发。

(3)多以静态的方式响应分时电价,不能及时更新配电网状态和制定有效的充电策略。

(4)多以改善电动汽车充电对配电网的不良影响为目标,往往忽视了用户充电的主动性和利益,导致有序充电策略较难得到用户的积极响应。

3.6 电动汽车和智能电网互动响应

3.6.1 电动汽车和智能电网

随着能源危机的不断加剧和环境污染的日益严峻,智能电网技术是各国应对能源与环境问题的有力手段之一,电动汽车以其良好环保性和多能源为动力的优势受到了各国大力支持及使用。随着电动汽车应用规模逐年递增，电动汽车无序充电给电力系统安全与经济运行带来了严重负面影响。面向未来电动汽车与智能电网之间能量双向互动的发展前景不断扩大了电动汽车的应用，规模优化控制电动汽车的充放电行为以消除电动汽车入网影响已成为了研究的热点问题。动力电池通过 A/D 和 D/A 装置实现电能的双向传输，使电动汽车既能从电网充电，又能向电网放电，这既是正在兴起的电动汽车入网（Vehicle‐to‐Grid，V2G）技术，也是未来智能电网发展的重要部分。随着 V2G 技术的大力发展，使得对大规模电动汽车的充馈电行为进行优化控制变成了可能，那么大量电动汽车接入电网后对系统调峰、调频、增加备用容量等作用将不言而喻。对于光伏和风能等新能源来说，规模化电动汽车实际上就是一种大容量的储能装置，通过控制其充馈电，可以消除了新能源间歇性发电带来的不利影响，使新能源输出达到并网要求，同时也节省了扩增储能系统的成本。

3.6.2　基于深度强化学习的考虑实时电价的电动汽车集群调度策略

电动汽车集群充放电系统的调度遇到了维数灾难问题。此外，充放电控制策略的性能还面临着用户需求和电价环境不确定性的巨大挑战。本书介绍一种基于深度强化学习的考虑实时电价的电动汽车集群调度策略。首先，根据配电网运营商（distribution system operators，DSO）的实时价格信号，建立分布式实时最优调度结构。其次，为了减轻维数灾难，我们根据电动汽车的充放电特性，提出了一种单一电动汽车的充放电模型，并将电动汽车的充放电控制模型建立为马尔可夫决策过程（Markov decision process，MDP）。最后，为了适应学习环境的不确定性，我们提出了一种基于模型的深度强化学习来优化电动汽车的充放电行为。在对模型进行日前训练和参数保存后，针对系统在一天中的每一时刻的实时状态生成充放电调度策略。

1. 分布式优化结构

电动汽车聚合商（electric vehicle aggregator，EVA）是一个独立的充电站或大型停车场，也可以是某一区域内所有充电桩的聚合商。EVA 作为某地区充电设备的管理机构，直接与 DSO 保持通信。分布式实时调度优化结构如图 3.5 所示。DSO 负责常规负荷和 EVA 的供电任务，EVA 负责满足辖区内电动汽车的充电需求。DSO‐EVA‐EV 可以通过 5G 网络和光纤网络实现高速通信。配电系统运营商根据常规负荷和可再生能源发电制定实时电价，同时向为电动汽车制定实时充放电策略的评估机构发布实时电价信息。本书假设充电桩配备了一个具有独立信息处理和计算能力的智能芯片，负责计算连接的电动汽车的充放电策略并保持与 EVA 的通信。

2. 电动汽车充放电数学模型

每辆电动汽车的充放电功率在每个周期都是恒定的，单辆电动汽车充放电的数学模型为

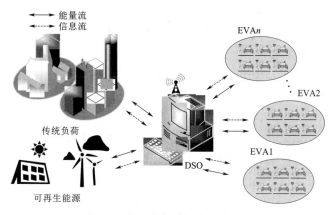

图 3.5　分布式实时调度优化结构

$$
\begin{cases}
D = (1 - SOC_{in})c_{max} \\[2mm]
SOC_t = SOC_{t-1} + \dfrac{\eta P_{EV,t}\Delta t}{c_{max}} \\[3mm]
D = \eta \displaystyle\sum_{t=t_{in}}^{t_{out}} P_{EV,t}\Delta t \\[2mm]
P_{EV,t} = 0 \quad t \notin [t_{in}, t_{out}]
\end{cases}
\tag{3.12}
$$

式中　D——电动汽车的充电需求；

　　　SOC_t——电动汽车荷电状态；

　　　$P_{EV,t}$——充放电功率；

　　　η——充放电效率；

　　　c_{max}——电池最大容量；

　　　Δt——充放电阶段；

t_{in}、t_{out}——电动汽车到达、离开充电的时间。

为了避免电动汽车蓄电池深度充放电的损坏，需要将蓄电池的充电状态限制在一定范围内。

$$
SOC_{min} \leqslant SOC_t \leqslant SOC_{max} \tag{3.13}
$$

当电动汽车离开充电桩时，电动汽车应达到的 SOC 为

$$
SOC_t \geqslant SOC_t^{exp}, \quad t = t_{out} \tag{3.14}
$$

电动汽车桩的充放电功率限制为

$$
P_{EV,min} \leqslant P_{EV,t} \leqslant P_{EV,max} \tag{3.15}
$$

3. 充放电控制的马尔可夫模型

强化学习是一种机器学习方法，在与未知环境的连续交互过程中，agent 采取一定的行动，使累积报酬最大化。其数学模型可用马尔可夫决策过程（MDP）表示，具体形式为 S、A、P、R、γ。其中，S 表示环境中可感知的所有状态集，A 表示主体可采取的所有行动集，P 表示状态转移概率，R 表示特定状态和行动下的即时回报，γ 表示回报折扣。我们建立了电动汽车充放电控制的马尔可夫模型，其目

的是使电动汽车的充电成本最小化。

（1）State。$S_t=$ [时间（t），剩余充电阶段（T），荷电状态（SOC_t），充电电价（$\lambda_{t,c}$），放电电价（$\lambda_{t,d}$）]。

（2）Action。动作 a_t 是在当前时间 t 从环境中观察到状态 S_t 后，选择充放电功率为 a_t 为

$$a_t=P_{i,t} \tag{3.16}$$

（3）Reward。奖惩函数用于指导 agent 制定策略，代表期望的控制目标。考虑最优作用，指导充电桩做出合理的充放电行为。奖励考虑电动汽车充电成本最小化，削峰填谷，满足用户充电需求。

$$r(s_t,a_t)=\alpha\left[\sum\lambda_{t,c}(SOC_t-SOC_{t-1})C_{max}+\sum\lambda_{t,d}(SOC_t-SOC_{t-1})C_{max}\right]+\beta r^{bound} \tag{3.17}$$

其中
$$r^{bound}=\begin{cases}\left(\dfrac{t-t_{in}}{t_{out}-t_{in}}\right)^2 & |SOC_t-SOC_t^{exp}|\leqslant\delta\\[2mm] 0 & |SOC_t-SOC_t^{exp}|>\delta\end{cases} \tag{3.18}$$

式中　T_c、T_d——电动汽车参与充放电的阶段；

　　$\lambda_{t,c}$、$\lambda_{t,d}$——C-D 阶段的实时电价；

　　α、β——奖励的权重；

　　r^{bound}——满足用户充电需求的充电奖励。

（4）Policy。如前所述，智能体根据其观测决定其行为，在 Markov 决策过程中，定义策略（policy）为充电桩根据观测的状态到动作的转移概率，可以将其策略定义为

$$\pi(a|s)=P[A_t=a|S_t=s]\quad s\in S,a\in A \tag{3.19}$$

（5）Return。状态动作价值函数 $Q_\pi(s,a)$ 表示在状态 s 下采取动作 a 后的累积回报期望，即

$$Q_\pi(s,a)=E_\pi[G_t|s_t=s,a_t=a] \tag{3.20}$$

式中　s_t、a_t——当前时刻的状态和动作；

　　$E_\pi[\cdot]$——针对策略 π 求期望；

策略 $\pi(a|s)$——状态到动作的映射。

状态动作价值函数 $Q_\pi(s,a)$ 的贝尔曼方程表示为

$$Q_\pi(s_t,a_t)=E_\pi[r_t+\gamma Q_\pi(s_{t+1},a_{t+1})|s_t,a_t] \tag{3.21}$$

式中　s_{t+1}、a_{t+1}——下一时刻的状态和动作。

贝尔曼方程表明，当前状态动作的价值只与当前的奖惩值以及下一步的状态动作价值有关，即通过贝尔曼方程可迭代求解 $Q_\pi(s,a)$。

求解最优策略 π^* 等价于求解最优状态动作价值函数，即

$$Q^*(s,a)=\max_\pi Q_\pi(s,a) \tag{3.22}$$

对应贝尔曼方程变为

$$Q^*(s,a)=E_\pi[r_t+\gamma\max_\pi Q^*(s_{t+1},a_{t+1})|s_t,a_t] \tag{3.23}$$

4. 基于 DDPG 的动态能量调度框架

传统的强化学习方法在小规模离散空间的问题中表现良好。但当处理连续状态变量任务时随着空间维度的增加，其离散化得到的状态数量则呈指数级增长，即呈现维数灾难问题，无法有效学习。分析本书所研究的电动汽车充电调度问题，其状态空间中的充放电电价及荷电状态均为连续量，因此传统强化学习方法往往无法有效求解。本书假设电动汽车充电功率也为连续量。同样，对动作空间进行离散化将会删除决策动作域结构中的诸多信息。针对该问题，本书采用深度神经网络（deep neural network，DNN）对强化学习进行函数近似，从而使其适用于连续状态和动作空间的电动汽车充电调度问题。算法具体选择基于 actor - critic 框架的 DDPG 算法，它通过深度神经网络来估计最优策略函数，对所提出的基于 MDP 的电动汽车充电策略模型进行求解，以适应电动汽车用户行为和环境变化的不确定性。

建立基于 DDPG 算法的电动汽车充放电系统动态能量调度框架，如图 3.6 所示。对于 DDPG 算法，Target network 的输入是 5 维状态向量，输出是 1 维动作向量；main network 的输入是状态向量 s_t 和动作向量 a_t，输出是动作-值函数，即 $Q(s_t, a_t)$。在学习过程中，由于智能体与环境的顺序交互，样本是有关联的，这意味着这些样本并不像大多数深度学习算法所假设的那样是独立同分布的。为了应对此问题，DDPG 算法采用了深度 Q 网络中的经验回放机制。其通过在每个时段存储智能体的经验 (s_t, a_t, r_t, s_{t+1})，形成 replay buffer。训练时，每次从 replay buffer 中随机提取小批量（mini - batch）的经验样本，并基于梯度规则更新网络参数。经验回放机制通过随机采样历史数据打破了数据之间的相关性，而经验的重复使用也增加了数据的使用效率。

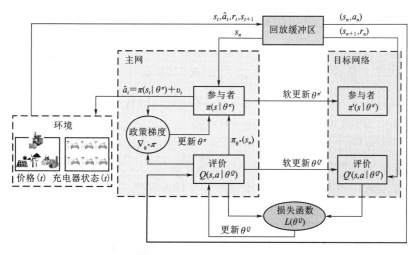

图 3.6 基于 DDPG 的动态能量调度框架

采用历史数据作为环境状态，离线训练 DDPG 算法网络。离线训练结束后，训练得到的 DDPG 算法参数将被固定，用于电动汽车充电系统的动态充放电问题求解。对于电动汽车能量调度系统，当调度任务来临时，在每个时段，根据当前系统状态，利用训练好的 DDPG 算法网络，策略网络选择调度动作。然后，执行动作并且进入下一个环境状态，同时获得奖励。继而采集时段 $t+1$ 时系统的状态信息作为新的样本，并进行这个时段的决策，可以得到动态充放电动作。

5. 实际案例分析

为验证该方法在集群电动汽车充电优化问题上的效果，本章采用了 2000 辆电动汽车充电真实数据，如图 3.7 所示，其中包括充电连接时间、充电离开时间、充电需求。到达时间、离开时间和充电需求如图 3.7 所示。DSO 根据常规负荷和可再生能源的发电情况制定实时电价作为训练数据。由于电价随着电网的状态而发生变化，充放电电价如图 3.7（d）所示。

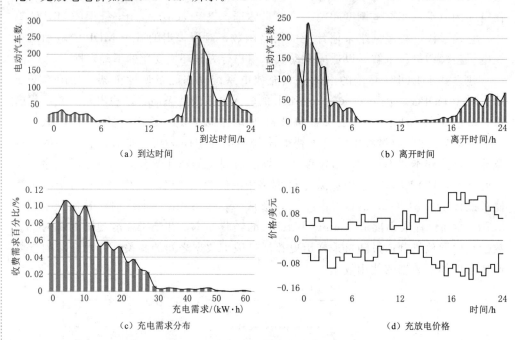

图 3.7　电动汽车数据

为了更加贴合应用场景，设置 EV 电池容量为 70kW·h，充电效率为 0.92，最大充放电功率为 10kW；同时为了减少对电池的损害充放电过程中 SOC 不低于 0.25 且不高于 0.95；为了满足用户的充电需求，设置离开时期望的 SOC 为 0.90；要求 EV 驶离时 SOC 相对期望值的偏差小于或等于容忍度因子。运行时间 24h，$T=48$，每个阶段半小时。当 EV 充电时间不满足一个最小充电周期时，不参与到调度策略中，以最大充电功率充电至期望 SOC。

6. 结果分析

利用前面所述方法对 EV 充放电深度强化学习模型进行训练，在训练智能体时，经过反复调整 DDPG 的网络参数，直到最终获得最大的奖励。设置式中 α 和 β 分别为 0.05 和 0.95。DDPG 算法中策略网络和值网络的隐含层层数均为 4 层，每层有 100 个神经元，隐含层的激活函数均为 ReLU（线性修正单元）。折扣因子为 0.98，批量大小（batch size）为 128，经验池大小为 106，值网络学习率为 10^{-4}，策略网络学习率为 10^{-4}，软更新系数 τ 为 0.001，采用 Adam 优化器更新网络权重，

总的训练次数为 4×10^4。整个训练过程持续 3h，训练结果如图 3.8 所示。

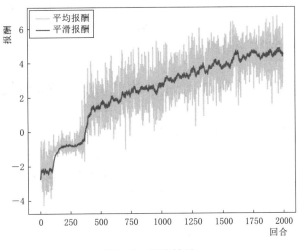

图 3.8 训练结果

为方便训练过程的可视化，本书计算每 40 批次的平均奖励显示在图 3.8 中，并对奖励做了平滑处理。由图知，训练过程中奖励大小逐步提升，当训练批次数大于 8×10^4 时，后平均奖励的变化趋于平缓，此时可以认为训练过程近似收敛，平均奖励的波动由状态变量中引入的噪声造成。

通过对 400 辆电动汽车充电过程的仿真，说明了智能体充电成本的优化过程。随机选取的 2 辆车的充电过程如图 3.9（a）所示。正极表示电动汽车正在充电，负极表示电动汽车正在向电网放电。在实时电价的刺激下，电动汽车通过有序的充放电策略进行充放电，与无序充电相比，用户的支付成本降低了 196.7 美元。同时如图 3.9（b）所示，有序充电策略考虑了电网填谷的安全性，有效降低了负荷峰谷差。

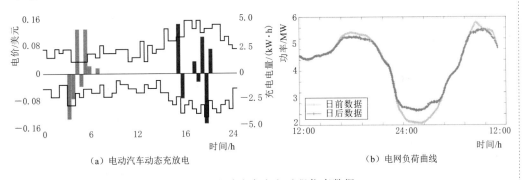

（a）电动汽车动态充放电　　　　　　　　（b）电网负荷曲线

图 3.9 电动汽车充电过程仿真数据

本章研究了电动汽车集群充放电系统的动态能量实时调度策略。根据电动汽车的充放电特性，建立了电动汽车充放电控制的分布式实时优化结构和马尔可夫模型，避免了电动汽车充放电引起的维数问题。在此基础上，提出了一种基于深度确定策略梯度算法的电动汽车集群实时电价调度策略。通过在训练过程中加入噪声，提高了该方法在不确定环境下的泛化能力和鲁棒性。本书提出的调度策略充分利用了 V2G 技术下电动汽车的充放电灵活性，每天通过实时的系统运行状态生成当前的充放电调度策略，与无序充电相比，降低了 196.7 美元的充电成本，有效地减小了负荷峰谷差，稳定了负荷波动。

3.7　网联电动汽车信息物理架构挑战

智能网联汽车是汽车、交通、信息和通信等多系统深度融合的典型复杂信息物理系统（cyber-physical systems，CPS），具有很强的本地属性，与先进国家相比，我国智能网联汽车发展进度滞后。因此，我国需要有效地制定规划和政策，建设良好的产业环境，加快产业发展，抓住市场发展机遇。适应跨学科、跨产业发展及区域属性的复杂要求，推动汽车、交通、信息通信等深度融合，亟须建立先进的中国方案 ICV CPS，充分融合智能化与网联化发展特征，以五大基础平台——云控基础平台、高精动态地图基础平台、智能终端基础平台、计算基础平台、信息安全基础平台为载体，实现人—车—路—云一体化的智能网联汽车体系。形成中国方案 ICV CPS 总体方法论，将为中国智能网联汽车和智能交通系统的总体设计、重构设计和中国标准体系完善提供基础支撑。通过建立本地化方案的智能网联汽车信息物理系统架构，如图 3.10 所示，充分融合智能化与网联化发展特征，以五大基础平台为载体，实现人—车—路—云一体化的智能网联汽车体系。

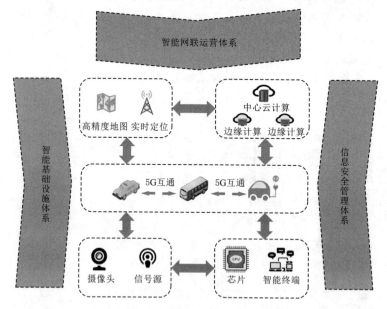

图 3.10　智能网联汽车体系架构

3.7.1　国际通用信息物理系统研究发展背景

2006 年，美国 NSF 发布了《NSF 对信息物理系统的认识》，指出 CPS 未来研究方向旨在解决信息系统和物理系统的融合问题。

2008 年，美国 CPS 研究指导小组发布了《信息物理系统概要》，把 CPS 应用于交通、农业、医疗、能源、国防等方面。

2010 年，德国启动了 agendaCPS 项目，发布了《信息物理系统综合研究报告》。在这个报告中，德国首次提出了"CPS＋制造业＝工业 4.0"。

2013 年，德国发布了《德国工业 4.0 未来项目实施建议》。

2016 年，美国国家标准与技术研究院（NIST）发表了《信息物理系统框架》，提出了 CPS 的两层域架构模型。

2016 年，美国发布了《美国信息物理系统教育规划报告》。

2017 年，中国电子技术标准化研究院发布了《信息物理系统白皮书（2017）》。

2020 年，中国电子技术标准化研究院发布了《信息物理系统建设指南（2020）》。

3.7.2　智能网联汽车信息物理系统架构应用难点

1. ICV CPS 研究

（1）各关键平台与部件独立发展，协同性不高。

（2）关键共性技术体系不明晰，突破缓慢。

（3）关注点多在数字孪生体生成（例如监控平台），而非利用数字孪生体对物理实体进行控制。

（4）ICV CPS 中学习能力的部署缓慢。

（5）智能网联汽车数字主线技术亟待突破，实现多数字孪生体间的串联。

2. ICV CPS 应用

（1）智能网联汽车信息物理系统将依托架构，融合五大基础平台，指导协同化、体系化发展。

（2）通过梳理关键共性技术体系，集中力量突破智能网联汽车信息物理系统应用瓶颈。

（3）受限于认知与技术，目前的 CPS 着重于"以 P 创 C"，而非"以 C 控 P"。

（4）智能网联汽车信息物理系统中人工智能应用的学习能力重视度继续提升。

（5）最前沿技术关注度亟须提升，尤其是实现完全数字化的数字主线技术。

3. 智能网联汽车 ICV CPS 痛点问题

传统信息物理系统架构研究中存在着基础理论体系缺乏、方法论不明晰、架构模型非标准化、受众狭窄、与我国方案适配性低等问题。ICV CPS 架构研究将立足于行业实际情况，通过不断迭代完善，积极解决以上痛点。

2018 年 3 月—2019 年 10 月，国家智能网联汽车创新中心牵头组织行业相关企业历时一年半编制完成《智能网联汽车信息物理系统参考架构 1.0》，并于 2019 年 10 月面向行业正式发布，提出了 ICV CPS 的概念，明确了 ICV CPS 的定义、范围、内涵和特征。

目前，ICV CPS 参考架构 2.0 版本的研究于 2021 年 5 月底正式发布。相比于 1.0 版本，2.0 版本将着重聚焦传统架构中的痛点问题，解决关键平台与部件各自独立研发、关键共性技术体系不明晰、学习能力的部署缓慢等应用难题。

2.0 阶段的 ICV CPS 参考架构研究旨在：

（1）树立鲜明的理论体系，摆脱对国外研究的依赖，树立 ICV CPS 的正确概念。

（2）以更全面的关注点确保 ICV CPS 的发展在正确的道路上。

（3）聚焦基础与关键技术体系，汇聚资源，加速突破 ICV CPS 落地瓶颈。

（4）总体上在理论（方法、全局、抽象）与应用（工具、技术、具象）间达成平衡。

3.7.3 ICV CPS 的创新与实践及关键共性技术

1. 创新与实践

（1）顶级架构设计。国家一级组织设计发展战略计划和技术路线图，包括发展阶段、协调发展产业链和关键技术。建立特殊的办公室坐标来管理整个项目。智能联网车应被明确确认为它的研究核心。

（2）项目支持。政府作为主导因素，企业为主体，为技术开发提供支持，根据市场需求设计一些开发项目，包括通用技术、技术测试、跨学科合作。建设示范区支持项目研究、市场推广和区域基础设施的建设。

（3）资源协同。提高政府、工业区、学术界之间的资源共享和工作效率。建设公共服务平台和生态圈，促进汽车、通信、互联网、电子产业的共同发展。不断扩大的国际合作。

2. 关键共性技术

（1）集中攻克 CPS 核心技术，产学研协同突破 CPS 支撑技术，结合汽车工业现有标准提炼 CPS 总体技术。

（2）以四大 ICV CPS 为总体方向，分别突破中国方案智能网联汽车关键部件开发与整体工程范式创新。

（3）结合数字主线技术，串联四大 ICV CPS 中的数字孪生体，形成基于 ICV CPS 的我国智能网联汽车全数字化生态。

（4）协同各分支研究方向，巩固基础理论体系，夯实关键技术体系，进行 ICV CPS 相关示范应用。

思 考 题

1. 电动汽车主要有哪几种类型？

2. 如何理解车网互动——电动汽车与电网的双向充电技术？

3. 什么是智能电网？

4. 如何优化电动汽车充电效率？

5. 新能源汽车续航里程的影响因素有哪些？

参 考 文 献

［1］ 姚勇，刘林生，顾健辉，等. 电动汽车发展对配电网的影响及对策 ［C］//中国电机工程学

会．2013年中国电机工程学会年会论文集，2013：5.

［2］张思杨．汽车维修行业应对新能源汽车时代策略分析［J］．内燃机与配件，2018（1）：148－150.

［3］宋保林．电动汽车优缺点分析和分类［J］．汽车维护与修理，2013（1）：78－82.

［4］卞正达．电动汽车动态集群式无线充电系统设计及控制策略研究［D］．南京：东南大学，2022.

［5］陈静鹏，艾芊，肖斐．基于集群响应的规模化电动汽车充电优化调度［J］．电力系统自动化，2016，40（22）：43－48.

［6］胡迪．电动汽车能量优化永磁同步电机驱动控制系统研究［D］．长沙：湖南大学，2021.

［7］徐淑芬．电动汽车用永磁同步电机效率优化策略研究［D］．西安：长安大学，2015.

［8］赵翔宇．废旧磷酸铁锂电池回收处理的研究［D］．北京：北京化工大学，2019.

［9］蔡松，霍伟强．纯电动汽车用动力电池分类及应用探讨［J］．湖北电力，2012，36（2）：70－72.

［10］宋永华，阳岳希，胡泽春．电动汽车电池的现状及发展趋势［J］．电网技术，2011，35（4）：1－7.

［11］王宏志．HEV动力电池性能测试系统的研究与设计［D］．哈尔滨：哈尔滨理工大学，2010.

［12］邱纲，陈勇，李东．电动汽车用动力电池的现状及发展趋势［J］．辽宁工学院学报，2004（2）：41－44.

［13］余剑．电动汽车用三元锂电池安全特性探究［J］．科技风，2020（11）：179.

［14］陈敏．电动汽车V2G技术的有序充放电控制策略的研究［D］．南昌：南昌大学，2021.

［15］虎国良．新能源在充电桩供配电设计中的应用［J］．现代工业经济和信息化，2021，11（12）：75－76.

［16］李惠玲，白晓民．电动汽车充电对配电网的影响及对策［J］．电力系统自动化，2011，35（17）：38－43.

［17］陈丽丹，张尧，Antonio Figueiredo．电动汽车充放电负荷预测研究综述［J］．电力系统自动化，2019，43（10）：177－191.

［18］刘松灵．插电式全混混合动力轿车控制策略研究与整车性能仿真分析［D］．上海：上海交通大学，2011.

［19］李雨哲．电动汽车负荷的多因素预测模型及其对电网的影响分析［D］．重庆：重庆大学，2017.

［20］惠恩．电动汽车充电负荷的预计及其对小区供电的影响分析［D］．杭州：浙江工业大学，2019.

［21］张洪财，胡泽春，宋永华，等．考虑时空分布的电动汽车充电负荷预测方法［J］．电力系统自动化，2014，38（1）：13－20.

［22］陈吕鹏．考虑电动汽车负荷特性及动态非合作博弈的大规模电动汽车实时优化调度［D］．广州：华南理工大学，2021.

第4章　电池储能参与电网调频控制策略

4.1　引　　言

可再生能源（renewable energy sources，RESs）装机比例日益增长，其出力存在的不准确性及预测存在的难度给电力系统频率稳定带来了巨大挑战。具体来说体现在3个方面：①可再生能源的输出具有间歇性、随机性、波动性，这将导致电力系统供电负荷不平衡加剧；②随着可再生能源取代了部分大型火电与水电等常规发电机组（conventional generator units，CGUs），电力系统的惯性被显著削弱，因此，同样的有功功率波动会导致更严重的频率变化；③尽管可再生能源可用于提供惯性和下垂响应，以及有功功率储备，但它们提供的功率调节灵活性不能完全补偿被替代的常规机组。

当前，在我国大多数电网中，调频任务主要由大型火电与水电机组来承担，通过不断地调整机组输出功率来应对电网频率的偏移。然而，常规机组均由旋转机械器件组成，受机械惯性和磨损等影响，难以胜任日益增长的RESs对电网功率平衡与调节的需求。从本质而言，常规机组的设计是为了输出大功率和承载大负荷的，其响应时滞长，不适合参与平抑秒级至分钟级等较短周期的负荷波动所带来的频率扰动。一方面，常规机组参与二次调频的受机械惯性和爬坡速率限制，无法及时准确响应调度中心下达的动作指令；另一方面，常规机组参与一次调频和二次调频的协调动作配合仍需进一步改善。这些限制均会使得常规机组对功率变化的响应时滞较长，且使得调频动作出现延迟、反向和偏差等问题，而对功率调节信号的响应速度慢、响应精度低等问题，则导致电力系统频率运行需要更多的有功热备用。与此同时，我国电力系统中火电占比约83%，故在系统频率调节中起主导作用的是不善于调频的火力发电机组，导致电力系统调频响应能力相对有限。而且常规机组若长期承担愈发繁重的频率调节任务，则不仅会增加常规机组的机械损耗、燃料费用、运维成本、污染排放以及电力系统的有功备用储备等，同时还会使得频率调节效果难以满足电力系统对提高频率运行质量的需求。

电池储能（battery energy storage system，BESS）作为优质的调频资源在辅助调频服务市场中拥有巨大的潜能有待挖掘，我国早期的建立的示范工程，均对大容量电池储能的参与调频进行了初步实践检测，取得了不错的示范效应和宝贵的实践经验。现如今，理论和实践均说明规模化电池储能参与电力系统调频的能力已经日渐成熟，该方向的辅助服务也是电池储能在电力系统中最具商业运营潜力的应用之一。

4.2　BESS 参与电网一次调频的控制策略

电力系统一次调频控制的时间尺度为秒级，由于电池储能的功率响应速度为毫秒级至秒级，并且响应具有精准性，故该类特性与电网一次调频需求高度契合，能够与常规机组产生优势互补效应，电池储能参与电力系统一次频率调节的相关研究一直备受关注，其中电池储能的荷电状态（state of charge，SoC）指标是指电池储能储存电量与其额定容量的比值，因此针对 BESS 容量限制这一问题，在控制策略中对 SoC 指标的研究越来越被重视。

4.2.1　BESS 参与电力系统一次频率调节的动态特性分析

4.2.1.1　含 BESS 的区域电网一次频率调节动态模型

为开展调频控制研究并验证控制方法的有效性，首先建立了含 BESS 的区域电网模型。图 4.1 为含储能的电力系统一次调频动态模型。ΔP_{RES} 代表可再生能源的波动功率，K_G 为 CGUs 的调节功率系数，K_B 为 BESS 的调节功率系数，P_{g_ref} 为二次调频给定基准功率变化值，在只研究一次调频问题时其值为 0；ΔP_L 是负载功率的波动；$G_g(s)$ 和 $G_b(s)$ 分别是常规机组 CGUs 和 BESS 的出力响应传递函数。

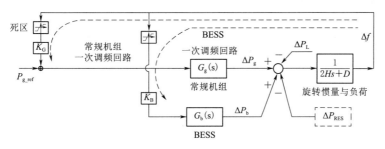

图 4.1　含储能的电力系统一次调频动态模型

4.2.1.2　常规机组一次调频的功频特性分析

常规机组的功频特性有死区环节、下垂特性两个重要组成部分。当电力系统频率偏差的绝对值小于 0.033Hz 时（其他一些国家和地区的死区值可能不同，这里仅以 0.033Hz 为例），常规机组将不会参与频率响应。另外，常规机组的功频特性曲线为

$$\Delta P_g = \begin{cases} 0 & (|\Delta f| \leqslant 0.033\mathrm{Hz}) \\ -K_G \Delta f & (0.033\mathrm{Hz} < |\Delta f| \leqslant 0.133\mathrm{Hz}) \\ -\mathrm{sgn}(\Delta f)\Delta P_{g\_max} & (|\Delta f| > 0.133\mathrm{Hz}) \end{cases} \tag{4.1}$$

式中　$\text{sgn}(\Delta f)$——符号函数，当 $\Delta f > 0$ 时，$\text{sgn}(\Delta f)$ 的值取 1，否则其值取 -1；

$\qquad$ ΔP_{g_max}——CGUs 参与一次调频最大调整变化功率（通常为额定功率的 4%）。

常规机组一次调频死区的通用形式如图 4.2 所示，其中 Δf_{CGUs} 和 Δf_{PS} 分别指常规机组响应的频率偏差值和电网实际频率偏差值，两者之间的具体数学关系为

$$\begin{cases} f_{CGUs} = f_0, f_0 - 0.033\,\text{Hz} \leqslant f_{PS} \leqslant f_0 + 0.033\,\text{Hz} \\ f_{CGUs} = f_{PS} + 0.033, f_{PS} < f_0 - 0.033\,\text{Hz} \\ f_{CGUs} = f_{PS} - 0.033, f_{PS} > f_0 + 0.033\,\text{Hz} \end{cases} \tag{4.2}$$

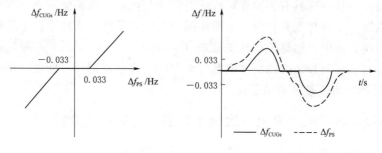

（a）常规机组死区模型　　　（b）常规机组响应频率与电网实际频率

图 4.2　常规机组一次调频死区的通用形式

由图 4.2 和式（4.2）可以看出，常规机组采用死区的模式会使得调速器输入的频率偏差绝对值缩小。但对于当前绝大部分的常规机组来说，由于其输出功率调节精度不高，牺牲一定的频率调节性能换取其稳定运行，这种死区设置方法是合理的。

4.2.1.3　BESS 参与一次调频的通用控制策略分析

1. BESS 参与调频的经典控制策略

电池储能参与一次调频的控制包括下垂响应（DR）和惯性响应（IR），当电池储能采用 IR 控制或 DR 控制时，电池储能在频域的输出功率变化由式（4.3）和图 4.3 给出。

$$\Delta P_b(s) = \begin{cases} -K_B^{DR} G_b(s) \Delta F(s), & \text{DR} \\ -K_B^{IR} s G_b(s) \Delta F(s), & \text{IR} \end{cases} \tag{4.3}$$

式中　K_B^{IR}、K_B^{DR} 和 $\Delta P_b(s)$——储能参与一次调频的惯性系数、下垂系数和输出功率变化值。

本章令 RESs 的功率波动与负荷功率波动之和为综合扰动 ΔP_c，则 $\Delta P_c = \Delta P_L + \Delta P_{RES}$。进一步可以得到电网的功率波动与频率波动之间的关系为

$$\Delta P_g(s) + \Delta P_b(s) - \Delta P_c(s) = (2Hs + D)\Delta F(s) \tag{4.4}$$

其中常规机组的功率变化值 ΔP_g 和储能的功率变化值 ΔP_b 为

$$\begin{cases} \Delta P_g(s) = -K_G G_g(s) \Delta F(s) \\ \Delta P_b(s) = -\{[D]_0^1 K_B^{DR} + [I]_0^1 K_B^{IR} s\} \cdot G_b(s) \cdot \Delta F(s) \end{cases} \tag{4.5}$$

式中　G_g、G_b——常规机组和储能的传递函数模型，具体参数选取和表达式可见文献 [11]；

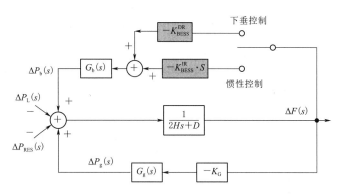

图 4.3 储能参与区域电网一次调频动态模型

$[D]_0^1$——若采用下垂控制则取 1，否则取值为 0；

$[I]_0^1$——若采用惯性控制则取 1，否则取值为 0。

因此，电网的频率波动与综合扰动之间的关系为

$$\Delta F(s) = \frac{-\Delta P_C(s)}{2Hs + D + K_G \cdot G_g(s) + \{[D]_0^1 K_B^{DR} + [I]_0^1 K_B^{IR} s\} \cdot G_b(s)} \tag{4.6}$$

由式（4.6）可以得出当储能单独采用下垂控制和惯性控制时，电网频率的变化表达式为

$$\begin{cases} \Delta F^{IR}(s) = \dfrac{-\Delta P_c(s)}{2H \cdot s + D + K_G \cdot G_g(s) + K_B^{IR} \cdot s \cdot G_b(s)} \\[4mm] \Delta F^{DR}(s) = \dfrac{-\Delta P_c(s)}{2H \cdot s + D + K_G \cdot G_g(s) + K_B^{DR} \cdot G_b(s)} \end{cases} \tag{4.7}$$

式中 $\Delta F^{IR}(s)$、$\Delta F^{DR}(s)$——储能分别采用惯性响应和下垂响应时的频率偏移。

由式（4.7）可得扰动起始时刻的频率偏差变化率 ΔR_s^{IR} 和稳态频率偏差 ΔF_E^{IR} 为

$$\begin{cases} \Delta R_s^{IR} = \lim_{s \to \infty} s[s\Delta F^{IR}(s)] = \dfrac{-\Delta P_c}{2H + K_B^{IR}} \\[4mm] \Delta F_E^{IR} = \lim_{s \to 0}[s\Delta F^{IR}(s)] = \dfrac{-\Delta P_c}{D + K_G} \end{cases} \tag{4.8}$$

$$\begin{cases} \Delta R_S^{DR} = \lim_{s \to \infty} s[s\Delta F^{DR}(s)] = \dfrac{-\Delta P_c}{2H} \\[4mm] \Delta F_E^{DR} = \lim_{s \to 0}[s\Delta F^{DR}(s)] = \dfrac{-\Delta P_c}{D + K_G + K_B^{DR}} \end{cases} \tag{4.9}$$

由式（4.8）和式（4.9）可知，在相同的电网参数和扰动下，采用惯性响应的系统频率在扰动发生初始时刻的变化率 ΔR_s^{IR} 主要受系统自身惯性系数 H 和电池储能惯性响应系数 K_B^{IR} 的影响。当系统的综合负荷扰动 $\Delta P_c(s)$ 大于 0 时，$|\Delta F(s)|$ 则会下降，常规机组调节功率 ΔP_g 与电池储能调节功率 ΔP_b 则会增加，随之 $|\Delta F(s)|$ 的跌落速度减小，并在综合负荷缺额功率与各调频资源的增加的功率

平衡时，频率趋于稳定。$|\Delta F(s)|$ 的最终在稳态偏差为 ΔF_{E}^{IR}，此时电网频率变化率为 0，基于惯性控制下的电池储能不出力，退出一次调频。因此，采用惯性响应可减少频率偏差的变化率，但不会改善系统的稳态偏差。

当采用下垂响应时，在相同的电网参数和扰动下，$|\Delta F(s)|$ 的初始变化率 ΔR_{S}^{DR} 的值仅受系统自身的惯性系数 H 的影响，因此下垂响应对扰动发生的初始时刻的频率变化率不会起作用。在相同的电网参数和扰动下，系统稳态频率偏差值则受常规机组的调节功率系数 K_{G} 和储能的下垂响应系数 K_{B}^{DR} 的影响，当常规机组的调节功率 ΔP_{g}、电池储能的调节功率 ΔP_{b} 两者之和与综合扰动 $\Delta P_{c}(s)$ 达到平衡时，$|\Delta F(s)|$ 达到稳态频率偏差 ΔF_{E}^{DR}。故下垂响应可以改善系统频率的稳态偏差，但不会抑制频率偏差变化率。

2. BESS 参与调频的下垂控制和组合控制策略

引入电池储能参与一次调频可以增强电力系统的抗干扰能力，增加一次频率备用容量。然而，在电池储能的实际运行中，如何更好地维持 SoC，以及如何更好地改善调频的效果是需要考虑的。因此，为了提升频率调节的效果，保持电池储能的 SoC，现有方案提出了下垂响应策略（droop response，DR）和下垂响应与惯性响应相结合的组合控制策略（droop and inertia response，DI）。

（1）下垂响应控制。DR 控制是 BESS 应用于一次调频中最常用的控制策略，几乎适用于所有类型的电池储能。当前具备代表性的研究在下垂控制中还引入了 SoC 均衡策略，即电池 SoC 维持（battery SoC holder，BSH）策略。电池储能电源一次调频输出功率为

$$-P_{b\_max} \leqslant \Delta P_{b} = -K(SoC)\Delta f \leqslant \Delta P_{b\_max}, \quad |\Delta f| \geqslant 0.033\text{Hz} \qquad (4.10)$$

式中　ΔP_{b_max}——储能最大出力的限制约束；

　　$K(SoC)$——下垂系数，是 SoC 的函数。

储能出力与电网频率偏移的关系如图 4.4（a）所示，$K(SoC)$ 与 SoC 的关系如图 4.4（b）所示，其中 K_{m} 为最大下垂系数。

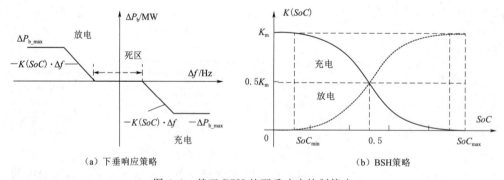

（a）下垂响应策略　　　　　　　　（b）BSH策略

图 4.4　基于 BSH 的下垂响应控制策略

由图 4.4（b）可知，在接近 SoC 下限时储能以较大的功率充电或以较小的功率放电，而在接近 SoC 上限时则以较大的功率放电或以较小的功率充电，从而避免过充或过放。

式（4.10）中下垂系数 K 为

1）当 $SoC \leqslant 0.1$ 时

$$K(SoC) = \begin{cases} K_c = K_{max} & (\Delta f > 0) \\ K_d = 0 & (\Delta f < 0) \end{cases} \tag{4.11}$$

2）当 $SoC \geqslant 0.9$ 时

$$K(SoC) = \begin{cases} K_c = 0 & (\Delta f > 0) \\ K_d = K_{max} & (\Delta f < 0) \end{cases} \tag{4.12}$$

3）当 $0.1 < SoC \leqslant 0.5$ 时

$$K(SoC) = \begin{cases} K_c = 0.5 K_{max}\left(1 + \sqrt{\dfrac{0.5 - SoC}{0.4}}\right) & (\Delta f > 0) \\ K_d = 0.5 K_{max}\left(1 - \sqrt{\dfrac{0.5 - SoC}{0.4}}\right) & (\Delta f < 0) \end{cases} \tag{4.13}$$

4）当 $0.5 < SoC < 0.9$ 时

$$K(SoC) = \begin{cases} K_c = 0.5 K_{max}\left(1 - \sqrt{\dfrac{SoC - 0.5}{0.4}}\right) & (\Delta f > 0) \\ K_d = 0.5 K_{max}\left(1 + \sqrt{\dfrac{SoC - 0.5}{0.4}}\right) & (\Delta f < 0) \end{cases} \tag{4.14}$$

（2）下垂响应与惯性响应组合控制策略。基本结构如图 4.5 所示。与此对应的储能出力为

$$\Delta P_b(s) = -(K_B^{DR} + K_B^{IR}s) \cdot G_b(s) \cdot \Delta F(s) \tag{4.15}$$

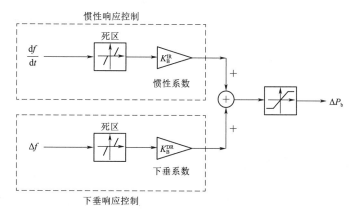

图 4.5　下垂响应与惯性响应组合控制策略

4.2.2　BESS 参与一次调频的自适应协调控制方法

在一次调频过程中，为了实现电池储能与常规机组的两者协调运行以及优势互补，对电池储能有 3 个操作要求：①减轻常规机组参与一次调频的调节压力；②减少常规机组参与一次调频的次数；③维持合理的 SoC。这里描述一种具有灵活死区的 DR 与 IR 相结合的储能参与一次调频的自适应协调控制方法，该方法分别从电池

储能参与一次调频的出力模式、出力死区、出力约束三个角度相应地提出了 DR 与
IR 相协调的储能出力策略、储能的灵活死区响应策略、储能的 Logistic SoC 维持
策略。

1. DR 与 IR 相协调的储能出力策略

电池储能的出力模式主要是将惯性响应 IR 与下垂响应 DR 直接叠加在一起作为
电池储能响应频率偏差的组合控制策略。在频率偏差 Δf 和频率偏差的变化率
$\mathrm{d}f/\mathrm{d}t$ 异号时，DR 与 IR 的出力方向相反，使得两种响应方式没有充分协调导致储
能的出力相互抵消，减少了电池储能的输出功率。在图 4.6 中，DR 与 IR 在不同情
形下的出力可以清晰地展示出来。

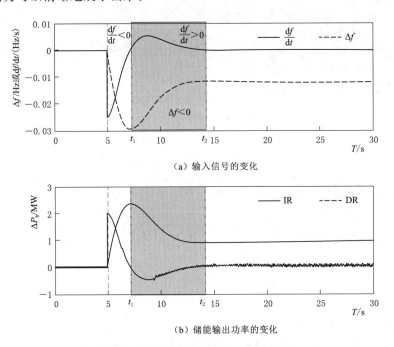

（a）输入信号的变化

（b）储能输出功率的变化

图 4.6 下垂响应和惯性响应出力特征

从图 4.6 中可以看出，由于 t_1 到 t_2 时刻输入信号正负性相反，导致储能下垂
控制出力与惯性控制出力的方向相反，也就是说在这种场景下，惯性响应与下垂响
应相互叠加会减小储能的输出功率，即在 $\Delta f\,\mathrm{d}f/\mathrm{d}t<0$ 时，会出现互相抵消和矛盾
的作用，惯性控制会阻碍频率的恢复，会削弱储能的频率调节效果。

为了避免下垂控制和惯性控制相互矛盾的场景，需要将频率变化的场景分为频
率恢复场景和频率恶化场景，分别由 $\Delta f\,\mathrm{d}f/\mathrm{d}t<0$ 和 $\Delta f\,\mathrm{d}f/\mathrm{d}t>0$ 来进行判断，不
同调频需求场景划分见表 4.1。

表 4.1   不同调频需求场景划分

$\mathrm{d}f/\mathrm{d}t$	$\Delta f>0$	$\Delta f<0$
>0	DR&IR	DR
<0	DR	DR&IR

结合图 4.6 和表 4.1 以及式（4.8）、式（4.9）的分析可知，当频率偏差和频率偏差变化率同号时，意味着频率正在恶化，此时电池储能采用下垂响应与惯性响应均能有效阻止频率恶化；当频率偏差和频率偏差变化率异号时，意味着频率正在恢复，此时电池储能采用下垂响应依然能有效促进频率恢复，但是惯性控制此时则会阻碍电网频率的恢复，因此，在该场景下不宜采用惯性控制。因此当频率偏差跌出电池储能的一次调频死区时，BESS 参与一次频率调节的出力表达式为

$$\Delta P_b = \begin{cases} \Delta P_b^{IR} + \Delta P_b^{DR} & \left(\Delta f \dfrac{\mathrm{d}f}{\mathrm{d}t} > 0\right) \\ \Delta P_b^{DR} & \left(\Delta f \dfrac{\mathrm{d}f}{\mathrm{d}t} < 0\right) \end{cases} \tag{4.16}$$

式中 ΔP_b^{DR}、ΔP_b^{IR}——储能的下垂响应出力变化值和惯性响应出力变化值。

综合上述分析，本节所提的 DR 与 IR 相协调的电池储能出力效果如图 4.7 所示。当频率偏差和频率偏差变化率均接近正向最大值时，电池储能的充电功率达到最大值；而当频率偏差和频率偏差变化率均接近负向最大值时，电池储能的放电功率达到最大值。

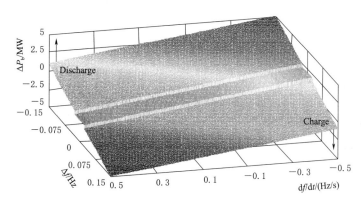

图 4.7　DR 与 IR 相协调的电池储能出力效果

2. 储能的灵活死区的响应策略

关于储能参与一次调频的灵活死区，这里暂时选择常规机组死区边界值的 70% 作为电池储能参与一次调频的死区边界值，此处 70% 的倍数关系并不是绝对的和固定的，可以基于具体的实际应用情况进行灵活调整，但是需要考虑 3 个关键因素：①电池储能的充电需求。对于一般电池储能类型，电池储能会有自放电效应，充电率低于放电率，意味着电池储能需要更多的时间和"空间"来补充电量和恢复重构 SoC。换言之，电池储能需要较大的一次调频的死区来恢复 SoC，以应对下一周期的一次调频任务。②电池储能参与一次调频的死区边界值直接决定了其调频任务的繁重与否，过小的调频死区边界值会使得其充放电次数剧增，故本章灵活死区更适用于对充放电次数不敏感且循环寿命较长的电池储能，如超导磁储能、超级电容以及钒液流电池等。③常规机组减少参与一次调频次数的需求。为了充分发挥 BESS 技术对功率指令的快速响应能力，有必要将电池储能参与一次调频的死区边界设置为小于常规机组的死区边界。也就是说，当频率逐渐偏离基准频率（$f_0 = 50\mathrm{Hz}$）

时，电池储能需要在相对较小的频率偏差值下优先于常规机组参与一次调频，以使得储能替代常规机组平抑较小负荷波动的一次调频任务和减轻其调频次数过多的压力。

电池储能参与一次调频死区模型如图 4.8 所示，将储能响应的频率信号 f_{BESS} 与电网实际频率信号 f_{PS} 的关系表示为

$$\begin{cases} f_{\text{BESS}} = f_0, & f_0 - 0.023\,\text{Hz} \leqslant f_{\text{PS}} \leqslant f_0 + 0.023\,\text{Hz} \\ f_{\text{BESS}} = f_{\text{PS}}, & f_{\text{PS}} < f_0 - 0.023\,\text{Hz} \\ f_{\text{BESS}} = f_{\text{PS}}, & f_{\text{PS}} > f_0 + 0.023\,\text{Hz} \end{cases} \tag{4.17}$$

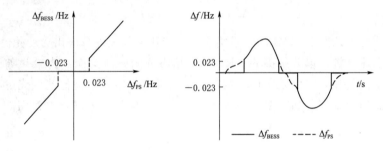

（a）死区的大小和类型　　　　（b）电网实际频率与储能响应频率对比

图 4.8　电池储能参与一次调频死区模型

由图 4.8 和式（4.17）可知，与常规机组 0.033Hz 的 DB 值以及 DB 类型相比，电池储能参与一次调频的死区边界值降低了 30%，死区类型也由光滑分段函数调整为阶跃分段函数。基于 BESS 技术功率响应的灵活性和精确性而提出的灵活死区响应策略，可以最大限度地发挥储能技术在一次调频中的快速功率响应优势。

3. 储能的 Logistic SoC 维持策略

电池储能参与调频的下垂响应出力 ΔP_b^{DR} 表示为

$$\Delta P_b^{\text{DR}} = \begin{cases} -K_d(SoC) \cdot \Delta f & (\Delta f < -0.023\,\text{Hz}) \\ 0 & (|\Delta f| \leqslant 0.023\,\text{Hz}) \\ -K_c(SoC) \cdot \Delta f & (\Delta f > 0.023\,\text{Hz}) \end{cases} \tag{4.18}$$

式中　K_c、K_d——电池储能考虑 SoC 反馈的自适应充放电系数，惯性响应的出力与下垂响应的计算类似，仅在最大出力系数的选取不同。

$$K_d = \begin{cases} 0 & (0 < SoC \leqslant 0.1) \\ \dfrac{K_{\text{B\_MAX}}^{\text{DR}} K_0 e^{n(SoC-0.1)}}{K_{\text{B\_MAX}}^{\text{DR}} + K_0(e^{n(SoC-0.1)}-1)} & (0.1 < SoC < 1) \end{cases} \tag{4.19}$$

$$K_c = \begin{cases} 0 & (0.9 \leqslant SoC < 1) \\ \dfrac{K_{\text{B\_MAX}}^{\text{DR}} K_0 e^{n(0.9-SoC)}}{K_{\text{B\_MAX}}^{\text{DR}} + K_0(e^{n(0.9-SoC)}-1)} & (0 < SoC < 0.9) \end{cases} \tag{4.20}$$

式中　K_0、$K_{\text{B\_MAX}}^{\text{DR}}$——Logistic 函数的初值和终值；

　　　　n——调节系数值的可调因子。

图 4.9 中可看到 K_c、K_d 随 SoC 变化的设定值，K_d 随着 SoC 值的增大而增

大，这说明在频率下降时 BESS 有足够的功率来支撑；相反，K_c 随着 SoC 的增大而减小，这是由于一次调频过程中需要防止电池储能过充电。

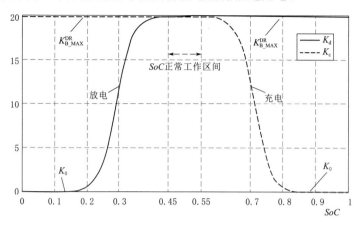

图 4.9　储能参与一次调频 Logistic SoC 维持策略

参变量 n 用于改变储能参与一次调频自适应充放电下垂系数从 K_0 到 $K_{B\_MAX}^{DR}$ 的变化速度，具体效果如图 4.10 所示。

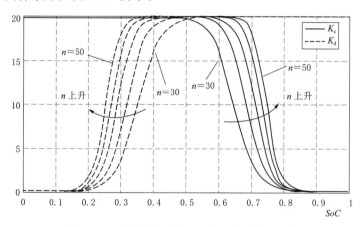

图 4.10　不同参变量值 n 下自适应充放电系数

4. 控制流程

基于前文所提出的方法可以得到自适应协调控制方法的特征及流程如图 4.11 及表 4.2 所示。

表 4.2　　　　　　　　　　不同频率偏差区间调频出力特征

Δf	常规机组状态	常规机组控制指令	BESS 控制指令	特　征
<0.023Hz	无一次调频需求	无动作	重构 SoC	BESS 作为一次调频热备用
<0.033Hz	无一次调频需求	无动作	平抑 Δf 变化	BESS 平抑小幅功率波动
<0.15Hz	一次调频	平抑 Δf 变化	平抑 Δf 变化	BESS 与常规机组共同参与一次调频

（1）根据常规机组参与一次调频的死区边界设定值来判断电池储能是否参与一次调频。这里电池储能参与一次调频的死区边界 Δf_{db_BESS} 的绝对值为常规机组频率

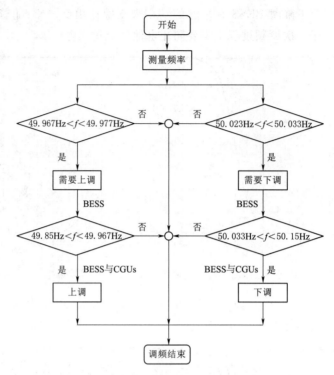

图 4.11　BESS 参与一次频率调节自适应协调控制方法流程图

死区边界值 Δf_{db_CGUs} 的 70%，即 $|\Delta f_{db\_BESS}| = 70\%$，$|\Delta f_{db\_CGUs}| = 0.023\mathrm{Hz}$。而且储能参与一次调频死区的边界值不是固定的，可以根据具体的实际情况进行适当的调节，如式（4.17）和图 4.8 所示。然而，可以肯定的是，如果要充分利用电池储能技术快速响应的优势，也就是减少由小负荷功率波动引起的常规机组参与一次调频的次数，电池储能参与一次调频的死区边界值须小于常规机组的死区边界值。

（2）当 BESS 开始参与系统一次频率调节，就需要根据电池储能技术的灵活性来设计电池储能在不同场景下的输出功率。然后依据 Δf、$\mathrm{d}f/\mathrm{d}t$ 和 SoC 等反馈信号来计算电池储能的出力模式以及出力深度。

（3）最后，测量频率偏差值 Δf 与频率偏差的变化率值 $\mathrm{d}f/\mathrm{d}t$，由于这两者的乘积可以判断频率是正在恢复还是在恶化，因此可以依据这三个测量数据可以确定电池储能是否切换出力模式以及是否退出调频。

4.3　考虑储能 SoC 自适应重构的一次调频控制方法

当前考虑储能 SoC 重构的调频控制研究可以分为两类：①电池储能仅在电力系统频率的死区内进行 SoC 重构，其中经典控制策略为恒功率恢复策略 CRP（Constant Recovery Power）；②电池储能仅在在调频阶段维持与重构 SoC，其中经典控制策略为电量维持策略 BSH（Battery SoC Holder）和 CFR（Charging with Frequency Regulation）。然而，这两类 SoC 重构策略并未考虑电网的频率运行状态限制，由于储能 *SoC* 重构的需求往往与电网的频率调节需求相违背，因此储能的 *SoC* 重构控制策略必须兼顾电网调频需求和其自身的充电需求。

4.3.1 电力系统一次频率调节备用容量分析

1. 常规机组的一次频率调节备用容量分析

一次调频是利用常规机组的负载频率特性和调速器，在数秒的时间尺度内实现局部自动频率控制，根据频率偏差的大小和常规机组的响应能力，电力系统一次频率调节区间如图 4.12 所示。

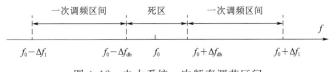

图 4.12　电力系统一次频率调节区间

电力系统中常规机组根据图 4.12 所示的频率偏差范围来进行一次频率调节。图中，f_0 是基准频率 50 Hz，Δf_{db}、Δf_1 分别为死区频率偏差、一次调频允许最大频差，两者均需要依据实际电网运行情况制定其数值标准，本文选取的各个频率偏差阈值的对应值分别为 0.033 Hz、0.15 Hz。

为了更好地设计一次调频中电池储能的 *SoC* 重构功率，需要考虑常规机组的运行状态。更具体地说，所提方法考虑了以下两个方面。

（1）建立电网频率偏差与常规机组一次调频备用容量之间的函数关系，通过感知常规机组输出状态，合理构建电池储能重构 *SoC* 的控制方法。

（2）所提出的控制方法在一次调频的死区内和死区之外都可行。为说明一次调频的常规机组备用功率与电网频率的关系，可以对常规机组的功—频特性曲线进行分析，如图 4.13 所示，频率的下降会导致常规机组输出功率的增加。需指出的是，当常规机组达到它的最大调节功率 ΔP_{G_max}，将无法继续响应频率下降。此时常规机组的静态特性变成平行于横轴的直线，对应于常规机组的 $K_G = 0$。值得一提的是，本书选取频率偏差为 0.1 Hz 作为调频备用不足临界点是为了便于测试分析与讨论，事实上该临界点的选取可以根据实际电网运行情况制定其数值标准。

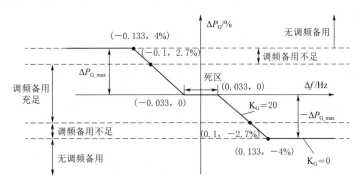

图 4.13　常规机组备用容量与频率偏差的关系

如图 4.13 所示，在电池储能充电过程中，则电池储能在电力系统中作为一个负荷运行，应慎重考虑常规机组的一次调频备用功率储备，避免出现过载情况。否则，当常规机组备用功率不足时，频率下降会影响系统频率的稳定性。储能放电的过程类似，在此不再赘述。常规机组备用容量与频率偏差的关系为

$$\Delta P_{G}=\begin{cases} 0 & (|\Delta f|\leqslant 0.033\text{Hz}) \\ -K_{G}\cdot\Delta f & (0.033\text{Hz}<|\Delta f|\leqslant 0.133\text{Hz}) \\ -\text{sgn}(\Delta f)\Delta P_{G\_\text{max}} & (|\Delta f|>0.133\text{Hz}) \end{cases} \tag{4.21}$$

式中　$\text{sgn}(\Delta f)$——符号函数，当 $\Delta f>0$ 时，$\text{sgn}(\Delta f)$ 的值取 1，否则其值取 -1；

ΔP_{G_max}——常规机组参与一次调频最大出力变化功率（通常为额定功率的 4%）。

2. 传统的储能 SoC 重构策略

如前所述，引入电池储能参与一次调频可以提高电力系统的抗干扰能力。然而，在实际操作中为了电池储能的经济运行和确保其具备调频能力，必须考虑 SoC 重构的需要。为了与 SoC 重构方法进行比较，特别分析了电池储能中具有代表性的 3 种恢复 SoC 策略：恒功率恢复策略 CRP（Constant Recovery Power）、BSH（Battery SoC Holder）策略和 CFR（Charging with Frequency Regulation）策略。

（1）恒功率恢复策略 CRP。CRP 控制是在电网频率偏差进入死区时，通过恒定功率（5% 额定功率或最大功率）充电来保持电池剩余能量。

$$P_{\text{recharge}}=0.05P_{\text{n}} \quad (|\Delta f|\leqslant 0.033\text{Hz}) \tag{4.22}$$

式中　P_{recharge}、P_{n}——死区充电功率和电池储能的额定功率或最大功率。

这种恢复策略只是简单的考虑到了储能的自身维持 SoC 的充放电需求，并且为了不对电力系统造成额外的功率波动负担，仅仅只是以储能的额定功率的 5% 来进行缓慢的充放电，没有考虑到电池储能的规模化应用后，对电网频率运行来说，就算 5% 额定功率也是不容忽视的。

（2）BSH 策略和 CFR 策略。BSH 策略的基本思路是当电池储能的 SoC 高于基准值时，通过增大放电功率和减少充电使得 SoC 维持在基准值附近；或者当 SoC 低于基准值时，则增加充电功率和减少放电功率。而控制策略 CFR 则在 BSH 策略的基础上增加了额外的计划预定充电功率。在此，这里简要介绍 BSH 的自适应下垂系数和 CFR 的下垂控制回路。

如图 4.14 所示，BSH 控制策略中自适应充放电系数的计算及具体结果可参见前文论述。BSH 策略的电池储能的输出功率可以描述为

$$\Delta P_{\text{b}}=-K(SoC)\cdot\Delta f$$
$$(|\Delta f|\geqslant 0.033\text{Hz}) \tag{4.23}$$

控制策略 CFR 则在 BSH 的基础上增加了额外计划预定功率信号，如图 4.15 所示。

附加计划预定充电功率可描

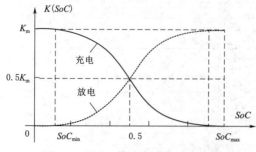

图 4.14　BSH 策略自适应下垂系数

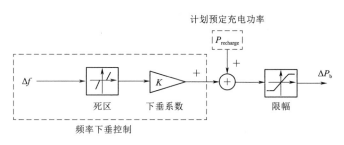

图 4.15　CFR 策略控制框图

述为

$$P_{\text{recharge}} = \frac{(SoC - 0.5)E_{\text{BESS}}^{\text{rate}}}{T_{\text{out}} - T_{\text{in}}} \tag{4.24}$$

式中　$E_{\text{BESS}}^{\text{rate}}$、$T_{\text{out}}$ 和 T_{in}——电池储能的容量、储能充电完成时间和充电开始时间。

当电池储能的 SoC 高于基准值 0.5 时，P_{recharge} 为正，即电池储能将在计划时间内放电，释放多余的功率。但当电池储能的 SoC 低于基准值时，P_{recharge} 为负，则电池储能会充电，从而达到期望的 SoC。

这种方法的基本思路是储能的调频阶段和恢复阶段可以叠加在一起，然而却忽略电网的频率运行限制，即储能的额外计划预定充放电功率并没有结合常规机组的一次调频备用容量来设计，这是对常规机组来说是一个潜在的不稳定因素。

4.3.2　考虑储能 *SoC* 自适应重构的一次调频控制方法

电池储能参与一次频率调节有保持合理的 SoC、缓解常规机组的频率调节压力两个运行要求。值得注意的是，SoC 的参考区间 SoC_{ref} 不是固定的，在大多数研究中，SoC_{ref} 被设定为固定点（0.5 或 0.7）。然而，由于在电池储能运行中 SoC 的多样性，将 SoC_{ref} 设定为参考点，导致电池储能需要频繁的充电和放电来恢复其 SoC，这不仅会导致电池储能服役寿命的减少，也给电网带来不稳定因素。为了减少 SoC 重构策略的启动次数，这里将 SoC_{ref} 设置为 0.45~0.55 的区间。

1. 基本思路

实现上述基本目的存在合理制定电池储能 SoC 重构需求，避免 SoC 重构增加常规机组的调频压力两个关键要素。具体而言，电池储能的 SoC 需要被维持在计划范围之内，以保证其参与一次调频时的出力可信度以及避免过充过放导致的服役寿命减少的问题。而电池储能为了保持合理的 SoC 所产生的重构功率应该根据电网频率偏差和常规机组的运行状态进行适当约束和修正，避免电池储能重构 SoC 导致常规机组需要额外增加参与一次调频的次数与负担。本章所提方法基本思路图如图 4.16 所示。通过实时监测系统频率偏差和电池储能 SoC，可以对系统调频需求和 BESS 重构需求进行实时评估，综合考虑系统频率调节任务和 BESS 重构功率的以及常规机组一次调频备用容量状态来得到 BESS 的实际出力控制指令。

2. 储能 *SoC* 重构的边界和出力深度

将电池储能的参与一次调频的场景分为两个阶段，即调频阶段和 SoC 重构阶

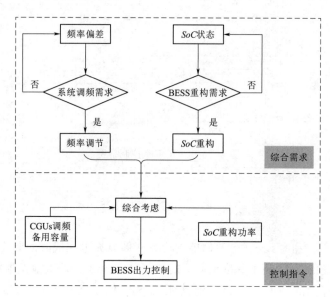

图 4.16 本章所提方法基本思路图

段，这里 SoC 重构边界指的是允许电池储能进行 SoC 重构的频率区间所对应的范围边界，重构出力深度指的是重构功率的数值。因此，电池储能的输出功率定义为一次调频功率和 SoC 重构功率，描述为

$$\Delta P_{BESS}=\begin{cases} \Delta P_{RSOC} & (|\Delta f| \leqslant 0.033\text{Hz}) \\ \Delta P_{PFR}+\Delta P_{RSOC} & (0.033\text{Hz}<|\Delta f| \leqslant 0.1\text{Hz}) \\ \Delta P_{PFR} & (|\Delta f|>0.1\text{Hz}) \end{cases} \quad (4.25)$$

式中 ΔP_{PFR}、ΔP_{RSOC}——电池储能参与一次调频的功率和 SoC 的重构的功率，
$-0.1 \sim 0.1\text{Hz}$ 为电池储能进行 SoC 重构的电网频率边界。

（1）ΔP_{PFR} 出力深度。根据式（4.26）可以看出，一次调频中电池储能根据系统频率状态设计了 3 种不同的场景。

1）$|\Delta f| \leqslant 0.033\text{Hz}$。说明电池储能和常规机组不需要参与一次调频，因此电池储能可以在电网频率死区内重构 SoC。电池储能的恢复功率不能使电网频率偏差脱离死区，否则常规机组会频繁地参与频率调节，导致机械和运行成本的增加。

2）$0.033\text{Hz}<|\Delta f| \leqslant 0.1\text{Hz}$。此时 CGUs 参与了一次调频，并且有足够的一次调频备用容量。因此，可以在此频率区间内进行电池储能的 SoC 重构。

3）$|\Delta f|>0.1\text{Hz}$。说明常规机组剩余一次调频支持功率不足。在这种情况下，SoC 重构的激活会给常规机组的功率调节增加负担，则可能会导致频率的急剧恶化。因此，储能参与一次调频的功率可以描述为

$$\Delta P_{PFR}=\begin{cases} -K_d(SoC)\Delta f & (\Delta f<-0.033\text{Hz}) \\ 0 & (|\Delta f| \leqslant 0.033\text{Hz}) \\ -K_c(SoC)\Delta f & (\Delta f>0.033\text{Hz}) \end{cases} \quad (4.26)$$

式中 K_c、K_d——基于 Logistic 函数构建的电池储能考虑 *SoC* 反馈的自适应充放电系数。

进一步，ΔP_{PFR} 的对应值可由图 4.17 给出，由图可见电池储能的功率在提出的策略下可根据 *SoC* 和频率变化进行自适应调整。

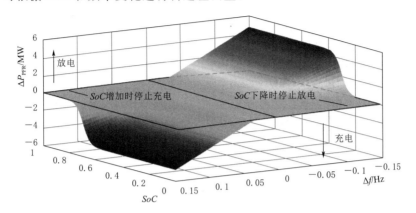

图 4.17 储能参与一次调频功率变化

（2）ΔP_{RSOC} 出力深度。ΔP_{RSOC} 的值同样需要根据 Δf 和 *SoC* 的反馈来决定。具体而言，当电网处在调节阶段时，电池储能不能仅仅基于自身的 *SoC* 重构需求来确定重构功率值，而应该考虑不同的频率区间常规机组的运行的需求，然后确定 ΔP_{RSOC}。因此，自适应策略设计为

$$\Delta P_{\text{RSOC}}(\Delta f,SoC)=\begin{cases}\lambda_d(\Delta f)\cdot P_d(SoC) & (SoC>0.55)\\0 & (0.45\leqslant SoC\leqslant 0.55) \\ \lambda_c(\Delta f)\cdot P_c(SoC) & (SoC<0.45)\end{cases} \quad (4.27)$$

式中 P_c、P_d——电池储能恢复 *SoC* 时的充放电功率，可由系统运营商预先设定；

λ_c、λ_d——满足常规机组运行要求的储能 *SoC* 重构的充电和放电限制系数。

图 4.18 为考虑不同 *SoC* 变化情况下的电池储能恢复功率 P_c/P_d，它表示储能自身的 *SoC* 重构需求功率。可以看出，随着 *SoC* 值的增大，P_d 也随之增大，这说明在一次调频过程中需要防止电池储能过度充电。相反，P_c 随着 *SoC* 的减小而增大，防止电池储能过度放电。

根据图 4.19 可以确定重构功率限制系数的值 λ_c 和 λ_d，根据 Δf 在死区内和死区外划分为两个场景。当系统频率变化脱离死区时，说明电网调频功率可能不足，因此充电系数（这里记为 λ_{c2}）随频率的恶化而逐渐减小，以缓解 CGUs 的频率调节的压力。

当 Δf 变化至死区边界 -0.033Hz 时，使充电系数（这里记为 λ_{c1}）被迫为零，这是由于在死区内，电池储能的重构充电功率不能使得频率跌出死区，增加常规机组额外的调频次数，最后并随着频率的增加开始平稳地增大到最大值。同理，重构功率放电限制系数也是如此。

重构功率限制系数 λ 可分为两种情况：①当电池储能需要充电时，则为 λ_c；②需要放电时，则为 λ_d。此外，λ_c 和 λ_d 又能被分为 3 种情况。其详细定义在式

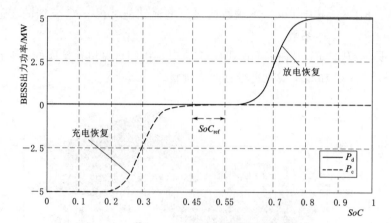

图 4.18　储能考虑 SoC 反馈的自适应重构功率

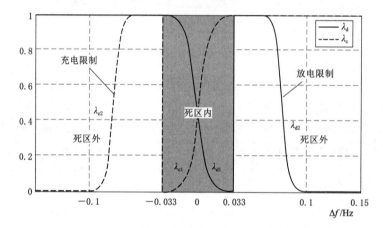

图 4.19　储能考虑 Δf 反馈的自适应重构功率限制系数

(4.29)～式 (4.31) 以及图 4.19 中详细描述。

$$\lambda = \begin{cases} \lambda_d & (SoC>0.55) \\ \lambda_c & (SoC<0.45) \end{cases} \tag{4.28}$$

$$\lambda_c = \begin{cases} \lambda_{c2} & (\Delta f<-0.033\,\mathrm{Hz}) \\ \lambda_{c1} & (|\Delta f|<0.033\,\mathrm{Hz}) \\ 1 & (\Delta f>0.033\,\mathrm{Hz}) \end{cases} \tag{4.29}$$

$$\lambda_d = \begin{cases} \lambda_{d2} & (\Delta f>0.033\,\mathrm{Hz}) \\ \lambda_{d1} & (|\Delta f|<0.033\,\mathrm{Hz}) \\ 1 & (\Delta f<-0.033\,\mathrm{Hz}) \end{cases} \tag{4.30}$$

综上所述，图 4.20 给出了考虑不同 SoC 和系统频率变化情况下的 SoC 重构功率。

3. 储能 SoC 重构的控制流程

通过综合评判电网调频需求与储能调频需求，储能在死区重构自身 SoC；在一次调频正常区间常规机组一次调频备用容量充足时也可适当重构 SoC；在一次调频

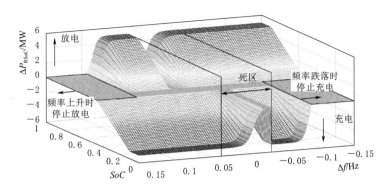

图 4.20　一次调频电池储能自适应重构功率

次紧急区间仅参与调频，并考虑 *SoC* 反馈平滑出力。

在前面分析的基础上，将电池储能参与频率调节策略与 *SoC* 重构策略相结合。综合控制策略流程如表 4.3、图 4.21 所示。

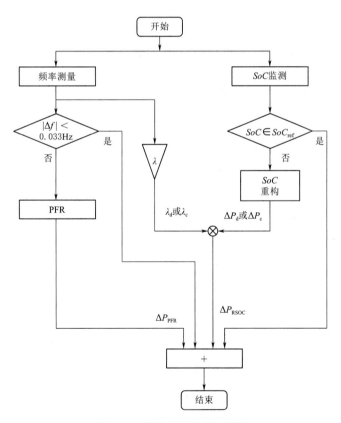

图 4.21　所提方法控制流程图

（1）根据一次调频的死区边界值判断电池储能是否参与一次调频。如果电池储能不需要参与调频，则根据图 4.19 在死区内的恢复受限功率系数 $\lambda(\Delta f)$ 和图 4.20 中的电池储能的自适应重构功率（ΔP_{RSOC}）调整其储存的电量。

表 4.3			不同频率偏差范围调频动作特点		
$\|\Delta f\|$	常规机组状态	SoC	常规机组	BESS	特　征
<0.033	无一次调频需求	正常区间	无动作	无动作	BESS 作为一次调频热备用
		非正常区间	无动作	重构 SoC	
<0.133	有调频需求及调频备用	正常区间	平抑 Δf	平抑 Δf	储能最大限度协同常规机组调频
		非正常区间	平抑 Δf	平抑 Δf 并重构 SoC	实现调频与维持 SoC 的需求平衡
>0.133	无调频备用	正常区间	不能平抑 Δf	平抑 Δf	缓解常规机组调频压，停止恢复 SoC

（2）当 BESS 开始参与一次调频时，采用自适应下垂控制（ΔP_{PFR}）。然后基于 Δf 和 SoC 的反馈，计算和自适应恢复功率（ΔP_{RSOC}）。最后，电池储能的实际输出功率是通过叠加 ΔP_{PFR} 和 ΔP_{RSOC} 获得。

（3）最后，检查 Δf 是否回到死区和 SoC 是否恢复至参考区间 SoC_{ref}，并确定电池储能停止动作的时间。

4.4　选择电池储能系统的战略点

储能参与二次调频相较于一次调频需要更高的功率和容量。而随着电池储能成本的进一步下降，用电池储能辅助常规机组参与二次调频在经济层面的可行性不断提高。对于储能参与二次调频的控制方法研究显示，基于 ACE 或者 ARR 信号的控制方法均取得了不错的频率调节效果，而且这两种控制方式存在各自的优点，前者可以充分利用电池存储的快速响应的特点，而后者由于存在 PI 环节，电池储能可以像常规机组一样提供持续的调频支撑。将这两种控制方法的优点结合起来，将进一步提高电网二次频率调节的性能，但是也会导致储能的电量损耗更快。

为了解决电池储能的 SoC 重构需求与电网调频需求存在不协调的问题，充分发挥电池储能的调频能力，这里提出了考虑电池储能 SoC 重构的二次调频控制方法。在参与二次调频方面，基于 ACE 与 ARR 信号的特性以及 CGUs 的二次调频出力机理，提出了一种 BESS 参与二次调频的协调控制策略。在储能 SoC 重构策略方面，兼顾了电网二次调频需求，提出了一种新的储能 SoC 重构策略。最后，基于前述的两个子策略，得到了 BESS 参与二次频率调节的 SoC 重构控制方法。

4.4.1　储能参与电力系统二次调频动态特性分析

电网二次频率调节的动态特性主要取决于电网中负荷频率特性与供电机组的频率特性，电网的综合频率响应特性用 K_S 表示，负荷本身的频率特性以 K_L 表示，并且运行人员无法改变负荷自身的频率特性，K_G 表示供电机组的频率响应系数，则系统的频率响应特性为

$$K_S = K_G + K_L = \frac{-(\Delta P_{\text{L0}} - \Delta P_{\text{G0}})}{\Delta f} \tag{4.31}$$

其中，ΔP_{G0}、ΔP_{L0} 分别为供电机组调节功率变化量和系统负荷由于自身频率特性产生的变化量，运行人员或者 AGC 系统通过改变发电机组的运行点，使得 $\Delta P_{L0} = \Delta P_{G0}$ 时，进而实现频率运行的无差调节，此即电力系统二次调频的原理。

当电网中有 n 台发电机组时，则有

$$K_S = \sum_{i=1}^{n} K_{Gi} + K_L \tag{4.32}$$

电网的频率二次调节本质上是移动发电机组的频率特性曲线，使得机组的调节功率与负荷变化相匹配，从而使得频率恢复到正常范围内或者恢复到运行基准频率，频率的二次调整原理图如图 4.22 所示。

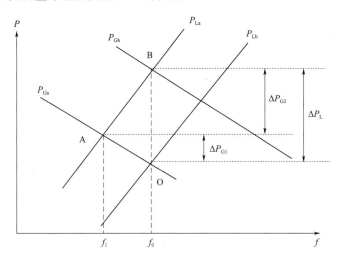

图 4.22　频率的二次调整原理图

假设发电机组与负荷的初始状态为 O 点，当负荷增大使得负荷特性曲线由 P_{Lb} 变化至 P_{La}，则频率由 f_0 降至 f_1，电网状态由 O 点偏移到 A 点，此时系统处于一次调频时间段，通常持续时间为数秒，调节幅度较小。而二次调频会使得发电机组增加发电功率，发电机组特性曲线由 P_{Ga} 变化至 P_{Gb}，该过程所需调整时间通常为数十秒至数分钟，则可使电网频率保持在原来的 f_0 运行，电网状态由 A 点移至 B 点。由图 4.22 可知：①机组的一次调频增发功率为 ΔP_{G1}；②机组的二次调频增发功率为 ΔP_{G2}；③系统负荷功率增加量为 ΔP_L。

当电力系统由多个区域互联系构成时，由联络线实时交换功率与计划交换功率的差值和系统频率偏差组成了反映区域内发电功率与负荷功率平衡状态的区域控制偏差 ACE 信号。在电力系统实际运行中，为了防止二次调频机组的过度频繁动作，需要对 ACE 设置死区环节和滤波环节。

1. 含储能的区域电网二次调频动态测试模型

包含储能的典型单区域（区域编号为 i）二次调频动态测试模型如图 4.23 所示。H 为电力系统等效惯性系数，D 为等效阻尼系数；ΔP_{RESi} 代表可再生能源的波动功率，K_{Gi} 为常规机组调节功率系数；ΔP_{Li} 是负载功率的波动；$G_g(s)$ 和 $G_b(s)$ 分别是 CGUs 和 BESS 的出力响应传递函数；$\Delta P_{tie,i}$ 联络线交换功率，

ACE_i 为区域控制偏差信号，ARR_i 则为区域控制需求信号，T_{ij} 联络线同步系数。

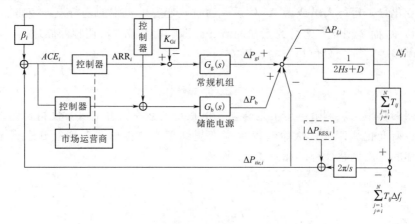

图 4.23　含储能的电力系统二次调频动态模型

2. 常规机组参与频率二次调节的控制方法

当前电力系统中常规机组参与二次调频是通过响应自动发电控制（简写为AGC）下达的调度指令，且 AGC 控制系统仅参与调节变化周期相对较长的二次调节，长期变化的负荷则由发电计划进行调整。

电力系统调度中心的能量管理系统（Energy Management Sytem，EMS）一般由自动发电控制系统、负责数据收集与监测的 SCADA 系统以及网络分析应用系统等构成。基于系统中发电功率与负荷功率的偏差分析和计算区域的调整功率，进而由 EMS 下达控制指令，而 AGC 机组则通过响应所分配的控制指令，自动调节其输出变化功率。

SCADA 系统可为电力系统 AGC 系统提供必要的指令输送和关键信息测量，通过调度中心 EMS 的各个子系统协调配合，可实现电网调频任务与目标：具体表现为：①通过调节电网发电功率，实现其与负荷功率的匹配和平衡，从而保证电网频率偏移处于允许波动的范围内；②在多个区域互联的电网中，通过监测和控制联络线实时波动功率，从而保证各个区域的经济稳定运行；③利用性能评价和监测模块，为调度人员提供决策所需的实时数据信息。

基于不同的控制目标，可以将电网中 AGC 控制方式分为 3 种：①以保持区域间联络线净交换功率偏差为 0 的 FTC 模式（FTC，Flat Tie-line Control），也可称之为 CNIC 模式（Constant Net Interchange Control）；②以控制频率偏差为 0 的FFC 模式（FFC，Flat Frequency Control）；③同时监测和控制联络线功率波动与频率偏移的 TBC 模式（TBC，Tie-line Bias Frequency Control）。TBC 控制模式作为电力系统应用最广泛的控制方式，其区域控制偏差的计算方法为

$$ACE = \Delta P_{\text{tie}} + B \Delta f \tag{4.33}$$

ACE 信号可表征区域内发电功率与负荷需求功率的平衡情况，当电力系统的联络线功率波动与频率偏差超出规定范围之后，电网调度中心 EMS 通过计算和分析区域控制偏差发出调度指令，再协调分配给 AGC 机组，参与二次调频的常规机

组则通过响应调度指令调节其运行基准功率承担相应的调频责任，分配方式为

$$\Delta P_{\Sigma} = -ACE = -\sum_{i=1}^{n} ACE_i = \sum_{i=1}^{n} \Delta P_i \tag{4.34}$$

式中 ΔP_{Σ}——当前电力系统中发电功率与负荷需求功率的缺额总和；

$\quad\quad \Delta ACE_i$——第 i 台 AGC 机组承担的区域控制偏差信号；

$\quad\quad \Delta P_i$——第 i 台 AGC 调频机组响应控制指令的功率调节量，当 ACE 信号为

$\quad\quad\quad\quad$ 正时 AGC 机组减少发电功率实现功率平衡，反之则增加发电功率。

3. BESS 参与二次频率调节通用控制策略

（1）基于 ARR 控制的 BESS 参与二次调频策略。基于 ARR 控制的策略是指 BESS 和 CGUs 分别承担不同比例的区域控制需求功率，实现对电网中的发电与负荷缺额的匹配和平衡。BESS 采用 ARR 信号控制的电网动态频率响应模型如图 4.24 所示。

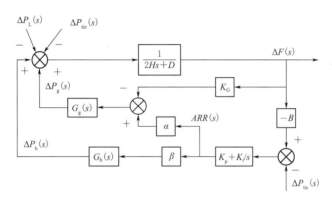

图 4.24 BESS 采用 ARR 信号控制的电网频率响应模型

图 4.24 中，α 和 β 分别为二次频率调节中常规机组和 BESS 的所承担的区域控制需求比例系数，且满足方程 $\alpha + \beta = 1$。

由图 4.24 可知，电力系统的频率偏移量 $\Delta f(s)$、常规机组调频响应出力变化值 $\Delta P_g(s)$ 和电池储能响应出力变化值 $\Delta P_b(s)$ 三者之间的关系满足

$$\begin{cases} \Delta f(s) = \dfrac{\Delta P_g(s) + \Delta P_b(s) - \Delta P_L(s)}{2Hs + D} \\[2mm] \Delta P_g(s) = \left[K_G + \beta B \left(K_p + \dfrac{K_i}{s} \right) \right] G_g(s) \Delta f(s) \\[2mm] \Delta P_b(s) = -\alpha B \left(K_p + \dfrac{K_i}{s} \right) G_b(s) \Delta f(s) \end{cases} \tag{4.35}$$

通过对式（4.35）进一步整理可得

$$\Delta f(s) = \dfrac{-\Delta P_L(s)}{2Hs + D + B \left(K_p + \dfrac{K_i}{s} \right) \left[\beta G_g(s) + \alpha G_b(s) \right]} \tag{4.36}$$

由式（4.35）和式（4.36）可知，当 BESS 采用 ARR 作为输入信号参与二次调频控制，ARR 须通过的 PI 环节获得，然后 BESS 和 CGUs 按照对应分配比例承

担相应的调频责任，不利于充分发挥 BESS 技术的快速响应能力，在一定程度上牺牲了扰动初期对电网暂态频率偏移的平抑效果，而因为积分环节的存在，当发电与负荷平衡时，BESS 会继续承担相应的调频责任不会退出调频，有利于大容量 BESS 提供持续调频贡献。

（2）基于 *ACE* 控制的 BESS 参与二次调频策略。基于 *ACE* 控制的策略是指 BESS 和 CGUs 分别承担不同比例的区域控制偏差功率，实现对电网中的发电与负荷缺额的匹配和平衡。BESS 采用 *ACE* 控制的电网动态模型如图 4.25 所示。

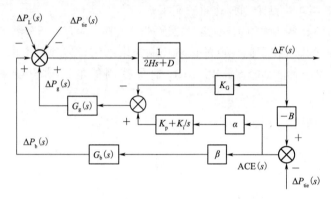

图 4.25 BESS 采用 *ACE* 信号控制的电网频率响应模型

根据图 4.25，电网频率偏移 $\Delta f(s)$、常规机组调频响应出力变化 $\Delta P_g(s)$ 和电池储能响应出力变化 $\Delta P_b(s)$ 三者之间的关系满足

$$
\begin{cases}
\Delta f(s) = \dfrac{\Delta P_g(s) + \Delta P_b(s) - \Delta P_L(s)}{2Hs + D} \\[2mm]
\Delta P_g(s) = \left[K_G + \beta B \left(K_p + \dfrac{K_i}{s} \right) \right] G_g(s) \Delta f(s) \\[2mm]
\Delta P_b(s) = -\alpha B G_b(s) \Delta f(s)
\end{cases}
\tag{4.37}
$$

对式（4.37）进行整理可得

$$
\Delta f(s) = \frac{-\Delta P_L(s)}{2Hs + D + B\left[\beta \left(K_p + \dfrac{K_i}{s} \right) G_g(s) + \alpha G_b(s) \right]}
\tag{4.38}
$$

由式（4.37）和式（4.38）可知，当 BESS 采用 *ACE* 作为参与二次调频控制方式时，其输入信号 *ACE* 无须由二次调频控制器中的 PI 环节给出，然后 BESS 和 CGUs 按照对应分配比例承担相应的调频责任，这基于 *ACE* 控制与 *ARR* 控制的两者显著的区别，有利于充分发挥 BESS 技术的快速响应能力，可较好地改善扰动初期对系统暂态频率偏差的平抑效果，当发电与负荷平衡时，BESS 会退出二次频率调节任务。

综上所述，当 BESS 采用不同的目标作为输入信号参与调频时可获得不同的频率调节效果，基于 *ACE* 信号控制策略的优势是可以较好地发挥 BESS 快速响应能力的优势，而基于 *ARR* 信号控制策略的优势可持续发挥 BESS 的调频能力，可更好的缓解 CGUs 的调频压力。

（3）传统的储能 SoC 重构的二次调频控制。这里简要介绍了 BSH 的原理和 CFR 的下垂控制回路。BSH 控制策略的思路是随着 SoC 的恶化逐渐减少电池储能的出力。CFR 控制策略的思路在 BSH 的基础上增加一个额外的较小的 SoC 重构需求的功率。

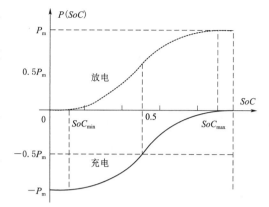

图 4.26 BSH 策略约束下电池储能二次调频出力

如图 4.26 所示，BSH 控制策略的特点是在 SoC 较低时减少电池储能的放电功率，从而达到保持 SoC 的效果。当 SoC 较高时，电池储能的充电功率降低，防止了电池储能的过充电。电池储能的输出功率可以描述为

$$P_{\text{BESS}}^{\text{SFR}} = \begin{cases} P_{\text{BESS}}^{\text{c}} = -\alpha ACE, & ACE > 0 \\ P_{\text{BESS}}^{\text{d}} = -\alpha ACE, & ACE < 0 \end{cases} \tag{4.39}$$

$$P_{\text{BESS}} = \begin{cases} \max\{P_{\text{BESS}}^{\text{c}}, P_{\text{BSH}}^{\text{c}}\}, & P_{\text{BESS}} < 0 \\ \min\{P_{\text{BESS}}^{\text{d}}, P_{\text{BSH}}^{\text{d}}\}, & P_{\text{BESS}} > 0 \end{cases} \tag{4.40}$$

式中　$P_{\text{BESS}}^{\text{SFR}}$——电网给电池储能的调度指令功率；

$P_{\text{BESS}}^{\text{c}}$、$P_{\text{BESS}}^{\text{d}}$——给电池储能的调度指令功率为充电和放电；

$P_{\text{BSH}}^{\text{c}}$、$P_{\text{BSH}}^{\text{d}}$——BSH 策略中的充电和放电约束功率。

二次调频中的控制策略 BSH 与 CFR 在响应频率上的区别在于，CFR 在 BSH 策略的基础上叠加了额外的充放电功率。控制策略 CFR 增加了一个基于 BSH 的额外充放电功率信号，CFR 策略控制框图如图 4.27 所示。

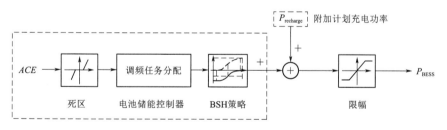

图 4.27 CFR 策略控制框图

其中附加计划充电功率计算为

$$P_{\text{recharge}} = (SoC - 0.5) \cdot \frac{E_{\text{BESS}}^{\text{rate}}}{T_{\text{out}} - T_{\text{in}}} \tag{4.41}$$

式中　$E_{\text{BESS}}^{\text{rate}}$、$T_{\text{out}}$ 和 T_{in}——电池储能的容量、储能充电完成时间和充电开始时间。

当电池储能的 SoC 高于基准值时，P_{recharge} 为正，即电池储能将在计划时间内放电，释放多余的能量。但当电池储能的 SoC 低于基准值值时，P_{recharge} 为负，则电池储能需要充电恢复到电量期望值。因此，CFR 策略的电池储能出力公式为

$$P_{\text{BESS}} = \begin{cases} \max\{P_{\text{BESS}}^{\text{c}}, P_{\text{BSH}}^{\text{c}}\} + P_{\text{recharge}}, P_{\text{BESS}} < 0 \\ \min\{P_{\text{BESS}}^{\text{d}}, P_{\text{BSH}}^{\text{d}}\} + P_{\text{recharge}}, P_{\text{BESS}} > 0 \end{cases} \tag{4.42}$$

需指出的是，这种方法强调了储能的调频阶段和恢复阶段可以叠加在一起，然而却忽略电网的频率运行限制，即储能的自身充放电功率并没有结合常规机组的二次调频剩余支撑能力来设计，这对常规机组的运行来说是一个潜在的威胁。其次，这种方法也忽视了电力系统的频率死区内电池储能可以对电量进行重构。

4.4.2　考虑 *SoC* 重构的 BESS 参与二次频率调节控制方法

电池储能参与二次频率调节有两个运行要求：①维持合理的 *SoC*；②协助常规机组参与二次调频，以减轻常规机组的二次调频压力。维持合理的 *SoC* 水平是电池储能能够参与二次调频的基本前提，也是保证电池储能经济运行的必要条件，而参与二次调频则是电池储能商业运营的主要收益来源，也是维持 *SoC* 的重要目的之一。

1. 基本思路

BESS 作为一种具备容量限制的优质调频资源，实现上述控制要求存在两个关键阶段，即电池储能参与二次频率调节阶段和电池储能重构 *SoC* 阶段，这两个阶段不是完全割裂和独立的，这意味电池储能可以根据常规机组的运行状态与电网调频需求灵活动作，从而实现 BESS 和 CGUs 在频率调节中的优势互补。在电池储能参与调频阶段和重构 *SoC* 阶段分别构建合理的出力控制策略，在改善系统调频性能的同时，还可以解决电网频率调节需求与电池储能 *SoC* 重构需求之间存在的矛盾。本章基于电网的频率调节需求和 BESS 的重构 *SoC* 需求，分别设计了电池储能参与二次频率调节与电池储能重构 *SoC* 两种不同工况下的控制策略，得到了不同工况下的BESS 响应功率变化情况。基本思路如图 4.28 所示。

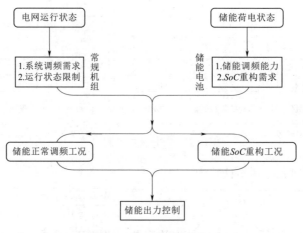

图 4.28　基本思路图

（1）工况 1。电池储能参与二次频率调节阶段，此工况下 BESS 利用其快速响应能力，提升负荷扰动发生后的频率调节效果，充分发挥其调频能力缓解常规机组参与频率的压力。首先，在参与二次调频的边界方面（即 ACE 死区），设计电池储能的边界小于常规机组的边界使得电池储能可以更快地响应电网调频需求，发挥其调频优势。其次，在出力模式方面，综合采用 ACE 信号和 ARR 信号在二次调频中的优势，最大限度的发挥电池储能的调频能力。最后，在满足电网频率调节需求的前提下，利用 BESS 在二次频率调节中的 SoC 维持策略限制其充放电功率，可得到 BESS 充放电功率的约束条件，进而改善电池储能的 SoC 维持效果。

（2）工况 2。电池储能重构 SoC 工况，此工况下电池储能以重构 SoC 为主要目标。在常规机组的二次调频死区和正常调节区间内，充分利用电力系统在死区内的能量波动和常规机组二次调频的剩余支撑能力，并考虑常规机组在 ACE 死区和 ACE 正常调节区域内的运行需求，使得 BESS 进行 SoC 重构时，在不给常规机组增加额外的二次调频次数和压力的前提下，将电池储能 SoC 重构至基准值附近，为下阶段的二次调频任务做好准备并保证电池储能 SoC 的健康状态。

为兼顾电网调频需求与储能调频需求，将控制储能在调频死区内重构 SoC；当 BESS 在二次调频正常区间参与调频的同时，也可适当进行 SoC 重构；在二次调频次紧急区间仅参与调频，避免电池储能的重构需求与电网调频需求的矛盾，缓解常规机组的调频压力。

2. 考虑电池储能 SoC 重构的二次调频控制方法

先前，我们从 BESS 参与二次调频的边界、模式、约束 3 个方面阐述了本文的基本思路。而在具体控制策略中，电池储能出力表达式可以描述为

$$\Delta P_{\text{BESS}} = \begin{cases} \Delta P_{\text{RSOC}} & (|ACE| \leqslant ACE_{\text{DB\_BESS}}) \\ \Delta P_{\text{SFR}} + \Delta P_{\text{RSOC}} & (ACE_{\text{DB\_BESS}} < |ACE| \leqslant ACE_{\text{EM\_BESS}}) \\ \Delta P_{\text{SFR}} & (|ACE| > ACE_{\text{EM\_BESS}}) \end{cases} \quad (4.43)$$

式中　ΔP_{SFR}、ΔP_{RSOC}——BESS 参与二次频率调节的响应功率和 SoC 的重构功率；

$ACE_{\text{DB\_BESS}}$、$ACE_{\text{EM\_BESS}}$——BESS 的二次调频 ACE 死区边界值与重构出力次紧急区域边界值。

（1）ΔP_{SFR} 出力深度。根据式（4.43）可以看出，二次调频中电池储能根据系统 ACE 状态设计了 3 种不同的出力策略。

1）$|ACE| \leqslant ACE_{\text{DB\_BESS}}$。说明电池储能和常规机组不需要参与二次调频，因此电池储能可以在电网二次调频死区内恢复 SoC。电池储能的重构功率不能使 ACE 脱离其死区，否则增加 CGUs 参与二次频率调节的次数，导致机械和运行成本的增加。

2）$ACE_{\text{DB\_BESS}} < |ACE| \leqslant ACE_{\text{EM\_BESS}}$。此时常规机组有足够的二次调频剩余支撑能力。因此，可以在此区间内进行电池储能的 SoC 重构。

3）$|ACE| > ACE_{\text{EM\_BESS}}$。说明电力系统即将处于二次调频次紧急区间。在这种情况下，对电池储能进行 SoC 重构可能会给常规机组的功率调节增加负担，间接影响电网频率稳定性。

这里的电池储能参与二次调频的出力深度与 BSH 策略的关系在于，缩小了电

池储能的二次调频死区边界值，并且不再基于单一的 *ACE* 或者 *ARR* 信号出力，而是综合了两者的优势，最后在此基础上再采用 BSH 的最大功率约束模型。本文电池储能参与二次调频的出力深度计算表达式采用前文中给出了 BSH 策略，即式（4.39）与式（4.40）所示。

（2）ΔP_{RSOC} 出力深度。ΔP_{RSOC} 的值需要根据 *ACE* 和 *SoC* 的反馈来决定。更具体地说，当电网处在不同二次调频区间时，电池储能不应该优先基于自身的 *SoC* 重构需求来确定重构功率值时，而应该考虑不同的二次调频区间常规机组运行的需求，然后确定 ΔP_{RSOC}。因此，电池储能参与二次调频的重构策略设计为

$$\Delta P_{\text{RSOC}}(ACE, SoC) = \begin{cases} \lambda_{\text{d}}(ACE)P_{\text{d}}(SoC) & (SoC > 0.55) \\ 0 & (0.45 \leqslant SoC \leqslant 0.55) \\ \lambda_{\text{c}}(ACE)P_{\text{c}}(SoC) & (SoC < 0.45) \end{cases} \quad (4.44)$$

式中　P_{c}、P_{d}——电池储能恢复 *SoC* 时的充放电功率，可由系统操作员预先设定；

　　　　λ_{c}、λ_{d}——满足常规机组运行要求时储能 *SoC* 重构的充电和放电限制系数。

图 4.29 为考虑不同 *SoC* 变化情况下的电池储能恢复功率 $P_{\text{c}}/P_{\text{d}}$，它表示储能自身的 *SoC* 重构需求功率。可以看出，随着 *SoC* 值的增大，P_{d} 也随之增大，这说明在一次调频过程中需要防止电池储能过充电。相反，P_{c} 随着 *SoC* 的减小而增大，这是为了防止电池储能过放电。

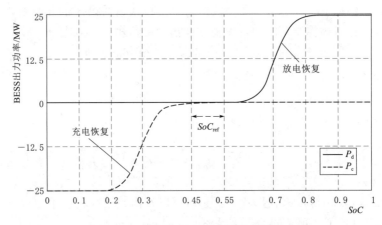

图 4.29　储能考虑 *SoC* 反馈的重构功率

根据图 4.30 可以确定恢复功率限制系数的值 λ_{c} 和 λ_{d}，根据 *ACE* 在死区 $ACE_{\text{DB\_CGUs}}$ 内和死区外划分有两个场景。当系统 *ACE* 变化脱离死区时，说明电网二次调频剩余支撑功率可能不足，因此充电系数（此处记为 λ_{c2}）随频率的恶化而逐渐减小，以减轻 CGUs 的频率调节压力。当 *ACE* 变化至死区边界 $ACE_{\text{DB\_CGUs}}$ 时，使充电系数（此处记为 λ_{c1}）被迫为 0，并随着频率的增加开始平稳地增大到最大值。同理，可得到重构功率放电限制系数。

重构功率限制系数 λ 可分为两种情况：①当电池储能需要再充电时，则为 λ_{c}；②需要放电时，则为 λ_{d}。此外，λ_{c} 和 λ_{d} 又可分为 3 种情况。其定义及取值特点在式（4.45）～式（4.47）及图 4.30 中进行了详细描述。

$$\lambda = \begin{cases} \lambda_d & (SoC > 0.55) \\ \lambda_c & (SoC < 0.45) \end{cases} \tag{4.45}$$

$$\lambda_c = \begin{cases} \lambda_{c2} & (ACE < -ACE_{DB\_CGUs}) \\ \lambda_{c1} & (|ACE| < ACE_{DB\_CGUs}) \\ 1 & (ACE > ACE_{DB\_CGUs}) \end{cases} \tag{4.46}$$

$$\lambda_d = \begin{cases} \lambda_{d2} & (ACE > ACE_{DB\_CGUs}) \\ \lambda_{d1} & (|ACE| < ACE_{DB\_CGUs}) \\ 1 & (ACE < -ACE_{DB\_CGUs}) \end{cases} \tag{4.47}$$

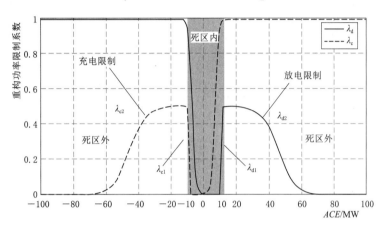

图 4.30　电池储能考虑 ACE 反馈的自适应重构功率限制系数

综上所述，图 4.31 给出了电池储能 SoC 重构功率。

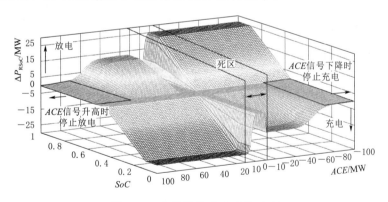

图 4.31　电池储能 SoC 重构功率

（3）BESS 参与二次频率调节的控制流程。综上所述，可以得 BESS 参与二次调频的控制流程如图 4.32 所示。

1）基于系统 AGC 中设定的 ACE 死区边界值选取 BESS 参与二次频率调节的 ACE 死区边界值，本文电网二次调频的 ACE 信号死区边界值 ACE_{DB_CGUs} 取为 10MW，BESS 的所选取的参与二次调频 ACE 死区 ACE_{DB_BESS} 为 7MW（可根据 BESS 实际运行需求进行灵活调整），根据电网 ACE 信号判断 BESS 是否参与二次

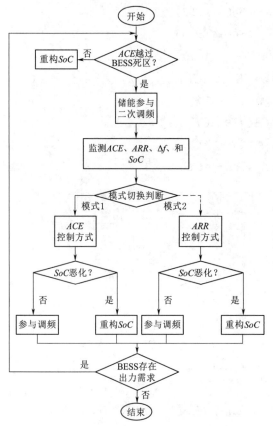

图 4.32　BESS 参与二次调频的控制流程

频率调节。

2）当 ACE 波动超过死区边界值后，电池储能先采用 ACE 作为输入信号参与调频，当 ARR 控制策略对调频的贡献超过 ACE 控制策略时切换为采用 ARR 作为输入信号参与调频。

3）实时监测电池储能 SoC 和系统频率偏差 Δf 以及 ACE，评估电池储能的 SoC 重构需求和系统频率调节需求，根据式（4.43）计算 BESS 的调频响应出力和重构功率。

4）最后根据 SoC 是否回归正常运行基准值区间，确定 BESS 退出 SoC 重构阶段的时机。基于 ACE 与区域控制需求以及频率偏移变化判断系统的调频需求，获得电池储能的退出二次频率调节时机。

总而言之，设计电池储能的二次调频 ACE 死区小于常规机组响应的 ACE 死区，可以进一步有效利用 BESS 的响应快速性的优势。充分利用 ACE 与 ARR 两者在频率调节过程中的优点，可以进一步提升 BESS 在二次频率调节中的调频贡献。兼顾电池储能和电网的调频需求和运行限制进行电池储能的 SoC 重构，可以合理利用 CGUs 剩余的二次频率调节支撑容量，并且能更好地维持 BESS 的电量，使得 BESS 在下阶段的调频任务中提供充足的调频支撑能力。

4.5　基于动态基准值的电池储能参与二次调频 SoC 重构方法

为了解决当前电网二次调频需求与电池储能 SoC 重构需求之间的矛盾，同时也为了满足下阶段电网的二次调频需求，首先基于前面所提出储能参与电网二次调频 SoC 重构策略，进一步深入解析了固定 SoC 重构策略的特点，明确了超短期负荷预测与下阶段电网调频需求的对应关系，提出了考虑实时负荷波动与超短期负荷预测的动态 SoC 基准值重构策略，在满足当前电网调频需求的前提下，通过调整 SoC 基准值以提高调频任务中电池储能的容量利用效率，使得 BESS 在调频阶段提供更多的调频支撑容量，并且能够进一步改善电池储能的 SoC 维持效果。最后基于仿真算例验证了本章所提方法可利用实时负荷波动和超短期负荷预测的技术实现预期目标。

4.5.1　电池储能 *SoC* 重构功率特性分析

1. 电池储能重构功率对当前电网调频需求的影响

当前电网的二次调频需求是取决于区域控制偏差 *ACE* 和区域控制需求 *ARR* 信号，两者之间的关系如图 4.33 所示。而电池储能对电网需求的响应则取决于所承担响应的 *ACE* 或者 *ARR* 的占比。

而电池储能的重构功率则取决于实时能量储存状态与预期状态之间的差值，这意味着电网调频需求与电池储能重构需求之间的关系实

图 4.33　区域控制偏差 *ACE* 和区域控制需求 *ARR* 的原理图

际上就是电池储能参与二次调频的出力与电池储能重构 *SoC* 的出力之间的关系。

基于不同的输入信号下的调频任务分配可以用式（4.48）来描述，其中 ACE_g 和 ACE_b 分别为常规机组与电池储能各自承担的区域控制偏差，ARR_g 和 ARR_b 为常规机组和电池储能被分配的区域控制需求。

$$\begin{cases} ACE(s)=ACE_g(s)+ACE_b(s) \\ ARR(s)=ARR_g(s)+ARR_b(s) \end{cases} \tag{4.48}$$

当 BESS 采用不同的目标作为输入信号参与调频时可获得不同的频率调节效果，基于 *ACE* 信号控制策略的优势是可以较好地发挥 BESS 快速响应能力的优势，而基于 *ARR* 信号控制策略的优势可持续发挥 BESS 的调频能力，可更好地缓解 CGUs 的调频压力。

电网的二次调频需求中占主导地位包括 *ACE* 信号与 *ARR* 信号，在采用两者作为输入信号的电池储能二次调频控制策略中，电池储能参与二次调频的出力由两者共同决定，而电池储能的 *SoC* 重构功率取决于其 *SoC* 偏离设定的 *SoC* 基准值的大小，而且电池储能 *SoC* 基准值是离线设定的，即在电池储能投入二次调频后，就默认了电池储能预期能量状态是总容量的 50%。因此，这电池储能的重构需求与电池储能参与二次调频的出力并不存在必然的直接关联。

为了直观说明当前电网频率调节需求与电池储能重构需求之间的相互影响，下图给出了电网随时间变化分配给电池储能的调度指令与电池储能在不同 *SoC* 下重构功率的对比分析，在图 4.34 中分别给出了系统的调度指令随时间变化的结果和电池储能的重构功率随 *SoC* 变化的结果，且对两者之间相互契合和矛盾的结果进行了场景分类。

由图 4.34 可知，在 $0\sim t_1$ 时间段内，AGC 给电池储能分配的调度指令为正需要其放电，而此场景下电池储能的 *SoC* 较低需要充电，则电网的调频需求与电池储能的重构需求矛盾。同理可知，图 4.34 中的场景 1 和场景 4 所代表的场景均是电网调频需求与电池储能的重构需求相违背，而场景 2 和场景 3 所代表的场景中两者的需求又是契合的。

总之，电池储能的重构需求主要取决于其自身的经济运行，关键特征参数为 *SoC*，而电力系统的调频需求则取决于 AGC 调度指令，关键特征参数为 *ACE*。以

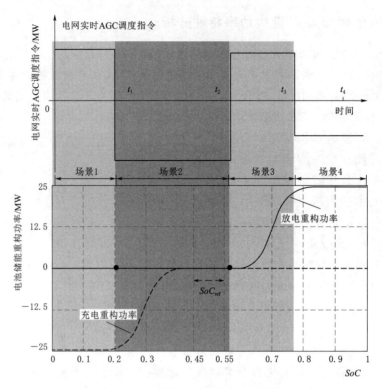

图 4.34　电池储能的重构需求和调频需求

SoC 较高时为例，此时电池储能的重构功率对当前电网的放电需求是有积极影响的，而对电网的充电需求则是有负面影响的，如若能将电池储能的 SoC_{ref} 适当调高，可以有效减小其重构功率，从而可以减少或者避免这种负面影响。

2. 电池储能重构功率对未来电网调频需求的影响

固定 SoC 基准值的重构策略通过尽可能地维持电池储能的 SoC，使得 SoC 尽可能处在期望值 0.5 附近，不管下阶段电网调频需求为充电或者放电，均能一定程度上保证电池储能的具备调频能力。但是换个角度而言，不管下阶段电网调频需求为充电或者放电，电池储能具有一部分的容量空间未被利用，这在一定程度上也降低了电池储能的容量利用效率。

以当前研究大多数将 SoC 基准值离线设定为固定的 0.5，相应的 SoC 上下限分别为 0.9 与 0.1 为例，当下阶段负荷功率出现升高导致二次调频需求为放电时，此时电池储能的只有 40% 的容量可支撑电网的调频需求，假如该电池储能容量为 10MW·h，则只有 4MW·h 的容量能够支撑电网的调频需求，当下阶段负荷功率下降导致电网需要电池储能充电时，其支撑电网的调频需求的可用容量也只有 4MW·h。显然，这种保守的做法未能将电池储能的容量进行充分的利用，并且可能会导致电池储能无法按照调度指令完成下阶段的调频任务，从而削弱频率调节效果和减少电池储能的收益。

因此，为了解决这一矛盾，需要使得电池储能的电量储存状态能够契合下阶段的调频需求，这意味着电池储能的 *SoC* 基准值应当基于电网未来短期内的调频需求进行调整，且超短期负荷预测的时间尺度一般为 5min 至数小时，其预测精度可在 1% 以内，能够较好地指导 *SoC* 基准值的调整。因此，为了分析电池储能参与电网二次调频的重构功率与未来电网频率调节需求的关系，需要定量描述超短期负荷预测波动值 ΔP_{LF} 与短期内电池储能的 *SoC* 基准值之间的影响关系。

为了定性分析基于超短期负荷预测结果的动态 SoC_{ref} 的调整原理，电力系统第 1 个二次频率调节阶段到第 n 个二次频率调节阶段的起止时间段分别为（t_1，t_2）和（t_{n+1}，t_{n+2}），BESS 在 t_n 时刻参与二次频率调节，对下一个调频阶段（t_{n+1}，t_{n+2}）进行超短期负荷预测结果得到第 $n+1$ 个二次频率调节阶段的负荷波动平均变化量 $\Delta P_{\mathrm{LF},n+1}$，$SoC_{\mathrm{ref}}$ 动态调整原理图如图 4.35 所示。

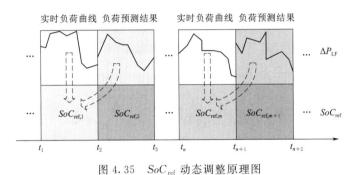

图 4.35　SoC_{ref} 动态调整原理图

由图 4.35 可知，以超短期负荷预测结果显示电网未来的负荷功率会增大为例，则意味着电网下阶段存在供电缺额，导致电力系统需要电池储能放电支撑频率，而且供电缺额越大，电池储能需要提供的放电容量越多，则当前阶段的 SoC_{ref} 应当适当变高或者将下阶段的 SoC_{ref} 适当调低，从而使得电池储能在下阶段的调频任务开始之前储备更多的电量，或者减少下阶段电池储能重构功率和参与调频功率两者的抵消作用。

因此可以提炼两种典型工况。

1）$\Delta P_{\mathrm{L}}\Delta P_{\mathrm{LF}} \geqslant 0$，代表当前电网调频需求与下阶段调频需求的调节方向相同，则在下阶段的调频任务开始之前，电网并不允许电池储能储备更多的可用电量，此工况下电池储能的 SoC_{ref} 则根据实时负荷波动进行调整，从而减少重构功率与调频出力相互抵消的影响，提升电池储能的调频贡献。

2）$\Delta P_{\mathrm{L}}\Delta P_{\mathrm{LF}} < 0$，当前电网调频需求与下阶段调频需求的调节方向相反，则在下阶段的调频任务开始之前，电网允许电池储能储备更多的可用电量，此工况下电池储能的 SoC_{ref} 则根据超短期负荷预测波动进行调整，从使得 BESS 获得更多的可用容量，亦能提升其调频贡献。

为了进一步定量分析电池储能参与电网二次调频的预备能量状态与电网频率调节需求的关系，构建了实时负荷波动值 ΔP_{L} 和超短期负荷预测波动值 ΔP_{LF} 与 *SoC* 基准值之间的影响关系，如图 4.36 所示。

值得注意的是，尽管超短期负荷预测的精度较高，但是也不能达到 100% 的准

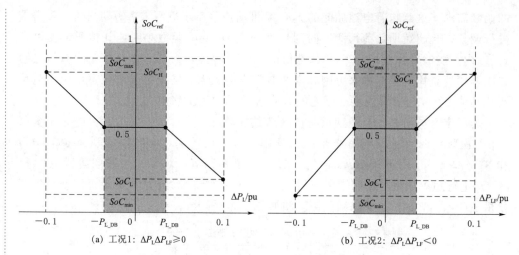

(a) 工况1: $\Delta P_L \Delta P_{LF} \geqslant 0$　　　　　(b) 工况2: $\Delta P_L \Delta P_{LF} < 0$

图 4.36　负荷波动与动态 SoC 基准值的影响关系

确度，为了保证电池储能的 SoC 不越限，图 4.36 中需要设置负荷功率波动与 SoC 基准值调整的死区，即 $(-P_{L\_DB}, P_{L\_DB})$，该死区有两个作用，其一是避免电储能在较小的负荷扰动下频繁进行基准值调整，其二是可以减少负荷预测误差较大时对电池储能的调频能力大幅度削弱，例如当超短期预测结果误差较大时，SoC 基准值的调整是保守的，也就是说只有波动幅值相对较大且超过死区时，才会进行 SoC 基准值的调整。

　　另一方面，为了进一步减少负荷预测误差较大使得电池储能 SoC 越限，还设置 SoC_L 和 SoC_H 来限制基准值的调节，从而最大限度的降低负荷预测精度不够带来的负面影响。其中，P_{L_DB}，SoC_L 和 SoC_H 的选取可根据实际电网运行情况的反馈进行灵活调整。为定量描述 ΔP_L 和 ΔP_{LF} 与 SoC_{ref} 的线性影响关系，结合图 4.36 的分析可以得到工况 1 和工况 2 下电池储能动态基准值 SoC_{ref} 的方程分别如式 (4.49) 和式 (4.50) 所示。

$$SoC_{ref} = \begin{cases} 0.5 + \gamma(SoC_L - 0.5) & (\Delta P_L \geqslant 0.1) \\ 0.5 + \gamma \dfrac{SoC_L - 0.5}{0.1 - P_{L\_DB}}(\Delta P_L - P_{L\_DB}) & (0.1 > \Delta P_L \geqslant P_{L\_DB}) \\ 0.5 & (-P_{L\_DB} < \Delta P_L < P_{L\_DB}) \\ 0.5 + \gamma \dfrac{SoC_H - 0.5}{P_{L\_DB} - 0.1}(\Delta P_L + P_{L\_DB}) & (-0.1 < \Delta P_L \leqslant -P_{L\_DB}) \\ 0.5 + \gamma(SoC_H - 0.5) & (\Delta P_L \leqslant -0.1) \end{cases} \quad (4.49)$$

式中　　　γ——动态调整可信度因子，可以基于实际控制需求进行调整，以获得合适的调节效果，γ 的取值范围为 (0, 1)，当 γ 取 0 时，则为固定 SoC 基准值的方法；

SoC_L、SoC_H——基准值调节的下限值和上限值。

　　由式 (4.49) 可知，当电池储能重构需求与当前调频需求相互矛盾时，则可以根据事实负荷波动调节其 SoC_{ref}，降低电池储能参与二次调频的出力与其重构 SoC

出力相互抵消的情况。

$$SoC_{ref}=\begin{cases} 0.5+\phi(SoC_{H}-0.5) & (\Delta P_{LF}\geqslant 0.1) \\ 0.5+\phi\dfrac{SoC_{H}-0.5}{0.1-P_{L\_DB}}(\Delta P_{LF}-P_{L\_DB}) & (0.1>\Delta P_{LF}\geqslant P_{L\_DB}) \\ 0.5 & (-P_{L\_DB}<\Delta P_{LF}<P_{L\_DB}) \\ 0.5+\phi\dfrac{SoC_{L}-0.5}{P_{L\_DB}-0.1}(\Delta P_{LF}-P_{L\_DB}) & (-0.1<\Delta P_{LF}\leqslant -P_{L\_DB}) \\ 0.5+\phi(SoC_{L}-0.5) & (\Delta P_{LF}\leqslant -0.1) \end{cases}$$

$$(4.50)$$

式中　ϕ——动态调整可信度因子，可以基于实际负荷预测精度情况进行调整，以获得合适的调节效果，ϕ 的取值范围为（0，1），当 ϕ 取 0 时，则为固定 *SoC* 基准值的方法。

由式（4.50）可知，当预测到未来短期内 ΔP_{LF} 为正且超过 P_{L_DB} 时，则说明电力系统下阶段的主要调频需求为负荷功率增加，需要电池储能放电参与频率调节，此时则 SoC_{ref} 按适当的比例提升，此时动态基准值的控制策略会依据电网频率运行状态使得 *SoC* 重构至较高的值，从而可在电网下阶段频率调节期间提供更多的频率调节支撑容量。反之，动态基准值的控制策略将使得 *SoC* 重构至较低值，从而能在下阶段调频任务中吸收更多的电量，提升电池储能的调频贡献。

4.5.2　基于动态基准值的电池储能参与二次调频 *SoC* 重构方法

1. 基本思路与研究目标

从当前关于 BESS 参与电力系统二次频率调节控制方面的研究来看，有两个方面需要考虑：

（1）如何提高 BESS 在二次调频中闲置容量的利用率问题，使其贡献更多的调频支撑能力。本质是需要根据实时负荷波动和超短期负荷结果来动态调整 BESS 参与二次频率调节的 *SoC* 基准值。使得 BESS 贡献更多的调频支撑能力，以期提高电池储能的调度可靠性和调频收益。

（2）如何根据负荷功率波动构建更加合理控制策略，实现长时间尺度下的 *SoC* 改善和调频性能改善。需要在电池储能进行 *SoC* 重构的同时兼顾系统中 CGUs 的运行状态限制，而且需要定量分析超短期负荷波动预测结果与 BESS 动态 *SoC* 基准值调整的对应关系，从而实现对电池储能电量精准控制的同时避免对电网频率运行的负面影响，基本思路如图 4.37 所示。

当系统频率偏差和 ACE 信号波动超过系统调频死区时，则电力系统存在二次调频需求：当电网 ACE 处于在电池储能的 ACE 死区外时，储能处于二次调频阶段，考虑 BESS 实时调频能力的反馈，并结合 ACE 与 ARR 各自的调频特性，充分发挥电池储能的调频优势，确定 BESS 参与二次调频阶段的调整功率；当系统的 ACE 在二次调频 ACE 死区内且频率偏差在一次调频死区内时，储能处于 *SoC* 重构阶段，采用实时负荷波动和超短期负荷预测动态调整 BESS 的 SoC_{ref}，进而可确定

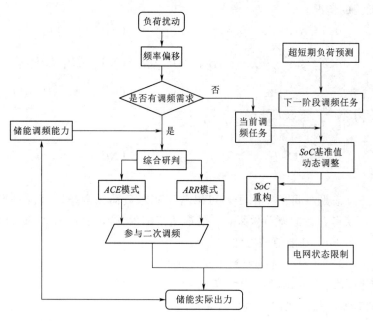

图 4.37　基本思路

储能重构需求功率，同时兼顾电网及常规机组的运行状态限制，得到电池储能的 SoC 重构功率。结合参与二次调频出力和 SoC 重构功率可以得到储能实际响应出力。

2. 考虑动态基准值的电池储能参与二次调频控制策略

如前所述，基于固定 SoC 基准值的电池储能二次调频策略在特殊场景下并不能同时实现调频效果最优和 SoC 的较好的维持效果，且存在灵活性不足的缺陷。而超短期负荷预测较好地契合了 BESS 参与电网二次频率调节时的灵活调节需求，为进一步提高储能容量的利用率，引入超短期负荷预测结果评估下一阶段系统调频需求的变化情况，从而基于图 4.36 的原则对电池储能 SoC_{ref} 进行动态调整。基于不同 SoC_{ref} 下的 BESS 重构需求，兼顾考虑电网运行状态约束的 BESS 的重构功率限制因子，来确定考虑动态基准值的电池储能 SoC 重构策略的出力深度。

（1）SoC 基准值动态调整。在高度非线性的实际电力系统中利用负荷预测的结果准确地预测频率变化较为困难，解决这一问题的难点在于电网的不同的调频需求的时间节点预测难度较大，而模糊控制具有良好的容错性和鲁棒性，因此可以采用模糊控制方法来动态调节 SoC_{ref}。

在不同的工况下，将实时负荷波动 ΔP_L 和未来时间窗口内的负荷平均变化量 ΔP_{LF} 作为输入，将 SoC_{ref} 作为模糊控制器的输出变量，其基本的调节方法为：通过减少电池储能的重构出力或者提升电池储能的 SoC，可以提升其在长时间尺度下的调频贡献容量。

首先将实时负荷波动和未来时间窗口的负荷平均变化量以及 SoC_{ref} 调整范围进行归一化处理，得到对应的论域均为 $[-1, 1]$。经过归一化后的输入量 ΔP_{LF} 与

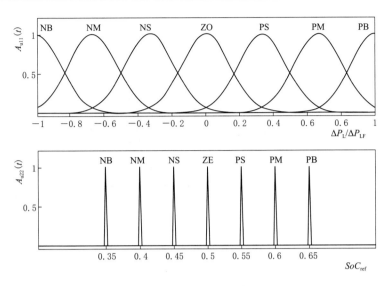

图 4.38 隶属度函数

ΔP_{L} 以及输出量 SoC_{ref} 的模糊子集均为 {负大 NB，负中 NM，负小 NS，零 ZO，正小 PS，正中 PM，正大 PB}。模糊控制隶属函数如图 4.38 所示，工况 1 和工况 2 下的模糊控制规则分别如表 4.4 和表 4.5 所示。

表 4.4   工况 1 模糊控制规则表

ΔP_{L}	NB	NM	NS	ZO	PS	PM	PB
SoC_{ref}	PB	PM	PS	ZO	NS	NM	NB

表 4.5   工况 2 模糊控制规则表

ΔP_{LF}	NB	NM	NS	ZO	PS	PM	PB
SoC_{ref}	NB	NM	NS	ZO	PS	PM	PB

（2）基于动态基准值的电池储能重构出力深度确定。在前文已经阐述了基于固定 SoC_{ref} 的电池储能进行 SoC 重构的基本思路和方法，即电池储能在 SoC 高于基准值时适当放电，在 SoC 低于基准值时适当充电，且以电网的 ACE 信号构建重构功率限制因子，当 SoC_{ref} 从 0.35 至 0.65 变化时，电池储能在不同 SoC_{ref} 情况下重构功率曲线如图 4.39 所示。

图 4.39 中，P_{LF_c} 和 P_{LF_d} 分别为电池储能充电和放电重构功率，ΔP_{RSOC}^{LF} 代表电池储能参与二次调频考虑动态 SoC_{ref} 的重构功率。在电池储能 SoC 重构工况下，基于实时负荷波动和超短期负荷预测对 SoC_{ref} 进行调整，也必须考虑重构功率限制系数 λ，详细计算方法见式（4.45）～式（4.47）。

基于动态基准值的电池储能参与二次调频的出力公式可以描述为

$$\Delta P_{BESS}=\begin{cases} \Delta P_{RSOC}^{LF} & (\,|ACE|\leqslant ACE_{DB\_BESS}) \\ \Delta P_{SFR}+\Delta P_{RSOC}^{LF} & (ACE_{DB\_BESS}<|ACE|\leqslant ACE_{EM\_BESS}) \\ \Delta P_{SFR} & (\,|ACE|>ACE_{EM\_BESS}) \end{cases} \quad (4.51)$$

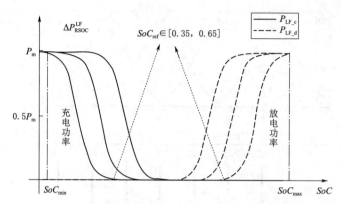

图 4.39　电池储能在不同 SoC_{ref} 情况下重构功率曲线

式中　ΔP_{SFR}、$\Delta P_{\text{RSOC}}^{\text{LF}}$——电池储能参与二次调频的出力和考虑动态基准值的重构

功率，其中 ΔP_{SFR} 的计算方法见式（4.43）。

$\Delta P_{\text{RSOC}}^{\text{LF}}$ 的值需要根据 ACE 和 SoC_{ref} 以及相应的 $P_{\text{LF\_c}}$ 和 $P_{\text{LF\_d}}$ 的反馈来决定。更具体地说，当电网处在不同二次调频区间时，电池储能不应该优先基于自身的 SoC 重构需求来确定重构功率值时，而应该考虑不同的二次调频区间常规机组的运行需求，然后确定 $\Delta P_{\text{RSOC}}^{\text{LF}}$。因此，自适应策略设计为

$$\Delta P_{\text{RSOC}}(ACE,SoC)=\begin{cases}\lambda_{\text{d}}(ACE)\cdot P_{\text{LF\_d}}(SoC) & (SoC>SoC_{\text{ref}}+0.05)\\[4pt]0 & (SoC_{\text{ref}}-0.05\leqslant SoC\leqslant SoC_{\text{ref}}+0.05)\\[4pt]\lambda_{\text{c}}(ACE)\cdot P_{\text{LF\_c}}(SoC) & (SoC<SoC_{\text{ref}}-0.05)\end{cases}$$

$$(4.52)$$

4.6　总　　结

本章围绕电池储能参与一次调频自适应协调控制、一次调频中 SoC 重构和二次调频中的 SoC 重构等问题开展了叙述。

（1）已有的电池储能参与一次调频控制策略往往局限于直接利用下垂响应和惯性响应的动态特性用于改善电网的频率调节效果，其频率调节效果改善程度有限并且在电网负荷扰动较小的情况下其调效果反而不利于常规机组的运行。为此，基于电池储能控制灵活精准的特性，提出了 DR 与 IR 相协调的储能出力策略。同时，为了进一步发挥电池储能技术的快速功率响应特性，重新构建了电池储能参与一次调频的死区边界模型，提出了储能的灵活死区的响应策略。为了更好的描述电池储能的调频能力以及实现更好的 SoC 维持效果，提出了储能的 Logistic SoC 维持策略。

（2）已有的考虑电池储能 SoC 重构一次调频控制策略仅仅考虑了电池储能自身的能量重构需求，这种仅考虑储能自身能量重构需求的策略会增加常规机组的一次调频次数和压力。为此，通过分析常规机组参与一次调频的功-频特性，得到了 BESS 参与一次调频时允许 SoC 重构的边界。同时，根据电网对电池储能的能量预备需求，构建了电池储能自适应 SoC 重构功率需求。进一步，基于电池储能的功率

对电网频率的影响，兼顾常规机组剩余的一次调频支撑能力作为约束条件，构建了其自适应 SoC 重构功率限制系数，实现了电池储能在一次调频范畴重构 SoC 的同时能够降低常规机组频率调节负担。

（3）已有的考虑 SoC 重构的电池储能二次调频控制策略也仅仅考虑了 BESS 自身的 SoC 重构需求，这种仅考虑储能自身能量重构需求的策略在某些场景下增加了常规机组的额外调频压力。首先，对 BESS 在参与二次频率调节阶段，基于 ACE 与 ARR 信号的特性以及两者相互影响的特点，并设置了 BESS 参与二次调频的 ACE 死区值小于系统 ACE 死区以及常规机组的二次调频出力机理，提出了电池储能参与二次调频的协调控制策略。其次，在储能 SoC 重构策略方面，兼顾电网二次调频需求与电池储能的重构需求，提出了一种适用于二次调频的储能 SoC 重构策略。最后，基于前述的两个子策略，提出了考虑电池储能 SoC 重构的二次调频的控制方法。

（4）为了明确超短期负荷预测的结果与未来时间窗口电网调频需求的相互影响机理，进一步深入分析了固定基准值的 SoC 重构策略的特点，综合考虑电网二次调频的实时需求与下阶段的二次调频需求，提出了基于动态基准值的电池储能参与二次调频 SoC 重构方法，可进一步提高电池储能参与二次调频的利用效率并且改善其 SoC 维持效果。

思 考 题

1. 为什么储能系统需要温控？

2. 储能与新能源联合运行可以发挥哪些方面的作用？如何发挥这些作用？

3. 结合对储能技术的认识，简要分析电源侧储能、电网侧储能和用户侧储能的市场应用前景。

4. 储能电池能量管理方法有哪些？

5. 请从智能电网的配电系统角度，扼要说明储能系统带来的好处。

参 考 文 献

［1］ He G，Chen Q，Kang C，et al. Cooperation of wind power and battery storage to provide frequency regulation in power markets ［J］. IEEE Transactions on Power Systems，2016，32（5）：3559-3568.

［2］ Bueno P G，Jesus C. Hernández，Ruiz-Rodriguez F J. Stability assessment for transmission systems with large utility-scale photovoltaic units ［J］. IET Renewable Power Generation，2016，10（5）：584-597.

［3］ Carrión M，Dvorkin Y，Pandžić H. Primary frequency response in capacity expansion with energy storage ［J］. IEEE Transactions on Power Systems，2017，33（2）：1824-1835.

［4］ 张秋生，梁华，胡晓花. 电网两个细则实施条件下 AGC 和一次调频控制回路的改进 ［J］. 神华科技，2010，8（1）：48-52.

［5］ 展晓磊. 考虑非线性特性的互联电力系统 AGC 控制策略研究 ［D］. 北京：华北电力大学，2010.

［6］ 褚云龙，程松，李云，等. 火电机组一次调频及 AGC 全网试验分析 ［J］. 电网与清洁能

源，2013，29（9）：32 - 38.

［7］　雷博. 电池储能参与电力系统调频研究［D］. 长沙：湖南大学，2014.

［8］　时玮，姜久春，张言茹，等. 磷酸铁锂电池容量衰退轨迹分析方法［J］. 电网技术，2015，39（4），899 - 903.

［9］　业跃鸿. 火电厂一次调频功能的研究与应用［D］. 北京：华北电力大学，2011.

［10］　Knap V，Chaudhary S K，Stroe D I，et al. Sizing of an energy storage system for grid inertial response and primary frequency reserve［J］. IEEE Transactions on Power Systems，2015，31（5）：3447 - 3456.

［11］　Kundur P. 电力系统稳定与控制［M］. 北京：中国电力出版社，2002.

［12］　Liu H，Hu Z，Song Y，et al. Decentralized vehicle - to - grid control for primary frequency regulation considering charging demands［J］. IEEE Transactions on Power Systems，2013，28（3）：3480 - 3489.

［13］　Mercier P，Cherkaoui R，Oudalov A. Optimizing a battery energy storage system for frequency control application in an isolated power system［J］. IEEE Transactions on Power Systems，2009，24（3）：1469 - 1477.

［14］　Bevrani H. Robust power system frequency control［M］. US：Springer，2009.

［15］　Thorbergsson E，Knap V，Swierczynski M，et al. Primary frequency regulation with li - ion battery based energy storage system - evaluation and comparison of different control strategies［C］. 35th International Telecommunications Energy Conference，Smart Power And Efficiency，2013：1 - 6.

［16］　黄亚唯. 储能电源参与电力系统调频的需求场景及其控制策略研究［D］. 长沙：湖南大学，2015.

［17］　刘维烈. 电力系统调频与自动发电控制［M］. 北京：中国电力出版社，2006.

［18］　Li N，Zhao C，Chen L. Connecting automatic generation control and economic dispatch from an optimization view［J］. IEEE Transactions on Control of Network Systems，2016，3（3）：254 - 264.

［19］　Liu H，Hu Z，Song Y，et al. Vehicle - to - grid control for supplementary frequency regulation considering charging demands［J］. IEEE Transactions on Power Systems，2015，30（6）：3110 - 3119.

［20］　吕超贤. 基于小波分频与双层模糊控制的多类型储能系统平滑策略［J］. 电力系统自动化，2015，39（2）：21 - 29.